能源与环境出版工程
（第二期）

总主编　翁史烈

“十三五”国家重点图书出版规划项目
上海市文教结合“高校服务国家重大战略出版工程”资助项目

城市固废综合利用基地与能源互联网

Integrated Urban Solid Waste Management Plant and Energy Internet

解大　邰俊　王瑟澜　陈善平　张延迟　著

内容提要

本书为“十三五”国家重点图书出版规划项目“能源与环境出版工程”之一。本书探讨了在资源循环利用和可持续发展前提下城市固废利用基地和能源互联网的相关技术，重点研究了利用固废基地建设能源互联网的规划问题、信息互联和云平台建设问题、大数据分析方法，以及能源路由器的理论建模问题。主要内容包括：城市固废垃圾的处理技术和城市固废基地的典型构成、城市固废基地的能源互联的需求、固废基地能源互联网的建设和大数据分析技术，以及能源互联网的关键装备能源路由器的基础理论。

本书适合从事环境工程、能源互联网、电气工程研究的技术人员和相关专业师生阅读参考。

图书在版编目(CIP)数据

城市固废综合利用基地与能源互联网／解大等著.
—上海：上海交通大学出版社，2018
（能源与环境出版工程）
ISBN 978-7-313-19581-4

Ⅰ.①城… Ⅱ.①解… Ⅲ.①垃圾—废物综合利用
Ⅳ.①X705

中国版本图书馆CIP数据核字(2018)第126831号

城市固废综合利用基地与能源互联网

著　　者：解　大　郃　俊　王瑟澜　陈善平　张延迟
出版发行：上海交通大学出版社　　地　　址：上海市番禺路951号
邮政编码：200030　　电　　话：021-64071208
出 版 人：谈　毅
印　　制：上海万卷印刷股份有限公司　　经　　销：全国新华书店
开　　本：710 mm×1000 mm　1/16　　印　　张：24.25
字　　数：453千字
版　　次：2018年8月第1版　　印　　次：2018年8月第1次印刷
书　　号：ISBN 978-7-313-19581-4/X
定　　价：168.00元

能源与环境出版工程
丛书学术指导委员会

能源与环境出版工程
丛书编委会

总　序

能源是经济社会发展的基础，同时也是影响经济社会发展的主要因素。为了满足经济社会发展的需要，进入21世纪以来，短短十年间(2002—2012年)，全世界一次能源总消费从96亿吨油当量增加到125亿吨油当量，能源资源供需矛盾和生态环境恶化问题日益突显。

在此期间，改革开放政策的实施极大地解放了我国的社会生产力，我国国内生产总值从10万亿元人民币猛增到52万亿元人民币，一跃成为仅次于美国的世界第二大经济体，经济社会发展取得了举世瞩目的成绩！

为了支持经济社会的高速发展，我国能源生产和消费也有惊人的进步和变化，此期间全世界一次能源的消费增量28.8亿吨油当量竟有57.7%发生在中国！经济发展面临着能源供应和环境保护的双重巨大压力。

目前，为了人类社会的可持续发展，世界能源发展已进入新一轮战略调整期，发达国家和新兴国家纷纷制定能源发展战略。战略重点在于：提高化石能源开采和利用率；大力开发可再生能源；最大限度地减少有害物质和温室气体排放，从而实现能源生产和消费的高效、低碳、清洁发展。对高速发展中的我国而言，能源问题的求解直接关系到现代化建设进程，能源已成为中国可持续发展的关键！因此，我们更有必要以加快转变能源发展方式为主线，以增强自主创新能力为着力点，规划能源新技术的研发和应用。

在国家重视和政策激励之下，我国能源领域的新概念、新技术、新成果不断涌现；上海交通大学出版社出版的江泽民学长的著作《中国能源问题研究》(2008年)更是从战略的高度为我国指出了能源可持续的健康发展之路。为了“对接国家能源可持续发展战略，构建适应世界能源科学技术发展趋势的能源科研交流平台”，我们策划、组织编写了这套“能源与环境出版工程”丛书，其目的在于：

一是系统总结几十年来机械动力中能源利用和环境保护的新技术新成果；

二是引进、翻译一些关于“能源与环境”研究领域前沿的书籍，为我国能源与环境领域的技术攻关提供智力参考；

三是优化能源与环境专业教材，为高水平技术人员的培养提供一套系统、全面的教科书或教学参考书，满足人才培养对教材的迫切需求；

四是构建一个适应世界能源科学技术发展趋势的能源科研交流平台。

该学术丛书以能源和环境的关系为主线，重点围绕机械过程中的能源转换和利用过程以及这些过程中产生的环境污染治理问题，主要涵盖能源与动力、生物质能、燃料电池、太阳能、风能、智能电网、能源材料、大气污染与气候变化等专业方向，汇集能源与环境领域的关键性技术和成果，注重理论与实践的结合，注重经典性与前瞻性的结合。图书分为译著、专著、教材和工具书等几个模块，其内容包括能源与环境领域内专家们最先进的理论方法和技术成果，也包括能源与环境工程一线的理论和实践。如钟芳源等撰写的《燃气轮机设计》是经典性与前瞻性相统一的工程力作；黄震等撰写的《机动车可吸入颗粒物排放与城市大气污染》和王如竹等撰写的《绿色建筑能源系统》是依托国家重大科研项目的新成果新技术。

为确保这套“能源与环境”丛书具有高品质和重大的社会价值，出版社邀请了杜祥琬院士、黄震教授、王如竹教授等专家，组建了学术指导委员会和编委会，并召开了多次编撰研讨会，商谈丛书框架，精选书目，落实作者。

该学术丛书在策划之初，就受到了国际科技出版集团 Springer 和国际学术出版集团 John Wiley & Sons 的关注，与我们签订了合作出版框架协议。经过严格的同行评审，Springer 首批购买了《低铂燃料电池技术》(*Low Platinum Fuel Cell Technologies*)，《生物质水热氧化法生产高附加值化工产品》(*Hydrothermal Conversion of Biomass into Chemicals*)和《燃煤烟气汞排放控制》(*Coal Fired Flue Gas Mercury Emission Controls*)三本书的英文版权，John Wiley & Sons 购买了《除湿剂超声波再生技术》(*Ultrasonic Technology for Desiccant Regeneration*)的英文版权。这些著作的成功输出体现了图书较高的学术水平和良好的品质。

希望这套书的出版能够有益于能源与环境领域里人才的培养，有益于能源与环境领域的技术创新，为我国能源与环境的科研成果提供一个展示的平台，引领国内外前沿学术交流和创新并推动平台的国际化发展！

翁史烈

2013年8月

前　言

可持续发展问题是关于自然、科学技术、经济、社会协调发展的理论和战略问题，而城市的可持续发展则与人类社会的存在形态密切相关。从人类社会的角度看，可持续发展是指保护和加强环境系统的生产和更新能力，并转向更清洁、更有效的技术——接近“零排放”或“密封式”工艺方法，尽可能减少能源和其他自然资源的消耗。

城市固体废物(以下简称固废)，即固废垃圾的处理问题是现代城市可持续发展的重要问题之一。随着现代城市的大型化以及人们生活方式的改变，城市固废的种类更加复杂，数量增长迅速，降解时间更长，垃圾围城变成当代城市的头号难题，这不仅给城市的管理者带来困扰，同时对城市环境带来了巨大的压力。因此，如何利用合适的技术手段实现固废的循环利用成为了当前环境科学研究者的重要问题。

现代处理固废的技术手段针对生活垃圾和其他固体废物。其中生活垃圾采用的处理技术包括卫生填埋技术、焚烧技术、气化技术、等离子技术和堆肥，其他固体废物包括污泥、工业固废和建筑垃圾等，后两者一般可以再回收利用，污泥的处理可以选择填埋、生化处理和协同燃烧。在垃圾燃烧、气化、堆肥等过程中，同时生产出大量的能源，因此，固废基地不仅是一个消耗能源处理垃圾的基地，也是一个事实上的能源生产基地。在这里，能源问题与环境问题很好地结合起来了。

能源互联网概念的提出引起国内外学者的广泛关注。能源互联网具有以可再生能源为主要一次能源、支持超大规模分布式发电系统与分布式储能系统接入、基于互联网技术实现广域能源共享和支持交通系统的电气化这四个特征。一个完善的固废基地从前两点满足了能源互联网建设的基本要求，如果采用互联网技术进行信息融合，就会发现固废基地与能源互联网具有天然的一致性，它们反映了一个问题即可持续发展问题的两个方面：能源与环境。

本书共分为七章，第1章由解大、郃俊、张延迟撰写，第2、3、4章由郃俊、王瑟澜、陈善平撰写，第5、6、7章由解大撰写，全书由解大负责定稿并修改。

本书的许多研究成果是由作者所在的上海交通大学、上海环境卫生工程设计院、上海电机学院研究组及所指导的研究生共同工作所取得的。其中，上海环境卫生工程设计院工程师余召辉，上海交通大学研究生陈爱康、苗洁蓉、孙俊博、罗天、陆轶祺参与了大量课题研究，上海电机学院研究生辛苗苗、李敏等进行了大量的数据校核工作，部分内容是与英国巴斯大学顾承红博士合作的成果。此外，本书写作过程中，得到了上海交通大学电气工程系的领导和同事的大力支持，作者谨表示衷心感谢。

本书的研究工作得到了上海市科学技术委员会“科技创新行动计划”社会发展领域项目——2016年度“能源互联网数据集成和网络应用技术”和2018年度“多能形式的能源路由器关键技术研究与示范”的支持，本书各种现场数据的实际测试得到了上海城投集团下属各生产单位的帮助，在此一并深表感谢。

在本书的编写中，由于作者的水平所限，缺点和错误在所难免，恳请读者给予批评和指正。

作　者

2018年5月于上海

目　　录

第1章　绪　　论

自20世纪80年代以来，能源行业的技术基础、组织结构与经济模式一直在逐步转变。推动这一转变的主导性因素包括：① 由于化石能源广泛利用所导致的气候变化等环境危机日益深化；② 随着人口众多的发展中国家的崛起，传统的依赖不可再生能源的工业与经济发展模式难以持续；③ 可再生能源与信息技术的快速发展。能源行业变革的最终目标是建立更加高效、安全与可持续的能源利用模式，从而解决能源利用这一人类社会面临的重大难题。

美国学者杰里米・里夫金在其著作《第三次工业革命》一书中，提出了能源互联网的愿景，引发了广泛关注。里夫金认为，能源互联网应具有四大特征：① 以可再生能源为主要一次能源；② 支持超大规模分布式发电系统与分布式储能系统接入；③ 基于互联网技术实现广域能源共享；④ 支持交通系统的电气化(即由燃油汽车向电动汽车转变)。可以看出，里夫金所倡导的能源互联网的内涵主要是利用互联网技术实现广域内的电源、储能设备与负荷的协调；最终目的是实现由集中式化石能源利用向分布式可再生能源利用的转变。由于能源互联网的概念才提出不久，其定义、架构、组成和主要功能都还需要不断完善。里夫金提出的只是能源互联网的愿景，并没有给出能源互联网明确严格的定义。

针对多类型能源广泛互联的愿景，本书从实际试验基地入手，以试验基地数据为基础，强调了热、电、气多种能源的融合，介绍了能源互联网与城市固体废物(以下简称固废)综合利用基地相结合的运行策略，从不同的角度来剖析能源互联网。

第1章介绍城市固废垃圾的处理现状、垃圾处理的主要技术手段、处置园区的发展以及能源互联网的国内外研究现状，并针对垃圾综合处理园区和能源互联网技术的发展需求，阐述了建设城市固废综合处置基地的能源互联网的发展意义。

考虑到城市固废垃圾种类繁多，对应的处理技术手段多样，本书第2、3章针对国外垃圾处理的发展趋势以及国内垃圾处理的发展现状，分别介绍了城市生活垃圾的卫生填埋技术、城市生活垃圾的其他处理技术以及其他城市垃圾的处理技术。

第4章介绍固废综合处置园区的案例。首先介绍了固废综合处置园区的定义、类型及基本构成，接着选取国内外垃圾焚烧和填埋两大垃圾处置方法的典型案例进行案例分析，紧接着结合国内外固废综合处置园区案例，对固废综合处置园区的结构和产业链等基本情况进行详细阐释。然后介绍老港固废基地的规划和当前建设情况，详细介绍了填埋场、焚烧厂和渗滤液厂的技术工艺流程。探讨了国内固废综合处置园区面临的问题及将来发展的方向。

第 5 章介绍了现有城市固废处置基地中的能源结构和能源互联需求。首先介绍了固废处置园区内多种形式电、热、气的产能环节，接着对应说明了园区内的用能环节。在指出园区内现有能源处理和利用方式存在的问题后，分析了固废基地的能源互联需求以及效益情况。最后综合考虑园区的发展需求，分别从电力系统、热力系统和燃气系统研究了固废处置基地的建设规划，最后讨论了固废处置园区内能源互联的优势以及未来需要克服的问题。

第 6 章介绍老港固废基地能源互联网的数据集成及云平台建设，分为老港能源互联网的数据集成、能源互联网的数据采集、云平台建设及云平台可视化实现四部分。数据集成部分首先介绍了目前数据集成面临的问题和当前的处理技术，在此基础上给出了老港固废基地的数据集成方法。数据采集部分从老港固废基地能源互联网的电、热、气三网的结构入手，分析能量流动方向，给出各网络的监测点和检测量信息，并介绍了数据采集用到的设备。云平台建设部分介绍了老港基地云平台架构的基本情况，包括环境配置和接口配置情况。可视化实现部分从电网络、气网络和热网络三部分介绍各个网络界面包含的前台展示信息及相应的后台数据分析方法。

第 7 章针对老港固废处置基地存在的典型电-热-气混合能源互联系统，研究其内部存在的三种形态能源相互之间的耦合节点。如通过沼气发电机实现电、热和沼气间的耦合，因此，老港固废处置基地可以称作多能形式的能源路由器。对于整个基地内部各能源网络之间及各耦合节点之间的稳态、暂态及经济分析对混合能源互联网络的调度和控制方面有着重大作用。同时，在老港固废处置基地的基础上，针对典型的电-热-气混合能源互联系统，从稳态、暂态及经济调度分析三方面详细介绍了老港基地作为“能源路由器”的潜力所在。

1.1 城市固废处置技术现状

城市固体废物(municipal solid waste，MSW)是指在城市居民日常生活中或为城市日常生活提供服务的活动中所产生的固体废物，主要包括普通垃圾、食品垃圾、建筑垃圾、清扫垃圾、危险垃圾等。随着经济的快速增长和城市化速度不断提高，城市固体废物数量不断增加。据 2015 年产业信息网发布的《2015 年—2020 年中国固体废物处理处置材料市场深度评估及未来前景预测报告》显示，我国固体废物处置行业发展与发达国家比较相对滞后，处于发展初期。

城市生产、生活活动的复杂性和多样性决定了城市固体废物具有以下特点：① 产生量大；② 组成复杂易变，有害污染物浓度高；③ 有机物质含量高，易腐烂，具有不良外观和令人不悦的臭气；④ 固体废物中含有的有害成分会转入大气、土壤和水体中，参与整个生态系统的物质循环，具有潜在的长期危害。

1.1.1 城市固体废物污染及处理现状

我国固体废物污染环境防治办法施行以来，虽然固体废物污染环境防治工作已取得初步成效，但总体上仍处于起步阶段，政策不健全、运作体制不完善、市场融资不成熟、基础设施薄弱，使城市固体废物处理缺口较大，固体废物污染仍然十分严重，具体表现在六个方面。

(1) 由于城市固体废物处置缺乏有效的统一管理，胡乱堆放的现象仍比较普遍，再者，随着城市居民生活水平的提高，城市固体废物产生量递增幅度较大，城市垃圾占地的矛盾日益突出，“垃圾围城”现象严重。

(2) 在城市固体废物的填埋和堆放处理过程中，由于处理措施不当，含有大量污染物质的渗滤液侵入外环境直接引起水体污染和土壤污染。

(3) 城市垃圾的自然分解释放出大量有毒气体以及垃圾任意焚烧释放出的二噁英及其他有害气体造成大气污染，引发癌症、皮肤病等。

(4) 难降解的塑料袋、一次性塑料餐盒和农膜造成“白色污染”，大煞景观并且危害环境。

(5) 城市垃圾中的玻璃、电池、废塑料等进入土壤中，对农业生产安全带来负面影响，并进一步对蔬菜、粮食造成污染，直接威胁人类的饮食安全。

(6) 电子废物污染问题已初现端倪。据预测，未来几年内我国将进入家用电子产品报废高峰期，需要报废的计算机、电视机、电冰箱、洗衣机等家用电器每年可达 1 400 万台左右，这些废物中含有铜、汞等重金属，是环境污染的隐患。国家应尽早建立工业产品最终废弃物回收管理制度，加大相关产业的扶持力度，做到未雨绸缪。

目前，我国城市生活垃圾无害化处理设施建设仍以卫生填埋为主，焚烧处理技术应用发展较快，堆肥处理市场逐渐萎缩。截至 2013 年底，全国垃圾清运量达到 17 239 万吨，全国生活垃圾无害化处理厂数达到 765 座，其中卫生填埋厂较多，占全国生活垃圾处理厂总数的 75.82%，比 2005 年增加 224 座；2013 年无害化处理能力达到 492 300 t/d，其中卫生填埋为 322 782 t/d，占全国总量 65.57%，比 2005 年增加 111 697 t/d；2013 年全国垃圾处理量为 15 393.98 万吨，其中卫生填埋为 10 492.69 万吨，占全国总量 68.16%，比 2005 年增加 3 635.59 万吨。

表 1-1 为 2005 年和 2013 年我国城市垃圾无害化处理方式的主要情况：一方

面可以看到曾经作为主要垃圾处理方式的垃圾焚烧已经逐步被卫生填埋处理方式所取代；另一方面，随着垃圾处理相关技术的进步，垃圾处理的能力也得到了明显的提升。2005 年和 2013 年我国的垃圾处理厂数量情况如图 1-1 所示。

表 1-1　2005 年、2013 年我国无害化处理方式主要情况

处理方式	2005 年			2013 年		
	处理厂数量/座	处理能力/(t/d)	处理量/万吨	处理厂数量/座	处理能力/(t/d)	处理量/万吨
卫生填埋	356	211 085	10 492.69	580	322 782	10 492.69
堆　肥	46	11 767	267.57	19	11 030	267.57
焚　烧	6 726	33 010	4 633.72	166	158 488	4 633.72

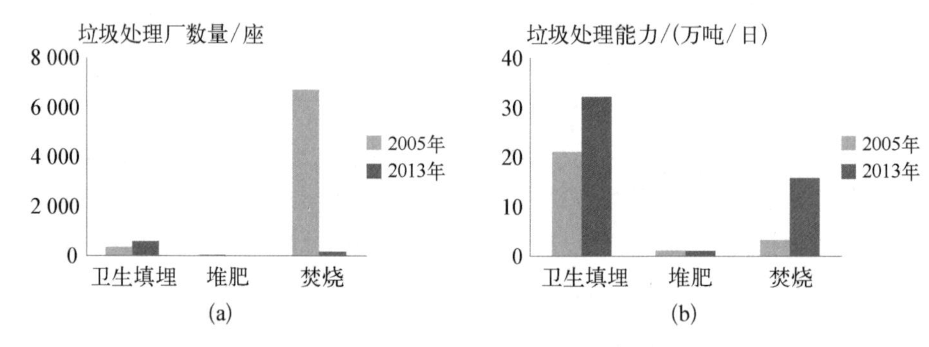

图 1-1　2005 年和 2013 年我国垃圾处理厂数量情况

(a) 垃圾处理厂数量对比；(b) 垃圾处理能力对比

1.1.2　城市固体废物的处置技术

由于城市固体废物种类繁多，分类方法也不尽相同。分类的不同决定了固体废物处理方法和手段的不同。按可燃性性能分为可燃性废物和不可燃性废物；按燃烧值分为高热值废物和低热值废物。可燃性性能和燃烧值可以用来判断城市固体废物是否适合燃烧。按可堆肥性分为可堆肥性废物与不可堆肥性废物，从而决定固体废物是否能用生物方法处理或堆肥处理。结合城市固体废物处理处置方式或资源回收利用可能性来做简易分类，可分为有机废物、无机废物和可回收废物等。按照产生来源的不同可以将城市固废分为 6 种处置对象，分别为生活垃圾、城市污泥、工业固废、建筑垃圾、电子废弃物和其他处置对象，主要的集中分类如图 1-2 所示。

针对不同类型和特征的垃圾，对应的固体废物处理方法也具有不同特点。总的来说，现有的 MSW 的处理技术可以分为垃圾填埋技术、热处理技术、生物

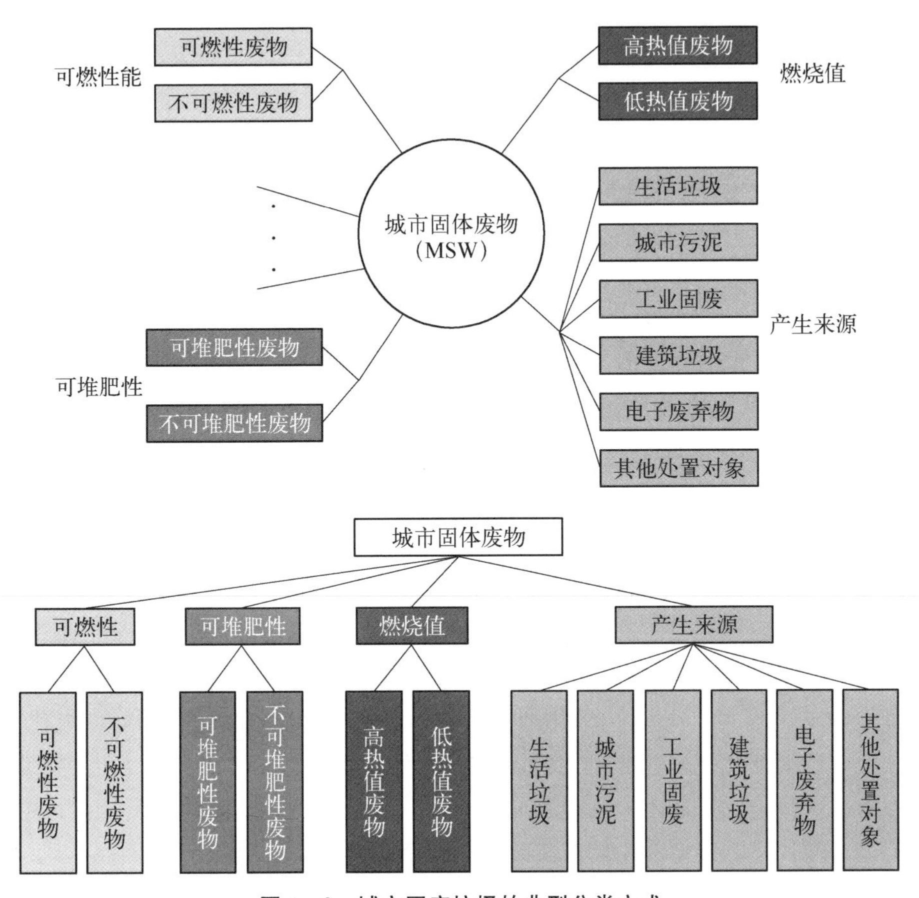

图 1－2　城市固废垃圾的典型分类方式

处理技术以及综合处理技术，并且随着技术的进步，这些废物处置技术也在不断进行改良。

1) 垃圾填埋技术

垃圾填埋技术作为城市固废垃圾的传统和最终处置手段，目前仍然是我国大多数城市解决生活垃圾的最主要方法，截至 2013 年底，我国建成并运行的卫生填埋场有 580 座，平均每座卫生填埋场的处理能力约 557 t/d，平均处理能力较 2001 年增长 60.52%，可见我国的卫生填埋场正朝着规模化的方向发展。

卫生填埋开始于 20 世纪 30 年代，世界第一座城市固废物填埋场建于美国。因占地、渗漏液等问题，国外填埋比例逐年下降：美国 1970 年为 4%，1990 年为 3%，2001 年则降到 2%；法国计划到 2004 年，减少因堆肥法留下的约 20%不可堆肥物和焚烧法处理后 10%左右的残余物，其仍需以卫生填埋作最终处理。今后，在欠发达国家和地区采用卫生填埋处理固体废物仍占主导地位，但因卫生技术标准较高，投资费用和成本相对也较高。在我国绝大多数城市，所谓的卫生填埋仅仅是简单填埋或直接露天堆放，这样简单的处理不仅侵占土地，产生严重的大气、水体和土壤的二次污染，还存在着垃圾爆炸事故的隐患。

对于卫生填埋方式，产生渗滤液是其主要的一大缺点，而且这些滤液在流量、化学组成方面都有明显区别。填埋滤液由过量的雨水从填埋场的废弃物层中渗透产生，废弃物中的污染物通过物理、化学、生物过程转移到渗水中，从而导致地下水和地表水的污染。滤液的复杂组成导致很难形成普遍适用的推荐处理法，常用处理法包括：① 滤液转移，回收后与生活污水一起处理；② 生物降解，包括好氧和厌氧处理；③ 化学和物理方法，如化学氧化、吸附、化学沉淀、聚沉/絮凝、沉淀/浮选。如今，微滤、超滤、纳滤和反渗透是填埋滤液处理中常用的膜处理过程，应根据特定的问题采取合适的处理方法。

2）热处理技术

燃烧、气化和热解是固废热处理中的热转换过程，固废的热处理减少了 MSW 的体积并提供能量，是可持续综合处理系统的一个基本组成部分。热处理技术主要可以分为垃圾焚烧技术和气化技术。焚烧是世界范围内认可的一种处理 MSW 的方法，可以减少废弃物体积和质量并回收能量。气化是通过反应将固废转变为燃料或合成气体，可以定义为氧化剂低于临界点燃烧而形成的废弃物局部氧化。

生活垃圾焚烧技术起步于 19 世纪中期，随着设备性能不断提升、社会对焚烧过程的二次污染认识的不断深化和环保法规的日趋严格，生活垃圾焚烧技术越来越先进。现代化的焚烧技术能够实现生活垃圾的无害化、减量化和资源化，已成为发达国家和地区生活垃圾处理的一种主流技术。

焚烧工艺的优势：① 设施占地少，可持续性强。与相同规模、寿命的卫生填埋设施相比，生活垃圾焚烧处理可减少占地 88%～92%，且焚烧厂在运行 20～30 年后可原址重建。② 减量化效果明显，资源化利用率高。生活垃圾经焚烧处理后，约产生 10%～15%的炉渣和 3%～5%的飞灰，需要填埋处置。焚烧过程产生的余热可用于供热和发电，实现能量回收。③ 对周边环境影响小，选址灵活。在运行稳定达标的前提下，国外许多国家将焚烧厂建在市中心，不会影响周边居民生活。④ 二次污染控制更优。采用负压设计的厂房可有效控制臭味外溢，污染主要集中在烟气排放，采用完善的烟气净化系统，完全可以实现达标排放。渗滤液通常处理达标后排放。飞灰经稳定化处理后填埋。

城市固体废物的气化技术是指垃圾在绝氧或缺氧的条件下，高温发生热化学反应，制取可燃气体的工艺过程。它所需的空气量小于燃烧所需的量，产生的烟气浓度低于焚烧过程，更利于环保，且气化过程生成的燃气还可以用于发电、采暖、供居民生活燃气等，这又为城市生活垃圾热能的综合利用提供了新的方式。

城市生活垃圾属于固体燃料，其元素组成主要是C、H和O。此外，还包含N、S和其他一些微量元素。对于气化反应而言，由于N、S等元素含量很少，可以忽略不计。与煤相比，城市生活垃圾的含碳量较低，而H/C和O/C含量比相当高，从而使其具有较高的挥发分含量，但热值比一般煤炭低。由于城市生活垃圾中N、S等元素含量较少，这样在热转化过程中由N和S成分所形成的污染排放量相对较低，同时其固定碳的活性比煤高得多。这些特点决定了城市生活垃圾更适宜于气化。

城市生活垃圾气化工艺由于供热方式、产物状态、气化炉结构形式等的不同，有不同的分类方法。主要的气化工艺分类如图1-3所示。

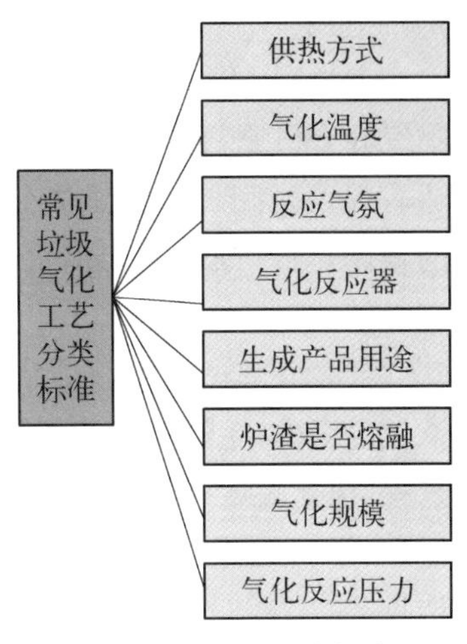

图1-3 城市生活垃圾常见气化工艺分类标准

3) 生物处理技术

考虑到填埋的运输成本和焚烧中低热值和高水分含量带来的不便，通过生物技术处理可以提高固废的利用率，包括得到大量高附加值产品，如生物燃料(生物乙醇、生物丁醇、生物氢气、生物气)、有机酸、生物高聚物、生物电、酶等。MSW的生物处理技术主要可以分为堆肥处理技术和厌氧处理技术。

堆肥化，是指混合有机物在受控的有氧和固体状态下被好氧微生物降解，并形成稳定产物的过程。堆肥化(composting)的产物称为堆肥(compost)，包括活的和死的微生物细胞体、未降解的原料、原料经生物降解后转化形成类似土壤腐殖质的产物，有时也把堆肥化简单地称作堆肥。我们可以利用堆肥所含的类腐殖质作为有机肥料或土壤调节剂，实现有机废弃物的资源化转化。

堆肥方法早在几个世纪之前就在我国农村中开始应用，农民将落叶、稻草、秸秆和动物粪尿等进行简单堆积，经过发酵后得到农家肥。我国城市生活垃圾的堆肥处理始于20世纪50年代，至今已经历了三个发展阶段：第一阶段是20世纪50—60年代，主要是学习和借鉴国外的堆肥技术，是堆肥的起始阶段。第二阶段是在20世纪70—80年代，属于发展阶段，是我国城市生活垃圾堆肥处理技术研究和应用的热点时期。在此期间，机械化程度较高的堆肥厂和机械化程度低但实用性强的简易堆肥系统都取得了一定的应用效果，城市生活垃圾堆肥系统发酵理论的形成、参数的验证、发酵仓的构造、分选机的研制等方面均取得了丰硕成果。之后，机械化动态发酵工艺和利用生物菌种快速分解的堆肥技术得到快速发展，该种处理技术在传统的堆肥方式上，添加了人工筛选的菌剂，并优化了堆肥处理的温度、湿度、氧分、水分等条件，使堆肥进程大为加快。第三阶段是20世纪90年代，这一阶段为推广应用阶段，堆肥处理技术进一步发展，全国堆肥厂已由1991年的

26座,发展到2000年的50座,堆肥处理量约占垃圾总量的5%。2000年以后,由于生活垃圾中不可降解的织物、塑料袋等成分日益增多,导致堆肥的品质差、生产效率低,加上堆肥过程中的恶臭气体难以控制,我国的很多堆肥厂都难以运行,城市生活垃圾堆肥处理继续呈现停滞甚至萎缩的状态。2010年后,随着各地政府对生活垃圾"干湿分类"工作的推进,生活中的厨余垃圾、农贸市场的果蔬垃圾收集量越来越多,堆肥处理技术重新得到重视,简易堆肥和集中堆肥处理都开始得到应用。

考虑到MSW的生物特性,采用厌氧消化技术可以减轻环境污染,同时提供生物气和有机肥料。与好氧处理相比,厌氧消化除了操作耗能低、产品生物量低外,还有保留时间长和有机成分移除率低的优点。为提高固体有机废弃物厌氧消化的效率,可以采用混合消化方式,农业、城市、工业废弃物可以混合在一起并得到有效消化。

厌氧分解过程中,有大量的微生物群,如异养型微生物和梭菌类,但是在厌氧消化过程中,生物处理通常需要多种微生物联合。有机材料的厌氧消化是复杂的过程,包括大量有不同环境要求的不同降解步骤,温度、pH值、水分、基质/碳源、氮源、C/N含量比都对厌氧消解过程有重要影响,必须通过优化这些参数得到最佳收益。

4)综合处理技术

城市垃圾综合处理与再利用就是采用多种物理化学方法及垃圾处理技术对有用物质及能量加以回收和利用,使其无用部分达到无害化、减量化,真正做到物尽其用,既取得一定的经济效益,又保护了环境,达到废物资源化、再利用,使资源的利用良性循环。

MSW的种类和数量在很大范围内有变化,如果不对不相容的危险废弃物加以有效分类,则堆肥和焚烧都不能得到最佳处理效果,并且二次回收材料只有在分离时保持洁净才有其回收价值。在可持续回收处理情况下,从MSW中回收可循环利用的材料主要有两条途径:① 基于源头分离(单独家庭中)和分类收集系统;② 机械分离,在废弃物流量大的中心工厂对混合废弃物进行整理。

对不同国家的家庭回收系统进行对比,MSW回收有单流(高水平混合材料系统)和双流(混合打包收集)两种,两种回收方法都能覆盖相同的废弃物材料。在机械过程中,美国、英国、法国、德国等采用在线分选设备从回收废弃物中获得干的可回收利用混合物。在过去20～30年中,中心分选系统达到了高水平的技术发展。考虑到材料日益增长的复杂性,传统回收系统变得不堪重负,并且全球性的对二次原材料的需求不断增长,中心分选在未来会扮演越来越重要的角色。结合了多种不同MSW处理法的机械-生物处理(mechanical-biological treatment,MBT),即联合机械处理和生物处理(如好氧或厌氧分解)方法已经成为一种概念性的发展趋势,并且通过数据比较,MBT 只在后分离系统成本稍高。

近年来,世界各国都在努力强化公众关于废弃物分类重要性的意识,加强了废弃物分类的训练和教育,但是目前在发展中国家仍然没有得到足够重视,其对更加系统的废弃物分类和回收系统的需求十分紧迫。

1.2 城市固废综合处理园区发展概述

城市固废综合处理园区是将处理生活垃圾、餐厨垃圾、建筑垃圾、大件垃圾、粪便粪渣等各种固废的处理设施和资源化利用设施在园区内有机地结合,并配套建设环卫科技研发推广、环保宣传教育功能的园区式环保综合体,形成固体废物之间的物质循环和能量循环的一种生态型循环机制,是实现污染物"零排放"的环境友好型固废处理综合基地。

1.2.1 "静脉产业"概念

固废综合处理产业园是一个以循环经济为理念,以固废综合处理为核心的工业园,实际上是一种静脉产业生态工业园。"静脉产业"是由日本学者提出的概念,目前,静脉产业园已经成为世界各大城市进行固废处理、资源综合利用和循环经济发展的关键基础设施,是基于"零排放"的先进工艺技术产业群。

静脉产业是相对可称作动脉产业的一般制造业等而言的,处理、处置及循环利用从生产过程中排放的废弃物的产业称作静脉产业。该类园区是以减量化、再利用、资源化为指导原则,运用先进的技术,将生产和消费过程中产生的废物资源化,以实现节约资源、减少废物排放、降低环境污染负荷为目标的新型工业园区。发展静脉产业,建设静脉产业园是我国推动资源节约型、环境友好型社会建设的重要举措。1990 年起,静脉产业的研究和实践陆续出现在一些发达国家及地区,日本因其比较成熟的发展模式及水平而在世界上处于领先地位。日本国内的生态园项目始建于 1997 年,它由国际贸易和日本工业文部合作建立而成。截至 2000 年,日本全国上下共推行了约 30 个生态工业园项目,川崎生态城是日本的第一个生态工业园项目,到 2003 年,已有 71 个企业入驻。日本建立循环型社会的重点领域就是大力推进静脉产业的发展,截至 2005 年,日本当地政府相继批准了 26 个静脉产业类生态工业园区建设项目,日本政府充分认识到生态工业园对实现可持续发展、固废综合处理的重要作用。瑞曼迪斯生态园区是德国最大的固废处理企业,Lippe Plant 是瑞曼迪斯公司用收购的废弃炼铝厂,建设以固体废弃物处理为主的生态产业园。Lipee Plant 拥有先进的处理设施对废弃物进行加工,使其转换成原料和能源，并重复利用于经济或能源周期。

1.2.2 我国部分静脉产业园概要

一些发展较快的城市的生活垃圾综合处理基地是我国静脉产业园的原型，在之后的发展中，不少城市都在卫生填埋处理区的基础上扩建为处理园区，如南京市的工业固废处理中心。2006 年 6 月，中国在青岛建立了第一个静脉产业园，即新天地静脉产业园区，该园区是一个处理量大、处理范围广的固废处理基地，并兼备了资源综合利用功能。2008 年 3 月，苏州光大环保静脉产业通过验收批准，它是当时最具现代化的环保产业园，园区分为核心区与缓冲区，核心区具备发电设备、预处理中心等，缓冲区包括环保设备研发制造中心、科研教育基地等。2013 年，湖南湘潭固体废弃物综合处置中心项目、南京市江南和江北两大静脉产业园生活垃圾焚烧发电厂等诸多项目获准建设。

苏州光大环保静脉产业园区示范图如图 1-4 所示，光大国家静脉产业示范园区规划面积 5.2 km^2，核心区 1.4 km^2，由生活垃圾焚烧发电、环保教育基地、市民低碳体验馆等 10 余个项目组成，各项目之间协同运营，实现了各项目资源的二次开发和循环利用，达到了节能减排的目的，极大地提高了各项目的综合效益。

图 1-4 苏州光大环保静脉产业园区

上海老港固废综合利用基地如图 1-5 所示，其中生活垃圾卫生填埋场四期工程位于上海市浦东新区老港镇东部，地处东海滩涂围垦区，占地 320 万平方米，垃圾填埋区库容约为 8 000 万吨，设计日处理垃圾 4 900 t/d，预计可使用 45 年，是我国目前在建的最大的生活垃圾卫生填埋场。

图1-5　上海老港固废综合利用基地

湖南湘潭固废综合处置中心园区固废垃圾处理规模为：日焚烧处理生活垃圾2 000 t，年处理量73万吨；日处理含水率80%的污泥200 t，年处理量7.3万吨；日处理餐厨垃圾200 t，年处理量7.3万吨。

固废综合处理园区可以实现生活垃圾预处理、原生垃圾零填埋、资源利用最大化、污染影响最小化和土地占用最小化，实现土地的集约化使用、物质和能量循环利用，同时便于设施的统一管理，减少设施的征地拆迁难度，为城市固体废物处理设施的可持续发展提供可能。

1.3　能源互联网技术发展概述

传统能源体系中，化石能源扮演着核心角色。然而它不可持续、日益匮乏。高速、粗犷的能源利用方式，在加剧能源危机的同时，对环境也产生极其恶劣的影响。大力发展可再生能源替代化石类能源已经成为推动社会转型和发展的必然潮流。而能源互联网旨在降低经济发展对传统化石能源的依赖程度，最大限度提高再生能源的利用效率，从根本上改变当前的能源生产和消费模式。

能源互联网的提出，打破了传统能源产业之间的供需界限，最大限度地促进煤炭、石油、天然气、热、电等一次与二次能源类型的互联、互通和互补；在用户侧支持各种新能源、分布式能源的大规模接入，实现用电设备的即插即用；通过局域自治消纳和广域对等互联，实现能量流的优化调控和高效利用，构建开放灵活的产业和商业形态。能源互联网是能源和互联网深度融合的产物，受到学术界和产业界的广泛关注。

当前，能源、电网、信息通信、金融、设备制造等行业或领域纷纷立足于自身，从不同角度对能源互联网的理念和相关技术进行了探索。然而遗憾的是，能源互联网概念一直存在争议，至今还没有一个统一标准的认识。不同的理解中不乏真知灼见，但也夹杂着某些误解，一定程度上影响了我国能源互联网事业的发展。为统一和深化认识，在“互联网＋”的新形势下，有必要以理性的态度对能源互联网进行深入研究。

1.3.1 能源互联网技术发展现状

在传统能源基础设施架构中，不同类型的能源之间具有明显的供需界限，能源的调控和利用效率低下，且无法大规模接纳风能、太阳能等分布式发电以及电动汽车等柔性负荷。随着互联网理念的不断深化，一种新型的能源体系架构——“能源互联网”的构想应运而生。其主要理念是将可再生能源作为主要的能量供应源，通过互联网技术实现分布式发电和储能的灵活接入，以及交通系统的电气化，并在广域范围内分配共享各类能源。

能源互联网理念一经提出，国内外不同行业和领域纷纷开展了有益的探索研究。当前，对能源互联网的典型认知方式主要有以下四种。

(1) Energy Internet：这种认知方式侧重于能源网络结构的表述，以美国的未来可再电能传输与管理系统(future renewable electric energy delivery and management，FREEDM)为典型代表。该认知方式立足于电网，借鉴互联网开放、对等的理念和架构，形成以骨干网(大电网)、局域网(微网)及相关连接网络为特征的新型能源网。在技术层面，重点研发融合信息通信系统的分布式能源网络体系结构。

(2) Internet of Energy：这一认知方式侧重于信息互联网的表述，以欧洲的e-energy为典型代表。该认知方式将信息网络定位为能源互联网的支持决策网，通过互联网进行信息收集、分析和决策，从而指导能源网络的运行调度。

(3) Intenergy：这种认知方式强调互联网技术和能源网络的深度融合，以日本的电力路由器为典型代表。该方式采用区域自治和骨干管控相结合的方式，实现能源和信息的双向通信。其中，信息流用于支持能源调度，能源流用于引导用户决策，以实现可再生能源的高效利用。

(4) Multi Energy Internet：这一认知方式强调电、热、化学能的联合输送和优化使用，以英国、瑞士等国的能源发展方向为典型代表。

尽管以上四种认知方式的侧重有不同，但都是将互联网技术运用到能源系统，以提高可再生能源的比重，实现多元能源的有效互联和高效利用。下面分别针对欧盟、德国、瑞士、美国和中国的能源互联网研究案例进行介绍和分析。

1) 欧盟的 Future Internet for Smart Energy

该项目的核心工作是信息通信技术(information and communication technology，

ICT)与能源部门协作，识别智能能源系统的需求；通过分析智能能源场景，识别ICT需求，开发参考架构并准备欧洲范围内的试验，最终形成欧洲智能能源基础设施的未来能源互联网ICT平台。

该项目旨在通过LTE 4G(long term evolution, 4G)、物联网(internet of things, IOT)、互联网服务、云计算等先进技术，构建能源互联网ICT平台，传送中低压配电系统功率、能量及运行相关的控制管理数据、交易和服务信息，实现配电网、微网、智能楼宇、电动汽车等各种资源端到端连接和智能控制、管理，激活需求响应、辅助服务、电能交易等电子化能源市场及服务。

2) 德国的E-Energy项目——基于ICT的未来能源系统

德国联邦政府宣布将E-Energy作为一个国家性的“灯塔项目”，旨在推动基于ICT技术的高效能源系统项目。E-Energy计划已经选取了6个示范项目，分别由6个技术联盟来负责具体实施。这6个示范工程围绕低碳环保、经济节能的目标，开展大规模清洁能源消纳、节能、双向互动等方面的示范工作，该项目的主要内容如表1-2所示。

表1-2 德国E-Energy项目的主要内容

项目名称	项目内容
库克斯港的eTelligence项目	综合调节大规模风力发电与供热需求(如海产品冷藏仓库和温泉热电联产)+利用价格杠杆进行自动控制
哈茨可再生能源示范区的RegModHarz项目	分散风力、太阳能、生物质等可再生能源发电设备与抽水蓄能水电站进行协调，可再生能源联合循环利用达到最优
莱茵-鲁尔地区的E-DeMa项目	电力系统与居民用户之间的互动，使消费者可同时扮演发电者与电力消耗者角色
亚琛的Smart Watts项目	完全自由零售市场示范，期望零售商能够完全自由地购售电，多角度提升电网的效率
莱茵-内卡(曼海姆)地区的MOMA项目	电价型用户需求响应，通过网关直接控制次日价格的科学用电
斯图加特的MEREGIO项目	利用智能电能表、ICT技术，期望实现有效控制CO_2减排效果

3) 瑞士的Vision of Future Energy Networks

该项目是瑞士联邦政府能源办公室和产业部门共同发起的一个研究项目，重点是研究多能源传输系统的利用和分布式能源的转换和存储，开发相应的系统仿真分析模型和软件工具。

项目提出未来能源互联网两个远景元素：一是通过混合能源路由器(hybrid energy hub)集成能源转换和存储设备；二是通过一个称之为能源内部互联器(energy interconnector)的设备实现不同能源的组合传输，如电力和气态能源通过地下管道组合传输。能源路由器实现不同能源载体的输入、输出、转换、存储，是能源生产、消费、传输基础设施的接口设备。该项目提出，混合能源路由器有许多可用的场景，如工厂、大型楼宇、城市和农村集中居住区、独立运行的电力系统(火车、轮船等)。

4) 美国著名未来学家杰里米·里夫金提出的能源互联网

杰里米·里夫金指出未来能源体系的特征是能源生产民主化、能源分配分享互联网化，即组建以“可再生能源＋互联网”为基础的能源共享网络，在能源通过分散的途径被生产出来之后，利用互联网创造新的能源分配模式。其提出的能源互联网五大支柱如表 1－3 所示。

表 1－3　里夫金能源互联网五大支柱

能源互联网元素	能源互联网五大支柱具体内容
可再生能源	以化石能源为主的生产模式向可再生能源为主的生产模式转型
分布式发电	把全世界的每栋建筑变为微能源生产工厂，以便就地收集可再生能源
分布式储能	每一栋建筑和每一个基础设施装备储能装置，如氢存储，用以存储间歇式能源发电
能源互联	利用互联网技术将每一大洲的电力网转化为能源共享的互联网络
零排放交通运输	运输工具将转向插电式以及燃料电池动力车，这种电动车所需用电可以通过洲与洲之间共享的电网平台进行买卖

实际上，杰里米·里夫金提出的能源互联网包括 4 种能源元素(可再生能源、分布式发电、分布式储能、电气化交通)＋互联网，用以实现能源全球共享互联网络。

5) 美国未来可再生电能传输与管理系统项目

美国国家科学基金项目未来可再生电能传输与管理系统(FREEDM)，研究一种构建适应高渗透率分布式可再生能源发电和分布式储能并网的高效配电系统，称之为能源互联网(energy internet)。这种新型配电网的主要能力是：允许分布式电源和分布式储能随时随地并网、即插即用；通过分布式网络智能软件管理负荷、分布式电源和分布式储能；通过一个创新性的接口(固态变压器)与负荷、分布式电源、分布式储能实现互联；具有一个骨干通信基础设施；具有一个创新性的故障保护装置(fault isolation device，FID)；可脱离主网独立运行并可适应 100%可再生能源；具有完美的电能质量并保证系统稳定；具有高效率，交流系统部分具有单位功率因数。FREEDM 系统的接口如图 1－6 所示，其中电力电子变压器(SST)作为能量路由器实现能量的智能管理。

该项目所提出的能源互联网主要面向高渗透率分布式电源并网，具有三个典型特征，如表 1－4 所示。

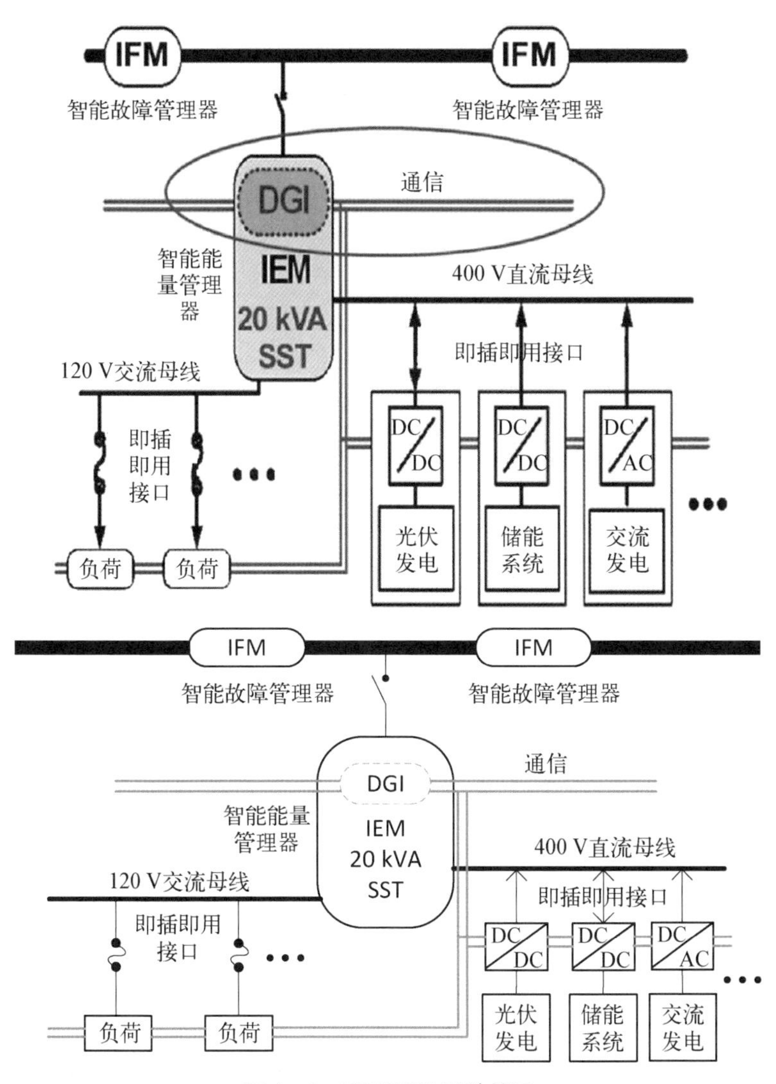

图1-6 FREEDM 系统接口

表1-4 FREEDM 能源互联网典型特征

典型特征	特征描述
具有即插即用接口	包括一个直流400 V和交流120 V母线，通信接口可理解识别连接到配电网的负荷、分布式电源、分布式储能设备
具有能量路由器	能量路由器连接到中压配电母线并支持管理交流120 V和直流400 V母线，通过多种交直流端口实现交流、直流负荷及分布式电源、储能设备接入和电能双向传输
电网分布式智能单元	除了能量路由器之外，还有智能故障管理器(intelligent fault management，IFM)，用于中压配电网故障管理，实现区域差动保护

该项目所提出的能源互联网的主要特点是通过固态变压器接入中压配电网的多种负荷、储能设备及可再生能源转换成电能后可实现即插即用、故障快速检测和处理、配电网智能化管理；在中压配电网以交流方式传输电能，直流负荷、分布式电源在固态变压器的接入端口接入中压配电网。

6）中国国家电网公司的全球能源互联网概念

2014 年 7 月国家电网公司董事长刘振亚在美国 IEEE 会议上发表署名文章，提出构建全球能源互联网。北京市电力公司牵头承担国家高技术研究发展计划项目(863 项目)“交直流混合配电网关键技术”等项目研究，开展城市能源互联网技术研究和示范应用。中国电力科学研究院牵头承担国家电网公司基础前瞻性项目“能源互联网技术架构研究”，着力构建未来能源互联网架构；依托该项目及相关技改项目支撑，搭建相应的能源互联网研究平台。我国国防科技大学、清华大学、天津大学也从关键技术、关键设备等方面开展了能源互联网的研究工作。

全球能源互联网是以特高压为骨干网架(通道)，以输送清洁能源为主导的全球广泛互联的坚强智能电网。全球能源互联网将由跨国跨洲骨干网架和各国各电压等级电网(输电网、配电网)构成，连接“一极一道”(北极、赤道)和各洲大型能源基地，适应各种分布式电源需要，能够将风能、太阳能、海洋能等可再生能源输送到各类用户。全球能源互联网可实现将各种清洁能源、化石能源转换成电能后传输，并与其他传统能源传输方式(如铁路、管道等)分工协作、优势互补；作为连接各类电源和用户的网络枢纽，可优化配置电源资源和用户资源，并成为全球能源交易的载体；同时还可将清洁能源送至千家万户，提供增值的公共服务。

7）中国北京延庆能源互联网示范

北京市电力公司承担的国家科技部 863 项目“交直流混合配电网关键技术”和国家电网公司科技项目“分布式能源高渗透率的交直流混合主动配电网运行生产管控关键技术研究”，在延庆启动。该项目利用柔性直流技术升级改造现有配电网，建设拓扑灵活、潮流可控的多源协同主动配电网，示范建设城市能源互联网，支持高渗透率分布式能源的灵活接入和充分消纳，实现与智能微电网的协同互动，提升能量传输网络的优化配置能力，提高用户的电能质量和供电可靠性。该项目在八达岭经济开发区建设一座 10 kV 交直流混联开闭站，通过三端口柔性直流环网控制装置实现 3 条 10 kV 交流母线互联，从而将周边智能微电网群、光热电站和园区光伏接入开闭站。

北京延庆能源互联网示范项目构成如图 1-7 所示。

1.3.2 能源互联网关键技术

能源互联网关键技术是指可再生能源的生产、转换、输送、利用、服务环节中的

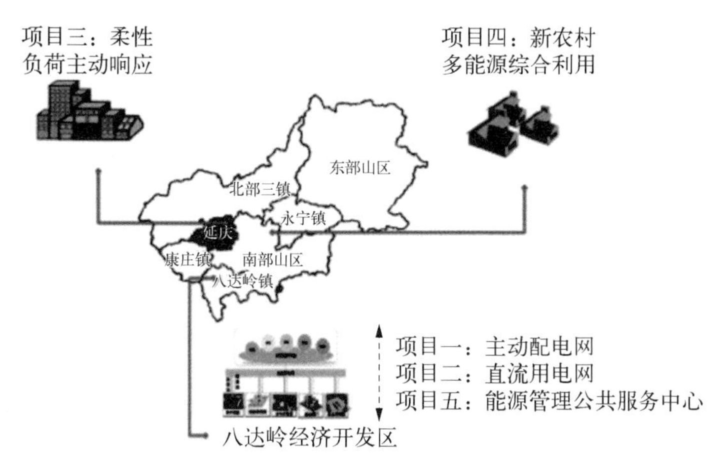

图1-7 北京延庆示范项目构成

核心技术，包括新能源发电技术、大容量远距离输电技术、先进电力电子技术、先进储能技术、先进信息技术、需求响应技术、微能源网技术，也包括关键装备技术和标准化技术。其中先进电力电子技术、先进信息技术是关键技术中的共性技术。因此，支撑能源互联网发展的基础关键技术如下。

(1) 能源转化和综合利用技术。建立以电能为基本形式的多种能源融合传输和供给渠道，实现多种能源相互间的转化和综合应用，不论是对于能源互联网广域层、局域层还是终端应用层都具有重要意义。目前这方面的研究总体还处于初步阶段，典型的如电网和天然气网的融合、电转气、冷热电三联供、用户端综合能效系统等，在体系性和实用性等方面都还有很大差距。

(2) 信息和通信技术。能源互联网的实现，包括支撑其实现的其他关键技术本身的应用都离不开ICT支撑，可以说目前ICT总体上是先进的，互联网的发展就是明证，但其在能源互联网中的应用还面临着许多特殊需求。目前的主要工作在于支撑能源共享平台的建立，对各类能源共享业务的支撑，适应能源互联网发展的多网融合通信以及云计算等关键技术的深入应用。

(3) 电力电子技术。固态变压器是目前多个能源互联网原型系统的开发和实验焦点，能源互联网各级节点的实现都离不开电力电子技术的支撑。目前的主要差距在于新型半导体功率器件的实用化，以电力电子变压器为核心的能源路由器的实用化，支撑能源互联网中终端节点综合能源及储能系统应用以及高电压大容量电力电子装置的设计和应用。

(4) 可再生能源技术和储能技术。包括采集、并网、输送技术，以及多种形式能源的协调和利用。目前的主要差距在于个体分散化的可再生能源开发，可靠和低成本的个体化综合能源利用，电网对大规模分散式开发的可再生能源的并网接纳及其可能引起的问题的应对。

利用储能环节对功率和能量的时间迁移能力来应对电能利用的时间约束特性和可再生能源的波动性。当前各种方案普遍受限于技术水平、经济成本、应用规模及使用寿命、实施便利性等因素。部分新技术，如"电转气"或以冷和热的方式储能，其实际效能还需大幅提升。

（5）标准化即插即用接口技术。能源互联网标准体系可由规划设计、建设运行、运维管理、交易服务等标准构成。能源互联网需要首先构建标准体系，分步骤推进标准体系建设。能源互联网涉及众多设备、系统和接口，第一位的是能源互联网开放平台标准，包括接口标准。

能源互联网在多个环节涉及多种能源的转换、交易、服务及多元市场主体，相应的技术标准规范、能源贸易法规等须配套跟进，确保能源互联网正常运行。

（6）控制和调度技术。怎样保持未来能源互联网的安全稳定和精确平衡是一个挑战，海量节点、更多储能系统的加入、分散平等的网络构建方式决定了控制和调度技术必然发生巨大的变化，目前来看，分布式智能控制、多智能体控制、复杂网络等理论都是可考虑的支撑理论。即插即用、分布自治、集中协调必然成为能源互联网的主要控制方式。

（7）需求响应技术。需求响应是指用户对电价或其他激励做出响应从而改变用电方式的行为。通过实施需求响应，既可减少短时间内的负荷需求，也能调整未来一定时间内的负荷，实现移峰填谷。这种技术除需要相应的技术支撑外，还需要相应的电价政策和市场机制保证。一般来说，需要建立需求响应系统，包括主站系统、通信网络、智能终端，依照开放互联协议，实现电价激励信号、用户选择及执行信息等双向交互，达到用户负荷自主可控的目的。在能源互联网中，多种用户侧需求响应资源的优化调度将提高能源综合利用效率。

（8）互联网商业机制。互联网商业机制是能源共享网络的重要组成部分，也是调动大众参与开发可再生能源的关键。这些机制在互联网已经得到广泛验证，从 ICT 支撑角度考虑没有问题，目前的主要差距在于适应电能利用特性的机制设计、相关政策和管理制度的调整等。

通过多种分布式能源的利用来实现能源互联网，从而解决多种能源物理属性上的局限性。同时考虑到社会上多种能源支撑系统的渐进式发展以及智能电网的发展现状等因素，可以初步给出能源互联网关键技术之间的支撑结构（见图 1－8）。该支撑结构的特点在于：① 能源互联网应该是局域互连和广域互联的有机结合，这是由全球资源禀赋和电能的物理属性所决定的；② 在广域层面，能源互联网更多地表现为互联能源网络（特别是广域智能电网）特点，以电能为基本形式，电力、天然气、氢气等多种能源网络互联互通，起到了广域范围的基础能源保障、能源高

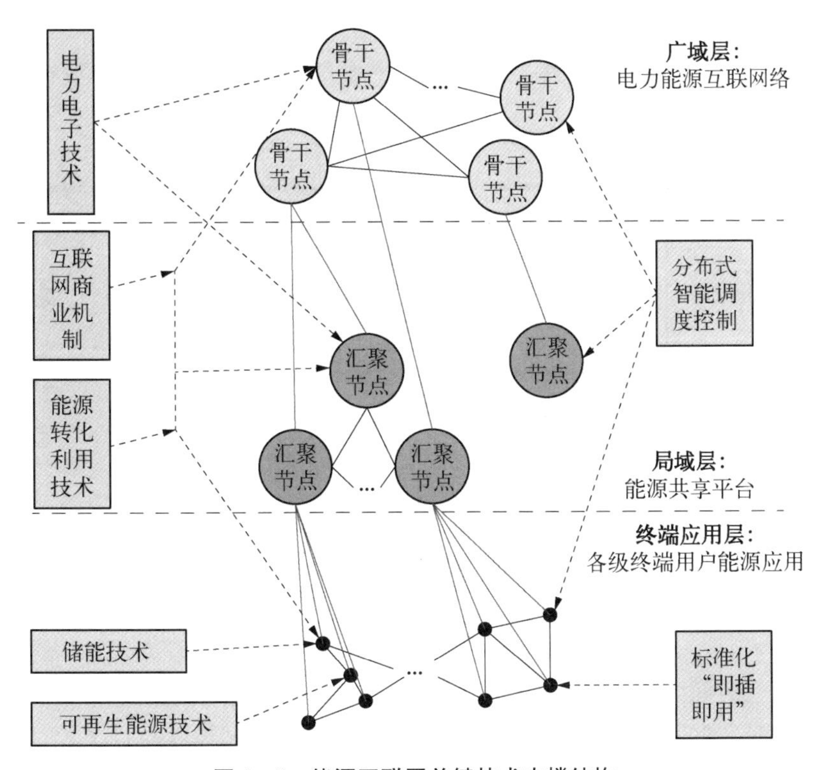

图 1-8　能源互联网关键技术支撑结构

效传输、资源优化互补配置的作用；③ 局域的能源互联网应大众参与，运行机制分布自治，物理上以就地平衡为主，商业模式采用互联网式（可以是广域）；④ 在终端应用层，各类能源用户，各类用户侧热（冷）网、气网、电网等能源网络，交通、矿山等能源应用都是能源互联网的重要组成部分。

1.3.3　能源互联网的 ICT 技术

图 1-9 所示为一个典型能源互联网的总体结构。该能源互联网中包含交通网，气网、电网和热网等多种形式的能源网络，不同形式能源在该能源互联网中实现能源生产、能源输送和能源消费，并且通过 ICT 技术实现能源利用的高效可靠。

能源互联网的互联并不仅指电力一次系统之间通过输配电网络实现的物理互联，而且更应着眼于广域内海量分布式设备之间的信息交互与协调。通过进一步扩大各区域间的信息互联，可以更好地利用广域内分布式电源的时空互补性，并充分发挥储能和可控负荷等设备的调峰潜力，进一步提高系统的整体经济性与安全性，这也可称为信息物理系统。能源互联网是能源与信息高度融合的大系统，所涉及的设施设备及终端类型多、数量大。其通信结构复杂且具有多尺度动态性，对能量控制与信息交互响应要求严格，保证稳定运行、网络延时小、数据可靠传输、数据

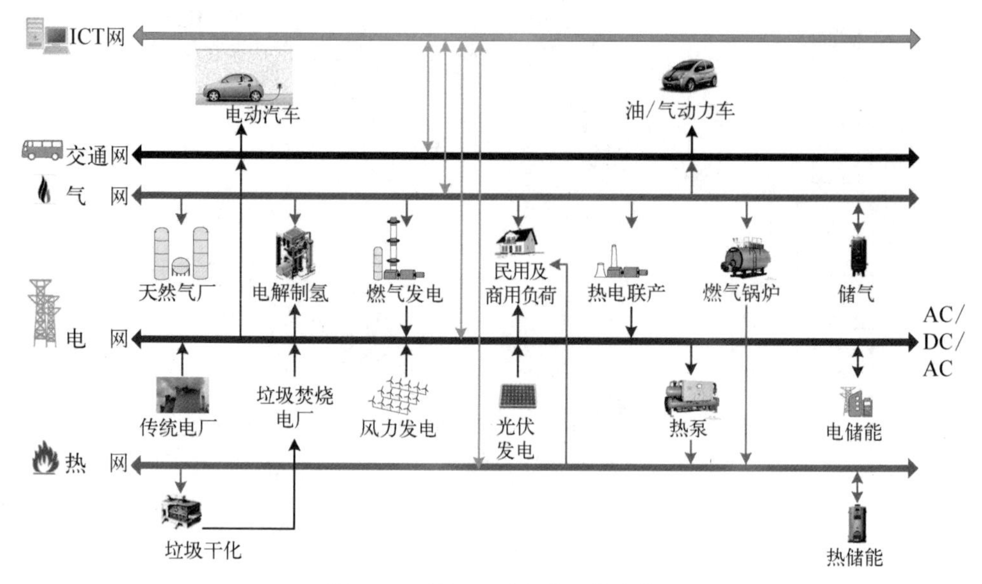

图 1-9　能源互联网的总体结构

优先级分类、时间同步、多点传输等，要求各种不同级层通信网路的高效互联互通、能容纳不同类型的通信设备、能量控制相对通信时延短、控制命令通信差错率低等。随着其应用模式的成熟和应用程度的深化，能源互联网作为一类典型的信息物理系统必将获得海量数据，其规模也将沿数据类型（随着大量分布式电源的接入及需求响应侧的实施）呈爆发式增长。作为一类典型的信息物理系统，能源互联网需具备高可靠、高安全的通信能力，拥有良好的大数据处理计算技术，同时能够实现从态势觉察、态势理解到态势预测的全面态势感知。因此可以将能源互联网的ICT关键技术主要分为数据集成技术、云计算技术和大数据分析技术。

1）能源互联网的数据集成技术

伴随大量分布式能源的接入，能源互联网系统将包含大量自治能力强、异构的能源局域网系统，且具有系统规模十分庞大、网络拓扑动态变化、局部能量供需不均、能量水平随机演变、能量管控异常复杂等特点，要求能源互联网系统具备较强的分布式协同控制能力。为了便于实现资源共享，迫切地需要建立一个公共的集成环境，数据集成的研究因此而起。数据集成的目的就是要实现分布式环境中异构数据源透明无缝地整合，为用户提供更高层次的信息服务。在分布式环境下，由于数据源提供数据的质量不同，多个数据源提供的数据之间可能会存在数据不一致性问题，这使得数据集成系统对现实世界的同一对象产生不同的描述数据，从而影响了数据集成以及查询的质量，并给系统用户带来不便。数据集成技术对各种分布式异构数据源的数据提供统一的表示、存储和管理，以跨时间、空间的透明的方式对数据源进行无缝整合，屏蔽了各种数据源之间物理和逻辑方面的差异，通过数据集成平台对分布式环境中数据源的数据进行统一的处理。分布式环境中存在着大量的异构数据源，且它们之间往往是相互独立的，不能有效地进行信息交换和共享，这就形成了“信息孤岛”。数据集成技术是解决目前普遍存在的“信息孤岛”问题的重要方法。数据集成系统为全局应用和用户提供了统一透明的访问自治、分布和异构资源的方法。

数据集成的核心任务是要将分布式异构数据源集成到一起，使用户能够以透明和统一的方式访问这些数据源。集成是指维护数据源整体上的数据一致性、提高信息共享率。透明的方式是指用户无需关心如何实现对异构数据源数据的访问，以及如何组织系统中的数据。实现数据集成的系统称作数据集成系统，它为用户提供统一的数据源访问接口，执行用户对数据源的访问请求。数据集成问题解决后，才能为其他诸如信息查询、信息共享等服务提供基础。数据集成系统有多层体系结构，基于其中间层的实现方法，数据集成系统可以划分为两类，其典型应用是物化(materialized)集成系统和虚拟数据集成系统。

物化集成系统的一个典型例子是数据仓库。数据仓库是面向主题的、集成的、稳定的、不同时间的数据集合，用以支持经营管理中的决策制订过程。基于该方式，各数据源的数据事先装载到数据仓库中，用户查询针对数据仓库中的数据进行。这种方法的优点是能够高效查询，但查询结果却缺乏时效性。数据仓库适合规模不大但要求高效的查询，且数据源的数据不会频繁更新的情况。数据源的数据通过 ETL 工具定期提取、转换并装载到数据仓库中。全局查询由数据仓库的数据库管理系统(database management system，DBMS)在本地完成。相关文献中提出了一种基于 Web 的数据仓库的层次体系结构，它拥有一些虚拟集成系统的特点。在该框架中，每个 Web 节点是一个数据仓库，上级节点不保存其所有子节点的全部数据。典型的虚拟数据集成系统主要包括数据源、中介器(mediator)和包装器(wrapper)。其中每个数据源对应一个 wrapper，mediator 通过 wrapper 和各个数据源交互。虚拟数据集成系统通过使用 wrapper 屏蔽了数据源的物理和逻辑异构性。wrapper 对其对应的数据源进行封装，将其数据模型转换为系统所采用的局部模式，并提供一致的访问机制。对数据源的数据进行集成时通过 wrapper 获得的数据源的数据是基于系统理解的局部模式描述的数据，并通过 mediator 将这些数据源的数据基于全局模式进行集成。查询时，用户基于全局模式向 mediator 提交查询语句。mediator 处理用户请求，将其转换成各个数据源能够处理的子查询请求，并对此过程进行优化。mediator 的查询执行引擎直接与数据源或数据的 wrapper 交互。将基于中间模式的查询分解重构成对多个局部数据源的查询。mediator 将各个子查询请求发送给 wrapper，由 wrapper 来和其封装的数据源交互，执行子查询请求，将结果返回给 mediator，并在数据源处执行查询语句，mediator 对查询结果进行合并返回给用户。

当前数据集成技术主要还包括多数据库系统(multi-database system)。多数据库是 20 世纪 90 年代初兴起的一个数据库研究领域。传统的多数据库系统主要集成典型的数据库系统，而不包含文件系统等其他异构数据源。多数据库系统集成技术出现在 20 世纪 80 年代，这是数据集成技术的一个里程碑。惠普公司的 Hewlett-Packard 实验室开发的 Pegasus 是一个较早的多数据库系统，它能提供对本地和外部自治数据库的访问。美国 Uni SQL 公司开发的 Uni SQL/M 是一个异构数据库系统，它的目标是在 SQL 的基础上实现关系和面向对象的数据库的集成。美国密歇根-迪尔伯恩大学、加拿大沃特卢大学以及 IBM 多伦多实验室和几所北美大学的研究者们合作开发的 CORDS 项目中，对多数据库的查询处理和优化做了较多的研究工作。另外，还有一些多数据库系统相关的有意义的研究，如多数据库系统中的动态集成方法、在多数据库系统中考虑模式冲突的查询优化方法等。随着分布式网络技术的发展，为了增加对 Web 数据和半结构化数据的处理，并对这些新形式的数据源进行集成，出现了新的技术成果。TSIMMIS 是 1996 年左右 Stanford 和 IBM 合作开发的异构信息集成项目。加拿大阿尔伯特大学的研究者们在 DIOM 项目中提出了一个互操作管理体系结构的具体实现。IBM Almaden 研究中心的 Garlic 系统能在不改变数据的前提下，为多种异构遗留数据源提供集成视图，这些数据源包括数据库系统(如 DB2、Oracle)、可检索的 Web 数据、文本搜索引擎以及一些专业数据的数据库。除了基于 mediator 的数据集成技术，还陆续出现了基于 Agent 的数据集成系统(如 Info Sleuth)、基于 ontology 的集成技术(如 OBSERVER)，以及基于 peer-to-peer(P2P)的技术(如 Piazza)。随着 Web service 技术的发展，研究者们展开了基于 Web service 的集成技术的研究(如 Active XML)。最近又出现了协同集成以及个人语义集成等数据集成技术，如 MOBS 和 SIRUP。美国的 Michael J. Franklin 和 Alon Y. Halevy 等人提出了数据空间的概念，它使得集成方式与传统数据集成有了很大的不同。数据空间是与主体相关的数据及其关系的集合，数据空间中的所有数据对于主体来说都是可以控制的。它基于"pay-as-you-go"的形式，具有增量的获取、理解、管理和查询大量分布式数据源的功能，其最基本的功能就是数据集成。代表性的原型系统有 Dittrich 等人开发的 i Memex 和 Dong 等人开发的 Semex。而 Semex 系统则对个人数据集成中参照协调问题给予了关注。

国内关于数据集成技术的研究起步较晚但发展很快，该领域关键技术的研究备受国内各大学和科研院所研究人员的关注，正逐渐成为信息管理与应用领域研究的热点与焦点。南京的研究人员研制的 Versatile 是一个基于 CORBA 的分布式异构数据源集成系统原型，旨在以"即插即用"方式集成来自不同数据源的数据。它使用对象集成模型(OIM)作为数据集成的公共模型,以对象集成查询语言(OIQL)作为其查询语言。北京的研究人员就 Web 数据管理的若干问题进行了研究。重点就 Web 查询问题、半结构化数据模式和 Web 数据集成方法进行了研究。他们提出了 Deep Web 数据集成中基于最小超集的查询转换以及 Deep Web 数据集成中的实体识别方法。上海一研究机构的学者提出了基于元数据描述和数据源能力的分布式自治数据源的联合查询方法。基于元数据描述,在语义正确的前提下,根据不同查询条件和不同数据源能力,自动构造查询计划来解决分布式异构数据源的集成和综合查询问题,并给出了根据实际需要快速构造查询计划的直观算法和尽可能全面构造所有可能查询计划的闭包算法。

目前国内外对数据源的集成的研究尚有很大的发展潜力和发展空间。不断融合各种先进的数据集成技术,不断提高数据集成系统的性能、可伸缩性、灵活性和适应性,将是未来数据集成系统发展的总趋势。而融入了数据仓库技术、移动 Agent 技术、XML 技术、语义 WEB 技术和 AI 技术的虚拟数据集成方案,则将重新焕发生命力,并向一种具有分布式体系结构、很强形式语义的智能知识型软件方向发展。

2)能源互联网的云计算技术

能源互联网作为一个巨大的信息互联系统,数据量庞大、复杂,必须通过网络连接进行网络应用。对比 HTTP、FTP、SMTP、POP、TELNET 等经典的网络应用,新出现的网络应用的行为特征更加复杂、流量更大。特别是 P2P 网络技术的广泛使用,带来的文件共享、即时通信、协同计算等技术,引发了互联网应用模式的改变,由服务器客户端模式变化为没有固定服务器,每个客户端同时为服务器的应用模式。这些网络应用需要在低延时、小抖动、高 QOS 的条件下才能良好运行。实时网络应用的推广和使用,使得用户对于互联网服务的质量要求变得更高。互联网是一个开放的、无自主控制机制的网络。网络的普及使得黑客入侵行为变得越来越频繁,更多的电脑病毒在网络上传播感染,非授权的网络应用泛滥成灾。这些网络行为严重危害网络用户的安全,需要进行管理控制。有效地管理网络带宽、动态监控网络流量、分析网络状态等,都需要识别出每个数据报传递所使用的应用协议。高效准确地识别互联网流量中的网络应用对于分析网络发展的趋势、动态访问控制各种业务的使用带宽、保证关键业务、抑制不希望出现的业务、深化 QOS 服务质量控制、异常根源分析和安全监控等都具有重要意义。网络技术不断进步,人们想要更好的网络体验,这些都促使了网络应用的丰富,网络流量成分也日趋复杂。目前已知的应用协议有几十种之多,如果考虑未公开的协议则种类数量更是庞大,这使得互联网流量快速增长。以用户体验的需求为目标是网络应用的发展方向。网络用户对网络体验有更高的要求,促使网络应用技术不断变革前进。新的网络应用技术增强用户的上网体验,使得网络应用软件的可用性越来越强,用户的使用频繁度增加，产生的网络流量就会越来越大。从网络控制管理角度而言，应用技术的快速更新发展将给网络流量的识别和管理带来前所未有的挑战。

云存储与大数据分析是信息物理系统的关键技术。首先，为量化负荷控制的影响，需要采集海量的环境（室温、建筑通风与隔热性能、光照等）与用电行为数据。采用云存储技术可以对上述数据进行有效的存储与管理。云存储研究的重点是数据的采集与存储策略，包括数据采样频率、如何确定哪些数据需要保存、在本地还是数据中心保存、数据保存位置如何与计算任务相配合等。其次，要重点研究如何基于上述数据构建用电设备的用电特性模型、用电设备对用户便利/舒适程度的影响模型和用户的用电行为模型。由于上述建模过程涉及的数据量非常庞大，因此适于采用基于分布式的大数据分析技术来实现。在具体实现过程中，可以考虑以现有开源大数据分析平台（如 Hadoop）为基础。开源大数据分析平台里通常已经集成了云存储管理系统（如 HDFS）和分布式计算资源调度系统（如 Hadoop YARN）。可以在上述系统基础上考虑能源互联网自身的特点进一步研发。

大数据技术广义上包括大数据相关的获取、存储、处理、挖掘等技术，但就美国政府 2012 年提出的“大数据研究与发展计划”而言，它主要指的是面向大数据的数据挖掘、机器学习技术。数据挖掘技术是一个涉及数据库、机器学习、统计学、神经网络、高性能计算和数据可视化的多学科领域，是计算机模仿人类学习机理和方法，利用数据自动获取知识的一种技术。数据挖掘出现于 20 世纪 80 年代末，在过去的 20 年中得到了广泛的研究和快速的发展，表现在出现了大量的算法，并可以处理各种类型数据。然而随着大数据时代的来临，数据挖掘技术迎来了空前广泛的应用机会，也面临新的挑战。大数据是伴随智能终端的普及和互联网上社交网络等业务的广泛应用而出现的，因此面向大数据的数据挖掘的应用首推 Google、Amazon、Yahoo、阿里巴巴等互联网公司。基于互联网上海量语言材料应用机器学习技术的 Google 语言翻译系统，则是目前为止最为成功的计算机自动翻译系统。大数据时代我们能得到现象相关的所有数据，即统计学上所说的总体，而不再是传统的统计学和数据挖掘中一个容量有限的样本或容量有限的训练集。另外，所得到的数据不是绝对精确的，只能在保证速度的前提下近似地反映宏观和整体情况，这要求数据挖掘要能处理非结构化数据和含噪声的数据，而挖掘结果的正确性则只要保证在期望的区间内。目前，应对的主要技术之一就是数据流的挖掘。数据挖掘技术的主要分支包括：分类、聚类、关联规则挖掘、序列模式挖掘、异常点挖掘、时间序列分析预测等。

云计算作为一种基于互联网的新型计算方式，已成为产业界和学术界研究热点，并取得一定研究成果。国内外许多大型 IT 公司均推出了自己的云平台。例如，国外有 IBM 的蓝云、Amazon 的弹性计算云（EC2）和简单存储服务（S3）、微软的

Windows Azure、Google 的 App Engine(GAE)和邮件服务(Gmail)以及 VMware 的 vCloud 等;国内有阿里巴巴的阿里云、盛大的盛大云、新浪的 SAE 云平台以及百度的百度云等。学术界的专家学者紧随着产业界各大 IT 公司的步伐,相继开发出多种开源云平台及相关软件,为个人和科研团队研究云计算提供了坚实的研究基础。如 Apache 软件基金会模仿 Google 云计算平台开发的 Hadoop、美国加州大学圣芭芭拉分校计算机系 Wolski 教授领导的项目组模仿 Amazon 的 EC2 和 S3 开发的 Eucalyptus 以及澳大利亚墨尔本大学云计算与分布式系统实验室 Buyya 教授领导团队开发的云计算仿真器 Cloud Sim 等。这些技术成果推动了云计算的发展,促进云计算在医疗卫生、制造、教育、政务、金融、交通、农业以及智慧城市建设等领域的应用,带动全球经济的发展。随着云计算市场占有率的迅速增长,各国政府纷纷将云计算列为国家整体发展战略。2011 年 2 月,美国政府发布了《联邦云计算战略》白皮书,将支出 2012 年美国政府 IT 预算的 25%,用于把美国政府当前的 IT 应用迁移到云平台上。2011 年 11 月,英国政府实施政府云 G－Cloud 计划,投资 6 000 万英镑搭建公共云服务网络。2013 年 5 月,澳大利亚政府发布了《澳大利亚云计算战略》,推动云计算在政府部门的推广和应用。2010 年 8 月,日本经济产业省发布了《云计算与日本竞争力研究》报告,推动云计算的发展。我国政府高度重视云计算的发展,国务院发布的《"十二五"国家战略性新兴产业发展规划》将云计算列入重点扶持的战略性新兴产业。

IT 基础架构属于烟囱式架构,每个业务系统独占计算、存储和网络资源,但业务系统对硬件资源的平均利用率不足 10%,而且硬件设备更新换代频繁,每隔三到五年就要更换一次,浪费了大量的硬件资源,导致企业 IT 运营成本居高不下。同时在传统 IT 基础架构下,新业务系统上线周期长,需要两到三个月的时间,造成业务系统上线时间严重滞后,最终影响企业的经济效益。云计算通过虚拟化等技术将现有的硬件资源进行整合,形成共享的资源池,使业务系统能够按需获取计算、存储以及网络资源,有效地解决了传统 IT 基础架构存在的问题。随着云计算的不断发展和成熟,越来越多的企业选择将业务系统部署到云平台上以提高硬件资源利用率,同时降低 IT 运营成本。虚拟机是云平台的核心部件,负责为业务系统提供计算和存储资源,从而保证业务系统的正常运行。随着业务系统种类和数量的不断增多,云平台的规模不断扩大,云平台变得日益复杂,而且云平台上的虚拟机共享硬件资源,会引起资源竞争等问题,这些使得虚拟机在运行过程中容易出现异常。虚拟机异常的存在不仅会导致业务系统无法正常运行,造成各种难以估量的损失;而且会引发企业对云计算的担忧,阻碍云计算的发展和应用。面向云平台的虚拟机异常行为检测通过对云平台中虚拟机运行状态的连续监测,及时发现虚拟机的异常行为,以提醒云平台管理员采取必要措施,来保证虚拟机的正常运行。

3）能源互联网的大数据分析技术

大数据系统需要非常大的数据处理、传输和存储能力，目前云计算平台是最符合要求的计算基础设施。云平台实现了计算资源和物理资源的虚拟化，通过资源池对处理能力进行快速动态分配和调用，具有一定的可伸缩性，能够最大限度地利用已有计算能力，降低运行成本、节省用户开支。同时，云平台还具有一定的安全性，可以保证用户数据不被窃取。大数据与云平台的结合，将成为能源互联网的基本性能支撑。能源互联网的大数据分析应用主要有三个方向：多数据融合、先进数据处理技术和数据驱动的分析技术。

能源互联网在能源管理上需要将分散自治和综合协调的模式相结合，为此需要对大量翔实、可靠的信息进行及时处理，缺乏全面的信息资源将会造成决策的偏差、失误以及管理效率的低下。能源互联网中还包含了大量有关分布式电源/微网、多种形式能量转换和存储的数据，建立电力与其他能源的一体化数据融合系统，利用大数据技术进行分析并支持决策，有利于保证能源的智能、安全生产与配送。

电力能源生产、输送和消费瞬间完成，必须依靠高效的信息处理能力，满足实时的能量供需平衡。计算分析中不仅包含了功率预测、负荷预测、电力电量平衡等内容，还要考虑各种灵活源的安排顺序、分析方式是否满足调峰调频的能力，最终还需要经过安全稳定校验，并实现可视化展示，需要极强的信息流处理能力。在运行过程中，需要依靠高效的信息处理能力预测和监视消费者的需求变化、极端不稳定的能量生产供应变化，同时还要协调下级能量管理系统，完成能源的分流与整合等。

能源互联网比智能电网更具复杂性和开放性，且受到更多外来因素的影响，一些关联关系难以用物理模型进行描述，大数据分析更多地采用了数据驱动的分析方法，可作为物理模型分析方法的补充。数据驱动分析模型是指应用统计学理论，从高维的视角直接提取多元多维数据中的固有相关性，分析数据之间蕴藏的规律。针对包含间歇式能源的电力系统运行方式的安全校验和评估，数据驱动的分析方法的优势为：直接通过分析数据的相关性而非建立物理模型来描述态势，避免了由于电网拓扑结构复杂化、元件多样化、可再生能源和柔性负荷的可调性和不确定性带来的难以建模或模型不准确问题，极大地减少了硬件资源需求，提高了分析的精确性；通过数据间高维的相关性而非因果关系来描述问题，对事件间的相关性做出了定量的界定，可直接锁定故障或事件的源头，避免由于系统不确定性、偶然性及多重复杂递推关系等带来的因果关系难以描述的问题。

1.4 固废基地与能源互联网的关系

传统的城市固废基地中存在着多种形式的电、热、气产能环节和用能环节，如果能够将固废基地中存在的多类型电-热-气能源进行统筹规划、互补优化利用，可以带来极大的社会效益、经济效益和环境保护效益。首先固废基地中的主要作业工厂中有多种形式的能源产出：垃圾焚烧发电站可以产生大量电能以及伴随着发电过程的大量热能；垃圾填埋场中大量填埋的垃圾经过一定的生物化学过程，可以产生大量的沼气和填埋气；渗滤液处理厂作为垃圾处理的重要工序地点，在渗滤液的处理过程中，有机物发酵将会产生大量沼气；为了充分利用垃圾处理厂的地理空间资源，许多垃圾处理厂中还修建了风力发电和光伏发电等新能源发电设施，用以补充园区内的工作、生活用电。其次固废基地中还存在多种形式的能源负荷：除了办公、生活等需要的用电、用热和用气外，多个厂区的垃圾处理工序也要消耗大量的电能和热能，厂区内的燃气交通工具需要消耗燃气，除此之外，多余的电、热、气能源还可以出售给电网或者附近的用户。

在现有的固废处理园区中，一方面能源处理和利用方式存在较大的问题，不同能源之间联系弱、利用方式单一、能源浪费情况严重、利用效率低。另一方面固废基地中能源需求种类丰富多样，涵盖电负荷、气负荷、热负荷等多种负荷，并且还存在多种复合型的负荷类型。固废综合基地中产能系统和用能系统分布在同一个园区内，具备典型的能源互联网建设基础。因此在固废基地中建立起包含多种产能和用能环节的能源互联网十分必要。

以老港固废基地为例来具体说明建设能源互联网的必要性。老港基地位于浦东新区原南汇区老港镇东首，上海市中心城东南约 70 km 的东海之滨。在新浦东版图中，老港基地所在地为原老港填埋场所在地，北部规划国家民用航空产业基地，南部规划临港新城主城区、临港主产业区及书院社区，与重大产业基地近邻。老港基地满足上海市生活垃圾处理处置需求，分类回收其他建筑垃圾、处理危险废物、处理工业固废和污泥等。作为垃圾焚烧、生化处理等剩余残渣的最终填埋处，老港固体废弃物综合利用基地成为本市生活垃圾的最终处置场所。老港基地包含热电、沼气、余热、风电、光电等多种能源形式和电、天然气、热等复杂负荷，产能和用能系统分布在同一个园区内。不同能源之间联系弱、利用方式单一、能源浪费严重、利用率低。老港基地建设能源互联网，可以实现不同能源形式之间的开放互联和能量在网络中的自由传输。能源互联网综合考虑常规能源和可再生能源，权衡配置区域集中能源系统和分散式能源系统，将目标区域中可利用能源优化整合，利用目前区域中分散的小型、微型的分布式能源所生产的电和热，通过连接各建筑的电力微网和热力网络实现电力和热力的互联互通、互相补偿，从根本上建立能源的低碳应用方式，最终实现改变能源利用模式，推动经济与社会可持续发展的目的。

老港基地预计将会建成上海市科技创新中心，实行独立自主的运营模式，运营机制以非营利模式为主，通过科技创新成果的产业化和以股权投资的形式推动创新型企业发展的方式获得经济收益。除去基本运营成本，收益将全部用于进一步推动新的科技创新，形成创新推动创新的良性循环。老港作为科创中心将为万众创新提供一个平台，鼓励个人或组织机构以创新建议书的形式（包括新技术、新理念等）申请使用权，而不是单一的现金收费的方式，以股权投资的形式推动科技进步、创新成果产业化。同时，老港基地将形成一套全新的成果评估方式，以突破现有理论、引领全球科技发展、改变人类生活方式作为最高评价标准。其对创新成果的评估，不简单地以论文或短期的经济效益为单一标准，从长远看来将有利于推动社会进步，从宏观看来将有利于全球全人类发展的创新，均是值得鼓励和发展的。

参 考 文 献

[1] 刘振亚.全球能源互联网[M].北京：中国电力出版社，2015：1-20.

[2] 杰里米·里夫金.第三次工业革命[M].张体伟，孙豫宁，译.北京：中信出版社，2012.

[3] 马静颖.我国城市生活垃圾管理现状及讨论[J].江苏环境科技，2005，18(1)：33-35.

[4] 杨雪丽，王月红.浅谈城市固体废物处理[J].环境科技，2008，21(a02)：98-100.

[5] 吴年龙.浅谈城市生活及工业固体废弃物处理技术[J].环境技术，2005，23(5)：44-46.

[6] 程鹏.城市固体废物现状及处理技术初探[J].山东环境，2003，6：35-36.

[7] 余卓航.城市固体废物处理现状与发展策略[J].科学中国人，2017，03：196.

[8] 毛群英.城市垃圾填埋技术及发展动向[J].山西建筑，2008，34(6)：353-354.

[9] 刘景岳，刘晶昊，徐文龙.我国垃圾卫生填埋技术的发展历程与展望[J].环境卫生工程，2007，15(4)：58-61.

[10] 王立国，王广喜，徐钢.我国垃圾填埋场填埋气排放和利用现状分析[J].黑龙江环境通报，2008，32(3)：72-73.

[11] 李鸿江，赵由才，张文海，等.矿化垃圾去除渗滤液中有机物及金属离子的研究[J].中国给水排水，2008，24(19)：106-108.

[12] 聂永丰.国内生活垃圾焚烧的现状及发展趋势[J].城市管理与科技，2009，11(3)：18-21.

[13] 徐文龙，刘晶昊.我国垃圾焚烧技术现状及发展预测[J].中国环保产业，2007，11：24-29.

[14] 宋志伟，吕一波，梁洋，等.国内外城市生活垃圾焚烧技术的发展现状[J].环境卫生工程，2007，15(1)：21-24.

[15] 张倩，徐海云.生活垃圾焚烧处理技术现状及发展建议[J].环境工程，2012，30(2)：79-81.

[16] 史良图，李新，崔伟，等.城市垃圾生物处理技术的研究概述[J].长春医学，2008，6(4)：16-19.

[17] 李彦富，李玉春，董卫江.生活垃圾堆肥处理技术发展的几点思考[J].中国资源综合利用，2006，24(10)：14-17.

[18] 张雷，张记市.生物垃圾厌氧消化的强化机理探讨[J].水土保持研究，2007，14(3)：101-104.

[19] 温志良，温琰茂，吴小锋.城市生活垃圾综合处理研究[J].环境保护科学，2000，26(3)：14-16.

[20] 谢朝学，袁慧珍.城市生活垃圾无害化综合处理试验研究[J].安全与环境工程，2004，11(3)：58－60.
[21] 李睿.浅析我国应提倡生活垃圾综合处理厂的建设[J].环境卫生工程，2009(s1)：93－94.
[22] 邓成.城市固废综合处理园区规划研究[J].环境卫生工程，2012，20(5)：21－23.
[23] Ohnishi S, Fujita T, Chen X, et al. Econometric analysis of the performance of recycling projects in Japanese Eco-Towns[J]. Journal of Cleaner Production, 2012, 33(5): 217－225.
[24] 曹军威，孟坤，王继业，等.能源互联网与能源路由器[J].中国科学：信息科学，2014，44(6)：714－727.
[25] Bui N, Castellani A P, Casari P, et al. The internet of energy: a web-enabled smart grid system[J]. IEEE Network, 2012, 26(4): 39－45.
[26] Lanzisera S, Weber A R, Liao A, et al. Communicating power supplies: bringing the internet to the ubiquitous energy gateways of electronic devices[J]. IEEE Internet of Things Journal, 2014, 1(2): 153－160.
[27] 查亚兵，张涛，谭树人，等.关于能源互联网的认识与思考[J].国防科技，2012，33(5)：1－6.
[28] Huang A Q, Crow M L, Heydt G T, et al. The future renewable electric energy delivery and management (FREEDM) system: the energy internet[J]. Proceedings of the IEEE, 2010, 99(1): 133－148.
[29] Boyd J. An internet-inspired electricity grid[J]. Spectrum IEEE, 2013, 50(1): 12－14.
[30] 王喜文，王叶子.德国信息化能源(E－Energy)促进计划[J].电力需求侧管理，2011，13(4)：75－76.
[31] Geidl M, Favre-Perrod P, Klöckl B, et al. A greenfield approach for future power systems [C]. Paris: In Proc. of Cigre Genera (session 4), 2006.
[32] Shen Z, Liu Z, Baran M. Power management strategies for the green hub[C]. San Diego, Culifornia: IEEE Power and Energy Society General Meeting, 2012: 1－4.
[33] Huang A. FREEDM system — a vision for the future grid[C]. Minneapoils, Minnesota: IEEE Power & Society General Meeting, 2010: 1－4.
[34] 黄仁乐，蒲天骄，刘克文，等.城市能源互联网功能体系及应用方案设计[J].电力系统自动化，2015，39(9)：26－33.
[35] 董朝阳，赵俊华，文福拴，等.从智能电网到能源互联网：基本概念与研究框架[J].电力系统自动化，2014，38(15)：1－11.
[36] 王一家，董朝阳，徐岩，等.利用电转气技术实现可再生能源的大规模存储与传输[J].中国电机工程学报，2015，35(14)：3586－3595.
[37] 王继业，孟坤，曹军威，等.能源互联网信息技术研究综述[J].计算机研究与发展，2015，52(5)：1109－1126.
[38] 国家电网公司“电网新技术前景研究”项目咨询组.大规模储能技术在电力系统中的应用前景分析[J].电力系统自动化，2013，37(1)：3－8.
[39] 袁小明，程时杰，文劲宇.储能技术在解决大规模风电并网问题中的应用前景分析[J].电力系统自动化，2013，37(1)：14－18.
[40] 魏韡，梅生伟，张雪敏.先进控制理论在电力系统中的应用综述及展望[J].电力系统保护与控制，2013，41(12)：143－153.

第 2 章　生活垃圾卫生填埋技术

2.1　概述

本节首先论述卫生填埋场的分类情况，其次介绍当前国内卫生填埋处理的发展现状，主要包括卫生填埋处理、渗滤液处理、填埋气发电现状以及存在的问题。

2.1.1　卫生填埋场的基本分类

1）按照地形划分

按照场地的地形的差异，垃圾填埋场可以分为平地型、开挖型、山谷型三大类（见图 2-1）。如图 2-1(a)所示，平地型填埋场只有很小的开挖或不开挖，通常适用于比较平坦且地下水埋藏较浅的地区。如图 2-1(b)所示，开挖型填埋场可以看成是平地填埋和挖沟填埋的结合体，不过这种填埋方式开挖的单元比挖沟填埋所开挖的大很多，其开挖深度通常依赖于天然黏土层和地下水的埋深。如图 2-1(c)所示，山谷型填埋场也称为谷地堆填，在这种填埋方式下，废弃物通常堆填在山谷或者起伏丘陵之间。

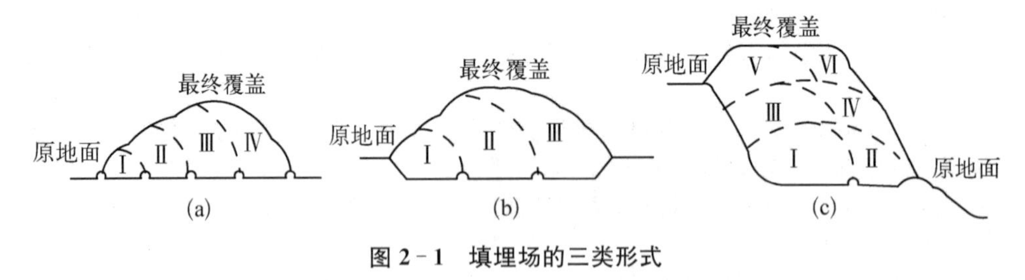

图 2-1　填埋场的三类形式

(a) 平地型填埋场；(b) 开挖型填埋场；(c) 山谷型填埋场

我国垃圾填埋场以山谷型填埋场居多，如深圳下坪生活垃圾卫生填埋场、杭州天子岭垃圾填埋场、苏州七子山垃圾填埋场、无锡桃花山垃圾填埋场、南京天井洼垃圾填埋场、昆明西郊沙朗填埋场等。上海老港垃圾填埋场和北京的阿苏卫、北神树、安定三座填埋场均属于平地型垃圾填埋场。在我国，开挖型垃圾填埋场相对较少。

2）按照反应机制划分

城市生活垃圾卫生填埋处理和处置过程可以视为一个最大限度利用自然循环和分解机制的过程，从这种观点出发，填埋场可以分为好氧性填埋场、准好氧性填埋场和厌氧性填埋场。

（1）好氧性填埋场：在垃圾体内布设通风管道，用鼓风机向垃圾体内送入空气，使其保持好氧状态，使好氧分解加速，垃圾稳定化速度较快，且垃圾体的温度较高有利于杀灭病菌，同时使渗滤液的产生量大大减少。

（2）准好氧性填埋场：集水井的末端敞开，利用自然通风，使空气进入垃圾体，在集水管的四周形成好氧区域，而在远离集水管的区域则仍为厌氧区域，使好氧区域垃圾降解速度快，且厌氧区域可以截留部分重金属。其处理效果与好氧性填埋场相当，而费用与厌氧性填埋场差别不大，因而得到广泛的发展。

（3）厌氧性填埋场：在垃圾体内无需供氧，基本上处于厌氧状态。由于没有供氧系统，投资与运行费用较低，但其垃圾稳定化时间非常长。

3）按照规模划分

填埋场的建设规模，应根据垃圾产生量、场址自然条件、地形地貌特征、服务年限及技术、经济合理性等因素综合考虑确定。填埋场建设规模分类和日处理能力分级如表2-1所示。

表2-1　填埋场建设规模分类和日处理能力分级规定

划分依据	Ⅰ类总容量	Ⅱ类总容量	Ⅲ类总容量	Ⅳ类总容量
填埋场建设规模/($\times 10^4$ m^3)	≥1 200	500～1 200	200～500	100～200
填埋场建设规模日处理能力/(t/d)	≥1 200	500～1 200	200～500	≤200

2.1.2　卫生填埋处理的国内发展现状

1）卫生填埋处理现状

目前，我国采用的垃圾无害化处理方式主要有卫生填埋、焚烧和堆肥三种。图2-2为2005年—2013年我国三种无害化处理方式无害化处理量的比例。无害化处理量在2009年—2010年的比例的变化趋势比较明显，其中焚烧不断增加，卫生填埋不断减少。

2001年—2013年，我国生活垃圾卫生填埋处理能力呈现持续增加趋势。表2-2

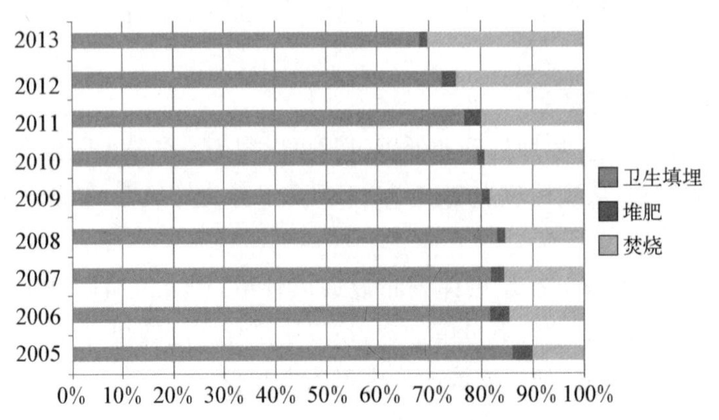

图 2-2 2005 年—2013 年我国三种无害化处理方式处理量的比例

为 2001 年—2013 年全国卫生填埋场运营情况。截至 2013 年底，全国垃圾清运量达到 17 239 万吨，全国生活垃圾无害化处理厂有 765 座，其中卫生填埋场为 580 座，占全国总数 75.82%，比 2005 年增加 224 座；2013 年我国无害化处理能力达到 492 270 t/d，其中卫生填埋处理能力为 322 782 t/d，占全国总量 65.57%，比 2005 年增加 111 697 t/d；2013 年全国垃圾处理量为 15 393.98 万吨，其中卫生填埋处理量为 10 492.69 万吨，占全国总量 68.16%，比 2005 年增加 3 635.59 万吨。图 2-3 从不同角度表现了 2001 年—2013 年期间全国卫生填埋场运营情况。

表 2-2 2001 年—2013 年我国卫生填埋场运营情况

年 份	数量/座	无害化处理能力/(t/d)	平均无害化处理能力/(t/d)	占总无害化处理能力比例/%
2001	549	190 361	347	86.32
2002	528	188 542	357	87.49
2003	457	187 092	409	85.19
2004	444	205 889	464	86.32
2005	356	211 085	593	82.35
2006	324	206 626	638	80.08
2007	366	215 179	588	79.17
2008	407	253 268	622	80.36
2009	447	261 627	585	77.05
2010	498	289 957	582	74.81
2011	547	300 195	549	73.38
2012	540	310 927	576	69.67
2013	580	322 782	557	65.57

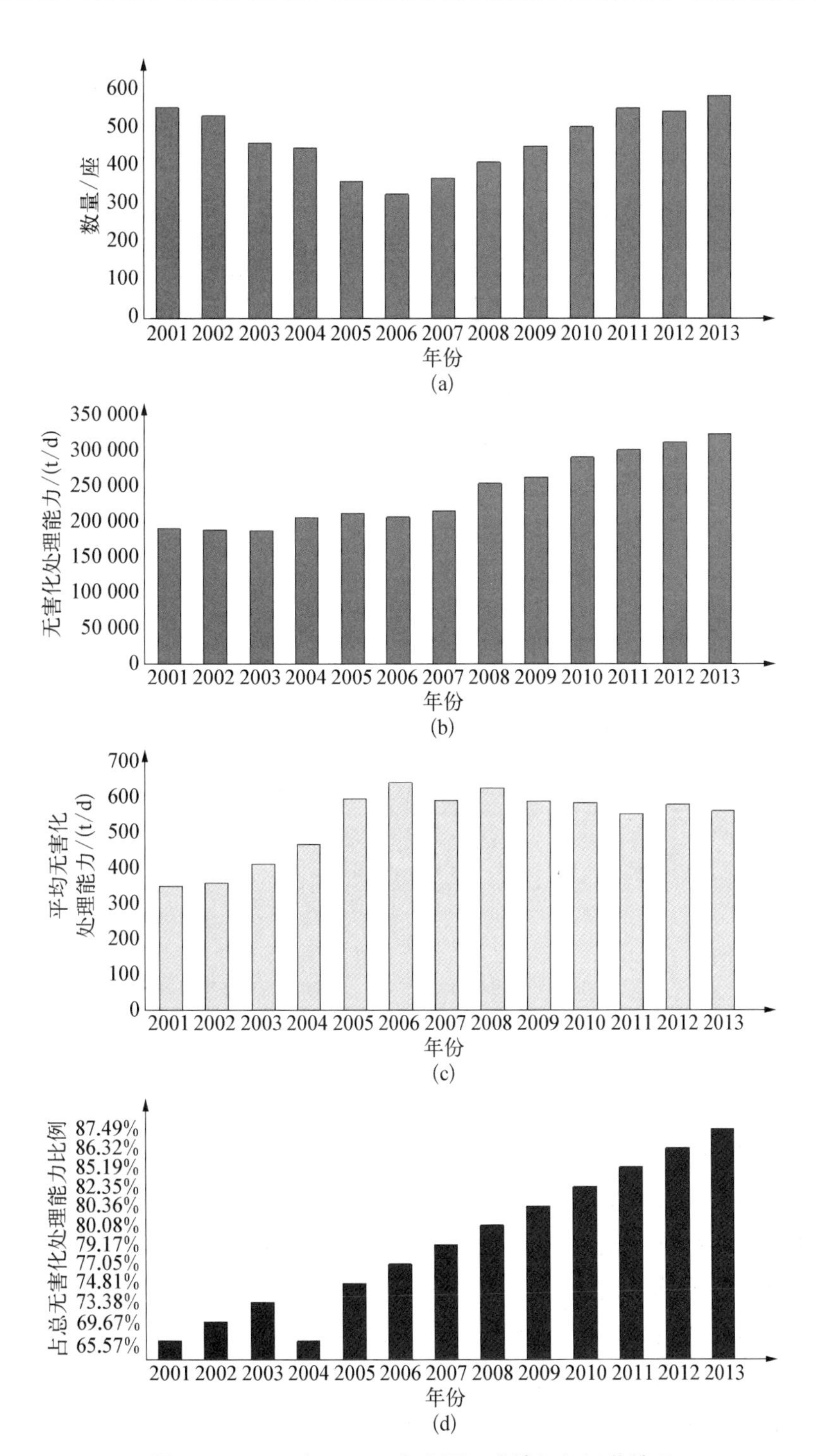

图 2-3　2001 年—2013 年全国卫生填埋场运营情况

(a) 卫生填埋厂数量;(b) 无害化处理能力;(c) 平均无害化处理能力;(d) 占总无害化处理能力比例

从各省区市生活垃圾卫生填埋场的分布情况看，我国东部发达城市生活垃圾卫生填埋场数量较中、西部少，并以大型填埋场为主；中西部城市生活垃圾卫生填埋场多，以小型填埋场为主，具体分布情况如表 2-3 所示。另外，表 2-3 中未统计我国台湾地区的情况。

表 2-3　2013 年底我国各省区市生活垃圾卫生填埋场分布情况

序号	省　市	数量/座	处理能力/(t/d)	序号	省　市	数量/座	处理能力/(t/d)
1	北　京	17	12 371	17	辽　宁	24	18 066
2	安　徽	20	10 252	18	内蒙古	23	9 833
3	福　建	12	4 780	19	宁　夏	7	2 780
4	甘　肃	12	3 155	20	青　海	4	1 470
5	广　东	40	37 844	21	山　东	44	19 837
6	广　西	18	8 291	22	山　西	15	6 630
7	贵　州	13	7 393	23	陕　西	15	12 986
8	海　南	6	2 230	24	上　海	5	11 230
9	河　北	25	9 185	25	四　川	34	14 278
10	河　南	39	19 327	26	天　津	6	6 200
11	黑龙江	16	10 709	27	新　疆	19	7 738
12	湖　北	26	12 539	28	云　南	12	11 400
13	湖　南	30	16 768	29	浙　江	27	15 779
14	吉　林	13	7 283	30	重　庆	12	4 574
15	江　苏	27	17 253	31	西　藏	14	2 916
16	江　西	17	9 085	合　计		592	334 182

2) *渗滤液处理现状*

随着垃圾卫生填埋场建设数量的增加，渗滤液的处理问题显得越来越突出。按照环保部发布的《生活垃圾填埋场污染控制标准》(GB 16889—2008)要求，现有和新建生活垃圾填埋场都应建有完备的垃圾渗滤液处理设施，整改期限为 3 年。同时，随着对各种渗滤液处理方式的尝试和实证研究逐渐增多，处理经验逐步丰富，填埋场的运营者将更加注重垃圾渗滤液的处理。可以预见，在未来 5～10 年内，我国垃圾渗滤液处理投资将有显著增加。2013 年我国填埋场渗滤液处理总体情况如表 2-4 所示，投资建设运行的渗滤液处理设施为 1 221 座，占填埋场总数的 78.8%，总投资约为 874 017 万元，平均每座填埋场投资约为 716 万元。填埋场中渗滤液处理方式以自处理为主的有 989 座，占比 63.8%；渗滤液外运、其他处理、无处理的填埋场分别为 195、265、100 座。为满足新标准(GB 16889—2008)的要求，预计近期将有 500 余座填埋场需要建设或改造渗滤液处理设施。图 2 - 4(a)表示 2013 年我国卫生填埋渗滤液处理方式占比分布情况，图 2 - 4(b)表示简易填埋渗滤液处理方式的分布情况，图 2 - 4(c)表示综合填埋渗滤液处理方式的分布情况，图 2 - 4(d)表示综合分析渗滤液处理的分布情况。

表 2 - 4　2013 年我国填埋场渗滤液处理总体情况

类　型	当前填埋场渗滤液处理设施(单位：座)				新建的垃圾渗滤液处理设施	
	自处理	外运	其他	无处理	投资/万元	每座耗资/(万元/座)
卫生填埋	899	181	238	—	806 581	724
简易填埋	25	11	7	92	7 819	261
综合填埋	65	3	20	8	59 617	774
总　计	989	195	265	100	874 017	716

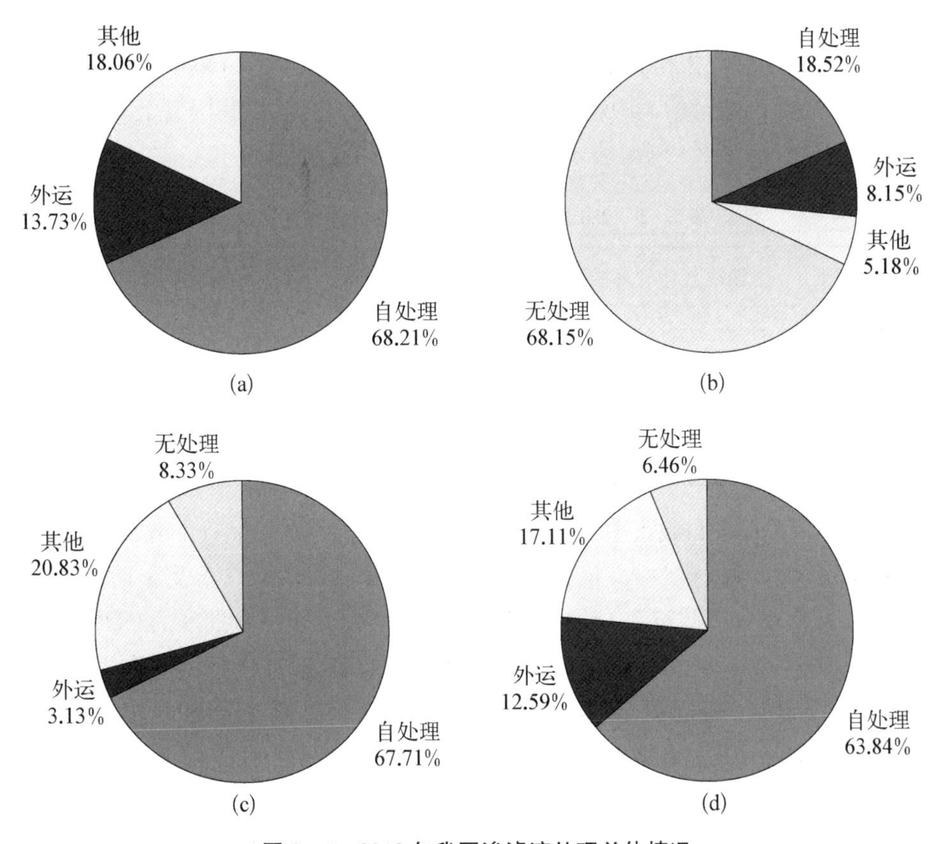

图 2 - 4　2013 年我国渗滤液处理总体情况

(a) 卫生填埋渗滤液处理方式；(b) 简易填埋渗滤液处理方式；
(c) 综合填埋渗滤液处理方式；(d) 综合分析渗滤液处理方式

3）填埋气发电现状

我国垃圾填埋气利用行业起步于1997年，国家环保总局（现为环保部）启动促进中国城市垃圾填埋气体收集利用项目，并编制国家行动方案。1998年，国内第一个填埋气体发电厂在杭州天子岭垃圾填埋场建成，于1998年10月建成发电，随后在广东、北京、江苏等地又有多个项目建成。由于垃圾前处理的缺失，目前我国的填埋气发电项目多采取直接收集填埋气体进行过滤发电。

发展填埋气体利用技术符合国家战略性新兴产业技术方向。《"十三五"国家战略性新兴产业发展规划》（国发〔2012〕28号）明确了统筹生物质能源发展，推进沼气利用；《可再生能源中长期发展规划》（发改能源〔2007〕2174号）提出积极推广垃圾卫生填埋技术，在大中型垃圾填埋场建设沼气回收和发电装置；《中国的能源政策（2012）》白皮书提出开发利用城市垃圾焚烧和填埋气发电等生物质等可再生能源。2013年我国填埋场填埋气体利用总体情况如表2－5所示，目前具备填埋气体利用的填埋场为410座，占总运行填埋场数量的26.5%，主要集中在东部地区大型城市。垃圾填埋气发电行业将迎来快速发展期，新增项目将集中于东部的二线城市和中部、西部地区的大中城市。图2－5(a)表示2013年我国各类填埋气体利用数量占比情况；图2－5(b)表示各类填埋气体投资占比情况。

表2－5　2013年我国填埋场填埋气体利用汇总

类　型	填埋气体利用数量/座	填埋气体投资/万元	每座耗资/(万元/座)
卫生填埋	364	214 919	590
简易填埋	16	2 720	170
综合填埋	30	16 145	538
合　计	410	233 784	570

垃圾填埋气体项目收入主要来自发电收入和清洁发展机制（clean development mechanism，CDM）减排收入，包括执行标杆电价加0.25元/(千瓦·时)、税收优惠、CDM减排收入。截至2014年3月12日，国家发改委最新批准的CDM项目共5 048个，其中2005年—2012年全国填埋场填埋气体CDM项目73个，参与企业主要有百川畅银、齐耀公司等，累计年减排量920万吨二氧化碳当量（tCO_2e）。

随着全球经济形势增速减缓，以及《京都议定书》缔约国对CDM交易热度有所减弱，2013年全年总的项目有所减少，且没有填埋气发电CDM项目交易，预计CDM项目在国内发展形势将受到一定程度的影响。我国历年填埋场CDM项目情况如表2－6所示。图2－6(a)和图2－6(b)分别表示2005年—2012年我国填埋场CDM项目汇总数量和年减排量。

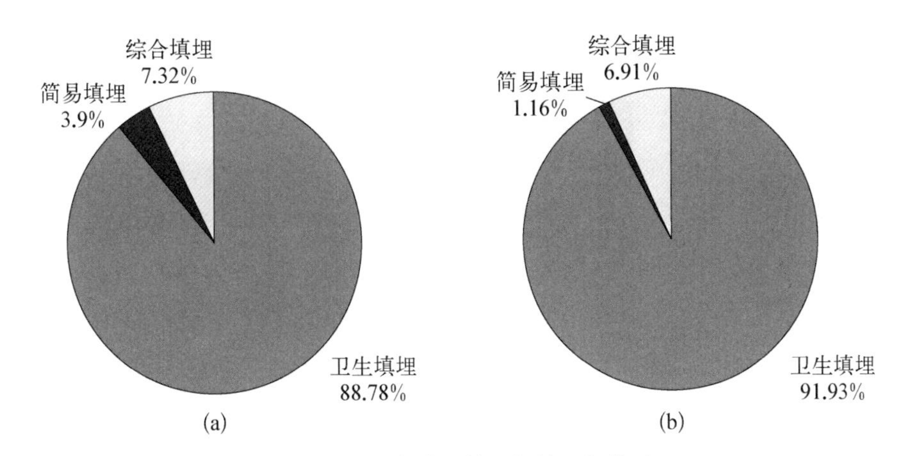

图 2-5　2013 年我国填埋场填埋气体利用

(a) 各类填埋气体利用数量占比；(b) 各类填埋气体投资占比

表 2-6　2005 年—2012 年我国填埋场 CDM 项目汇总

年　份	数量/个	年减排量总和/tCO_2e
2012	11	1 132 686
2011	9	593 471
2010	12	855 546
2009	12	1 434 386
2008	11	1 194 472
2007	10	1 611 890
2006	5	1 744 058
2005	3	633 032
合计	73	9 199 541

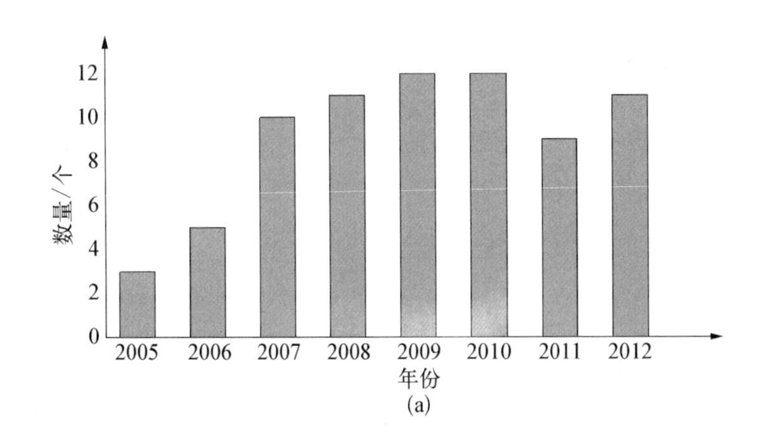

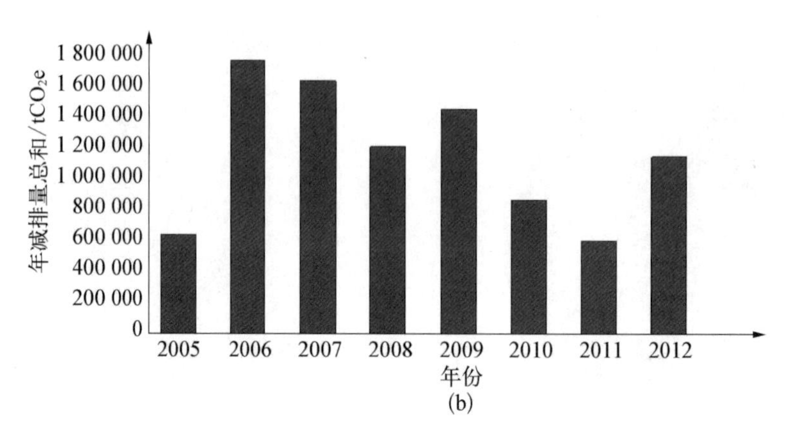

图 2-6　2005 年—2012 年我国填埋场 CDM 项目汇总

(a) 数量；(b) 年减排量

目前而言，沼气发电市场的参与者主要有两类：发电设备制造商和发电运营商。发电运营商主要有河南百川畅银实业等，桑德环境、东江环保等环保企业也有所涉及，但沼气发电业务占比还很小。发电设备制造商主要有国外的颜巴赫、DEUTZ、CAT，国内以胜动、石油济柴、潍柴动力三大沼气发电设备制造商为主，此外重庆红岩、无锡柴油、康达(康明斯)等企业也有生产。

从国内沼气工程使用沼气发电机组情况来看，国外和国内产品各占 50%左右，国外产品在效率上优势明显，而国内产品在价格、售后服务方面优势突出。沼气发酵、净化、存储设备制造相对简单，参与企业众多。整体而言，目前沼气发电设备、沼气发电运营并无优势企业，市场仍处于培育中。

4) *存在问题*

(1) 生活垃圾填埋占用大量土地，制约城市发展。2013 年全国各省区市的生活垃圾填埋场占地面积总和为 362.62 km^2。生活垃圾填埋处理需要大量的土地，对于东部地区的城市及我国的大型城市来说，生活垃圾填埋场的用地与城市发展用地之间的矛盾日益突出，现有垃圾填埋场实施封场后，新的生活垃圾填埋场的规划选址难以落实。

(2) 已有填埋设施多数处于市区，频遭市民投诉。在城市发展的过程中，“垃圾围城”现象日益严重，城市扩张让垃圾问题成为切肤之痛。从前，垃圾填埋场都处于城市郊区。如今，随着城市扩张，这些地区成了中心地带，给周围居民生活带来困扰。

(3) 填埋场封场数量居多，修复耗资巨大。我国一些大城市的卫生填埋场正在或即将进行封场，如上海老港垃圾填埋场一、二、三期已经封场进行生态修复，北京市三到四年内将有 13 个垃圾填埋场进行封场，广州兴丰和火烧岗垃圾填埋场也即将封场。针对卫生填埋场封场问题，“十一五”期间，我国住房和城乡建设部发布了《生活垃圾卫生填埋场封场技术规程》(CJJ 112—2007)，对堆体整形与处理、填埋气收集与处理、封场覆盖系统、地表水控制、渗滤液收集处理和其他附属工程提出了明确要求，从而有效避免卫生填埋厂封场后对环境造成危害。但是，根据国外发达国家经验，封场后渗滤液、甲烷气体的释放长达 30 年，应持续开展环境监测和维护管理工作，我国无论是在管理流程上还是资金准备上都缺乏合理规划和实施。

垃圾填埋场封场和生态恢复工程耗资巨大，而且封场工程持续时间长，需要政府持续投资(见表 2-7)。生活垃圾填埋场作为重要的市政工程，一般都是由政府投资建设，若政府财政困难，填埋场建设以及封场工程将得不到支持。对于中小城市，堆场修复工程更易受到资金困扰。图 2-7 为国内典型城市的填埋场封场工程投资规模情况。

表 2-7　国内典型城市的填埋场封场工程投资规模

堆场名称	投资规模	持续时间/年	日填埋垃圾量/(t/d)	封场规模	造价/(万元/m^2)	处理能力/($t \cdot d^{-1} \cdot m^{-2}$)
上海老港垃圾填埋场一、二、三期封场工程	4.5 亿元	2009—2014	1 500～3 000	填埋区总面积约为 326 万平方米，堆顶高 4 m	138.04	4.6～9.2
南宁城南生活垃圾填埋场封场工程	3.44 亿元	2014—2015	1 200～2 300	项目总占地面积 69.87 万平方米，终场总填埋量 380 万立方米	492.34	17.17～32.92
杭州天子岭一期封场绿化工程	2 亿元	2008—2010	2 000～4 000	生态公园绿化面积 8 万平方米，设计库存 600 万立方米，垃圾基本坝坝顶标高 65 m，设计堆体最终标高 165 m	2 500	250～500
深圳玉龙坑垃圾填埋场封场工程	7 100 万元	2005—2007	120～1 700	占地面积 10 万平方米，垃圾填埋量 350 万吨，加上覆盖土的体积，总容量约 470 万立方米	710	12～170
上海松江垃圾填埋场封场工程	1 亿元	2013—2014	1 200	终场总填埋量 530 万吨		

（续表）

堆场名称	投资规模	持续时间/年	日填埋垃圾量/(t/d)	封场规模	造价/(万元/m^2)	处理能力/($t \cdot d^{-1} \cdot m^{-2}$)
深圳老虎坑一期填埋场封场工程	1.1亿元	2013—2014	1 200～4 500	占地面积26万平方米，总库容608万立方米	423.08	46.15～173.08
广州兴丰垃圾填埋场封场工程	2.24亿元	2012—2014	2 000～9 000	占地面积46万平方米，设计库容2 560万立方米	486.96	43.48～195.65
晋城苇匠生活垃圾填埋场封场工程	4 295万元	2013—2014	150～2 000	总占地面积15.3万平方米，垃圾填埋量达到200余万立方米，垃圾填埋高度达到40余米	280.71	9.80～130.72
金华市垃圾卫生填埋场生态修复与改造工程	9 833万元	2013—2015	450～600	占地面积451亩①，设计处理垃圾450 d/t，处理有机肥（粪便）50 d/t，封场面积为16万平方米	614.56	28.13～37.50
都江堰市徐渡老垃圾填埋场封场整治一、二期工程	2 636.21万元	2012—2013	450～1 000	占地面积100亩，总库容150万立方米	395.23	67.47～149.93
合肥龙泉山垃圾填埋场一期工程B2区过渡性封场工程	728.6万元	2013—2014	1 000～2 000	面积约13万平方米，总库存垃圾量约330万吨	56.05	76.92～153.85

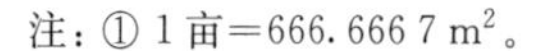

注：① 1亩=666.666 7 m^2。

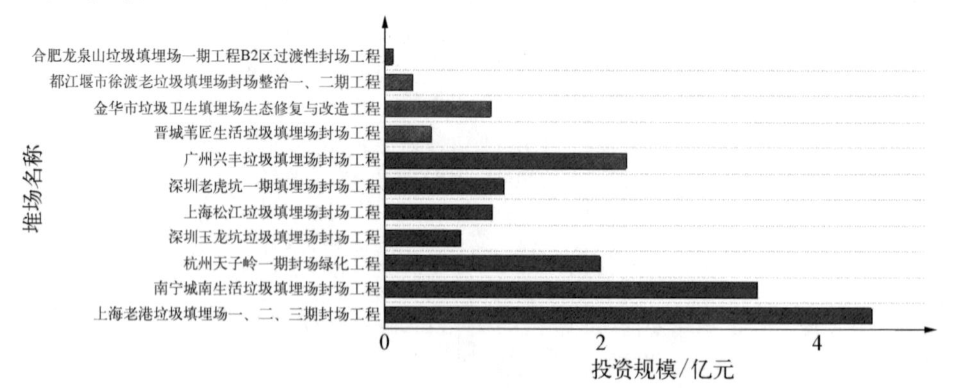

图2-7 国内典型城市的填埋场封场工程投资规模

2.2　卫生填埋场基本构造

填埋场总平面布置应根据场址地形(山谷型、平原型与坡地型),结合风向(夏季主导风)、地质条件、周围自然环境、外部工程条件等,并应考虑施工、作业等因素,经过技术经济比较确定。填埋场主要功能区包括填埋库区、渗滤液处理区、辅助生产区、管理区等,根据工艺要求可设置填埋气体处理区、生活垃圾机械-生物预处理区等。填埋场的典型布置如图 2-8 所示。

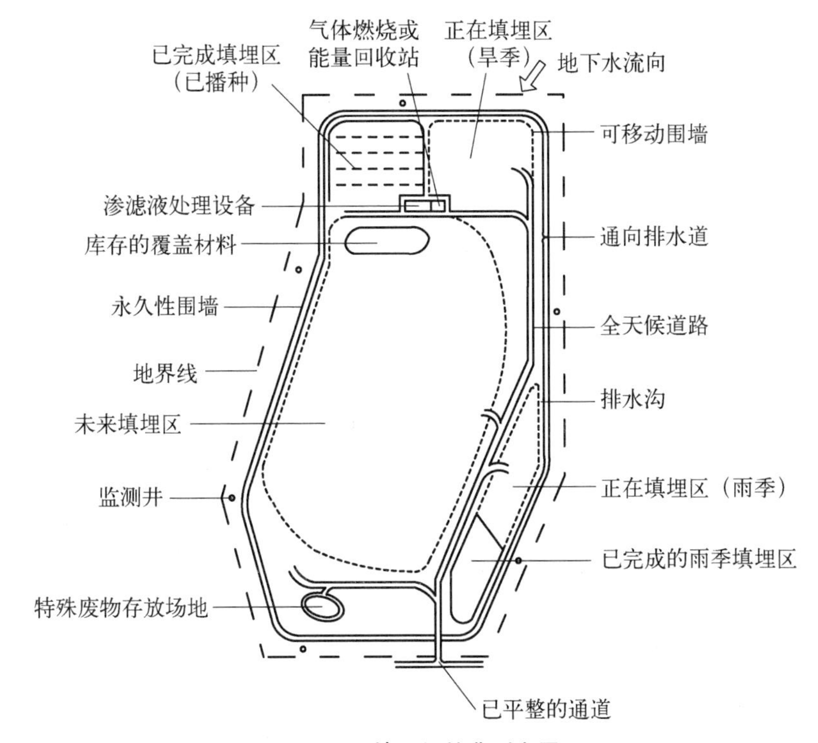

图 2-8　填埋场的典型布置

垃圾填埋场的基本组成如图 2-9 所示。底部防渗系统将垃圾及随后产生的渗滤液与地下水隔离;填埋单元(新单元和旧单元)即垃圾填埋场中储存垃圾;雨水排放系统收集落到垃圾填埋场内的雨水;渗滤液收集系统收集通过垃圾填埋场自身渗出的含有污染物的液体(渗滤液);填埋气收集系统收集垃圾分解过程中形成的填埋气;封盖或罩顶对垃圾填埋场顶部进行密封。每个部分都是为了解决在垃圾填埋过程中所遇到的具体问题而设计的。

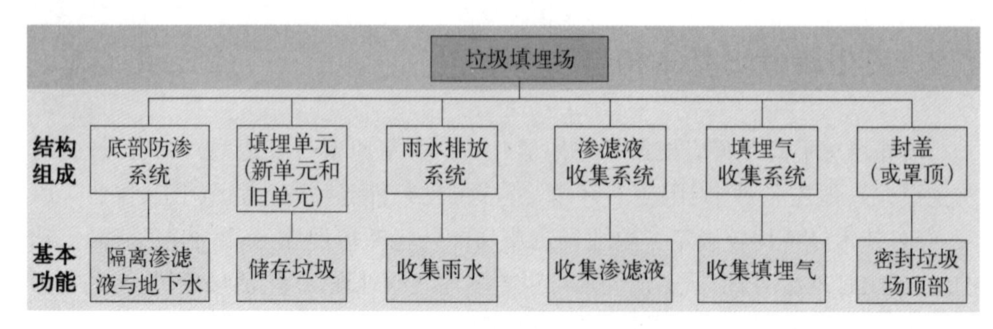

图 2-9 垃圾填埋场的基本组成

2.2.1 卫生填埋场防渗系统

填埋场进行防渗处理可以有效阻断渗滤液进入环境中，避免地表水与地下水的污染。此外，应防止地下水进入填埋场。一方面，地下水进入填埋场后会大大增加渗滤液的产量，增大渗滤液处理量和工程投资；另一方面，地下水的顶托作用会破坏填埋场底部防渗系统。因此，填埋场必须进行防渗处理，并且在地下水较高的场区应设置地下水导排系统。根据填埋场防渗设施(或材料)铺设方向的不同，可将填埋场防渗分为水平防渗和垂直防渗。

1) 水平防渗

水平防渗层的构造形式，经历了最初的不加限制到早期的黏土单层设计，直至进气的柔性膜与黏土复合层的发展历程。用于填埋场防渗层的天然材料主要有黏土、亚黏土、膨润土，人工合成材料主要有聚氯乙烯(PVC)、高密度聚乙烯(HDPE)、条状低密度聚乙烯(LLDPE)、超低密度聚乙烯(VLDPE)、氯化聚乙烯(CPE)和氯磺化聚乙烯(CSPE)。

高密度聚乙烯(HDPE)膜作为一种高分子合成材料，具有抗拉性好、抗腐蚀性强、抗老化性能高等优良的物理化学性能，使用寿命达 50 年以上。其防渗功能比最好的压实黏土高 10^7 倍(压实黏土的渗透系数级数为 10^{-7} 级，而 HDPE 膜的渗透系数级数为 10^{-14} 级)；其断裂延伸率高达 600%以上，完全满足垃圾填埋运行过程中由蠕变运动所产生的变形，有利于施工、填埋运行。

水平防渗系统应根据填埋场工程地质与水文地质条件进行选择。当天然基础层饱和系数小于 1.0×10^{-7} cm/s，且场底及四壁衬里厚度不小于 2 m 时，可采用天然黏土类衬里结构。天然黏土基础层进行人工改性压实后达到天然黏土衬里结构的等效防渗性能要求，可采用改性压实黏土类衬里作为防渗结构。

人工合成衬里的防渗系统应采用复合衬里防渗结构，位于地下水贫乏地区的防渗系统也可采用单层衬里防渗结构。在特殊地质及环境要求较高的地区，应采用双层防渗结构。复合衬里结构主要有“HDPE 土工膜＋黏土”结构和“HDPE 土工膜＋GCL(膨润防水毯)”结构。复合衬里、单层衬里和双层衬里结构如图 2－10 所示;不同结构的编号指代的意义如表 2－8 所示。

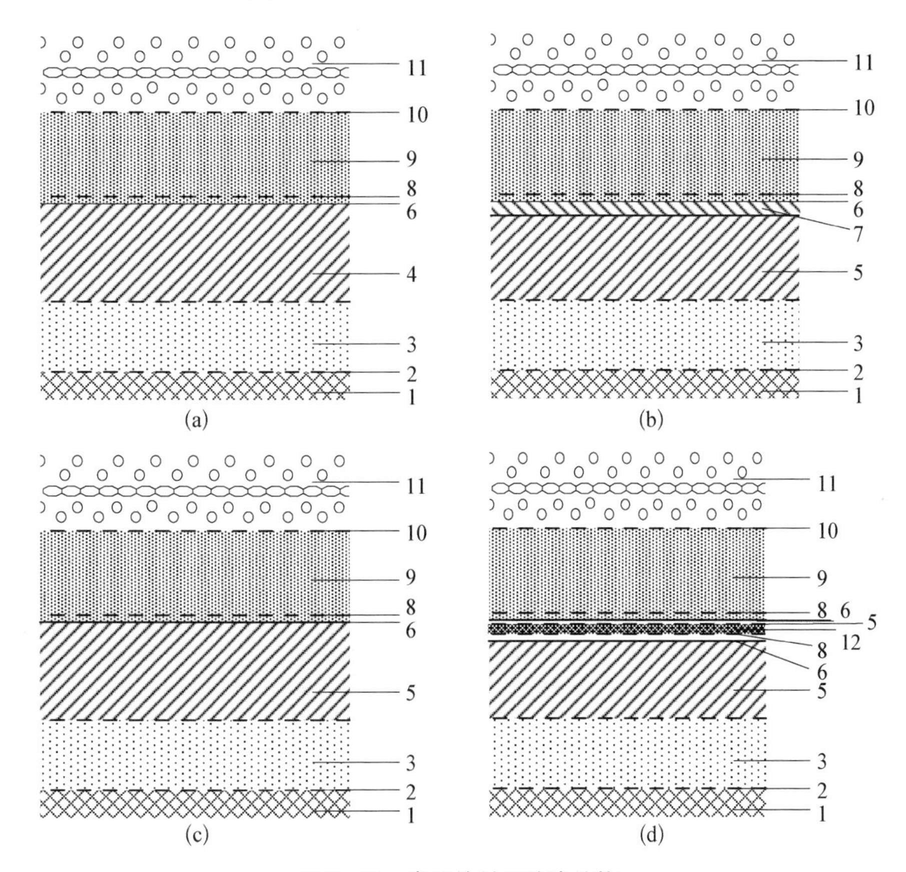

图 2－10　常见的衬里防渗结构

(a) 库区底部复合衬里结构;(b) 库区底部复合衬里结构(有 GCL 层);(c) 库区底部单层衬里结构;(d) 库区底部双层衬里结构

表 2－8　图 2－10 中衬里防渗结构编号指代的意义

名　称	编号	名　称	编号	名　称	编号
基础层	1	膜下保护层	5	渗滤液导流层	9
反滤层(可选择层)	2	膜防渗层	6	反滤层	10
地下水导流层(可选择层)	3	GCL	7	垃圾层	11
防渗及膜下保护层	4	膜上保护层	8	渗滤液检测层	12

2) 垂直防渗

填埋场的垂直防渗系统是根据填埋场的工程、水文地质特征,利用填埋场基础下方存在的独立水文地质单元、不透水或弱透水层等，在填埋场一边或周边设置垂直的防渗工程（防渗墙、防渗板、注浆帷幕等），将垃圾沥出液封闭于填埋场中进行有控制地导出，防止沥出液向周围渗透污染地下水，防止填埋场气体无控制释放，同时也有阻止周围地下水流入填埋场的功能。

垂直防渗系统在山谷型填埋场中应用较多，在平原区填埋场中也有应用。垂直防渗系统广泛用于新建填埋场的防渗工程和已有填埋场的污染治理工程，尤其对于已有填埋场的污染治理，因目前对其基底防渗尚无办法，因此周边垂直防渗就特别重要。根据施工方法的不同，可用于垂直防渗墙工程施工的方法有地基土改性法、打入法和开挖法等。

（1）地基土改性法施工防渗墙。地基土改性法施工防渗墙是通过充填、压密地基土等方法使原土渗透性降低而形成的防渗墙。在填埋场垂直防渗墙施工中主要有注浆法、喷射法和原土就地混合法 3 种。

注浆法即注浆帷幕的一种方法，按一定的间距设计钻孔，采用一定的注浆方法和压力把防渗材料通过钻孔注入地层，使其充填地层孔隙，达到防渗的目的。该方法在我国的垃圾填埋场防渗中应用较广泛。

喷射法施工是指通过高压旋喷或摆喷方法使浆液与地基土搅拌混合，凝固后成为具有特殊结构、渗透性低、有一定固结强度的固结体。该方法可使防渗墙的渗透系数达到 10^{-7} cm/s，固结体强度可达到 10～20 MPa。浆液可使用膨润土-水泥浆液或者化学浆液，如中科院研制的中化- 798 注浆材料。

原土就地混合法施工是将欲形成防渗墙位置的原状土用吊铲等工具挖出，并使其与水泥或其他充填材料就地混合后重新回填到截槽中。为了保证切槽的连续施工，采用膨润土浆液护壁。该方法在美国应用较多，适用于深度较浅的防渗墙。

（2）打入法施工防渗墙。打入法施工防渗墙是利用夯击或振动的方法将预制好的防渗墙体构件打入土体成墙，或者利用夯击或振动方法成槽后灌浆成墙。采用这种方法施工的防渗墙有板桩墙、复合窄壁墙及挤压灌注防渗墙等。

板桩墙的施工是将已预制好的板桩构件垂直夯入地层中。常用的板桩有钢板桩和外包铁皮的木板桩，板桩之间要用板桩锁连接，两板桩之间要有重叠，间隙要保持闭合或进行密封，防止渗漏，板桩墙还要耐腐蚀。板桩墙比较适宜在软弱土层中使用，硬塑性土层则由于打夯困难而应用受到限制。

复合窄壁墙施工首先通过夯击或振动将土体向周围排挤形成防渗墙空间，把防渗板放入已形成的防渗墙空间，然后注浆充填缝隙形成防渗墙体。复合窄壁墙的施工有梯段夯入法和振动冲压法等。

梯段夯入法是先夯入厚的夯入件，最后分梯段夯入最薄的夯入件达到预计深度。打夯结束后，把含有膨润土和水泥的浆液注入形成的槽内，硬化后便形成了防渗墙体。

振动冲压法是用振动器把板桩垂直打入土体里，直至进入填埋场基础下方的黏土层里，板桩以外的空隙注浆充填。施工时还要求振动板之间的排列和搭接闭合成一体，两板的间隙要保证闭合以及封闭板桩墙耐腐蚀。

利用冲击锤或振动器将夯入件打入所要求的深度，夯入件在土体中排挤出一个槽段空间，一般 5～6 个夯入件循环使用，当第 3 个和第 4 个夯入件打入后，前 2 个打入件可起出，向槽段灌注防渗浆材料成墙。灌注浆材料可使用由骨料(砂和粒级为 0～8 mm 的砾石)、水泥、膨润土和石灰粉加水混合而成的土状混凝土。土状混凝土各成分配比根据对防渗墙体要求的渗透性、强度和可施工性等指标而确定，防渗墙体材料应满足制成防渗墙体的渗透系数要求($k \leqslant 10^{-7}$ cm/s)，并满足抗腐蚀性、能用泵抽吸、具有流动性、便于填充等要求。

(3) 开挖法施工防渗墙。开挖法施工防渗墙是通过挖掘地下土形成沟槽，槽壁的稳定由灌入的泥浆维护，然后在沟槽中灌注墙体材料并将泥浆排挤出而形成防渗墙。

2.2.2　渗滤液收集系统

垃圾填埋场压实、覆盖后，垃圾在生物降解过程中会产生高浓度的有机液体，该液体和各种渗入填埋场的水(雨水等)混合后，总量超过垃圾的极限含水量，多余部分就以渗滤液形式从填埋场底部或横向渗透排出。为了防止渗滤液在场内积聚而影响作业、污染环境，必须对渗滤液采取合理的收集。

填埋库区渗滤液收集系统如图 2－11 所示，主要包括导流层、盲沟、竖向收集井、集液井(池)、泵房、调节池及渗滤液水位监测井。

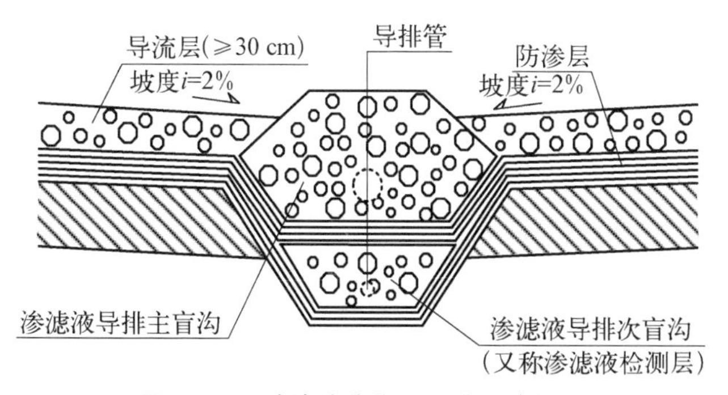

图 2－11　渗滤液收集和导排系统剖面

1) 导流层

渗滤液导流层由场底排水层与设于排水层内的管道收集系统组成。场底排水层位于底部防渗层上面，排水层通常由砂或砾石铺设，也可使用人工排水网格。排水层和垃圾之间通常设置天然或人工滤层，目前设计中采用最多的是土工布材料，以减少小颗粒物质对排水层的堵塞(见图 2－12)。当采用粗沙砾时，厚度为 30～100 cm，必须覆盖整个填埋场底部衬层，其水平渗透系数不应大于 0.1 cm/s，坡度不小于 2%。

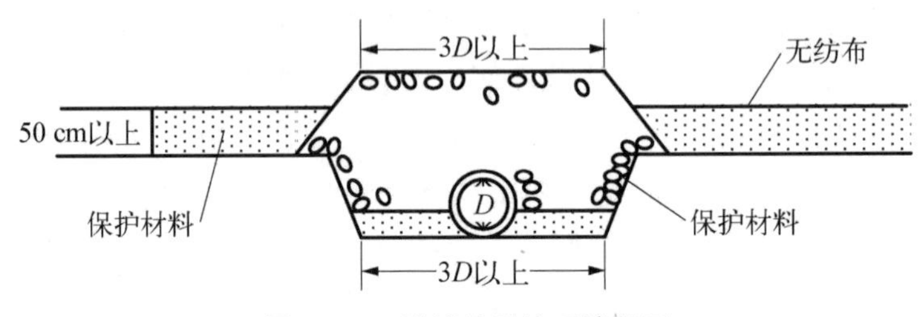

图 2－12　渗滤液导流系统断面

排水层内设有自沟和穿孔收集管网，一般管道收集系统在填埋场内平行铺设，位于衬垫的最低处，且具有一定的纵向坡度(通常为 0.5%～2.0%)。管道上开有许多小孔，且管间距要合适，以便能及时迅速地收集渗滤液。

2）调节池

垃圾填埋场区范围内大气降雨渗入、地下水侵入以及垃圾自身分解的降解水构成填埋场的垃圾渗滤液。是否经过收集并处理，使渗滤液对环境的污染达到允许的程度，是卫生填埋场与一般填埋场的本质区别之一。调节池主要用来调节填埋场中的水力负荷和有机负荷，减轻冲击负荷对渗滤液处理设施的影响，最大限度地降低渗滤液溢出对周围环境的影响。影响其设计的主要因素有渗滤液产量、处理设施的规模、垃圾库区的内部贮留量等。其中渗滤液产量和处理设施的规模影响尤为重要。

(1) 渗滤液产量估算。影响渗滤液产量的因素比较复杂，主要有降水、地表条件、气候、填埋操作和气候等因素，其中自然降雨量是影响渗滤液产量的决定性因素。因此在设计调节池容量时常以降雨量为主要的计算依据。降雨量的季节性特征决定了垃圾渗滤液年内分配的不均匀。通常雨季的渗滤液产量较大(占全年的大部分)，而平常渗滤液产量则很少，甚至没有。这种渗滤液分布不均的状况决定了调节池容纳渗滤液在雨季多而平时少的特性，也使得调节池容量的设计难度急剧增大。

渗滤液产量的计算比较复杂，目前国内外已提出多种方法，主要有水量平衡法、经验公式法和经验统计法三种。水量平衡法综合考虑产生渗滤液的各种影响因素，以水量平衡和损益原理而建立。该方法准确但需要较多的基础数据，而我国现阶段相关资料不完整的情况限制了该方法的应用。经验统计法是以相邻相似地区的实测渗滤液产生量为依据，推算本地区的渗滤液产生量，该方法的不确定因素太多，计算结果较粗糙，不能作为渗滤液计算的主要手段，通常仅用来作为参考，不用作主要计算方法。经验公式法的相关参数易于确定，计算结果准确，在工程中应用较广。其计算公式为

$$Q = I(C_1A_1 + C_2A_2)/1\,000 \tag{2-1}$$

式中，Q 为渗滤液年产生量（m^3/a）；I 为降雨强度（mm）；C_1 为正在填埋区渗出系数（一般取 0.4～0.7）；A_1 为正在填埋区汇水面积（m^2）；C_2 为已填埋区渗入系数（一般取 0.2～0.4）；A_2 为已填埋区汇水面积（m^2）。

（2）调节池容积计算。根据国内外填埋场运行和设计经验，填埋场渗滤液量应根据当地 20 年逐月平均降雨量分别计算每个月的渗滤液产生量，停留在调节池的量一般应扣除当月的处理量，累积最大余量即为调节池最低调节容量。

（3）调节池结构形式。调节池的结构形式主要有钢筋混凝土结构和自然开挖的土工膜防渗结构。调节池结构形式的确定主要考虑场建的地形地貌和地质条件、调节池的容积、资金等。

在山区，利用局部的自然洼地势，将调节池设计成断面呈倒梯形状的土工膜防渗结构。与混凝土结构相比，该结构有防渗性能高、价格便宜、便于施工等优点。调节池的平网形状根据地形地势确定。若调节池容积比较大，地基土质不均匀，土工膜防渗结构利用其拉伸能力，可以避免混凝土结构由于不均匀沉降带来的不利影响。土工膜防渗结构底部及边坡自下而上的工序依次为：处理后的地基基础；300 mm 厚的压实黏土；500 g/m^2 的土工布；2 mm HDPE 膜；300 g/m^3 的土工布；100 mm 厚的中粗砂；浆砌砌块或水泥砖等防护层结构。调节池采用水平防渗方式。HDPE 土工膜防渗结构的池坡比宜小于 1∶2。

（4）覆盖系统设计。调节池覆盖系统主要包括液面表面浮盖膜、气体收集排放设施、重力压管以及周边锚固等，主要目的是为了避免臭气外逸。

浮盖系统：调节池浮盖一般采用 2.0 mm 厚的 HDPE 土工膜，通过焊接形成浮盖整体。浮盖覆盖整个调节池，池中渗滤液产生的臭气无法穿透浮盖向周围大气中散逸，而是向调节池四周边缘囤积。另外，浮盖膜还可以有效阻止雨水流进调节池内，减轻渗滤液处理负荷。在浮盖膜上相应位置对称设置检修孔，浮盖在安全水位内随着污水水位的涨跌自由起落。

气体收集系统：气体收集系统如图 2-13 所示，设置于浮盖膜下面，一般沿调节池池壁四周布置成一个闭合环路，用于收集调节池中产生的气体。

气体导排系统：与气体收集系统连接，用于膜下废气的排放，一般连接场区废弃物处理系统。

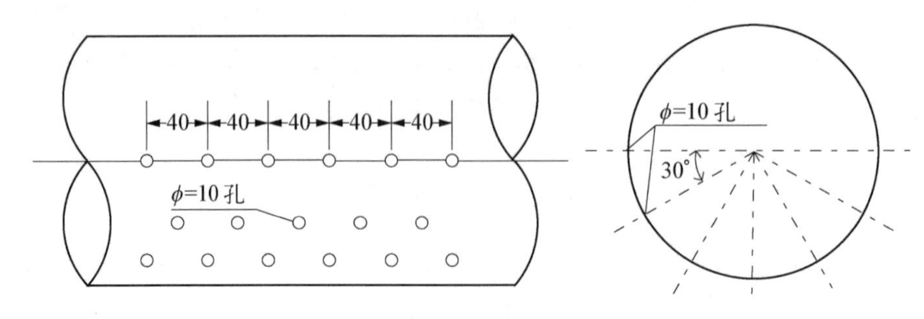

图 2-13　气体收集管开孔(单位：mm)

重力压管系统：重力压管系统如图 2-14 所示，包括膜上重力压管和膜下浮球两个部分。为保证浮盖的稳定性、消除浮盖的皱褶和利于气体的流动，防止大风吹过后在膜面上产生负压而把浮盖吸起，需要在浮盖上安装重力压管。另外，重力压管在膜面上形成一道沟槽，有助于雨水在压管周围的集中。膜下浮球的设置，能够形成空气廊道，利于气体的流动。膜上压管和膜下浮球形成中间低、两边高的倾斜面，达到"水往低处流，气往高处跑"的效果。

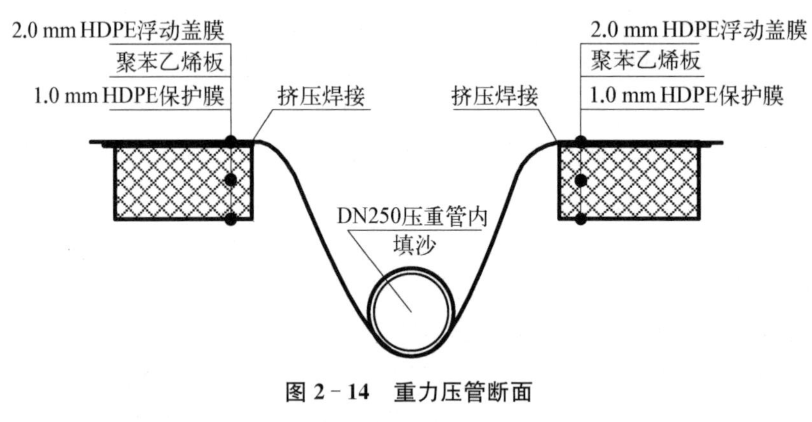

图 2-14　重力压管断面

(DN，表示管道直径，单位：mm)

3）集液井(池)

可根据实际分区情况分别设置集液井(池)汇集渗滤液，再排入调节池。根据实际情况，集液井(池)在用于渗滤液导排时可位于垃圾坝内侧的最低洼处，此时要求以砾石堆填，以支撑上覆填埋物、覆盖封场系统等荷载。渗滤液汇集到此并通过提升系统越过垃圾主坝进入调节池。此时提升系统中的提升管宜采取斜管的形式，以减少垃圾堆体沉降带来的负摩擦力。斜管通常采用 HDPE 管，半圆开孔，典型尺寸是 DN800(mm)，以利于将潜水泵从管道放入集液井(池)，在泵维修或发生故障时可以将泵拉上来。对于设置在垃圾坝外侧的集液井(池)，渗滤液导排管穿过垃圾坝后，将渗滤液汇集至集液井（池）内，然后通过自流或提升系统将渗滤液排至调节池。

2.2.3　渗滤液处理系统

1）渗滤液水质

渗滤液的水质受垃圾的成分、规模、降水量和气候等因素的影响，变化较大，具有如下特点。

（1）渗滤液污染物成分复杂、水质变化大。由于垃圾组分复杂，渗滤液中的污染物成分复杂。渗滤液的污染物成分包括有机物、无机离子和营养物质。其中主要是氨氮和各种溶解态的阳离子、重金属、酚类、可溶性脂肪酸及其他有机污染物。

（2）有机物浓度高。垃圾渗滤液中的 COD_{Cr}（化学需氧量，重铬酸盐指数）和 BOD_5（生化需氧量）浓度最高可达几万毫克/升，与城市污水相比，浓度非常高。高浓度的垃圾渗滤液主要是在酸性发酵阶段产生，pH 略低于 7，低分子脂肪酸的 COD（化学需氧量）占总量的 80%以上，BOD_5 与 COD 比值为 0.5～0.6，随着填埋场填埋年限的增加，BOD_5 与 COD 比值将逐渐降低。

（3）固体悬浮物（suspend solid，SS）含量高。渗滤液在渗出过程中将垃圾中颗粒性杂质一并带出，表现为 SS 含量极高。

（4）氨氮含量高。渗滤液的氨氮浓度较高，并且随着填埋年限的增加而不断升高，有时可高达 1 000～3 000 mg/L。当采用生物处理系统时，需采用很长的停留时间，以避免氨氮或其氧化衍生物对微生物的毒害作用。

（5）营养元素比例失调。一般的垃圾渗滤液中 BOD_5/TP（总氮量）含量比值都大于 300，与微生物生长所需的磷元素相差较大，因此在污水处理中缺乏磷元素，需要加以补给。另外，老龄填埋场的渗滤液的 BOD_5/NH_3-N 含量比值却经常小于 1，要使用生物法处理时，需要补充碳源。

2）渗滤液处理技术

随着我国政府与居民环保意识的不断提高，以及水处理行业科技含量和工程经验不断提升，我国垃圾渗滤液处理技术的发展大致经历了 4 个阶段：

第 1 阶段（1988 年—1995 年）：填埋场渗滤液处理工艺大多参照常规污水处理工艺设计、建造，具有代表性的工程有北京阿苏卫填埋场，工艺采用氧化沟。此阶段的工艺，由于对渗滤液特性及变化特点认识不充分，只是在城市污水厂的工艺参数基础上有所加强。工艺在填埋初期有些效果，出水基本可以达到污水综合排放的三级标准。但是随着填埋时间的延长，垃圾渗滤液可生化性变差，氨氮升高，C/N 含量比例失调，致使微生物的活性降低，微生物的合成受到影响，从而增加了生物处理的难度，处理效果明显变差。

第2阶段(1996年—2002年)：为了达到环保要求，开始重视渗滤液的水质、水量变化特点及处理特性，尤其是高浓度的氨氮、有毒有害物质、重金属离子及难以生物处理的有机物去除。为保证生物处理效果以及为生物处理系统的有效运行创造良好条件，此阶段对渗滤液的认识越来越深入，积累了一定的经验。但是难降解有机物的处理效果并不十分明显，仅在一定程度上解决了渗滤液的污染问题，难以达到GB 16889—1997要求。此阶段代表性工程有深圳下坪生活垃圾卫生填埋场，采用“氨吹脱＋厌氧复合床＋SBR”工艺。表2-9为《生活垃圾填埋污染控制标准》(GB 16889—1997)污染物排放要求。

表2-9 《生活垃圾填埋污染控制标准》(GB 16889—1997)污染物排放要求

级 别	色 度	COD_{Cr}/(mg/L)	BOD_5/(mg/L)	SS/(mg/L)	NH_4-N/(mg/L)	类大肠菌值/(mL/L)
一级	40	100	30	30	15	$10^{-2}\sim10^{-1}$
二级	200	300	150	200	25	$10^{-2}\sim10^{-1}$
三级	400	1 000	600	400	—	—

第3阶段(2003年—2007年)：为满足排放标准，随着国内对垃圾处理的更深入认识及对环境污染问题的日益重视，许多地区要求渗滤液处理达到一级标准以上，膜处理开始成为渗滤液深度处理手段。较多采用的膜有纳滤和反渗透，此阶段的生物处理仍以常规的间歇式活性污泥法(sequencing batch reactor activated sludge process，SBR)、周期循环活性污泥法(cyclic activated sludge system，CASS)、厌氧/好氧(A/O)法为主。采用这种复合工艺，出水能够达到GB 16889—1997的一级或二级排放标准，但由于生化系统运行不理想，对后续膜的应用造成了较大影响，出现易结垢、电导率过高、产水率低等现象，所以这些项目也都在改造过程中或已改造完成。

第4阶段(2008年以后)：2008年7月国家颁布了新的《生活垃圾填埋场污染控制标准》(GB 16889—2008)，该标准对渗滤液处理提出了更完整的污染物去除要求，要求新建生活垃圾填埋场自2008年7月1日起执行新规定的水污染物排放浓度限值。要求自2011年7月1日起，全部生活垃圾填埋场应就地处理排放生活垃圾渗滤液，且执行新规定的水污染物排放浓度限值。膜生物反应器(MBR)的应用为渗滤液达标处理积累了成功的经验，后续采用膜作为深度处理，使渗滤液达标得到了进一步的保障，使得“MBR＋深度处理”成为现阶段的主流处理工艺。表2-10为《生活垃圾填埋场污染控制标准》(GB 16889—2008)污染物排放要求。标准GB 16889—2008颁布后，各地填埋场都在做相应的升级改造，或就该标准的出台,治理以往原本就不达标的处理工艺。业内基本认可了“MBR(两级)＋纳滤(NF)＋反渗透(RO)或MBR(两级)＋碟管式反渗透(DTRO)”工艺路线。各地根据当地的水质特点,还可以在工艺前端增加预处理等措施。通过两级的反硝化和硝化反应,总氮的去除率可提高到90%以上,剩余的总氮去除可采用反渗透膜来完成,出水可稳定达到GB 16889—2008要求。

表2-10　《生活垃圾填埋场污染控制标准》(GB 16889—2008)污染物排放要求

序　号	控制污染物	排放浓度限值	
		一般地区	敏感地区
1	色度(稀释倍数)	40	30
2	化学需氧量(COD_{Cr})/(mg/L)	100	60
3	生化需氧量(BOD_5)/(mg/L)	30	20
4	悬浮物/(mg/L)	30	30
5	氮/(mg/L)	40	20
6	氨氮/(mg/L)	25	8
7	总磷/(mg/L)	3	1.5
8	类大肠菌群数/(个/升)	10 000	1 000
9	总汞/(mg/L)	0.001	0.001
10	总镉/(mg/L)	0.01	0.01
11	总铬/(mg/L)	0.1	0.1
12	六价铬/(mg/L)	0.05	0.05
13	总砷/(mg/L)	0.1	0.1
14	总铅/(mg/L)	0.1	0.1

我国渗滤液处理技术目前主要采用“预处理＋生物处理＋深度处理”“预处理＋物化处理”“生物处理＋深度处理”的工艺组合,应根据不同填埋时期的渗滤液特性选择不同的工艺组合,组合形式如表2-11所示。

表2-11　渗滤液处理工艺组合形式

组合工艺	适用范围
预处理①＋生物处理＋深度处理	处理填埋各时期渗滤液
预处理＋物化处理	处理填埋中后期渗滤液,处理氨氮浓度及重金属含量高、无机杂质多、可生化性较差的渗滤液,处理规模较小的渗滤液
生物处理＋深度处理	处理填埋初期渗滤液,处理可生化性较好的渗滤液

注:① 渗滤液预处理可采用水解酸化、混凝沉淀、砂滤等工艺。

渗滤液生物处理可采用厌氧生物处理法和好氧生物处理法,宜以膜生物反应器法(MBA)为主。膜生物反应器在一般情况下采用A/O工艺,基本流程如

图 2-15所示。当需要强化脱氮处理时，膜生物反应器宜采用 A/O/A/O 工艺。

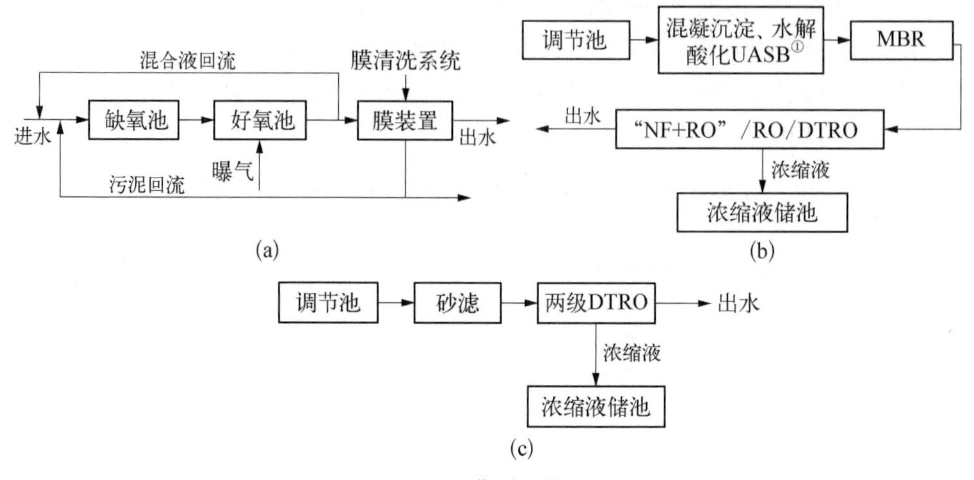

图 2-15 典型工艺流程

(a) A/O 工艺；(b) 预处理＋生物处理＋深度处理；(c) 预处理＋深度处理

深度处理的主要对象是难以生物降解的有机物、溶解物、悬浮物及胶体等。渗滤液深度处理可采用膜处理、吸附、高级化学氧化等工艺，其中膜处理主要采用反渗透(RO)或碟管式反渗透(DTRO)及其与纳滤(NF)组合等方法，吸附主要采用活性炭吸附等方法，高级化学氧化主要采用“Fenton 高级氧化＋生物处理”等方法。深度处理宜以反渗透为主。当采用“预处理＋生物处理＋深度处理”工艺流程时，可参考如图 2-15 所示的典型流程。几种主要处理工艺对渗滤液处理的效果如表 2-12 所示。

表 2-12 各种渗滤液单元处理工艺处理效果(单位：mg/L)

处理工艺	平均去除率				
	COD	BOD	TN	SS	浊度
水解酸化	<20	<20	—	—	>40
混凝沉淀	40～60	—	<30	>80	>80
氨吹脱	<30	—	>80	—	30～40
UASB	50～70	>60	—	60～80	—
MBR	>85	>80	<10	>99	40～60
NF	60～80	>80	<10	>99	>99
RO	>90	>90	>85	>99	>99
DTRO	>90	>90	>90	>99	>99

① UASB，上流式厌氧污泥床反应器，全称为 up-flow anaenobic sludge bed/banbet。

随着反渗透工艺在国内填埋场的进一步应用，反渗透浓缩液的处理越来越迫切，回灌填埋堆体会导致渗滤液中盐类累积，对膜处理工艺存在潜在威胁。目前，浓缩液可采用蒸发(MVC)进行处理，采用浸没燃烧蒸发、热泵蒸发、闪蒸蒸发、强制循环蒸发、碟管式纳滤(DTNF)与DTRO的改进型蒸发等处理方法，这些工艺费用较高、设备维护较困难，有条件的地区可采用。本书着重介绍MVC技术。

MVC技术最早应用于美国海军舰船上的海水淡化。从工艺的研发到目前的应用已经历了40年的时间。目前在全世界不同的行业和领域有上千套的系统在运行，这些行业包括海水淡化、化工浓缩、高浓度有机/无机废水处理、纯净水生产、药用级注射用水生产等，其原理如图2-16所示。当系统启动之前，渗滤液从调节池被泵入热井，打开蒸汽发生器为系统提供蒸汽，通过热井循环泵将热井里的渗滤液与蒸汽在蒸发釜中混合，通过蒸汽给渗滤液加温，当温度升高到100～101℃时，满足系统运行要求，开启蒸汽压缩机进行系统运行。

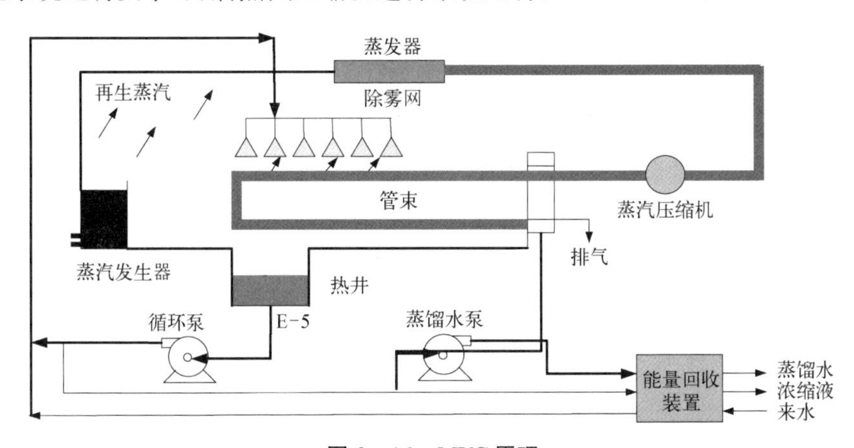

图2-16　MVC原理

经过预处理后的渗滤液在进入系统之前首先通过能量回收装置，在这里和排出去的蒸馏水以及不能蒸发的浓缩液进行多级热交换，使渗滤液的温度升高，渗滤液通过能量回收装置进行热交换后进入热井，通过热井循环泵抽至蒸发釜中，通过蒸发釜喷淋装置喷淋到蒸发管外表面，变成蒸汽，蒸汽经收集后通过压缩机抽至加热管束内部，从而产生持续的蒸发循环。高温管束内壁的蒸汽在对管外渗滤液进行加热的同时又被渗滤液冷凝，经冷凝后变为蒸馏水，通过蒸馏水泵，泵入能量回收装置，在这里回收蒸馏水热能，后蒸馏水排出MVC蒸发器，进入离子交换系统。产生的浓缩液，储存到装置中的热井，一部分用于与渗滤液混合，提高渗滤液温度，另一部分通过浓缩液泵，泵入能量回收装置，进行热量回收之后排出系统之外。

排出系统外的蒸馏水通过阴阳离子交换系统，可以去除蒸馏水中含有的氨离子和其他有机阴离子，从而使水质满足排放标准进行达标排放，工艺流程如图2-17所示。

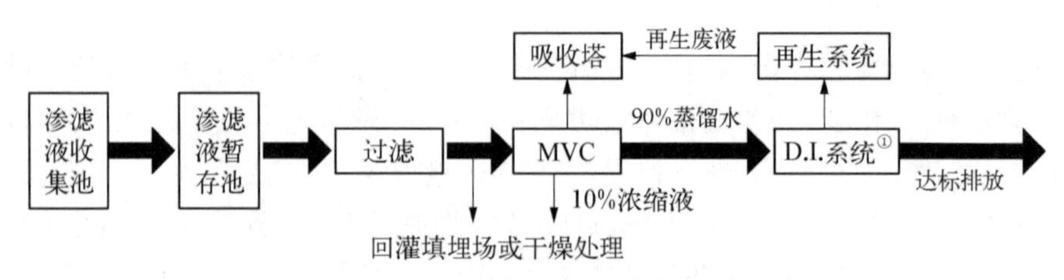

图 2-17 MVC 处理垃圾渗滤液流程

2.2.4 填埋气收集与处理系统

1）填埋气的产生

垃圾填埋一段时间后，由于厌氧微生物的作用，会产生浓度较高、一定数量的填埋气体，其主要成分为甲烷（CH_4）、二氧化碳（CO_2），同时还含有不少于1%的挥发性有机物（VOC）。填埋场产生的气体往往需要几个月才能达到一个稳定的量。在填埋的最初几个星期或几个月内，场内进行好氧的反应，主要产生 CO_2，渗入堆场的水及堆物的沉降将挤走垃圾空隙中的空气，好氧阶段释放出的气体仍然含有 O_2 和 N_2。当堆场变成厌氧时，O_2 的释放量降到几乎为零，N_2 为低于1%的基本量。厌氧过程主要的气体终产物为 CO_2 和 CH_4。当甲烷菌增殖时，CH_4 产量的聚集相当缓慢。气体的最终体积比率通常为：CH_4 占55%，CO_2 占45%。该百分比因不同填埋场的条件会有很大变化。同时存在的还有微量的 N_2、H_2S 及乙烷、辛烷、庚烷等气态碳氢化合物。图 2-18 为填埋场气体成分随时间的变化规律。

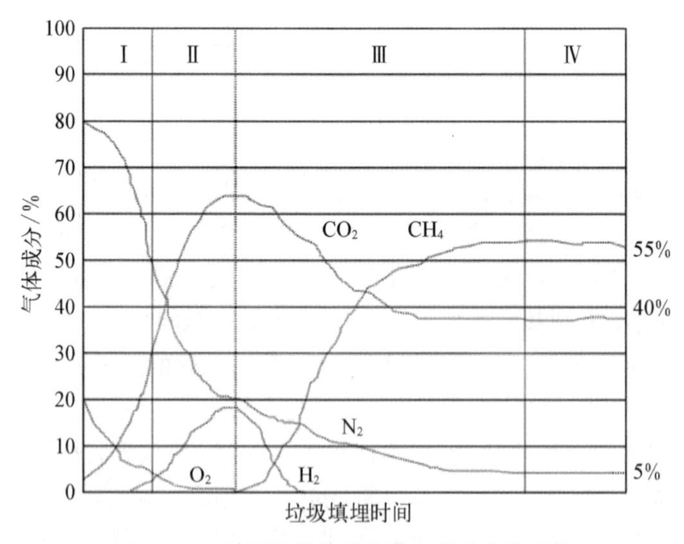

图 2-18 填埋场气体成分随时间的变化规律

① D.I.系统，即离子交换系统，D.I.的全称为 deionization。

(1) 好氧期(Ⅰ)：在垃圾填埋的初期，垃圾的空隙中含有较为充足的空气，使好氧微生物大量繁殖，对垃圾进行耗氧分解，这个阶段称为耗氧分解阶段。此阶段的特点是可降解的垃圾被分解为 CO_2、H_2O 等简单的无机物，示意公式为

$$C_aH_bN_dO_n + O_2 = CO_2 + H_2O + NH_3 \tag{2-2}$$

因此，在好氧阶段垃圾降解产生的填埋气体的主要成分为 CO_2、少量的 NH_3 和水蒸气，并仍含有 O_2 和 N_2。垃圾的好氧分解阶段历时极短，一般仅为 3～4 周，具体维持的时间长短视垃圾压实、含水量、表面覆盖等情况而定。

(2) 厌氧、不产甲烷期(Ⅱ)：厌氧分解开始，产生大量的 CO_2 和 H_2。

(3) 厌氧、产甲烷不稳定期(Ⅲ)：出现甲烷，CO_2 的产生量减少，H_2 被耗尽。

(4) 厌氧、产甲烷稳定期(Ⅳ)：气体的成分趋于稳定，通常达到厌氧稳定状态需 1～2 年的时间。

由于国内大部分城市填埋垃圾均未分拣和压实，垃圾容重为 340 kg/m^3，垃圾中水分、易腐蚀的有机物含量高，导致填埋垃圾产气时间短、产量变化幅度大、气体热值较低。根据国内现有的研究数据，填埋垃圾在填埋后的 1～2 年内就开始产气，并且迅速达到产气高峰，在随后的几年中产气量又迅速下降，整个产气周期不超过 15 年。

2) 填埋气的组成

填埋气组分和垃圾成分、填埋作业工艺、气体收集系统状况有密切关系，一般情况下，填埋气体组成及含量如表 2-13 所示。

表 2-13　填埋气体组成及含量(单位：%)

组　分	体积分数/干基	组　分	体积分数/干基
CH_4	45～60	NH_3	0.1～1.0
CO_2	40～60	H_2	0～0.2
N_2	2～5	CO	0～0.2
O_2	0.1～1.0	微量气体	0.01～0.6
H_2S	0～1.0		

垃圾填埋气同时也是一种可再生能源，其热值接近天然气的 50%，可以用于发电、加热、制备燃气等用途。实现填埋气的回收利用不仅能实现保护环境、减排温室气体；同时可通过发电、售气收入等方式能实现良好的经济效益。特别是联合国清洁发展机制(clean development mechanism，CDM)施行后，垃圾填埋气减排的温室气体能够通过国际碳交易市场进行买卖，此模式令填埋气发电具备了良好的营利模式。

3）填埋气产量预测

生活垃圾卫生填埋场的填埋气产生量可以通过数学模型进行测算。填埋气模型大致可分为动力学模型和统计模型两种类型。其中，动力学模型有 IPCC 模型、COD（化学需氧量）估算模型等，统计模型主要有 Scholl Canyon 模型和 Gardner 模型等。

（1）动力学模型。

IPCC 模型由政府间气候变化专门合作委员会（IPCC）提出，其计算式为

$$ELFG = MSW \times \eta \times DOC \times r \times (16/12) \tag{2-3}$$

式中，$ELFG$ 为填埋气中填埋气体产量（t）；MSW 为城市生活垃圾总量（t）；η 为填埋垃圾占生活垃圾总量的百分比；DOC 为垃圾中可降解有机碳的含量，IPCC 推荐发展中国家取值为 15%，发达国家为 22%；r 为垃圾中可降解有机碳的分解百分率，IPCC 推荐值为 77%；比值 16/12 为 CH_4 和 C 的转化系数。

COD 估算模型是建立在质量守恒定律基础上的，根据理论推导可得：1 g COD 有机物等于 0.35 L 的 CH_4。该模型的数学形式为

$$Y = 0.35 \times (1 - w) \times V \times COD \tag{2-4}$$

式中，Y 为 1 kg 填埋垃圾的理论产气量（m^3/kg）；w 为填埋垃圾的含水率；V 为 1 kg 填埋垃圾的有机物含量；COD 为填埋垃圾中 1 kg 有机物 COD 值（kg/kg）；0.35 为 1 kg COD 的理论产气量（m^3/kg）。

（2）统计模型。

Scholl Canyon 模型假设经历一段可忽略的时间后，填埋气的产生速率迅速达到它的最大值（这段时间主要用来建立厌氧条件和生物量的增长）。随后，产气速率随可溶解的有机底质的减少而降低。此模型把填入填埋场的垃圾量按年份分解成许多子重量，总的产气量就是不同年份填埋垃圾的产气量之和。其产气速率表达式为

$$Q = RkL_0 e^{-kt} \tag{2-5}$$

式中，Q 为填埋场甲烷产生速率（m^3/a）；R 为某年垃圾填埋量（t）；k 为填埋垃圾的产气速率常数；L_0 为填埋废物的产气量潜势（m^3）；t 为填埋的垃圾从填埋到计算时的时间（年）。

Gardner 模型的公式为

$$P = C_d X \sum_{i=1}^{n} F_i (1 - e^{-K_i t}) \tag{2-6}$$

式中，P 为单位质量垃圾在 t 年内产气量；C_d 为垃圾中可降解有机碳的比例；X 为

填埋场产气比例；n 为可降解组分的总数；F_i 为各降解组分中有机碳占总有机碳分数；K_i 为各降解组分的降解系数；t 为填埋时间；e 为常数(取 2.171 8)。

4) 填埋气收集系统

填埋场气体收集系统需合理设计和建造，以保证填埋场气体的有序收集和迁移，而不造成填埋场内不必要的气体高压。填埋气收集和导出通常有两种形式：竖向收集导出方式和水平收集导出方式。其中竖向收集导出方式应用较广，其填埋气收集系统主要包括随垃圾填埋逐渐建造的垂直收集井以及以每个竖井为中心，向四周均匀敷设的多根水平导气支管。随着垃圾填埋作业的推进，填埋气井将有效地收集、导排、处理和利用填埋气。水平收集系统以每个收集井为中心，向四周均匀敷设多根水平导气支管。水平导气支管敷设在浅层碎石盲沟内，盲沟内填 64～100 mm 碎石。如果库区堆高大的话，水平收集系统在高度方向上，可以每 6 m 设置一层。

收集井顶部设置集气装置，并采用 HDPE 管与集气站相连后通过集气干管连着至输送总管，最终送至贮气容器或用户。图 2-19 表示导气井结构，分为主动倒排和被动倒排。

1—检测取样口
2—输气管接口
3—具有防渗功能的最终覆盖
4—膨润土或黏土
5—多孔管
6—回填碎石滤料
7—垃圾层

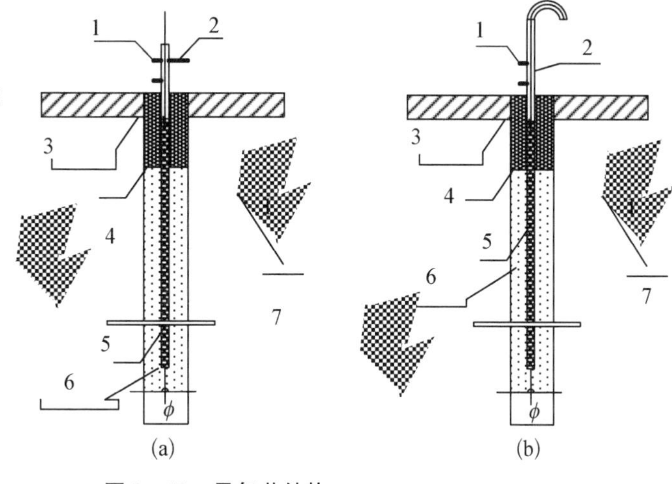

图 2-19 导气井结构

(a) 主动倒排；(b) 被动倒排

5) 填埋气的利用

将填埋气体作为能源收集利用对环境大有好处，同时可通过对填埋气体的利用所产生的收益来弥补填埋场的运行管理费用。

填埋气体的利用方法取决于其处理程度。未处理的填埋气体热值是天然气的二分之一。填埋气体的低位热值约为 17 MJ/m^3。处理程度影响其应用的经济性，为适合气体的最终使用需要，填埋气体预处理系统更改了填埋气体的组成，经不同处理可以进行不同的利用，进而得到不同产品。国内外常见的填埋气体利用方式有如下几种。

（1）用于发电。将填埋气体作为燃料，或者利用填埋气体燃烧产生的热烟气或锅炉蒸汽来带动发电机发电。这种利用方式投资少、工艺技术和设备成熟，需要对填埋气体进行冷却脱水处理，是较常用的一种填埋气体利用方式。

（2）用于锅炉燃料。这种利用方式是利用填埋气体做锅炉燃料，用于采暖和热水供应，是一种比较简单的利用方式。这种利用方式不需要对填埋气体进行净化处理。设备简单、投资少，适合于附近有热用户的地方。

（3）用于民用燃气。该种方式是将填埋气体净化处理后，用管道输送到居民用户家中作为生活燃料。此种利用方式需要对填埋气体进行比较细致的处理，包括去除 CO_2、少量有害气体、水蒸气以及颗粒物等。这种利用方式投资大、技术要求高，适合于大规模的填埋场气体利用工程。

（4）生产压缩天然气。此种方式是将填埋气体净化后，压缩成液态天然气，罐装储存，用作汽车燃料。这种方法需要对填埋气体施加高达 20 MPa 的压力，工艺设备复杂，不易推广。

（5）其他利用方式。最近国外对填埋气体又开发了一些新的用途，主要有：利用填埋气体制造燃料电池、用填埋气体制造甲醛产品以及制造轻柴油等。这些利用方案均在研究和开发中，离实际应用尚有一定的距离。以上几种填埋气体利用方式的比较如表 2－14 所示。

表 2－14　几种填埋气体利用方式的比较

利用方式	比较内容						
	气体预处理要求	一次性投资	运行管理费用	技术要求	热能利用效率	经济效益	二次污染
用于发电	冷却脱水，简单净化	较低	较高	较低	高	高	低
用于锅炉燃料	自然冷却脱水	低	低	低	较高	较高	高
用于民用燃气	脱水，去 CO_2、杂质等	较高	较高	较高	较高	较低	较高
生产压缩天然气	脱水，去 CO_2、H_2S 杂质等	高	高	高	高	低	低

2.2.5　封场覆盖

对于一个已被填满的城市固体废弃物填埋场，最后进行适当封闭是完全必要的。设计最终覆盖（封顶）系统的目的是限制降水渗入废弃物，以尽量减少有可能侵入地下水源的渗滤液的产出。在图 2－20 中，填埋场最终覆盖系统从下到上由这些部分组成：30 cm 厚的排气层、至少 45 cm 厚的压实黏土层、单层土工膜或多层复合防渗层、至少 60 cm 厚的保护层用来侧向排水和防止冰冻穿透至黏土层中、至少 15 cm 厚的带有植被的表土层以尽量减少侵蚀。压实土层的渗透系数应小于或等于 10^5 cm/s。图 2 - 20 为典型的填埋场最终覆盖系统。

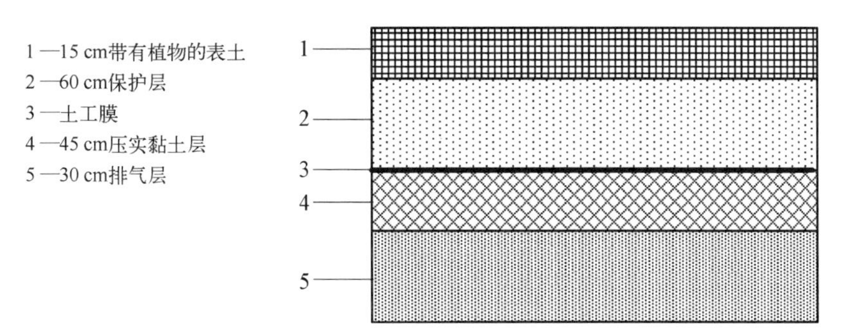

图 2 - 20　典型的填埋场最终覆盖系统

排气层：排气层的厚度不应小于 30 cm，应位于废弃物之上，低透水层之下。排气层可使用与排水层同样的粗粒多孔材料或等效土工合成材料。

低透水层：由压实土和土工膜复合组成的复合低透水层应位于排气层之上，以防止地表水渗入填埋场。

排气层及保护层：排水层及保护层厚度不应小于 60 cm，并直接置于复合垫层之上。该层可使降落在最终覆盖上的雨水向四侧排出，尽量防止冰冻穿透进压实土层，并保护柔性土工膜衬垫不受植物根系、紫外线和其他有害因素的伤害。对该层没有特殊的压实要求。

侵蚀控制层：顶部覆盖层由厚度不小于 15 cm 的土质材料组成，并有助于天然植物生长以保护填埋场覆盖免受风霜雨雪或动物的侵害。虽然对压实通常并无特殊要求，但为了避免土质过分松软，应当用施工机具对土料至少碾压两遍。

为避免封顶后的填埋场表面出现积水，对填埋场最终覆盖进行外形平整能够有效防止由于工后沉降引起的局部沉陷进一步发展。最终覆盖的坡度在任何地方均不应小于 4%，但也不能超过 25%。

2.3　填埋场关键技术工艺

2.3.1　精细化填埋技术

在日常填埋作业过程中，存在一些污染物释放严重、不利于填埋场稳定化和污染减量的问题，主要包括：填埋作业面过大，可能造成恶臭污染物释放量提高；雨污分流不彻底，增加渗滤液处理量；垃圾堆体边坡较陡，在多雨季节有可能发生堆体滑坡，不利于推土机等机械安全作业；钢板路基箱临时道路高低不平，不利于车辆行驶。针对这些问题提出一套精细化的填埋作业方案，以提高填埋场的卫生水平。

精细化填埋作业就是针对填埋作业流程效率低下、作业过程污染物产生量大、作业粗糙这一现象，通过实施最小作业面控制、填埋过程进行雨污分流、综合除臭、钢板路基箱临时道路平整等技术，以卫生填埋为核心，在填埋的各环节实现精细化作业的综合技术方案。

1）最小作业面填埋工艺

目前填埋场普遍使用的作业机械是推土机和挖掘机。这两种机械都采用履带式车轮，以方便在垃圾堆体表面行走，同时依靠自身重力使垃圾压实。推土机的优点是可以从倾卸点推动 3～5 t 的垃圾，进行摊铺和碾压，缺点是作业半径小，车辆无法行驶在堆体边缘。挖掘机的优点是作业半径大，可以通过机械臂的转动将倾卸点的垃圾转运至其他位置，尤其是堆体边缘，不需要移动车辆本身，通过挖斗向下挤压的动作就可使边坡垃圾初步压实，缺点是挖斗一次只能转运 1 t 左右的垃圾，转运量较少。也有一些填埋场采用了专用的压实机。无论是单独采用推土机和挖掘机，或者是二者组合作业，都需要有一个最小作业面，以保证车辆在堆体表面的安全行驶，同时保证环卫车辆能够快速倾倒垃圾，提高填埋压实的速度。填埋作业面较大，可以使倾倒的垃圾快速摊铺开，提高填埋速度，但是填埋作业面是填埋场恶臭污染物的主要来源，过大的作业面会散发出更多的恶臭气体，因此，宜根据每日处理的垃圾数量，找到一个最小的作业面面积。

(1) 生活垃圾填埋量与作业面积的关系。根据高标准的生活垃圾卫生填埋场的运行经验：一般每天垃圾填埋场的垃圾填埋量在 500 t 以下时，作业面面积为 400～500 m^2；每天填埋量在 500～2 000 t 时，作业面面积为 600～800 m^2，填埋量与作业面面积的比值在 0.8 左右；每天填埋量在 2 000 t 以上时，作业面面积为 800～1 000 m^2，填埋量与作业面面积的比值为 0.6～0.7；若每天的垃圾填埋量继续增加，作业面面积也不会增加更多。

填埋现场的主要问题是作业面暴露面积大，至少在 1 000 m^2 以上，包括一部分作业面当天没有作业任务却没有及时覆盖，还有一部分是作为备用垃圾倾卸点的，也没有及时覆盖。可以通过优化库区各填埋单元的填埋顺序，减小作业机械运动距离等措施实现最小作业面控制。

(2) 作业面最小化的填埋作业规划。垃圾填埋过程应统筹规划，分期、分区、分单元有序填埋。在填埋场施工图设计阶段和废弃物进场前，应先将填埋场分成若干区域，再根据计划分区域进行填埋，每个分区可分成若干作业单元，每个单元通常为一天的作业量。生活垃圾分单元作业方式有利于填埋场的库容规划，实现作业面的有效控制和垃圾表面裸露部位的及时覆盖，减轻库区的恶臭污染、利于雨污分流的实施、减少垃圾堆体渗滤液的产生量。

(3) 优化填埋单元的填埋顺序。填埋作业面指每一天垃圾倾卸和摊铺所需要用到的作业面，其宽度一般是指从倾卸平台边缘至作业面边坡的宽度。当作业平台需要向前推进时，先将预作为倾卸平台地基的垃圾堆体碾压多次，以尽可能减少垃圾堆体的空隙；然后将临时钢板路基箱和倾卸平台平铺在压实的堆体表面，减少暴露的作业面，如图 2-21 所示。

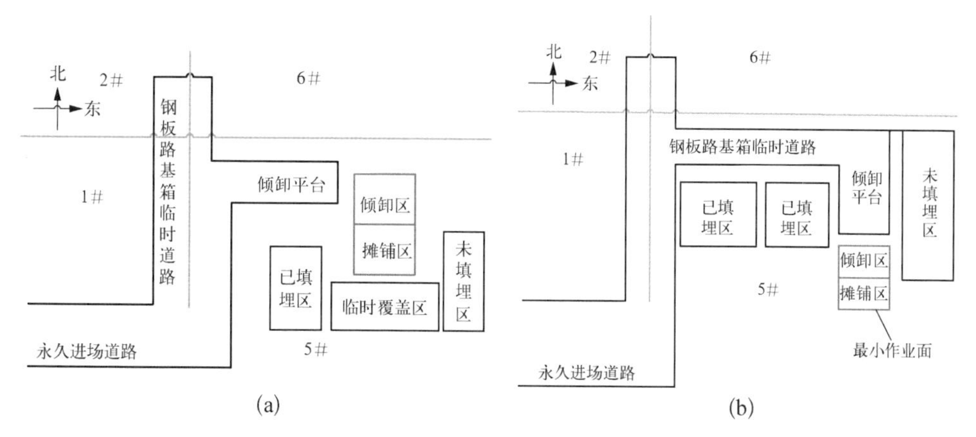

图 2-21　填埋作业面

(a) 优化后的最小作业面；(b) 倾卸平台向前推进后的最小作业面

(4) 作业区边坡覆膜。通过优化填埋单元的填埋顺序后，实现了较小的作业面，但是在填埋过程中，作业区的边坡坡度一般是 1∶3，垃圾不能直接摊铺在边坡上面，填埋机械也不能在斜坡上行走，因此巨大的边坡是裸露的。增加堆体边坡坡度有利于减小作业面暴露面积，但是会降低填埋机械的安全性，需要综合考虑。上海崇明填埋场的填埋过程中，边坡坡度经常达到 1∶1 甚至更大的坡度，但其裸露的边坡仍然有较大的表面积。对这一部分暴露面，应该临时覆盖轻质的 HDPE 膜，既可以防止垃圾坍落，还可以减少边坡的暴露面积，进一步实现最小作业面。

2) 填埋机械组合工艺

(1) 填埋机械实施标准化作业。研究作业面最小化条件下的精细化填埋作业技术，是提高作业效率、缩短作业时间、保持作业面整洁和保证作业安全的需要，最小化的作业面和小作业面下的精细化作业技术结合，可实现填埋场源头恶臭污染控制。目前我国卫生填埋场典型填埋作业工艺流程如图 2-22 所示。

垃圾卸料后，采用推土机、压实机等机械对其进行摊铺、压实等操作是卫生填埋场区别于简易堆场的突出点之一。摊铺、压实可以增加垃圾的堆积密度、增加库

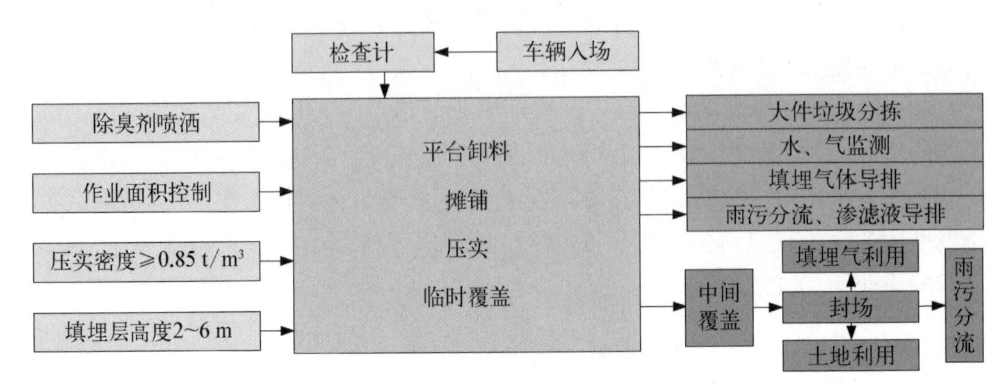

图 2-22　我国卫生填埋场典型填埋作业工艺流程

区容量、减少蚊蝇滋生、降低垃圾中污染气体的迁移和流动，改善填埋作业面的美观程度。

首先用推土机将卸入作业面的垃圾按照从前往后的顺序均匀地摊铺在作业面上，每层垃圾的厚度约为 0.6 m，每摊铺 2～3 层，用压实机在垃圾上反复碾压，由于南方生活垃圾含水率较高，压实机在作业过程中由于垃圾承载力不均匀出现下陷，易造成翻车事故，可用推土机代替压实机进行碾压，垃圾经压实后密度应大于 0.85 t/m^3。

对于推土机和挖掘机在填埋现场的使用，必须严格规定每种机械的使用用途和操作规程，具体包括每种机械的运动范围、碾压次数、旋转半径等参数，这些参数直接影响作业面的面积和库区的有效使用率。推土机和挖掘机在填埋作业时，其活动范围应尽可能在 20 m×20 m 的作业面区域内，碾压次数为 3 次。推土机主要用于从倾卸区将垃圾推运至摊铺区，摊铺并压实。挖掘机用于将倾卸区的垃圾挖掘搬运至堆体边坡，并且通过碾压、砸实等方式修整边坡和倾卸区。

(2) 填埋作业过程中作业机械组合工艺。根据作业机械的组合方式不同，填埋作业工艺可总结为一体化推压工艺、挖推压组合工艺和月牙形挖推摊铺压实工艺。

一体化推压工艺：传统的填埋作业采用一体化推压工艺，在垃圾卸料后由推土机直接从倾卸点推向作业面，并在作业面摊铺开，用压实机或推土机反复碾压形成压实的垃圾层。在这种作业方式中，推土机的作用是推运摊铺物料，而挖掘机一般用于整修边坡。

挖推压组合工艺：在该工艺中，首先充分利用挖掘机臂长的特点，将物料搬离倾卸点，放在作业面内，然后推土机将物料按照一定的厚度在作业面上进行摊铺，专用压实机械进行压实。挖推压组合工艺相比于传统的作业工艺，其特点是利用了挖掘机臂长和转向灵活的特点，实现了物料从卸料点的快速搬离，将推土机解放出来专门进行摊铺，提高了物料转移速度和填埋作业速度。在物料搬离过程中，传统工艺中的推土机推离作业方式速度较慢，且推土机需时刻注意卸料平台上的车辆倾卸的物料，在车流密度较大时，推土机常被掉落的垃圾掩埋，增加了推土机损耗，影响驾驶员的情绪。

月牙形挖推摊铺压实工艺：将作业过程中安全风险最小化作为纲领，以填埋操作工艺为突破口，将传统概念中的斜面作业调整为多层面的月牙形作业。做到各工序分工明确、作业有效、安全可靠。各工程机械分工明确，缩小作业面，提高单层压实高度，抑制恶臭大规模释放。具体改进为：填埋作业面由以前的矩形推进面改为月牙形作业推进面，可在同一填埋单元作业面实现多点卸料；作业点由以前的两台推土机改为一台挖掘机、一台推土机；挖掘机充分发挥臂长优势，将转弯半径（依据挖掘机型号而定，可达 15 m）内的倾卸点垃圾均匀分散在作业面上；推土机只担负压实的作用，不需从倾卸点推运垃圾，从而提高了每一趟的压实效率；结合围堰使作业面缩小到目标要求。

具体工艺操作方案流程如图 2－23 所示。

① 工艺控制：工艺围绕倾卸点展开，每个倾卸点（平台）每天最多能处置 1 500 t 的垃圾，按照垃圾量与作业面 10∶4 的要求，需控制在 600 m^2 的作业范围内。同时改变原先的斜面摊铺，将作业分为倾卸点转运层和摊铺层，推土机或挖掘机在倾卸点转运层将垃圾转运到摊铺层，由推土机在摊铺层进行摊铺及压实。

② 填埋密度控制：根据推土机摊铺及压实工艺，将分层厚度控制在 0.3～0.5 m 范围内，来回碾压 3 次，且履带轨迹须盖过上次履带轨迹的 3/4，即可将填埋密度最大化。

③ 安全控制：每台设备将在定置的范围内作业，并且规避了斜面作业可能产

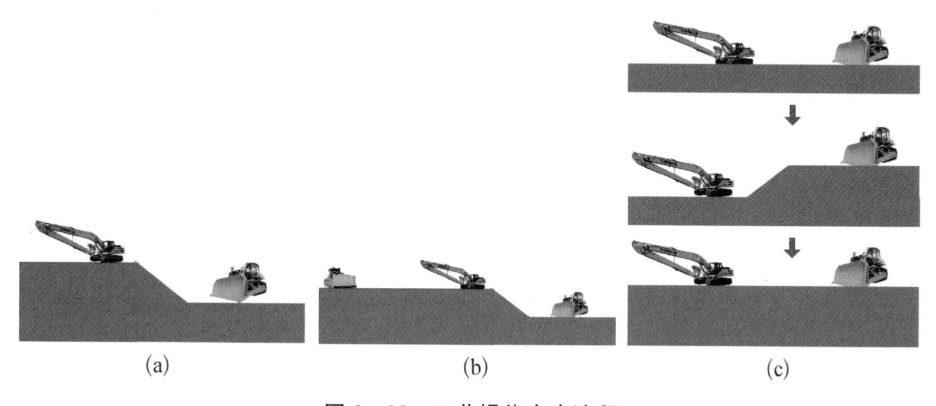

图 2－23　工艺操作方案流程

(a) 垃圾量小于 1 000 t 时作业面；(b) 垃圾量大于 1 000 t 时作业面；(c) 卸料平台向前延伸

生的安全问题，将安全风险最小化。

④ 设备定置：垃圾量较少时（如 500～1 000 t），用一台长臂或短臂挖掘机在倾卸点转运垃圾到摊铺层，摊铺层控制在 10 m 宽即可，一台推土机在摊铺层进行分层摊铺、分层压实的作业工艺。当垃圾量不足 1 000 t 时，暴露面积控制按 400 m^2 计算，如图 2－23(a)所示。垃圾量较多时（如 1 000～1 500 t），用一台推土机在摊铺层将垃圾推到预先处理的斜面处并推下，一台挖掘机辅助转运以及修整边坡，另一台推土机在摊铺层进行分层摊铺、分层压实的作业工艺。推土机和挖掘机在摊铺层得到最大化利用，2 台设备转运垃圾效率保证了作业的有序进行，如图 2－23(b)所示。

⑤ 递进作业：摊铺 7～8 层垃圾后，构筑倾卸转运层工作平台，两台推土机分别在两个层面工作，挖掘机帮忙辅助修整边坡。待推土机在摊铺层摊铺 7～8 层垃圾后，作业平面标高达到倾卸点标高，即达到日单元层约 4 m 厚度的要求，即结束该单元的作业过程，并将垃圾倾卸平台和倾卸点进行整体延伸至新单元的相应位置，如图 2－23(c)所示。

⑥ 结合围堰：由于结合围堰的作用，垃圾的填埋作业面面积可以进一步缩小。

2.3.2 缺陷地基土上高维卫生填埋技术

所谓高维卫生填埋是指采取一定工程措施，通过对卫生填埋场场址天然条件下存在的缺陷进行人为改造，采取系列工程措施防止与控制渗滤液和场址区地下水间的交换，从而提高卫生填埋场的垃圾填埋高度，实现以最小的填埋面积获得最大的填埋库容，并保证填埋场的卫生安全与稳定，达到节省土地的目的。

黏土沉积初期水分的含量百分比很高，因而常常是又松又软。施加一些压力，水分便从土壤中被挤出，使土壤变得更紧密和更结实。在自然环境中，这类压力来自在已沉积的土层上继续沉积的土壤。也可用人造的建筑物来产生这种压力，例如大楼、围堤、填埋场等。

这种将水分挤压出土壤的过程称为固结。自然固结可能需要很长的时间，有时是很多年，因为水分不能快速地透过黏土。假如建筑物建造得太快，土壤将没有足够的时间来获得强度，地基便可能发生破坏。当填埋场区的地下水位较高，且要采取水平防渗设施时，必须对场区地下水进行导排，以降低地下水位，从而为水平防渗的实施提供便利。

2.3.3 填埋场稳定化过程及生态修复技术

1）填埋场稳定化

生活垃圾在填埋单元内的稳定化过程主要表现在两个方面：一方面是填埋垃圾中可生物降解有机组分在微生物作用下被分解为简单的化合物，最终形成 CH_4、

H_2O 和 CO_2，即有机质的无机化过程；另一方面是有机质的生物降解中间产物，如芳香族化合物、氨基酸、多肽、糖类物质等，在微生物的作用下重新聚合成为复杂的腐殖质，这一过程称为有机质腐殖化过程。

生活垃圾在填埋单元内的稳定化过程主要反映在可生物降解组分的无机化降解和腐殖化聚合两个过程，这两个过程都可以通过填埋垃圾内有机质分子量和分子量分布指标得以体现。在有机组分的生物降解过程中，填埋垃圾内有机物分子量将会下降，分子量分布指数将会上升；在有机组分的腐殖化过程中，有机物降解的中间产物分子量上升而分子量分布指数下降。因此填埋垃圾腐殖质的分子量和分布指数是填埋垃圾稳定化进程中最为直接的表征指标，可以真实反映填埋场和填埋垃圾的稳定程度。

生活垃圾的最终处置方式的选择对于城市垃圾的有效处置具有重要的意义。由于长期以来对于传统填埋场形成了一些习惯看法，印象中的填埋场占地面积大、污染较为严重，而且土地长期得不到有效利用，不能实现垃圾处理的长效性。虽然大多数时候需要把填埋场作为最终的处置方式，但总是作为一种迫不得已的选择。通过对填埋场稳定化进程的研究，可有效缓解上述问题，为生活垃圾最终处置带来崭新的理念。

通过以上填埋场稳定化理论的研究可以发现：填埋场不只是一个最终处置方式，同时还是一个可以循环利用的场所，如图 2-24 所示。填埋场的最终定位是一个面积巨大的生活垃圾中转站，不过这个中转站的周转周期需要 8～10 年；同时还是一个巨型填埋反应器，通过适当的措施调节，填埋场可以加速其循环转化率，创造更大的经济、社会、环境价值。

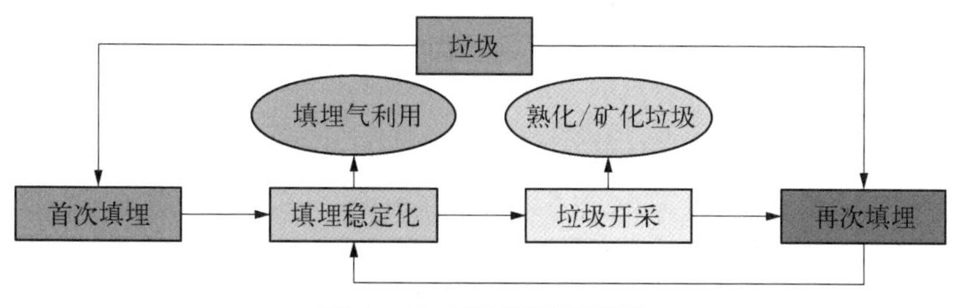

图 2-24 填埋场循环利用

2）生态修复利用技术

对于已经封场处理的垃圾填埋场，目前国内外最常用的修复技术是采用植物进行生态修复。植物修复是指将某种特定的植物种植在重金属污染的土壤上，而该种植物对土壤中的重金属污染元素具有特殊的吸收富集能力，将植物收获并进行妥善处理（如灰化回收）后即可将该种重金属移出土体，达到污染治理与生态修复的目的。

垃圾填埋是世界上绝大多数国家所采用的垃圾最终处置方法。目前西方发达国家约有一半以上的城市垃圾是应用填埋的方法进行处理，为了解决垃圾填埋场的占地问题并兼顾城市的美观，垃圾填埋场在封场后常常被建议开发成公园、高尔夫球场、娱乐场所、植物园、作物种植等。国外对于垃圾填埋场的生态修复研究和实践均早于我国。早在 1863 年，巴黎就对一座废弃的垃圾填埋场进行了生态修复，通过植被恢复的方法将其改造成了比特蒙公园。

我国卫生填埋技术发展还不到 20 年的时间，在此期间以及 20 世纪 80 年代以前，我国垃圾填埋主要以简易填埋场/堆场的形式存在，主要体现为以下特点：规模大小不一、点多分散，且主要分布在市郊农村，堆放方式迥异、堆放技术水平较低、基本未采取污染控制措施，给周边生态环境造成了重大危害。随着我国经济的发展和人民生活水平的提高，如何解决简易填埋场/堆场的封场修复工作，已成为环卫事业健康发展的重要因素。

由于我国本身的经济技术原因，对填埋场/堆场的封场修复，不可能像国外发达国家一样，对污染的土地进行异地置换处理，从而达到彻底的污染控制目的。因此我国的填埋场封场及修复工作必须符合我国国情，尽量以高效低耗为原则，实现填埋场/堆场危害的最小化。通过确定填埋场的稳定化时间，以及其对周边环境的影响状况，分阶段对填埋场/堆场采用不同修复技术，确定原位或异位修复的原则，最大化地实现环境、经济和社会效益。

目前在国内垃圾填埋场生态修复技术中，以植被修复为主导技术。垃圾填埋场在封场以后由于有一定的覆盖土层存在，可以隔绝垃圾发酵产生的气体和高温，因此自然条件下也会存在一个自然植被的恢复过程。为了尽快实现垃圾填埋场内的生态恢复，国内许多地方也进行了人工种植植被的生态修复方法。适宜在垃圾填埋场内种植的植物有很多，如三叶草、苜蓿、知风草、牛筋草、画眉草等可以在填埋 1 年以上的垃圾地上种植，紫穗槐、枸杞、接骨木等灌木可以在填埋 1～3 年的垃圾地上种植，白蜡树、刺槐、苦楝等乔木可以在填埋 2～3 年的垃圾地上种植。

由于填埋场址可开发为潜在的娱乐设施或者公共场所，因此采用人工种植植被进行填埋场生态修复过程中选择合适的植被种类对于后续利用具有重要作用。如果目标是恢复当地的生态环境，那么就必须选用合适的当地植物。如果采用非当地植物来建造高尔夫球场或公园，就应当选择适合当地气候条件的植物种类。

考虑到填埋场本身并不利于植物生长，植被选择的关键是选取适于填埋场址所在地区的植物品种。同时，在生态恢复过程中，必须保证植被及其种子来源。为了保存本地的种子库，需要采集邻近地区的植物种子和枝条扦插来种植。

从长期来看，将封场后的填埋场址恢复至本地的生态水平通常是花费最小的方案，并且可以提供城市地区最需要的户外空地和绿化带。如果目标是生态恢复，那么使用本地植物是必要的。地区性植物指的是那些自然生长在某个地理区域内的植物，是最适合当地地理环境的品种。非本地植物也可以用于填埋场封场后的植被重建，但需综合考虑气候、地质等条件的相似性，同时也需防范物种入侵。

在选择木本植物用于填埋场植被重建的时候，需要考虑其生长速率、树的大小、根的深度、耐涝能力、菌根真菌和抗病能力等因素。生长较慢的树种比生长迅速的树种更容易适应填埋场的环境，因为它们需要的水分较少（填埋场覆盖土中含水量少）。个头较小的树能够在近地面的地方扎根生长，这样就避免了和较深的土壤层中填埋气的接触。具有天生浅根系的树种更能适应填埋场的环境。同样，浅根的树种需要更频繁的浇灌，并且易于被风吹倒。耐涝的植物比不耐涝的植物对填埋场表现出更强的适应性，但需要适当的灌溉。菌根真菌和植物根系存在一种共生的关系，可以使植物摄取到更多的营养物。易受病虫害攻击的植物不应当栽种在封场后的填埋场上。

除了木本植物之外，填埋场植被重建也需要种植草坪。草的根系都是纤维状且为浅根，从而使其比木本植物更容易在填埋场环境中存活下来。某些草本植物是一年生的，这意味着它们在一年或者更短的时间内就完成了生命周期。因此，一年生的草本植物需在一年中最适宜的时期播种并生长。如果需要，一年生的草本植物很容易再次播种。多年生草本植物的存活时间在一年以上，但是它们的许多特征和一年生草本植物是相类似的。根系类型、生命周期、快速繁殖等特征使得草本植物在填埋场环境下更容易生长。

2.3.4　填埋场能源化及清洁发展机制

卫生填埋技术相比其他生活垃圾处理处置技术具有工艺相对简单、处置量大、费用低廉、终极化处置程度高等优点，与我国国情比较适应，为此在2000年召开的21世纪中国垃圾问题对策研讨会上，有关部门确定了以垃圾填埋为主、焚烧和堆肥为辅的方针。卫生填埋的主要缺点是占地面积大、渗滤液产生量较多、填埋气具有失火爆炸隐患和大气污染性。总体而言，卫生填埋具有明显的末端处置特征，环境污染程度相对较低且可控性较强，因此垃圾卫生填埋处理作为垃圾最终处理手段在今后较长时间内仍是我国乃至大多数国家垃圾处理的主要方式。

我国绝大多数大中城市都建设了填埋场，每年填埋约5 000万吨城市固体废弃物。填埋场堆体中的生物质在厌氧发酵的作用下产生大量可燃性气体，称之为填埋气。填埋气含有50%～60%的CH_4、30%～40%的CO_2、少量的N_2和O_2以及组分众多的痕量气体。鉴于填埋气的危害性和污染性，对填埋气进行收集、无害化处理或资源化利用成为卫生填埋中的一项重要工作内容，为此对填埋气的排放控制已成为世界各国的广泛共识，并成为《京都议定书》框架下实现温室气体减排的一条有效途径。

2.3.5 大型气撑式膜结构应用

生活垃圾填埋由于具有投资少、设备简单、运行成本低且基本满足生活垃圾无害化要求的特点，是我国目前应用最广泛的生活垃圾处理技术。但是，垃圾填埋作业时产生的垃圾渗滤液、恶臭气体、粉尘、垃圾飞散物、机械噪声等各类危害，对周围环境会产生一定的影响。因此，一种新技术——大型气撑式膜结构，以其膜材料自重轻，钢索、钢结构与受力体系简洁组装并以轴向传递受力（使膜结构适合跨越大空间形成开阔的无柱大跨度结构体系）的特点，在北京安定垃圾卫生填埋场得到应用。该技术在国内垃圾填埋场中的应用尚属首次，在美国和韩国已有应用实例。

膜结构在垃圾填埋场安装时，由于大部分加工和制作都集中在工厂内完成，所以现场只进行安装作业，安装周期短、操作简单。该设施的主体——空气支撑膜结构自重比较轻，无地基承载压力，对地基的要求低，可在垃圾填埋作业区上进行建造。全自动控制下可进行温度、湿度、压力和空气质量检测，实现全天候闭合空间。该设施还可以充分利用自身资源，即用填埋场填埋气发电的电能来保持设施在运行过程中所需要的动力。

大型气撑式膜结构是无梁、无柱结构，跨度大、稳定，可长久使用，维护费用较低，可移动，安装施工简单、快捷，应用在垃圾卫生填埋场中，对填埋场作业区进行空间围合，形成密闭的填埋作业空间，有效地控制了垃圾填埋作业中产生的垃圾渗滤液、恶臭气体、粉尘、垃圾飞散物、机械噪声等危害，减少了对周边环境的影响。

填埋场产生的恶臭气体具有强烈刺激性，如不能有效控制排放，不仅会导致周围居民在感官上出现不良反应，更会对身体健康造成一定危害。气撑式膜结构对填埋场作业区进行空间围合，将填埋作业区无组织排放的恶臭气体进行合理的气流组织和收集并进行处理，处理后的气体按照国家的相关标准进行排放，不会对周边居民造成影响与危害。气撑式膜结构使填埋作业在一个封闭的空间内进行，可以杜绝粉尘和飞散垃圾的产生及扩散，减少蚊蝇的滋生。气撑式膜结构可以有效做到雨、污分流，减少因降水入渗而产生的渗滤液，从而减少渗滤液处理及排放量。

2.3.6 共填埋技术

2011 年 3 月，国家住房与城乡建设部、国家发展与改革委员会联合发布了《城镇污水处理厂污泥处理处置技术指南（试行）》，在污泥的填埋处置方面提出污泥与生活垃圾混合填埋，污泥必须进行稳定化、卫生化处理，并满足垃圾填埋场填埋土力学要求；且污泥与生活垃圾的重量比，即混合比例应≤8%。污泥与生活垃圾混合填埋时，必须降低污泥的含水率，同时进行改性处理，混合填埋污泥泥质标准应满足《城镇污水处理厂污泥处置混合填埋用泥质》(GB/T 23485—2009)和《生活垃圾填埋场污染控制标准》要求，并对混合填埋的方法及技术要求进行了规定。将生活垃圾、污泥等废物进行共填埋处置具有一定的可行性，可以规避污泥单独填埋的缺点，有效地节约填埋厂库容，降低卫生填埋场的建设费用。同时，生活垃圾和干化污泥的性质有所差异，二者混合后也可能会对生活垃圾填埋过程中产生的恶臭气体具有抑制作用。然而，根据《城镇污水处理厂污泥处理处置技术指南(试行)》，污泥与生活垃圾混合比例应≤8%，按照这一比例要求，考虑到上海市生活垃圾和污泥的实际产生量和末端处置设施的配置，仍将有大量的城市污水处理厂污泥无法通过与生活垃圾的共填埋得到安全处置，但进一步提高污泥与生活垃圾的混合填埋比例可能会对填埋体的稳定性、渗透性、恶臭气体释放以及填埋气和渗滤液特性等产生影响。由于国内外目前尚未有较大规模的生活垃圾和污泥共填埋的实际案例，所以共填埋过程对填埋堆体的稳定性和污染物释放特性的影响尚不清楚，需通过加强研究来获得相关基础资料，为工程实践提供指导。

2.3.7 臭气削减关键技术

近年来，我国垃圾处理方式呈多样化发展，但填埋方式仍是我国现阶段主要垃圾处理方式，2011年卫生填埋占全部垃圾无害化处理能力的73.38%。垃圾在填埋场倾倒、平铺、压实等过程中，大量恶臭污染物(含硫及含氮化合物、卤素及衍生物、烃类及芳香烃、含氧有机物等)会无组织排放扩散至大气，这些恶臭气体刺激性强，毒性大，对环境和人体健康影响较大，围绕垃圾处置过程的恶臭控制已成为各级政府高度重视的重大民生难题。

垃圾卫生填埋场环境特殊，基本为露天作业，作业区面积大、臭源广，恶臭气体难以收集和处理，目前针对填埋场作业过程中产生恶臭气体的控制措施包括：缩小作业区域或采取快速高效作业方式，减小臭气散发面；用沙、土和覆盖膜等及时覆盖，隔断散发路径；向垃圾堆体喷洒除臭药剂，掩蔽或中和臭气成分；通过在作业面覆膜及铺设管道收集臭气，进行集中处理等。采用臭气掩蔽、防止其扩散的方式，未能从根本上去除恶臭物质成分，而生物净化和直接氧化焚烧等方式的经济成本太高，如何经济有效地控制填埋作业面的恶臭污染散发是目前环保工作的难点之一。本节通过对填埋场大型面源收集的恶臭气体开展的特性研究，提出了一种针对含低浓度甲烷臭气的蓄热式自氧化净化工艺方案。

1) 填埋场作业面覆膜收集气体技术

为了解填埋场作业面臭气扩散特点，分析覆膜下恶臭气体的特性，提供填埋场恶臭控制技术研究依据，在不同季节内开展了覆膜收集气体的实验，具体操作如下：待垃圾填埋作业面停止压实作业后，在选定的区域铺设臭气收集管道，如图 2-25、图 2-26 所示，在 3 根螺纹加强型管道（ϕ60 mm）上布设 0.5 cm×2 cm 的矩形通气孔，布设角度为 120°，用 HDPE 膜覆盖，在管道（ϕ150 mm）出口排风机排风管道口处进行气体的采样监测。

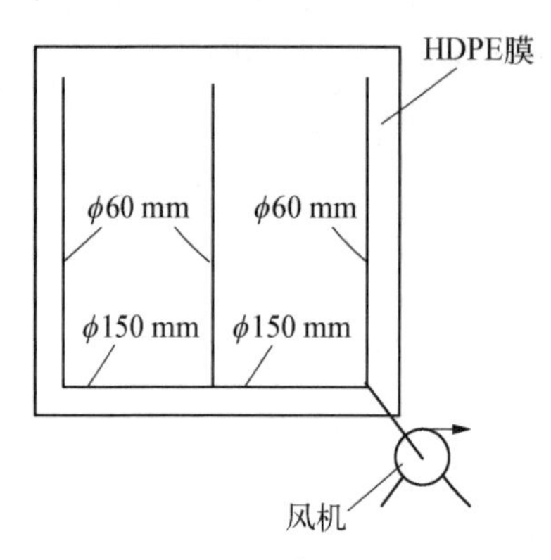

图 2-25　覆膜下管道布置

图 2-26　填埋场作业面覆膜实验现场

采用分析方法对填埋场作业面覆膜下抽送的恶臭气体进行分析，该臭气具有一些填埋气的特征，含有低浓度可燃组分，同时也混合了部分新鲜垃圾的恶臭排放特征，气体成分如表 2-15 所示，以甲烷计的有机物浓度为 1 428～7 142 mg/m³，CO 浓度为 2 500～10 000 mg/m³，气体的热值在 100～400 kJ/m³ 范围波动，完全放热可使燃烧烟气升温 60～200℃不等。

表 2-15　主要测试项目分析方法及仪器参数

编号	分析项目	分析方法及仪器	备　注
1	恶臭气体浓度	三点比较式臭袋法	GB/T 14675—1993
2	甲烷浓度	MicroFiD 挥发性有机气体检测器	
3	TVOC 浓度	PGM-7240 手持式 VOC 气体检测仪	主要测定物以异丁烯计
4	CO 浓度	Testo330-2LL	
5	H_2S	Jerome631-X 便携式硫化氢分析仪	0.004 5～76 mg/m³
6	NH_3	IQ-350 便携式气体检测仪	0～76 mg/m³

2）作业面覆膜收集气体处理方法

目前的恶臭气体处理技术包括吸收法、吸附法、生物法、非热平衡等离子体净化法、燃烧法等。其中，燃烧法的净化效率最高，燃烧温度 850℃，停留时间 1 s 时对恶臭的氧化率可达 99%。吸收法在强化化学吸收的条件下也可以达到 90%以上的净化效率,但需消耗大量化学药品,且产生污水二次污染问题。吸附法主要适合于一些入口浓度不高,污染物负荷不重且排放要求高的应用场合,对 NH_3 的净化效率不高。非热平衡等离子体净化法主要适用于一些低浓度的应用场合,净化效率一般。生物法运行成本低、易操作,但在高负荷应用场合下,所需占地面积和设置规模较大,此外,该方法受气候影响较大,易出现性能不稳定情况。

以上方法,除燃烧法外,其余方法均无法彻底去除 CH_4、CO 及其他产生臭味的挥发性有机物质。常规的燃烧法尽管效率很高,但填埋场作业面覆膜收集的恶臭气体所含甲烷气体比例较低,采用直接热力燃烧需补充燃料,运行成本很高。近二十年来,随着换热技术的发展,蓄热式燃烧装置的燃烧热回收效率可达 95%,大大降低了燃烧运行成本,在工业有机气体净化中得到广泛的应用。由于填埋场作业面覆膜收集的恶臭气体(含约 1%低浓度甲烷气体)具有 200~400 kJ 的热值,通过回收臭气的氧化热量,预热待处理的臭气,在系统稳定运行后,无需添加燃料便可实现对膜覆盖收集的填埋场作业面恶臭气体的蓄热式氧化净化处理。

3) 臭气移动式覆膜收集

在填埋场作业面周围沟渠预铺设固定式排气主管路,主管上间隔设置带管帽的支管连接口,穿孔支管按一定间距平行铺设在暂停填埋作业(日覆盖或中间覆盖等阶段)的作业区表面,然后将隔离膜铺盖在支管上方,使垃圾作业区上方形成一个带穿孔集气管的围合空间。在主管路末端抽风设备的负压作用下,作业区臭气经过主管和穿孔支管收集,并进行集中后续处理,以防止作业区填埋垃圾的恶臭向周围环境散发。臭气支管和隔离膜可拆卸、组装和移动,方便进行下一个作业流程或将其移动至下一个作业面。图 2-27 表示填埋场臭气移动式覆膜收集。

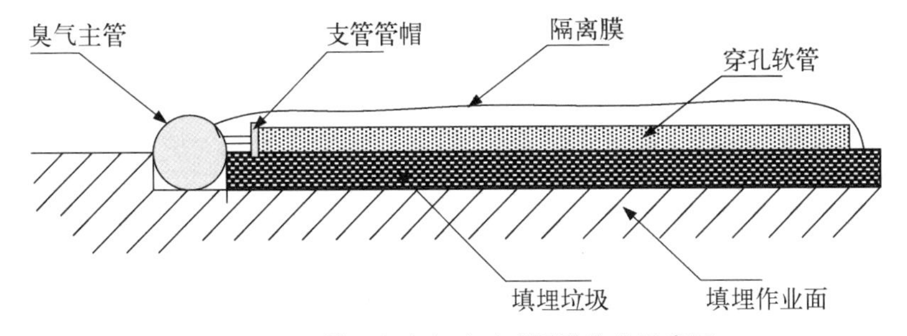

图 2-27 填埋场臭气移动式覆膜收集示意图

4) 臭气蓄热式氧化净化

通过将作业面收集的臭气加热氧化升温至 850℃以上,停留时间为 1 s,其中有机可燃组分氧化分解为 CO_2 和 H_2O;氧化产生的热量被蓄热体储存起来,用于预热新进入的臭气,从而节省升温所需要的燃料消耗,降低运行成本。二室蓄热式氧化(RTO)装置由两个蓄热室、一个氧化室组成,两个蓄热室在阀门切换下,依次进行预热—氧化燃烧—蓄热三个阶段，完成臭气的热力燃烧过程，净化处理效果一般可达90%。

(1) 预热：待处理臭气进入蓄热室A的陶瓷介质层(该陶瓷介质储存了上一循环的热量)，臭气自下而上通过蓄热室A的蓄热陶瓷，陶瓷释放热量，同时臭气吸收热量，温度升高，臭气被蓄热陶瓷加热到设定温度，此时蓄热室A称为预热室。臭气随后离开蓄热室以较高温度进入氧化室，此时臭气温度的高低取决于陶瓷体体积、气体流速和陶瓷体的几何结构。

(2) 氧化：含低浓度甲烷的高温臭气进入氧化室后彻底氧化，升温至设定的氧化温度(一般为850℃)，有机成分分解成CO_2和H_2O。一般在启动锅炉时需燃烧器助燃，正常运行过程中，由于臭气已在蓄热室内预热，臭气中低浓度的甲烷便可维持氧化稳定。如果氧化室臭气温度达不到设定温度(850℃)，燃油助燃系统将自动启动，超过设定温度时则打开安全阀排除过量热量，以保证氧化室燃烧温度维持在设定温度。

(3) 蓄热：臭气经氧化室焚烧为高温洁净气体后进入蓄热室B(在上一循环中已被冷却)，气体自上而下通过蓄热室B，并将热能传递给蓄热室B内的蓄热蜂窝陶瓷，蓄热室B吸收大量热量后升温(用于下一个循环加热臭气)。气体热传递后流出蓄热室B，通过管道进入烟囱达标排放。

循环完成后，进气与出气阀门进行一次切换，进入下一个循环，臭气按照预热—氧化燃烧—蓄热这一循环流程，即由蓄热室B进入，蓄热室A排出。二室RTO装置运行流程如图2-28所示。

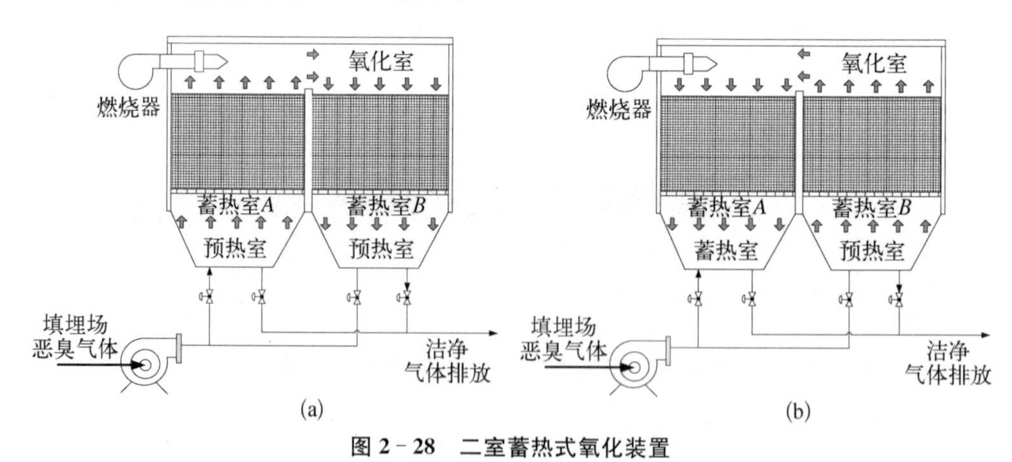

图2-28 二室蓄热式氧化装置

(a) 运行过程1；(b) 运行过程2

填埋场垃圾作业面上的恶臭气体含有低浓度可燃组分，以甲烷计的有机物浓度为1 428～7 142 mg/m^3，CO浓度为2 500～10 000 mg/m^3，气体的热值在100～

400 kJ/m^3范围波动。通过覆膜收集填埋场作业面臭气，输送至蓄热式热力燃烧装置，贮存气体氧化热量，预热下阶段待处理的臭气。在不添加辅助燃料情况下，可实现对收集臭气的蓄热氧化净化处理。

2.4　生活垃圾卫生填埋的发展走向

1）卫生填埋场建设情况

2011年—2013年间，全国中小型生活垃圾卫生填埋设施建设增速明显，城乡一体化进程加速将进一步促进中小型填埋场发展。生活垃圾卫生填埋技术因其适应性强、运行成本低等特点，今后仍然将是中小城市、县城以及乡镇生活垃圾处理的主要方式，新型城镇化及新农村建设将为垃圾填埋带来新的市场需求。

随着对卫生填埋场作业要求的不断提高以及民众对环境质量诉求的日益高涨，近年来，针对填埋场建设、运行、污染控制、资源化利用、监管、评估等全国性标准规范相继出台，构建了一套相对完备的标准规范体系，且政府在卫生填埋方面加强了设施配套资金投入，充分保障了卫生填埋场高标准的建设和运行。卫生填埋逐步向大型化、园区化、高标准发展。

2）渗滤液处理及监测

随着垃圾卫生填埋场建设数量的增加，渗滤液的处理问题显得越来越突出。同时，随着对各种渗滤液处理方式的尝试和实证研究逐渐增多，处理经验逐步丰富。由于公众环境意识的加强，填埋场的运营者更加注重垃圾渗滤液的处理，相应的渗滤液监测也会逐步得到加强。可以预见，在未来的5～10年内，我国垃圾渗滤液处理投资将有显著增加，垃圾渗滤液处理水平会有一个大的飞跃。生化处理与膜处理技术组合使用的方法以及将预处理后的垃圾渗滤液出水排入城市市政管网的方法都将得到广泛的应用。

3）填埋场运营管理技术

目前，已有一些填埋场完善了运营方式，管理水平逐渐提高。天津市双口生活垃圾卫生填埋场是政府采用世行贷款建设的垃圾无害化处理设施，该场的运营机构为政府单位，但采用了企业化管理的模式，使得填埋场的管理机构精简，运营效率提高，运营成本显著下降。

4）填埋场进场废物管理

目前，我国的垃圾填埋场接受的基本上都是混合的生活垃圾，有时还混有建筑垃圾、城市污泥、部分工艺垃圾等。填埋物料的混杂加剧了垃圾渗滤液成分的复杂程度，影响了填埋场的运营和管理。

欧盟国家针对各种废物制定了详尽的分类方法，将所有废物分为20大类，每一大类又分为中类，中类又进一步分为小类，总计有几百种废物小类。相比而言，我国的垃圾分类比较简单，尤其是对一些具有城市生活垃圾属性的废物管理不到位，对填埋场的运营造成了一定影响。填埋场进场废物管理不仅是填埋场内部运营管理的问题，而且关系到一系列社会影响因素，需要历经一个较长的过程才能逐步得到规范解决。

5）卫生填埋场运行监管

针对填埋场填埋作业过程中渗滤液、填埋气体、堆体稳定等方面的监控体系将逐步在新建或改建项目中进行完善和应用，并配备相关的监控仪器，采用先进的监测手段。此外，一些填埋场通过引进和消化先进运营管理理念和模式后，将创新出一些适合中国国情的监管运行模式，企业化管理、第三方监管等模式将在许多填埋场运营过程中得到广泛应用，填埋场管理机构逐渐趋于精简，效率逐步提高。

参考文献

[1] 岳波，晏卓逸，黄启飞，等.准好氧填埋场中间覆盖层 CH_4 释放及减排潜力[J].中国环境科学，2017，37(02)：636－645.

[2] 刘海龙，周家伟，陈云敏，等.城市生活垃圾填埋场稳定化评估[J].浙江大学学报（工学版），2016，50(12)：2336－2342.

[3] Savoikar P, Choudhury D. Effect of cohesion and fill amplification on seismic stability of municipal solid waste landfills using limit equilibrium method[J]. Waste Management & Research the Journal of the International Solid Wastes & Public Cleansing Association Iswa, 2010, 28(12): 1096－1113.

[4] Rathje E M, Bray J D. One- and two-dimensional seismic analysis of solid-waste landfills [J]. Canadian Geotechnical Journal, 2001, 38(4): 850－862.

[5] 何海杰，兰吉武，陈云敏，等.排水竖井在垃圾填埋场滑移治理中的应用及效果分析[J].岩土工程学报，2017，39(05)：813－821.

[6] Qian X. Geotechnical aspects of landfill design and construction[M]. Swizerland: Pearson Schweiz Ag, 2002.

[7] 刘松玉，詹良通，胡黎明，等.环境岩土工程研究进展[J].土木工程学报，2016，49(03)：6－30.

[8] 朱伟，舒实，王升位，等.垃圾填埋场渗滤液击穿防渗系统的指示污染物研究[J].岩土工程学报，2016，38(04)：619－626.

[9] Machado S L, Karimpour-Fard M, Shariatmadari N, et al. Evaluation of the geotechnical properties of MSW in two Brazilian landfills[J]. Waste Management, 2010, 30(12): 2579－2591.

[10] 何海杰，兰吉武，陈云敏，等.西北地区某填埋场堆体滑移过程监测与分析[J].岩土工程学报，2015，37(09)：1721－1726.

[11] 万勇，薛强，赵立业，等.干湿循环对填埋场压实黏土盖层渗透系数影响研究[J].岩土力学，2015，36(03)：679-686.

[12] 詹良通，焦卫国，孔令刚，等.黄土作为西北地区填埋场覆盖层的可行性及设计厚度分析[J].岩土力学，2014，35(12)：3361-3369.

[13] 路鹏，吴世新，戴志锋，等.基于电子鼻和GIS的大型生活垃圾堆肥厂恶臭污染源测定[J].农业工程学报，2014，30(17)：235-242.

[14] Eid H T, Stark T D, Evans W D, et al. Municipal solid waste slope failure. I: waste and foundation soil properties[J]. Journal of Geotechnical & Geoenvironmental Engineering, 2000, 127(9): 397-407.

[15] 赵燕茹，谢强，张永兴，等.城市生活垃圾降解-压缩特性试验研究[J].岩土工程学报，2014，36(10)：1863-1871.

[16] 陈云敏.环境土工基本理论及工程应用[J].岩土工程学报，2014，36(01)：1-46.

[17] 陈云敏，兰吉武，李育超，等.垃圾填埋场渗滤液水位壅高及工程控制[J].岩石力学与工程学报，2014，33(01)：154-163.

[18] 阮晓波，孙树林，韩孝峰，等.设垃圾坝填埋场平移破坏可靠度分析[J].岩石力学与工程学报，2014，33(S1)：2713-2719.

[19] 詹良通，刘伟，曾兴，等.垃圾填埋场污染物击穿竖向防渗帷幕时间的影响因素分析及设计厚度的简化计算公式[J].岩土工程学报，2013，35(11)：1988-1996.

[20] 万勇，薛强，陈亿军，等.填埋场封场覆盖系统稳定性统一分析模型构建及应用研究[J].岩土力学，2013，34(06)：1636-1644.

[21] 柯瀚，陈晓哲，陈云敏，等.基于渗流-压缩耦合作用的填埋场渗滤液导排量分析[J].岩土工程学报，2013，35(09)：1634-1641.

[22] 张文杰，黄依艺，张改革.填埋场污染物在有限厚度土层中一维对流-扩散-吸附解析解[J].岩土工程学报，2013，35(07)：1197-1201.

[23] 詹良通，罗小勇，管仁秋，等.某垃圾填埋场污泥坑外涌及其引发下游堆体失稳机理[J].岩土工程学报，2013，35(07)：1189-1196.

[24] 冯世进，张旭.考虑垃圾体沉降的生物反应器填埋场渗滤液回灌运移规律[J].岩土工程学报，2012，34(10)：1836-1842.

[25] 詹良通，罗小勇，陈云敏，等.垃圾填埋场边坡稳定安全监测指标及警戒值[J].岩土工程学报，2012，34(07)：1305-1312.

[26] Xu Q, Tolaymat T, Townsend T G. Impact of pressurized liquids addition on landfill slope stability[J]. Journal of Geotechnical & Geoenvironmental Engineering, 2012, 138(4): 472-480.

[27] Jain P, Powell J, Townsend T G, et al. Estimating the hydraulic conductivity of landfilled municipal solid waste using the borehole permeameter test[J]. Journal of Environmental Engineering, 2006, 132(6): 645-652.

[28] Gasmo J M, Rahardjo H, Leong E C. Infiltration effects on stability of a residual soil slope [J]. Computers & Geotechnics, 2000, 26(2): 145-165.

[29] Wan Y, Kwong J. Shear strength of soils containing amorphous clay-size materials in a slow-moving landslide[J]. Engineering Geology, 2002, 65(4): 293-303.

[30] Zhang W J, Zhang G G, Chen Y M. Analyses on a high leachate mound in a landfill of municipal solid waste in China[J]. Environmental Earth Sciences, 2013, 70(4): 1747 - 1752.
[31] 徐晓兵,詹良通,陈云敏,等.城市生活垃圾填埋场沉降监测与分析[J].岩土力学,2011,32(12):3721 - 3727.
[32] 钱学德,施建勇.关于具有多层复合衬里填埋场稳定安全的探讨[J].岩土工程学报,2011,33(11):1676 - 1682.
[33] 薛强,赵颖,刘磊,等.垃圾填埋场灾变过程的温度-渗流-应力-化学耦合效应研究[J].岩石力学与工程学报,2011,30(10):1970 - 1988.
[34] 柯瀚,王耀商,陈云敏,等.分层堆填条件下填埋场沉降计算及实例分析[J].岩土工程学报,2011,33(07):1029 - 1035.
[35] 詹良通,陈如海,陈云敏,等.重金属在某简易垃圾填埋场底部及周边土层扩散勘查与分析[J].岩土工程学报,2011,33(06):853 - 861.
[36] 涂帆,崔广强,林从谋,等.垃圾填埋场稳定影响因素敏感性神经网络分析[J].岩土力学,2010,31(04):1168 - 1172.
[37] 柯瀚,陈云敏,谢焰,等.适宜降解条件下填埋场的沉降模型及案例分析[J].岩土工程学报,2009,31(06):929 - 938.
[38] 魏宁,李小春,王燕,等.城市垃圾填埋场甲烷资源量与利用前景[J].岩土力学,2009,30(06):1687 - 1692.
[39] 李春萍,李国学,罗一鸣,等.北京市6座垃圾填埋场地下水环境质量的模糊评价[J].环境科学,2008,29(10):2729 - 2735.
[40] 王桂琴,罗一鸣,李国学,等.基于层次分析法的城市生活垃圾收运模式优选[J].中国环境科学,2008,28(09):838 - 842.
[41] 张文杰,陈云敏,詹良通.垃圾填埋场渗滤液穿过垂直防渗帷幕的渗漏分析[J].环境科学学报,2008,28(05):925 - 929.
[42] 蒋建国,张唱,黄云峰,等.垃圾填埋场稳定化评价参数的中试实验研究[J].中国环境科学,2008,28(01):58 - 62.
[43] 龙焰,沈东升,劳慧敏,等.生活垃圾填埋场不同粒径陈垃圾中微生物的分布特征[J].环境科学学报,2007,27(09):1485 - 1490.
[44] 楼紫阳,柴晓利,赵由才,等.生活垃圾填埋场渗滤液性质随时间变化关系研究[J].环境科学学报,2007,27(06):987 - 992.
[45] 何品晶,瞿贤,杨琦,等.土壤因素对填埋场终场覆盖层甲烷氧化的影响[J].同济大学学报(自然科学版),2007,35(06):755 - 759.
[46] 魏海云,詹良通,陈云敏,等.城市生活垃圾持水曲线的试验研究[J].岩土工程学报,2007,29(05):712 - 716.
[47] 杨玉江,赵由才.生活垃圾填埋场垃圾腐殖质组成和变化规律的表征[J].环境科学学报,2007,27(01):92 - 95.
[48] 冯世进,陈云敏,高广运.垃圾填埋场沿底部衬垫系统破坏的稳定性分析[J].岩土工程学报,2007,29(01):20 - 25.
[49] 高志文,何品晶,邵立明,等.生活垃圾填埋场甲烷排放规律的短期监测[J].环境科学,2006,

27(09)：1727－1731.
[50] 何若，沈东升，戴海广，等.生物反应器填埋场系统中城市生活垃圾原位脱氮研究[J].环境科学，2006，27(03)：604－608.
[51] 谢焰，陈云敏，唐晓武，等.考虑气固耦合填埋场沉降数学模型[J].岩石力学与工程学报，2006，25(03)：601－608.
[52] 陈云敏，谢焰，詹良通.城市生活垃圾填埋场固液气耦合一维固结模型[J].岩土工程学报，2006，28(02)：184－190.
[53] 李仲根，冯新斌，汤顺林，等.封闭式城市生活垃圾填埋场向大气释放汞的途径[J].环境科学，2006，27(01)：19－23.
[54] 陈云敏，柯瀚.城市生活垃圾的工程特性及填埋场的岩土工程问题[J].工程力学，2005，22(s1)：119－126.
[55] 吴满昌，孙可伟，张海东.城市生活垃圾沼气的净化技术进展[J].现代化工，2005，25(s1)：111－114.
[56] 盛奎川，林福呈，闵航.城镇生活垃圾综合处置系统及关键技术的研究进展[J].浙江大学学报(农业与生命科学版)，2005，31(02)：125－130.
[57] 张振营，陈云敏.城市垃圾填埋场沉降模型的研究[J].浙江大学学报(工学版)，2004，38(09)：1162－1165.
[58] 李天威，严刚，王业耀，等.中国中小城市生活垃圾优化管理模型的应用[J].环境科学，2003，24(03)：136－139.
[59] 王洪涛，殷勇.渗滤液回灌条件下生化反应器填埋场水分运移数值模拟[J].环境科学，2003，24(02)：66－72.
[60] 赵由才，黄仁华，赵爱华，等.大型填埋场垃圾降解规律研究[J].环境科学学报，2000，20(06)：736－740.

第3章　生活垃圾焚烧及其他处理技术

本章主要探讨生活垃圾焚烧及其他的处理技术，前五节主要介绍与生活垃圾对应的焚烧、气化处理、等离子体、堆肥处理、综合处理等相关技术，后五节分别论述了城市污泥、工业固废、建筑垃圾、电子废弃物以及其他处置对象的处理举措。

3.1　生活垃圾焚烧技术

3.1.1　行业的发展趋势

随着设备性能不断提升、社会对焚烧过程的二次污染认识的不断深化和环保法规的日趋严格，生活垃圾焚烧技术越来越先进。现代化的焚烧技术能够实现生活垃圾的无害化、减量化和资源化，且已成为发达国家和地区处理生活垃圾的一种主流技术。在我国，焚烧处理也在快速发展，焚烧设施规模快速增长。

焚烧工艺具有多重优势。设施占地少，可持续性强。与相同规模、寿命的卫生填埋设施相比，生活垃圾焚烧处理可减少占地88%～92%，且焚烧厂运行20～30年后可原址重建。减量化效果明显，资源化利用率高。生活垃圾经焚烧处理后，约产生10%～15%的炉渣和3%～5%的飞灰，需要填埋处置。焚烧过程产生的余热可用于供热和发电，实现能量回收。焚烧设施对周边环境影响小，选址灵活。在运行稳定达标的前提下，国外许多国家将焚烧厂建在市中心，不会影响周边居民生活，二次污染控制更优。采用负压设计的厂房可有效控制臭味外溢，故污染主要集中在烟气排放，而采用完善的烟气净化系统，可以完全实现达标排放。渗滤液处理达标后排放，飞灰经稳定化处理后填埋。

一般来说，低位热值小于3 300 kJ/kg的垃圾不适宜焚烧处理，介于3 300～5 000 kJ/kg的垃圾可以采用焚烧技术处理，大于5 000 kJ/kg的垃圾适宜焚烧处理。采用焚烧技术处理的生活垃圾灰土含量小，含水率较低。

1）国外发展趋势

在发达国家和地区，尤其是西欧和日本，焚烧已经发展成为垃圾处理的主要手段。如欧盟地区的焚烧处理占比从2001年的16.5%上升至2013年的26.1%，人均焚烧量也从2001年的82 kg/(人·年)上升至123 kg/(人·年)。目前，生活垃圾焚烧技术呈现以下几个趋势。

(1) 垃圾填埋比例不断下降，焚烧量呈上升趋势。在美国，垃圾处理尽管仍以填埋为主要处理技术，但填埋比例在逐年下降。2011年，美国共有86座焚烧设施在运行，焚烧处理所占比例约12%，处理垃圾3 190万吨。

(2) 垃圾焚烧厂呈现大型化、集中化的发展趋势。在日本，1975年—2006年，连续式大规模垃圾焚烧厂从286座增加到627座，大型化趋势明显。

(3) 垃圾分类回收体系逐渐完善，利用率逐步提高。在德国，57%的垃圾被分类回收利用，剩余43%的垃圾被焚烧、填埋。在美国，生活垃圾的收集、回收、处理、加工及销售也依靠成熟的商业模式来运行。

以欧盟为例，近十年来，欧盟地区的焚烧工艺稳步推进，焚烧比例从21世纪初的16.5%上升至26.1%，焚烧处理规模增长至6 163万吨/年，人均焚烧处理量0.34 kg/d，其中，爱沙尼亚、丹麦、挪威等国超过一半的生活垃圾是焚烧处置。这一方面得益于焚烧工艺与技术、设备可靠性与自动化操作程度的不断发展；另一方面，欧盟一部分法规的制定与实施，特别是欧盟填埋指令(1999/31/EC)中减少可生物降解垃圾填埋比例的要求，迫使欧盟各国转而寻求机械-生物处理(MBT)、焚烧等技术方向。欧盟垃圾处理工艺变化图、焚烧处理总量与人均焚烧处理量以及2013年部分国家焚烧处置比例如图3-1～图3-3所示。

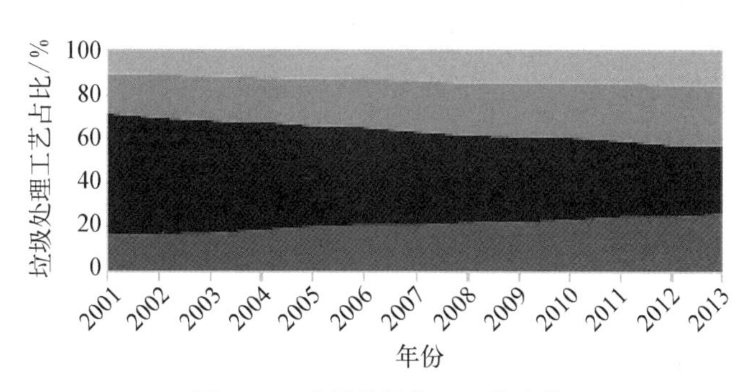

图3-1　欧盟垃圾处理工艺变化

■焚烧　■填埋　■回收　■堆肥

2）我国发展历程

自1988年我国首次建设生活垃圾焚烧项目开始，我国的生活垃圾焚烧行业发生了巨大的变化。

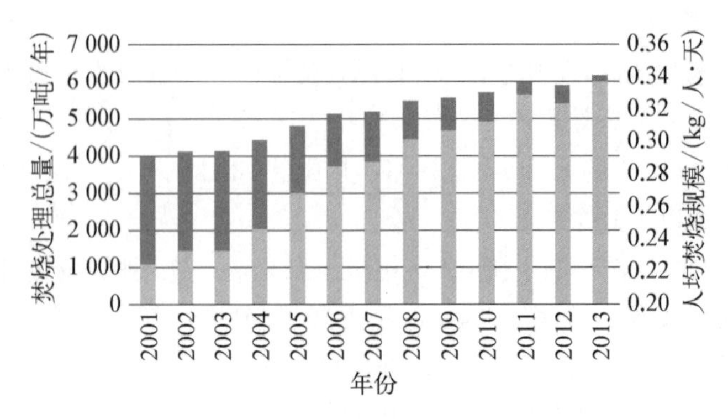

图 3-2　欧盟焚烧处理总量与人均焚烧处理量

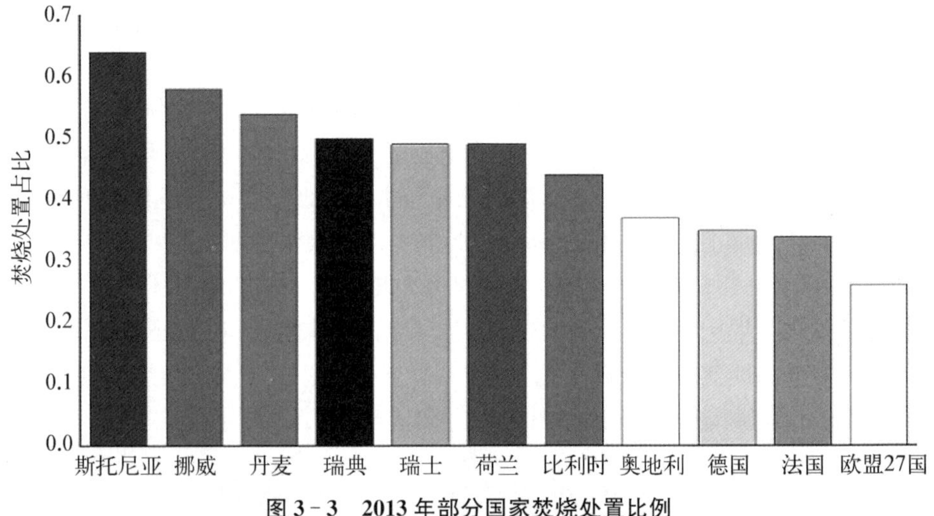

图 3-3　2013 年部分国家焚烧处置比例

(1) 2000 年以前：城镇化加速和垃圾围城催生焚烧项目。

1988 年，深圳市市政环卫综合处理厂从日本三菱重工引进采用德国马丁技术的焚烧设备，正式投产日处理能力为 150 t 的垃圾焚烧项目，开启了国内采用焚烧技术处理城市生活垃圾并利用余热发电的先河。20 世纪 90 年代，随着国内城镇化进程提速，大量垃圾在城市边缘露天摆放、随意填埋，对民众生活环境造成恶劣影响，迫切要求提高垃圾无害化处理率。在这一背景下，1996 年，深圳市市政环卫综合处理厂垃圾焚烧项目建成了二期工程。随后的 1998 年，杭州锦江集团采用浙江大学的异重循环床技术在杭州建成了余杭垃圾发电厂。

(2) “十五”期间(2001 年—2005 年)：垃圾焚烧设施建设模式探索。

“十五”期间，建设部加大了市政公用行业市场化和产业化的步伐。2002 年，《关于实行城市生活垃圾处理收费制度促进垃圾处理产业化的通知》(计价格〔2002〕872号)发布,要求全面推行生活垃圾处理收费制度,合理制定垃圾处理费标准;2004年《市政公用事业特许经营管理办法》正式施行,生活垃圾处理设施由于初期投资高,“建设—经营—转让”(BOT)、“建设—拥有—经营”(BOO)成为垃圾焚烧项目的可行模式。这些政策解决了焚烧设施建设资金的缺口。2006年,《可再生能源发电价格和费用分摊管理试行办法》(发改价格〔2006〕7号)明确指出提供生物质发电项目上网电价补贴(0.25元/度①),为生活垃圾焚烧发电提供了收入保障,解决了运行成本的瓶颈。日益严重的垃圾围城和商业模式的逐渐成熟催生了一轮生活垃圾焚烧发电项目的投资热潮。截至2006年,全国共有垃圾焚烧发电厂约50座,焚烧能力达4万吨/日,占无害化处理总量约15%。

(3)“十一五”期间(2006年—2010年):垃圾焚烧在“邻避运动”中艰难前行。

“十一五”初期,在已有基础上,生活垃圾焚烧设施BOT模式成为建设主流。然而由于部分项目运行不达标、排污严重,民众逐渐意识到了垃圾焚烧发电二次污染的严重性,各地纷纷出现了反建浪潮。2007年初,北京海淀区百旺新城小区居民上万业主签名,反对建设六里屯垃圾焚烧厂,最终导致该项目永久取消。2008年4万亿刺激计划推出后,垃圾焚烧设施的建设有明显起色,2009年在全国共投产20个项目,创下了历史新高。但同年,北京拟在阿苏卫地区投资8亿元兴建垃圾焚烧发电厂,随即遭到民众的反对,此外,广州番禺和江苏吴江等多地也出现了反建浪潮。2010年上半年出现了一波关于垃圾焚烧的全民大讨论,主烧派和反烧派各执一词,僵持不下,而当年共计建成10个焚烧项目,较前一年下降一半。在此背景下,2010年,住建部、国家发改委、环保部三部委出台《生活垃圾处理技术政策》,肯定了垃圾焚烧处理技术,为焚烧正名。自此,垃圾焚烧在中国开始了新的发展时期。

(4)“十二五”期间(2011年—2015年):垃圾焚烧踏上快速增长之路。

2011年4月,国务院转发住建部、环保部等十六个部门《关于进一步加强城市生活垃圾处理工作意见的通知》(国发〔2011〕9号),提出在土地资源紧缺、人口密度高的城市要优先采用垃圾焚烧处理技术。垃圾焚烧作为垃圾处理的主要发展方向首次得到国家肯定,从而平息了关于垃圾焚烧处理路线的民众争议,纠正了市场的混乱局面,为焚烧技术的发展奠定了坚实的基础,随后垃圾焚烧处理项目建设获得实质性发展。2011年,全国有32个垃圾焚烧项目投产。2012年3月,国家发改委发布《关于完善垃圾焚烧发电价格政策的通知》(发改价格〔2012〕801号),规定以生活垃圾为原料的垃圾焚烧发电项目先按其入厂垃圾处理量折算成上网电量进

① 度,电能的单位,1度=1千瓦·时。

行结算，每吨生活垃圾折算上网电量暂定为 280 kW·h，并执行全国统一垃圾发电标杆电价 0.65 元(含税)/(千瓦·时)，进一步促进了垃圾焚烧行业稳健发展。2012 年，新建垃圾焚烧项目达到 35 个。

2012 年 4 月，国务院办公厅印发《“十二五”全国城市生活垃圾无害化处理设施建设规划》，提出“十二五”期间，全国生活垃圾无害化处理总投资约 2 636 亿元。到 2015 年，全国城镇生活垃圾焚烧处理设施能力达到无害化处理总能力的 35%以上，其中东部地区达到 48%以上。垃圾发电处理规模需要从 2010 年末 8.96 万吨/日上升至 2015 年末 30.7 万吨/日。“十二五”期间，预计新增垃圾焚烧处理能力 21.7 万吨/日，按平均投资 40 万元/(吨·日)处理测算，“十二五”垃圾焚烧发电总投资规模为 868 亿元。这是国家首次将焚烧作为垃圾无害化处理措施之一，对其所占的比例提出了明确的要求，这无疑会进一步促进垃圾焚烧发电行业的蓬勃发展。

截至 2013 年，我国生活垃圾焚烧设施数量与占无害化处理比例如图 3-4 所示。

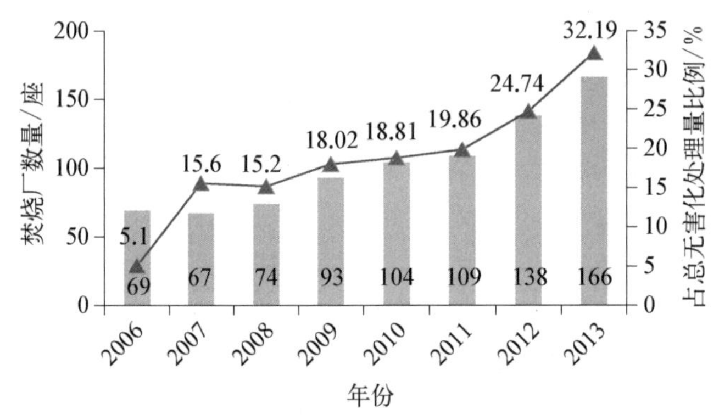

图 3-4　我国生活垃圾焚烧设施数量与占无害化处理比例

焚烧厂数量　占总无害化处理量比例

3.1.2　发展现状

1) 垃圾焚烧设施现状

进入 21 世纪，我国的垃圾焚烧发电项目快速增长，小型简易焚烧设施逐步淘汰，具有一定规模的以发电为主的焚烧处理设施相继建成投产，生活垃圾焚烧设施数量和处理能力逐年增长，自 2011 年来建成并投入运行的焚烧厂数量和处理能力增速明显。根据《中国城乡建设统计年鉴》的统计数据，截至 2012 年底，我国城乡共建成生活垃圾焚烧设施 167 座，总处理能力 13.214 8 万吨/日。其中城市焚烧设施 138 座，处理能力 12.264 9 万吨/日，占城市总无害化处理能力的 27%；县城焚烧设施 29 座，处理能力 9 499 吨/日，占县城总无害化处理能力的 7%。

如表3-1所示，从焚烧处理设施的地域分布来看，我国已建成的生活垃圾焚烧设施主要集中在东部地区，浙江、江苏、广东、福建、山东占据了市场化垃圾焚烧发电项目数量的前五位，这五省城市和县城焚烧项目总数为100个，占统计项目总数的60.2%，焚烧处理能力达94 618 t/d，占总焚烧处理能力的59.7%，项目区域集中度较高。中西部地区如湖北、湖南、重庆、云南等地的焚烧处理设施建设速度加快。另外，焚烧在县城生活垃圾处理中的应用逐渐扩大。从技术工艺来看，炉排炉、流化床、气化炉和水泥窑协同处置均有应用。从规划焚烧处理能力的设施建设情况来看，湖北省现已完成"十二五"无害化设施规划目标，辽宁、安徽等省市在建项目较多，规划目标完成度较高。

表3-1　我国焚烧处理设施分布(2013年数据)

地　区	焚烧厂数量/座	焚烧处理能力/(t/d)	焚烧处理量/万吨	"十二五"规划焚烧处理能力/(t/d)
浙　江	30	26 803	646	37 085
江　苏	22	23 470	738.3	31 242
广　东	21	21 345	569.9	41 493
福　建	13	11 200	335.8	16 495
山　东	13	11 800	435.5	31 280
湖　北	10	10 000	342.1	7 200
云　南	6	5 400	170.8	6 450
山　西	5	3 280	135.5	7 030
重　庆	2	3 600	113.4	11 000
天　津	4	4 300	81.3	6 900
河　南	4	3 950	117.6	7 000
河　北	3	2 600	95.2	8 640
吉　林	3	2 840	87.7	6 340
北　京	4	5 800	97.8	12 900
安　徽	5	3 950	103.6	5 650
上　海	4	6 300	170.0	19 475
海　南	3	1 650	63.4	1 825
辽　宁	2	1 780	63.5	6 340
四　川	6	5 220	200.8	5 240
湖　南	1	600	23.1	7 900
广　西	2	600	9.8	7 270
黑龙江	2	500	9.7	3 200
贵　州	0	0	0	0
内蒙古	1	1 500	23.0	4 400
江　西	—	—	—	4 000

（续表）

地 区	焚烧厂数量/座	焚烧处理能力/(t/d)	焚烧处理量/万吨	“十二五”规划焚烧处理能力/(t/d)
西 藏	—	—	—	0
陕 西	—	—	—	7 200
甘 肃	—	—	—	1 800
青 海	—	—	—	0
宁 夏	—	—	—	800
新 疆	—	—	—	1 000
合 计	166	158 488	4 633.8	307 155

如表 3－2 和表 3－3 所示，在发达地区，焚烧技术的推进更为快速，且随着城市人口规模和生活垃圾清运量的增加，焚烧处理的比例和规模也相应提高。垃圾清运量在 2 000 t/d 以上的城市，其焚烧设施的规模明显相应提升，表明大规模焚烧设施在大中城市地区的发展趋势。图 3－5 表示 2013 年我国城市焚烧设施处理情况。

表 3－2　我国城市焚烧设施处理情况(2013 年)

垃圾清运量/(t/d)	城市数量/个	有焚烧比例/%	焚烧厂数量/座	清运量/(t/d)	焚烧量/(t/d)	焚烧率/%	焚烧规模/(t/d)	平均规模/(t/d)
>10 000	5	100%	22	74 069	20 765	28%	28 775	1 308
5 000～10 000	9	56%	17	62 133	19 088	31%	21 278	1 252
2 000～5 000	24	75%	29	72 091	28 075	39%	30 775	1 061
1 000～2 000	45	47%	24	63 153	25 304	40%	26 710	1 113
500～1 000	128	30%	40	88 527	24 132	27%	31 630	791
200～500	266	9%	23	86 402	6 716	8%	15 205	661
<200	181	6%	11	25 916	2 873	11%	4 115	374
合计/平均	658	46.14%	166	472 291	126 953	26.29%	158 488	937.14

表 3－3　我国县城焚烧设施处理情况(2013 年)

垃圾清运量/(t/d)	城市数量/个	有焚烧比例/%	焚烧厂数量/座	清运量/(t/d)	焚烧量/(t/d)	焚烧率/%	焚烧规模/(t/d)	平均规模/(t/d)
>500	6	17%	1	3 846	489	13%	1 030	1 030
400～500	8	25%	2	3 468	826	24%	1 160	580
300～400	35	6%	2	11 633	913	8%	1 100	550
200～300	120	3%	4	28 458	1 450	5%	1 445	361
100～200	595	2%	9	82 825	3 365	4%	3 623	403
<100	847	2%	13	47 587	1 115	2%	2 505	193
合计/平均	1 611	9.17%	31	177 817	8 158	9.33%	10 863	519.5

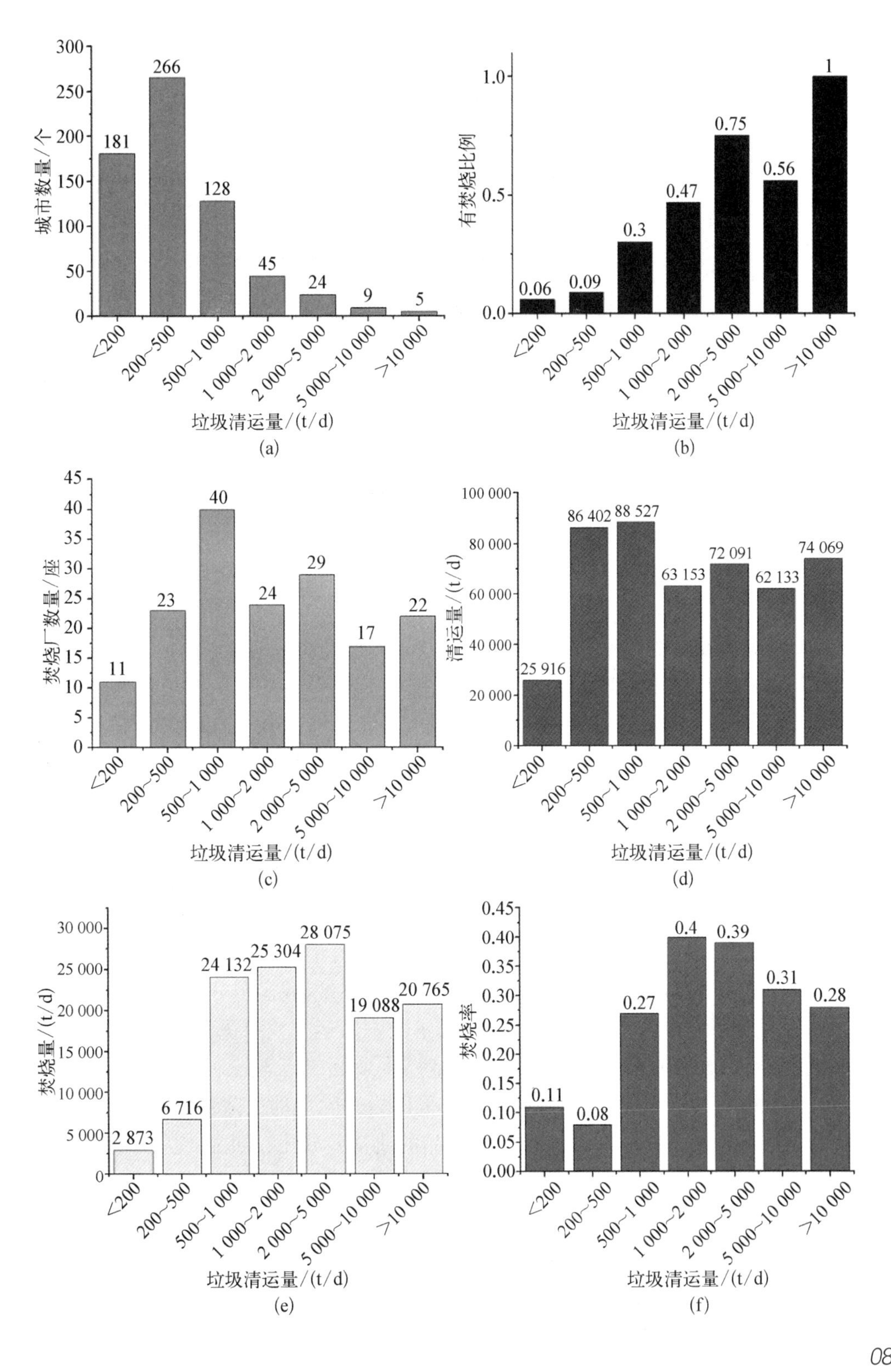

城市数量/个
181
266
128
45
24
9
5
<200
200~500
500~1 000
1 000~2 000
2 000~5 000
5 000~10 000
>10 000
垃圾清运量/(t/d)
(a)
有焚烧比例
0.06
0.09
0.3
0.47
0.75
0.56
1
垃圾清运量/(t/d)
(b)
焚烧厂数量/座
11
23
40
24
29
17
22
垃圾清运量/(t/d)
(c)
清运量/(t/d)
25 916
86 402
88 527
63 153
72 091
62 133
74 069
垃圾清运量/(t/d)
(d)
焚烧量/(t/d)
2 873
6 716
24 132
25 304
28 075
19 088
20 765
垃圾清运量/(t/d)
(e)
焚烧率
0.11
0.08
0.27
0.4
0.39
0.31
0.28
垃圾清运量/(t/d)
(f)

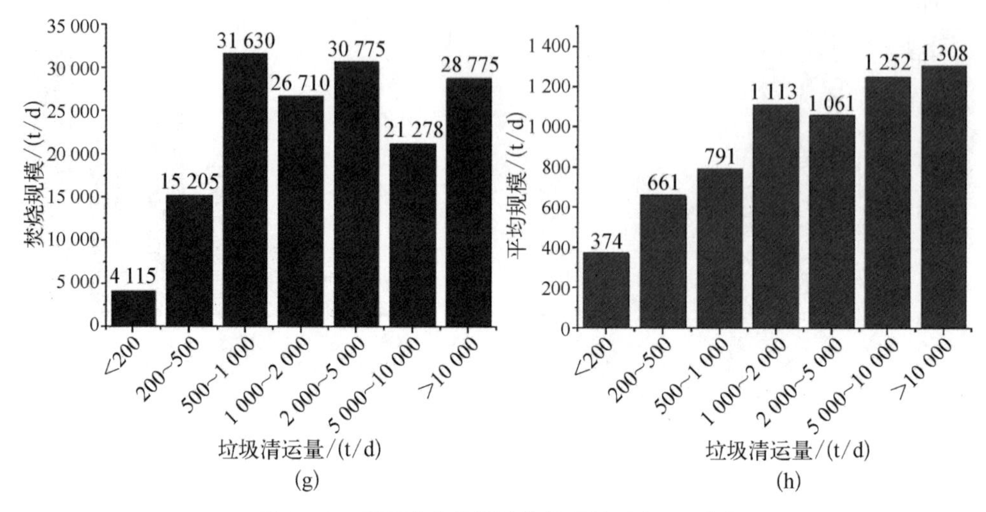

图 3-5　我国城市焚烧设施处理情况(2013 年)

(a) 城市数量;(b) 有焚烧比例;(c) 焚烧厂数量;(d) 清运量;
(e) 焚烧量;(f) 焚烧率;(g) 焚烧规模;(h) 平均规模

2) 烟气处理现状

生活垃圾在焚烧过程中会产生二次污染。垃圾焚烧后烟气中的污染物主要有酸性气体(HCl、SO_x、HF)、粉尘、氮氧化物、重金属(Hg、Pb、Cd 等)及有毒有机物(二噁英、呋喃)等。我国大型垃圾焚烧烟气净化系统基本上采用"半干法+活性炭吸附+袋式除尘"组合烟气净化工艺。随着建设标准的不断提高,烟气净化系统也随之升级,在经济条件较好的地区新建大型生活垃圾焚烧厂可考虑"干法+半干法"或"干法+湿法"等组合工艺,使焚烧厂的烟气排放达到更高标准。

脱酸工艺的发展。一方面通过干法(控温干法)的技术改进提高脱酸效率,一方面基于"循环流化法—半干法—湿法",提高系统运行的可靠性和经济性。我国的烟气净化系统中,脱酸系统多采用旋转雾化半干法。运行可靠性较高,但对 $Ca(OH)_2$ 粒度与品质要求高。对循环流化法脱酸系统,我国曾分别引进一套 GSA 系统(从瑞士引进)和一套 NID 系统(从日本引进),运行效果优于国产同类系统。随着烟气污染物排放标准的提高,一些新建厂将采用"半干法+干法"等组合工艺。

对于除尘工艺,垃圾焚烧厂基本都是采用袋式除尘器去除烟气中的颗粒物。除尘器设备本身已基本国产化,但不同产品的质量差异比较明显。国产覆膜聚四氟乙烯(PTFE)滤袋已成功应用,且具有较强竞争能力。脱酸与除尘组合工艺有如下发展历程:除尘→干法+除尘→循环流化法+除尘→半干法+除尘→干法+半干法+除尘→干法+除尘+湿法。新建或改扩建焚烧厂可根据具体烟气产生和控制标准,选择适宜的脱酸除尘工艺。

对垃圾焚烧烟气中的氮氧化物的控制，首先是遵循燃烧控制的"3T＋E"[①]基本原则，包括合理的垃圾焚烧锅炉几何尺寸设计、有效控制一次空气的供给量及在焚烧炉排上各段的分配比例、优化二次空气或烟气再循环的供给、保障高温条件下的烟气停留时间、保持烟气中低氧含量等，可控制余热锅炉出口烟气 NO_x 浓度至 300 mg/Nm^3（Nm^3，指 0℃ 1 个标准大气压下的气体体积）左右。威海焚烧厂的运行数据显示，通过采用烟气再循环，甚至可将余热锅炉出口烟气 NO_x 浓度降至 250 mg/Nm^3 左右。

选择性非催化还原（SNCR）法是在烟气温度 850～1 100℃，O_2 共存条件下，直接向炉膛喷入尿素或氨水等脱硝剂，将氮氧化物还原成为氮气与水的方法，去除率 40%～50%。国内 SNCR 法应用已经逐步增加，SCR 法也已开始在南京江北、北京鲁家山等垃圾发电厂得到应用，其 NO_x 控制满足欧盟 2000 标准（浓度≤200 mg/Nm^3）。若为提高氮氧化物的去除率而增加药剂喷入量时，需注意减少氨的漏失率，避免剩余的 NH_3 和 HCl 及 SO_3 化合生成 NH_4Cl 及 NH_4HSO_4 而沉淀在锅炉尾部受热面。

基于理论研究和实践经验，重金属和包括二噁英类在内的残余有机物在脱酸与除尘两步处理的同时被部分去除，再进一步结合活性炭，吸附去除二噁英类物质。采用干法净化工艺，活性炭喷射装置设置在除尘器前的烟道中，干态活性炭以气动形式通过喷射风机喷射进入除尘器前的烟道，与烟气充分接触并吸附去除烟气中的重金属和二噁英类物质。

对垃圾焚烧过程中的二噁英类污染控制措施包括：通过"3T＋E"燃烧技术抑制二噁英产生；以"袋式除尘＋活性炭吸附"作为控制措施。需要注意：对活性炭质量要求为：＜200 目（活性炭颗粒尺寸 75 μm），微孔体积占总孔体积的比例≥90%；碘值≥800 mg/g；比表面积≥900 m^2/g；典型活性炭添加量为 50～100 mg/Nm^3。对二噁英排放限值与其他烟气污染物排放限值的关联性及控制的研究表明，可将 CO 作为控制二噁英的辅助措施，要达到二噁英排放指标，CO 排放浓度最好控制在 60 mg/Nm^3 以下。研究同时认为，要达到二噁英 0.1 ngTEQ[②]/Nm^3 排放值，颗粒物排放浓度不超过 20 mg/Nm^3。

3）灰渣处理现状

垃圾焚烧产生的灰渣包括焚烧炉的底灰（bottom ash，BA）和烟气净化产生的空气污染控制残渣（air pollution control residues，APCR），主要成分是不可燃的

---

① "3T＋E"，即温度（temperature）、时间（time）、湍流（turbuleyce）和过量空气（ex-cessoxygen）四大焚烧控制参数。

② TEQ，即国际毒性当量，其全称为 toxic equivalent quantity。

无机物以及部分未燃尽的可燃有机物。灰渣的数量一般为垃圾焚烧前总重量的5%～20%。灰渣特别是飞灰中含有一定量的有害物质，如重金属，若未经处理直接排放，将会污染土壤和地下水，对环境造成危害。此外，由于灰渣中含有一定数量的铁、铜、锌、铬等重金属物质，有回收利用价值，故又可作为一种资源开发利用。因此，焚烧灰渣既有它的污染性，又有其资源特性。焚烧灰渣处理是城市垃圾焚烧工艺的一个必不可少的组成部分。

炉渣呈黑褐色，含水率10.5%～19.0%，热灼减率1.4%～3.5%，低热灼减率反映出垃圾良好的焚烧效果。底灰是由熔渣、玻璃、陶瓷类物质碎片、铁和其他金属、其他一些不可燃物质，以及没有燃烧完全的有机物所组成的不均匀混合物。大颗粒炉渣以陶瓷/砖块和铁为主，两种物质的质量百分比随粒径的减小而减小；小颗粒炉渣则主要为熔渣和玻璃，含量随着粒径的减小而增多，主要是由于这类物质的物理性质和在炉排中移动时所受的撞击力不同而造成的。焚烧1 t生活垃圾约产生200～250 kg炉渣，以日处理量为1 200 t的重庆同兴垃圾焚烧发电厂为例，1年约产生(8～11)万吨左右的炉渣。

炉渣溶解盐量较低，仅为0.8%～1.0%，因此炉渣处理处置时因溶解盐污染地下水的可能性较小。炉渣pH缓冲能力较强，初始pH(蒸馏水浸出，液固比为5∶1)为11.5以上，能有效抑制重金属的浸出。炉渣是很好的建筑材料，只要管理得当，可以做到资源化利用。

利用垃圾焚烧炉渣作为主要原料生产免烧砖，可变废为宝，化害为利。免烧砖项目极具市场竞争优势，因为国家严格限制黏土砖的生产，而免烧砖不用黏土和煤炭做原料，具有保护耕地保护环境的作用。免烧砖均为机械化生产，生产工艺简单、易于掌握，各地均可适用。免烧砖的生产是将物料送入标准模箱后，通过设备加压和高频定向震动双向作用成型。该砖外观十分规整、制品密实度高，各项技术指标优于黏土烧结砖。在目前所有利用工业废渣生产建材的技术中，免烧砖项目投资最少，见效最快。

焚烧飞灰是烟气净化系统捕集物和烟道及烟囱底部沉降的飞灰，产量一般约为焚烧量的2%～5%，其特性与生活垃圾的性质、焚烧工艺、烟气净化工艺等密切相关。随着生活垃圾焚烧设施的增加和烟气处理技术的不断推进，焚烧飞灰产量也随之剧增。2014年，我国垃圾焚烧量达30.7万吨/日，焚烧飞灰产量预计可达(0.61～1.54)万吨/日。

焚烧飞灰中含有可溶盐、重金属、痕量有机物及二噁英等物质，对环境和人体健康形成极大的危害，焚烧飞灰的妥善处理处置已成为全球关注的热点问题。二噁英，又称二氧杂芑，是一种无色无味、毒性严重的脂溶性物质，二噁英实际上是二噁英类的一个简称，它指的并不是一种单一物质，而是结构和性质都很相似的包含众多同类物或异构体的两大类有机化合物。二噁英包括210种化合物，这类物质非常稳定，且容易在生物体内积累，对人体危害严重。重金属，除了以气态形式离开的，其余重金属均存在于底灰或飞灰中，组成颗粒基体或者吸附于飞灰表面。飞灰中的重金属源于焚烧过程中生活垃圾中所含的重金属及其化合物。

焚烧飞灰常见的处理方法有热处理、水泥固化、化学药剂稳定化等。焚烧设施一般建有飞灰稳定化处理系统，使飞灰满足卫生安全填埋或达到安全填埋标准后送至相应设施填埋处置。

3.1.3 垃圾焚烧炉系统

1）焚烧炉

目前国内外主要生活垃圾焚烧炉有炉排炉、流化床等。机械炉排炉相对其他炉型有多个特点。机械炉排炉技术成熟，尤其大型焚烧厂几乎都采用该炉型，国内也有成功的先例，例如上海江桥生活垃圾焚烧厂和上海御桥生活垃圾焚烧厂均采用该炉型。机械炉排炉更能够适应国内垃圾高水分、低热值的特性，确保垃圾的完全燃烧，操作可靠方便、对垃圾适应性强、不易造成二次污染，且经济性高，垃圾不需要预处理可直接进入炉内。其运行费用相对较低，设备寿命长、稳定可靠、运行维护方便，国内已有部分配套的技术和设备。

根据国家建设部、国家环保总局、科技部发布的《城市生活垃圾处理及污染防治技术政策》要求，“目前垃圾焚烧宜采用以炉排炉为基础的成熟技术，审慎采用其他炉型的焚烧炉”。垃圾焚烧炉一般包括：进料斗、进料槽、炉排、炉排下灰斗等。焚烧炉排形式多样，包括往复式炉排（顺推式、逆推式）、滚筒式炉排、摆动式炉排、移动式炉排等。国内外较常见的炉排焚烧炉包括逆推式炉排焚烧炉、顺推式炉排焚烧炉、水平双向推动式炉排焚烧炉、滚筒式机械炉排焚烧炉、组合式炉排焚烧炉、两段式焚烧炉、三驱动逆推式焚烧炉等。

组成炉排的基本元素是炉排片，炉排片沿横向或竖向排列成“组”，按功能区分为运动炉排组、固定炉排组等。不同功能的炉排组按一定要求交替布置，形成“段”，根据燃烧过程分为干燥着火段、燃烧段、燃烬段。这些段按纵向顺序组合成“模块”，可根据焚烧规模将几个模块横向组合成一整体，加上推料装置形成整体炉排。当一个模块就能适应焚烧垃圾规模要求时，一个模块加上推料装置就是一个整体炉排。

炉排型焚烧炉是在炉排长度方向上按干燥着火段、燃烧段、燃烬段顺序展开整个焚烧过程的。实际运行中三个阶段互相渗透，并无明显界限。

在干燥着火段实现100～250℃范围内的预热和水分蒸发，以及升温着火吸热过程。当垃圾含水率超过50%时，干燥段炉排应适当加长。

燃烧段是以挥发分空间燃烧及后续固定碳燃烧为主的放热过程，其中空间燃烧过程在二次风口的截面附近结束。各段焚烧炉排应具备均匀分配燃烧空气、垃圾处于良好混合状态、较好的炉排片冷却效果(低热值垃圾风冷、高热值垃圾水冷)、均匀移送垃圾等功能，具有耐 600℃的热应力、耐腐蚀、抗冲击等功能。

燃烬段是以固定碳完全燃烧为主的放热过程，燃烬炉排应具有充分搅拌混合垃圾和良好排渣、通入较小的空气量即可实现完全燃烧、防止结块等功能。

2) 焚烧设施处理规模与焚烧炉数量

垃圾焚烧设施的处理规模应根据环境卫生专业规划或垃圾处理设施规划、服务区范围的垃圾产生量现状及其预测、经济性、技术可行性和可靠性等因素确定。我国已建成的大多数机械炉排焚烧设施的焚烧能力最大为 3 000 t/d，最小的仅有 100 t/d。总的发展趋势是日处理规模在不断增加。2001 年，机械炉排平均焚烧处理能力为 181 t/d，但到 2006 年，平均焚烧处理能力增至 493 t/d。

就处理规模而言，一方面，焚烧处理规模越大，规模效应就越明显，单位投资和单位成本相对越低，企业投资的收益更好。另一方面，垃圾焚烧处理能力太大，可能导致缺少足够的进料垃圾，从而严重影响设施的运营。因此必须酌情考虑焚烧设施的处理规模。

垃圾焚烧设施的规模可按照《生活垃圾焚烧处理工程技术规范》(CJJ 90—2009)分类：

(1) 特大类垃圾焚烧厂：全厂总焚烧能力在 2 000 t/d 及以上；

(2) Ⅰ类垃圾焚烧厂：全厂总焚烧能力在 1 200～2 000 t/d(含 1 200 t/d)；

(3) Ⅱ类垃圾焚烧厂：全厂总焚烧能力在 600～1 200 t/d(含 600 t/d)；

(4) Ⅲ类垃圾焚烧厂：全厂总焚烧能力在 150～600 t/d(含 150 t/d)。

单条焚烧线规模一般可根据总处理规模、所选炉型的性能特点等因素确定，宜设置 2～4 条焚烧线。在总处理规模确定的前提下，采用单台规模更大的焚烧炉型，可减少焚烧线数，有利于减少检修和运行工作量，减少人员配置，建设和运行更为经济。

3) 进料系统

垃圾投料料斗是垃圾进入焚烧系统的首要门户，当料斗中垃圾料位较高时，垃圾将发生架桥以及压实现象，所产生的垃圾渗滤液经过料斗下部向下流淌，将可能导致垃圾推料器的锁死问题。垃圾推料器结构复杂，潮湿的布条、绳子等杂物一旦进入执行机构后，油缸两侧将可能发生搓动，两侧同样油压下很难维持稳定地供应垃圾。经过长时间的摸索，发现降低推送速度、调整推动频率是一种有效方法。在投料过程中，预先充分进行垃圾混料，调整水分，且实现间歇性的投加湿垃圾，从而防止垃圾过度压实，产生渗滤液。

在焚烧厂运行过程中,发现对于垃圾推料器,由于其导轮和导轨间没有缝隙,使得油缸两侧油压不一致。因此,经过技术改进后认为通过改进垃圾推料器导轨槽,放弃使用导轨槽结构,使用平板结构,可有效降低布条等杂物的卷入概率。

4）燃烧空气供应

在燃烧过程中,空气起着非常重要的作用,它提供燃烧所需要的氧气,使垃圾能充分燃烧,并根据垃圾的变化调节用量,使焚烧正常运行、烟气充分混合、炉排及炉墙得到冷却。一般焚烧炉的空气系统由两部分组成:一次风、二次风。

燃烧用一次风从垃圾坑上方引入,风量可独立调节,以保证垃圾坑处于微负压状态,使坑内的臭气不会外泄。由于垃圾车的倾卸及吊车的频繁作业,造成垃圾坑内粉尘较多且湿度较大,因此在鼓风机前风道上设有抽屉式过滤器,定期清除从坑内吸入的细小灰尘、苍蝇等杂物。一次风从垃圾坑内抽取,经过一次风蒸汽式预热器后由炉排底部引入,中央控制系统可以通过炉排底部的调节阀对各个区域的送风量进行单独控制。一次风同时应具有冷却炉排和干燥垃圾的作用。

由于垃圾坑是全厂恶臭的主要来源,提高其负压、加大换气次数能够更好地控制污染,因此将二次风取风口位置设在垃圾仓内,每台炉配有 1 台二次风机。二次风经过二次风机预热器后,从炉膛上方引入焚烧炉,使可燃成分得到充分燃烧,二次风量也可随负荷的变化加以调节。为了保证高水分、低热值的垃圾充分燃烧,加速垃圾干燥过程,一般燃烧空气先进行预热后再进入炉内,针对国内的垃圾特性,通常将一次风和二次风加热到 200℃左右,为了减少不必要的热量损失,一般采用两级加热。

由于垃圾燃烧后锅炉烟气所含有的粉尘和酸性气体较多,而管式空气-烟气式换热器体积庞大,容易造成低温腐蚀,需设置吹灰装置,因此推荐采用蒸汽式加热器。若采用主蒸汽作为加热汽源,由于蒸汽品质较高,未经充分做功就释放热量,产生的熵损增大。若采用“汽轮机一段抽汽＋汽包饱和蒸汽”为加热汽源,系统结构简单,各炉台之间不会产生影响。

同时,为了保证焚烧炉中生活垃圾的充分燃烧,需要设置二次燃烧室,二次燃烧室设计温度为 1 000℃左右,过量空气保持在烟气中的干基含氧量为 6%～12%。同时设置飞灰沉降室,烟气在高于 900℃以上的区域停留时间可达 2 s 以上,未燃尽的无机物和有机碳也得到充分燃尽,避免了在 250～500℃温度段可能存在的二噁英的二次合成。

目前,由于我国生活垃圾含水率较高,主要问题是垃圾着火位置经常出现在第三级炉排(依据炉排下方送风区段划分的,共五级),而没有出现在原设计的第二级炉排,在燃烬段(第五级)仍然能够观察到生活垃圾燃烧火焰,焚烧后的灰渣中也能够看到少量的剩余可燃物,说明垃圾着火时间延迟、位置偏后,导致垃圾燃烬率偏小。

针对我国垃圾高含水率、低热值的特性，提高一次风温度(最高至 280℃)，使垃圾在炉内的干燥段得以充分干燥，可以起到加强燃烧效果；同时加长焚烧炉排长度至 14.43 m，增加垃圾在炉内的停留时间，使燃烧更为彻底。

5) 炉渣

每个焚烧炉都需要设单独的除渣系统，炉渣在燃烬炉排经风冷却排出，落入半干式出渣机，进一步被水冷却后由推灰器推到带式输送机，输送机上方设置磁分选设备来分选铁金属，分选后的炉渣送往渣坑。

炉渣属于一般废物，可送至卫生填埋设施填埋处置，也可用于制作建筑材料、回收资源物质等，实现资源化利用。

3.1.4 烟气净化系统

1) 烟气污染物及其形成

焚烧产生的烟气根据污染物性质的不同，可分成烟尘、酸性气体、重金属、有机污染物和 CO 等。焚烧过程中产生的烟尘主要包括金属的氧化物和氢氧化物、碳酸盐、磷酸盐及硅酸盐，其来源为垃圾中的不熔氧化物、不挥发金属及可凝结的气体污染物质等，其含量为 450～225 500 mg/m^3，视运转条件、废物种类及焚烧炉形式而异。一般来说，固体废物中灰分含量高时，所产生的粉尘量多。粉尘颗粒大小的分布亦广，直径有的大至 100 μm 以上，有的小至 1 μm 以下。

焚烧烟气中的酸性气体主要由 HCl、NO_x、SO_2组成，形成机理如下：

(1) HCl 主要由垃圾中的含氯化合物、塑料(如 PVC)燃烧时产生的，同时，厨余垃圾中的碱金属氯化物(如 NaCl)，在烟气中与 SO_2、O_2、H_2O 反应也会生成 HCl 气体。

(2) NO_x 主要来源于垃圾中含氮化合物的分解转换和空气中 N_2 的高温氧化，主要成分为 NO，与大多数危险废物焚烧相比，生活垃圾焚烧炉的燃烧温度相对较低，因此通常情况下，烟气 NO_x 的浓度要低于危废焚烧烟气。

(3) SO_2 由垃圾中的含硫化合物氧化燃烧生成，主要成分为 SO_2。

二噁英及呋喃类化合物是三环芳香族有机化合物的总称，分为 3 大类：多氯代二噁英(PCDDs)、多氯二苯并呋喃(PCDFs)和多氯联苯(PCBs)。生活垃圾焚烧炉所排放的有机氯化合物的生成机理远较其他污染物复杂，其中最简单的是废弃物中有机氯的挥发。但由于已知 PCDDs/PCDFs 的排放量通常高于焚烧炉进料的量，因此可以肯定燃烧过程中会产生 PCDDs/PCDFs，其机理推断如下：

(1) 与其分子结构相似的化合物母体如氯苯(CBs)及多氯联苯(PCBs)在燃烧过程中(在缺氧氛围中)通过热还原转化而成。

(2) 由塑料、木材等燃烧的热降解产物氯化而成。

(3) 由飞灰颗粒表面的先驱物质被Cu、Ni、Fe等催化氯化而成，340℃左右的温度有利于有机氯化合物的形成；通常，有机氯化合物以气体或飞灰颗粒沉积物的形式排放，在小颗粒上的富集程度很高。

垃圾中的各类金属元素在高温焚烧过程中因升华、氧化、氯化等而进入燃烧烟气，大多数以微细颗粒态存在。重金属包括Hg、Cd、Pb、As等，主要来自垃圾中的废电池、日光灯管、含重金属的涂料、油漆等。Hg和Cd在烟气中不仅以烟气的状态存在，同时还以气体状态存在，这是因为有些含有此类成分的化合物在燃烧过程中挥发所致。当温度降低时，重金属混合物的挥发率将迅速地降低，相应地其排放量也将随之减少。

CO是不完全燃烧的产物，CO在排放烟气中的浓度反映了焚烧过程的完全程度，也可看作可能存在有机微量污染物(二噁英等)的标志。研究表明，当CO的排放浓度稳定在50～100 mg/m^3时，就可判定燃烧过程是完全的，且有机微量污染物已按要求被破坏。许多国家对CO的排放浓度控制要求较严格。

焚烧烟气净化工艺是按照垃圾焚烧过程产生的废气中污染物组分、浓度及需要执行的排放标准来确定的。通常情况下，烟气净化工艺主要针对烟尘、重金属及有机毒物质(二噁英与呋喃)和酸性气体(HCl、HF、SO_x)等进行控制，其工艺设备主要由几部分组成：酸性气体脱除、颗粒物捕集、NO_x的去除和有机物及重金属的去除工艺设备，其中烟尘净化和酸性气体脱除是工艺设计的关键。

2) 酸性气体脱除

酸性气体脱除的方法一般可分为干法、半干法和湿法，这三种方法各有其优缺点。酸性气体的脱除工艺可单独使用某一种方法也可对这些方法进行组合运用。

干法除酸一般有两种方式：一是干式反应塔，干性药剂和酸性气体在反应塔内进行反应，然后一部分未反应的药剂随气体进入除尘器内与酸进行反应；二是在进入除尘器前喷入干性药剂，药剂在除尘器内和酸性气体反应。

除酸用药剂大多采用消石灰[$Ca(OH)_2$]，消石灰微粒表面直接和酸气接触，发生化学中和反应，生成无害的中性盐颗粒，在除尘器里，反应产物连同烟气中粉尘和未参加反应的吸收剂一起被捕集下来，达到净化酸性气体的目的。消石灰吸附HCl等酸性气体并发生中和反应需要合适温度(140～170℃)，而从余热锅炉出来的烟气温度往往高于这个温度。为增加反应塔的脱酸效率，需通过换热器或喷水调整烟气温度，一般采用喷水法来实现降温。

干法除酸的特点：工艺简单，不需配置复杂的石灰浆制备和分配系统，设备故障率低，维护简便；药剂使用量大，运行费用略高；除酸效率相对湿法和半干法低，但一般情况下可以满足烟气排放要求；当烟气中酸性气体含量超标时，干法与半干法或湿法同时使用,也可以确保达到烟气排放要求。

干法典型工艺有普通干法和 NID(new integrated desulfurization)工艺。NID 工艺是 20 世纪 80 年代初法国 ALSTOM 公司研发的一种能适用于多组分有毒废气治理和电站烟气脱硫的新型一体化干法脱硫工艺,主要由几个互相结合的工艺过程组成,包括:吸收剂的制备、酸性气体的吸收、二噁英和重金属物质的收集以及细微颗粒物的捕集等。NID 工艺目前广泛应用于火力发电厂及产生 SO_2、PCDD/F(二噁英)及碱金属和重金属污染的工业炉窑(如垃圾焚烧炉)、玻璃窑及有色冶炼工厂等。NID 脱酸工艺的流程如图 3-6 所示。

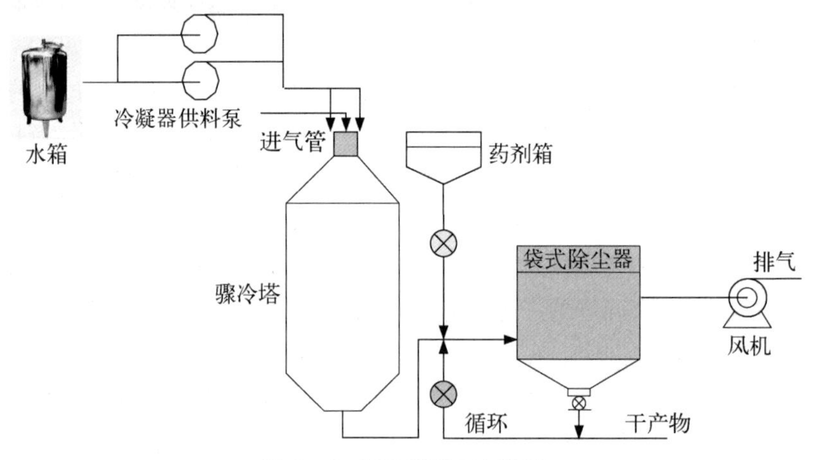

图 3-6 NID 脱酸工艺流程

半干法除酸的吸收剂一般用氧化钙(CaO)或氢氧化钙[$Ca(OH)_2$]为原料,制备成氢氧化钙浆液(也有使用其他碱液的)。在烟气净化工艺流程中吸收剂通常置于除尘设备之前,因为注入石灰浆后在反应塔中形成大量的颗粒物,必须由除尘器收集去除。常见的半干法处理工艺有旋转喷雾工艺和循环流化床反应工艺。

旋转喷雾工艺在国内应用广泛,是焚烧厂建设的主选工艺。在旋转喷雾工艺中,喷嘴或旋转喷雾器将 $Ca(OH)_2$ 浆液喷入反应器中,形成粒径极小的液滴。由于水分的蒸发会降低烟气的温度并提高其湿度,使酸性气体与石灰浆反应成为盐类,掉落至底部的灰斗。烟气和石灰浆采用顺流或逆流设计,无论反应器采用何种流动方式,其主要目的是维持烟气与石灰浆液滴充分反应的接触时间,以获得较高的除酸效率。

半干式反应塔内未反应完全的石灰,可随烟气进入除尘器,若除尘设备采用袋式除尘器,部分未反应物将附着于滤袋上与通过滤袋的酸性气体再次反应,使脱酸效率进一步提高,相应提高了石灰浆的利用率。

半干法除酸方式的特点:脱酸效率较高,HCl 去除率可达 96%以上,此外对一般有机污染物及重金属也具有良好的去除效率，若搭配袋式除尘器，则重金属去除效率可达99%以上；不产生废水排放，耗水量较湿式洗涤塔少；工艺流程较简单，投资和运行费用较低；石灰浆制备系统较复杂。

循环流化床烟气净化已发展了多种形式(见图3-7)，如德国WULFF公司的回流式烟气循环流化床，山东大学的双循环流化床烟气半干法悬浮脱硫装置、奥地利能源与环境公司的循环流化床烟气净化工艺(turbosorp)等。采用这种工艺，无需配置石灰浆，较大程度地减轻了常规半干法的运行维护工作量。

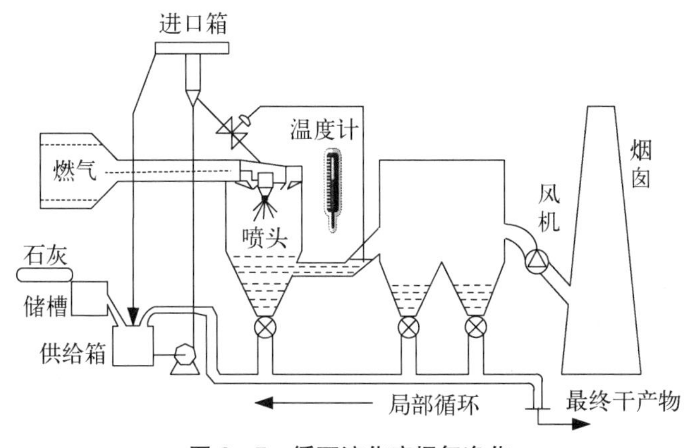

图3-7　循环流化床烟气净化

湿法脱酸采用洗涤塔形式，洗涤塔分为吸收部和减湿部，在吸收部喷入NaOH溶液，烟气进入吸收部后经过与NaOH溶液充分接触得到很高的脱酸效果，且可喷入少量的螯合剂去除烟气中的Hg。经吸收部处理后的烟气进入减湿部，在减湿部喷入大量自来水，使烟气急骤冷却达到饱和温度以下，降低烟气中水分。洗涤塔设置在除尘器的下游，以防止粒状污染物阻塞喷嘴而影响其正常操作。湿法洗涤塔产生的废水经处理后，其产生的污泥经浓缩脱水，以干态形式排出。

湿法除酸方式的特点：净化效率很高，国外应用多年的业绩均可证明其对HCl的脱除效率可达99%以上，对SO_2去除率亦可达95%以上；产生含高浓度无机氯盐及重金属的废水，根据工程所在地环保排放要求，可采用相应处理工艺对该废水进行处理，达标后可排入城市污水管网；处理后的废气温度降低至烟气露点温度以下，为防止烟囱出口形成白烟现象，以及防止对后续建筑物的腐蚀，需要配置再加热装置，设备投资高，运行费用也较高。

3）颗粒物捕集

垃圾焚烧厂的粉尘控制可以采用静电分离、过滤、离心沉降及湿法洗涤等形式。常见的设备有电除尘器、袋式除尘器、文丘里洗涤器等。文丘里洗涤器的能耗高且存在后续的水处理问题。电除尘器除尘效率较高，广泛用于燃煤发电厂，但除尘效率易受多种因素影响。随着环保要求的日益严格，电除尘器不仅不能满足脱除有机物（二噁英等）、重金属的需要，同时也不能满足粉尘排放的要求，所以现在已基本不再采用电除尘器作为垃圾焚烧厂的粉尘处理装置。国家标准 GB 18485—2001 中明确规定生活垃圾焚烧炉除尘装置必须采用袋式除尘器。

袋式除尘器可去除粒状污染物及重金属。袋式除尘器通常包含多组密闭集尘单元，其中包含多个由龙骨支撑的滤袋。烟气由袋式除尘器下半部进入，然后由下向上流动，当含尘烟气流经滤袋时，粒状污染物被滤布过滤，并附着在滤布上。滤袋清灰方法通常有下列三种方式：反吹清灰法、摇动清除法及脉冲喷射清除法。清灰下来的粉尘掉落至灰斗并被运走。在袋式除尘器的设计上，气布比是非常重要的因素，对投资费用及去除效率有决定性的影响。

袋式除尘器通常以清灰方式分类，在城市生活垃圾焚烧设施中，较常使用的形式为脉冲喷射清灰法。脉冲喷射清灰法具有较大的过滤速度，烟气由外向滤袋内流动，因此其尘饼累积在滤袋外。在清灰过程中，执行清灰的集尘单元将暂停正常操作，由滤袋出口端产生高压脉冲气流，以清除尘饼。脉冲喷射清灰法将使滤袋弯曲，造成尘饼破碎从而掉落在灰斗中。

袋式除尘器同时兼有二次酸气清除的功能，上游的酸气清除设备中部分未反应的碱性物质附着在滤袋上，当烟气通过时再次和酸气反应。

滤料技术的不断开发，尤其是聚四氟乙烯薄膜滤料（PTFE）在袋式除尘器上的开发应用，改变了袋式除尘器原有的材质脆弱、不能承受烟气高温、易化学腐蚀、易堵塞及破裂等弊端。薄膜式过滤袋利用薄膜表面，以均匀微细的孔径取代传统的一次尘饼，去除粉尘的效率非常高。由于薄膜本身的低表面摩擦系数、疏水性及耐温、抗化学腐蚀特性，使过滤材料拥有极佳的捕集效果。袋式除尘器目前已广泛应用于新建的城市生活垃圾焚烧厂及老厂改造。

4) NO_x的去除

NO_x的去除工艺有选择性催化还原法（SCR）、选择性非催化还原法（SNCR）。

SCR 是在有催化剂的条件下将 NO_x 还原成 N_2。该工艺是以氨水（$NH_3 \cdot H_2O$）或尿素[$CO(NH_2)_2$]作为还原剂，将其喷入焚烧炉内，在 O_2存在的情况下，温度为 850～1 050℃范围内，与 NO_x 进行选择性反应，使 NO_x 还原为 N_2和 H_2O，达到去除 NO_x 的目的。用此系统，NO_x 的排放浓度可达 150 mg/Nm^3 以下。

M. Goemans 等在 NH_3- SCR 反应装置中使用 KWH 公司生产的商业催化剂（$TiO_2/V_2O_5/WO_3$），在 230℃下，同时实现脱除 NO_x 和二噁英。M. Wallin 发现：Mn 在低温条件下有较好的活性，而 Cr 在较高温度下有高活性且有较高的抗硫性能，Fe 在高温区有相对较高的 NO_x 还原活性且生成 N_2O 量很少，含 Rh 样品在低温气体含 NO_2时有相对显著的高活性。

SNCR是在高温(800～1 000℃)条件下,将NO_x还原成N_2。SNCR不需要催化剂,但其还原反应所需的温度比SCR高得多,因此SNCR需在焚烧炉膛内完成。

比较两种方法,SCR法净化效率高,还原剂利用效率高,但需要催化剂,同时当反应器设置在除尘器后时需耗用大量热能对烟气进行重新加热,投资运行费用较高。目前SCR法开始在我国垃圾焚烧烟气净化领域应用,国外如欧洲和日本等已有较多的应用案例。SNCR法相对SCR法投资费用和运行成本要降低很多,但存在NO_x去除效率不高、还原剂利用率不高的问题。采用SNCR脱硝技术可以达到《生活垃圾焚烧污染控制标准》(GB 18485—2014)要求的NO_x排放要求[排放浓度为300 mg/Nm^3(小时均值),250 mg/Nm^3(日均值)]。

5) 重金属的去除

重金属以固态、液态和气态的形式进入除尘器,当烟气冷却时,气态部分转化为可捕集的固态或液态微粒。所以,垃圾焚烧烟气净化系统的温度越低,重金属的净化效果越好。另外,城市生活垃圾中含氯元素、有机质很多,因此锅炉出口的烟气中常含有二噁英类物质(PCDD、PCDF)。

目前常用的重金属及二噁英去除工艺是"活性炭吸附+袋式除尘器"。袋式除尘器也对二噁英类和重金属具有良好的去除效果。采用干法净化工艺,将活性炭喷射装置设置在除尘器前的烟道中,干态活性炭以气动形式通过喷射风机喷射进入除尘器前的烟道,与烟气充分接触并吸附去除烟气中的重金属和二噁英类物质。

活性炭吸附结合袋式除尘器除尘的组合技术可以起到很好的重金属去除作用,1995年美国环保局将其作为重金属控制的首选技术列入新建焚烧炉烟气排放标准之中。

6) 烟气排放标准

(1) 国内的排放标准。2001年,《生活垃圾焚烧污染控制标准》(GB 18485—2001)颁布实施,代替2000年国家环境保护总局发布的《生活垃圾焚烧污染控制标准》(GWKB 3—2000)。该标准自发布实施以来,对加强污染控制,防治二次污染,促进生活垃圾焚烧设施技术进步发挥了重要作用。然而,随着焚烧技术的不断发展,2001版标准显示出了较大的局限性,已不能适应目前环境管理要求的提高。2014年,新修订的标准(2014版)颁布实施。新修订版本大幅提高了污染控制标准,规定二噁英类控制采用国际上最严格的限值0.1 ngTEQ/m^3(其较2001年标准可减排90%),CO可减排33.33%。根据国内外的研究结果,CO与二噁英类的排放浓度具有统计相关性,由于二噁英类不能达到在线监测的技术水平,因此可通过对运行工况进行CO在线监控,间接控制二噁英类排放水平。新标准规定,SO_2小时排放均值由260 mg/Nm^3下降至100 mg/Nm^3,可减排61.54%;重金属类检测标准限值在监测种类和排放指标上具有不同程度的收严，汞测定均值由 0.2 mg/Nm^3 降至 0.05 mg/Nm^3。表 3-4 为新旧标准对烟气排放限值要求的对比。

表 3-4　新旧标准对烟气排放限值要求对比

	GB 18485—2001 标准		GB 18485—2014 标准	
	标准限值/(mg/Nm^3)	监测频率	标准限值/(mg/Nm^3)	监测频率
烟尘/颗粒物	80(测定均值)	—	30(小时均值) 20(24 小时均值)	在线监测
烟气黑度	1(测定值)	—	—	—
CO	150(小时均值)	—	100(小时均值) 80(日均值)	在线监测
NO_x	400(小时均值)	—	300(小时均值) 250(24 小时均值)	在线监测
SO_2	260(小时均值)	—	100(小时均值) 80(24 小时均值)	在线监测
HCl	75(小时均值)	—	60(小时均值) 50(24 小时均值)	在线监测
Hg	0.2(测定均值)	—	—	
Cd	0.1(测定均值)	—		
Pb	1.6(测定均值)	—		
汞及其化合物(以 Hg 计)	—		0.05(测定均值)	每月一次(自检)
镉、铊及其化合物(以 Cd+Tl 计)			0.1(测定均值)	每月一次(自检)
锑、砷、铅、铬、钴、铜、锰、镍、钒及其化合物(以 Sb+As+Pb+Cr+Co+Cu+Mn+Ni+V 计)			1.0(测定均值)	每月一次(自检)
二噁英	1.0(测定均值)	—	0.1(测定均值)	每年一次(自检)

(2) 欧盟的排放标准。欧盟 2000/76/EC 焚烧导则中未对不同类型的废弃物焚烧规定不同的大气污染物排放标准限值，但给出了废物在工业和能源燃烧设备共焚烧处置时的大气污染物排放标准限值。规定焚烧装置(包括危险废物及危险废物焚烧热量贡献率在 40%以上的共焚烧装置，及未分类的混合市政垃圾共焚烧装置)大气污染物排放限值如表 3-5 所示。

表3-5　欧盟大气污染物排放限值

序号	污染物	最高允许排放浓度日均值/(mg/Nm^3)	排放浓度半小时均值/(mg/Nm^3) 100%	排放浓度半小时均值/(mg/Nm^3) 97%
1	烟尘	10	30	10
2	气态挥发性有机物(以炭计)		20	10
3	氮氧化物(NO_2)	200/400	400	200
4	二氧化硫(SO_2)	50	200	50
5	氯化氢(HCl)	10	60	10
6	氟化氢(HF)	1	4	2
7	汞(Hg)			0.1
8	铅(Pb)+Sb+As+Cr+Co+Cu+Mn+Ni+V			1
9	镉(Cd)+铊(Tl)			0.1
10	一氧化碳(CO)	50	100	
11	二噁英($ngTEQ/m^3$)		0.1(6～8小时采样值)	

注：本表规定的各项标准限值，均以标准状态下含11% O_2的干烟气为参考值计算。

(3) 美国的排放标准。美国的垃圾焚烧标准按设备的规模给出了不同的排放限值。表3-6为美国大型垃圾焚烧装置大气污染物排放限值情况：7%含氧量，标干煤气(美国，25℃，101.325 kPa)。表3-7为美国普通工商业垃圾焚烧装置大气污染物排放限值：7%含氧量，标干煤气(美国，25℃，101.325 kPa)。表3-8为美国其他废物焚烧装置大气污染物排放限值：7%含氧量，标干煤气(美国，25℃，101.325 kPa)。对于小型废物焚烧炉只规定了操作规程而未设定大气污染物排放限值。

表3-6　美国大型垃圾焚烧装置大气污染物排放限值

序号	污染物	现有污染源	新污染源
1	烟尘	25 mg/m^3	20 mg/m^3
2	HCl	29 ppm① 或95%去除率	25 ppm或95%去除率
3	SO_2	29 ppm或75%去除率	30 ppm或80%去除率
4	NO_x		150 ppm
5	Cd	35 $\mu g/m^3$	10 $\mu g/m^3$
6	Pb	400 $\mu g/m^3$	140 $\mu g/m^3$
7	Hg	50 $\mu g/m^3$	50 $\mu g/m^3$
8	二噁英/呋喃(dioxin/furan)	30 ng/m^3	13 ng/m^3

① ppm，无量纲，表示百万分之一(即$\times 10^{-6}$)。

表 3-7 美国普通工商业垃圾焚烧装置大气污染物排放限值

序号	污 染 物	排放限值
1	烟尘	70 mg/m^3
2	HCl	62 ppm
3	SO_2	20 ppm
4	NO_x	388 ppm
5	Cd	4 μg/m^3
6	Pb	40 μg/m^3
7	Hg	470 μg/m^3
8	二噁英/呋喃(dioxin/furan)	0.41 ngTEQ/m^3
9	CO	157 ppm

表 3-8 美国其他废物焚烧装置大气污染物排放限值

序号	污 染 物	排放限值
1	烟尘	29.7 mg/m^3
2	HCl	15 ppm
3	SO_2	3.1 ppm
4	NO_x	103 ppm
5	Cd	18 μg/m^3
6	Pb	226 μg/m^3
7	Hg	74 μg/m^3
8	二噁英/呋喃(dioxin/furan)	33 ng/m^3
9	CO	40 ppm

(4) 日本的排放标准。日本对于废弃物焚烧炉的排放限制标准如表 3-9 所示,包括两部分:《大气污染防治法施行规则》和《二噁英类对策特别措施法施行规则》,其中规定了主要的污染物排放标准。此外,日本的标准中规定了烟气发生设施的定义为炉膛面积大于 2 m^2,焚烧能力大于 200 kg/h 的设施。氯化氢的排放标准为 700 mg/m^3。

表 3-9 日本对于废弃物焚烧炉的排放限制标准

炉 型	氮氧化物排放限值/(cm^3/m^3)	
	1979 年 8 月 10 日后建成的焚烧炉	1979 年 8 月 10 日前建成的焚烧炉,在 1982 年 8 月 9 日前执行
回转式悬浮燃烧(限于连续炉)	450	
生产、使用硝基化合物、氨基化合物或者氰化合物或者其衍生物的设施,以及使用氨的水处理设施产生的废弃物焚烧(限于排气量小于 40 000 m^3 的连续炉)	700	900

（续表）

炉　型	氮氧化物排放限值/(cm^3/m^3)		
上述焚烧炉之外的焚烧炉（限于连续炉之外、排气量大于 40 000 m^3 的焚烧炉）		250	300
焚 烧 能 力	烟尘排放限值/(mg/m^3)		
	在 1998 年 7 月 1 日后建成的焚烧炉	在 1998 年 7 月 1 日前建成的焚烧炉 2000 年 4 月 1 日前	2000 年 4 月 1 日后
＞4 000 kg/h	40	250	80
2 000～4 000 kg/h	80	500	150
＜2 000 kg/h	150	—	250
焚 烧 能 力	二噁英排放限值/($ngTEQ/m^3$)		
	在 2000 年 1 月 15 日后建成的焚烧炉	在 2000 年 1 月 15 日前建成的焚烧炉 2002 年 11 月 30 日前	2002 年 12 月 1 日后
＞4 000 kg/h	0.1		1.0
5.200 0～4 000 kg/h	1.0	80	5.0
＜2 000 kg/h	5.0		10

3.1.5　热能利用系统

《城市生活垃圾处理及污染防治技术政策》明确规定，“垃圾焚烧产生的热能应尽可能回收利用”。从工程角度分析，垃圾焚烧过程产生的垃圾热能可回收利用率约 70%。如全部用于直接供热，按热利用率 0.5～0.6 计，每吨垃圾可提供约 8 000 m^2 居民采暖用热，如全部用于供应低压饱和蒸汽，按热利用率 0.7 计，每吨垃圾可产生约 1.1 t 蒸汽；如全部用于发电，按全厂发电效率 20%计，可发出 230 kW 的电能。由此可见，垃圾焚烧热能的有效利用不仅可防止对大气环境的热污染、保护环境，而且通过回收废热利用获得的附带效益，对提高垃圾焚烧厂运营的经济性、减少政府对垃圾焚烧处理的补贴起着重要作用。垃圾热能利用形式以发电为主，以各种形式的供热为辅。

我国的生活垃圾焚烧厂处理规模多在 400 t 以上，在热利用形式方面，利用焚烧废热生产中温中压蒸汽，通过凝汽式汽轮机转化为机械能，再通过发电机将其转化为电能。国家鼓励利用生物质能的政策，包括制定生物质能认定办法、上网电价原则及配套电网建设、发电配额指标、垃圾焚烧厂不作为电网调峰厂等一系列规定，解决了垃圾焚烧厂建设运行的一项重大问题。2012 年 3 月，国家发改委发布《关于完善垃圾焚烧发电价格政策的通知》（发改价格〔2012〕801 号），对垃圾焚烧发电价格政策进行了完善和规范。在供热方面,供采暖的热水网,供热半径需根据热负荷密度、热水网造价及非采暖季热利用等因素综合考虑,且供热半径不应超过 10 km。供生产用汽需根据用汽负荷平衡与蒸汽品质等综合考虑,且供汽热网一般不超过 3～5 km。国外有很多设施采用社区供暖等形式利用热能。

1) 汽轮发电机组

我国小型热电厂的运行经验表明,在保证进汽质量和负荷不频繁变动的工况下,汽轮机可以保证一年 8 000 h 的运行时间。我国大型发电厂的汽机检修是 3 年揭一次大盖,每年定期维护保养,保证机组有效运行率不低于 90%。中国台湾地区的经验表明,焚烧锅炉故障导致的全厂停机的概率为 85%以上,鉴于汽轮发电机组的可靠性远高于垃圾焚烧锅炉,因此均采用多炉一机方案。在我国大陆地区,由于焚烧厂处理规模大,为了方便不同运行工况下的机组调度,都是采用 2～4 炉配 2 机的方案。

垃圾焚烧厂用汽轮发电机组系统包括汽机本体、热力系统、汽水系统、润滑系统、调节系统,以及旁路系统、控制系统及辅助系统等。热力系统主要设备包括风冷或水冷凝器、凝结水泵、低压加热器、除氧器及除氧水箱、疏水扩容器、疏水箱及疏水泵、轴封加热器等。

汽轮机组检修及事故期间,为保持焚烧线正常运转,应设计有汽轮机旁通系统。当旁路系统开启时,余热锅炉产生的蒸汽,经减温减压器直接排入冷凝器,将汽轮机旁路掉。旁路系统的基本功能是在机组甩负荷(故障跳闸)时快速投入旁路系统,以维持锅炉稳定和安全运行。为避免旁路系统设施过于庞大,当设置两套汽轮发电机组时,旁路系统宜按一套汽轮机组 120%额定进汽量设置。由于汽轮机本体故障率很低,两台汽轮机同时发生故障的概率则更低,而故障率相对较高的,主要是各种泵类等辅助设备。在全厂垃圾焚烧锅炉 100%负荷率运行条件下,正常工况时,两套汽轮发电机组也各按其 100%负荷率运行。一旦因辅助设备发生故障,迫使 1 台机组停运,旁路系统将按其负荷率 83%运行。

2) 余热锅炉

设置余热锅炉的主要目的是防止对环境的热污染和有效的热能回收,通过焚烧,发电系统可取得一定的经济效益。在利用大型垃圾焚烧锅炉生产蒸汽的研究过程中,一直注重探索垃圾的稳定燃烧和提高热效率的途径。随着自动控制技术迅速发展并应用于垃圾焚烧过程控制,垃圾的稳定燃烧已经得到较好的解决。提高热效率的途径主要是减少热利用设备的热量损失和提高余热锅炉蒸汽参数。在垃圾焚烧热能回收过程中,由于垃圾所含盐分、塑料成分较高,燃烧气体产物中含有大量 HCl 等腐蚀性气体和灰分,因此选择合适的过热蒸汽参数对全厂发电效率和过热器寿命都有重要的意义。

垃圾焚烧厂的余热锅炉过热蒸汽参数主要有两种：中温中压蒸汽参数，压力约4.0 MPa，温度约400℃；中温次高压参数，压力约6.4 MPa，温度约450℃。

中温次高压参数与中温中压参数均是成熟技术，在火电行业中应用也较广泛，不存在国内无法进行制造和设计问题。垃圾焚烧厂因垃圾成分复杂、负荷波动性大、烟气腐蚀性强，选用高参数可以提高发电量，但也会增加余热锅炉各受热面的腐蚀程度，因此针对垃圾焚烧电厂余热锅炉过热蒸汽参数（压力和温度）的确定一直都存在很大的争议，对参数的选择既要关注整个焚烧厂的经济效益，也要考虑到焚烧厂的运营稳定性和安全性。根据目前国内外的焚烧设施建设和运行实践，采用中温中压参数在技术和经济上最优，也最为常用。

3.1.6　自动控制系统

随着自动化技术、计算机技术和信息技术的发展，生产过程自动化和管理自动化的信息系统建设被广泛应用于企业的生产管理中，以降低系统运行成本、提高效率，获得更好的经济效益。自动化控制系统对焚烧设施进行实时监视和控制，控制范围包括：垃圾焚烧、烟气净化、热力系统、汽轮发动机组、电气系统以及辅助系统等。除上述系统外，还包括生产管理系统、信息上传上级单位的网络系统、工业电视监视系统，火灾自动报警系统和通信系统。

根据垃圾发电厂工艺流程的特点，控制系统主要由分散控制系统（DCS）、自动燃烧控制系统（ACC）、启动燃烧器及辅助燃烧器系统、烟气连续测量监视系统、汽轮机控制系统（DEH）、汽轮机紧急跳闸系统（EST）、汽轮机安全监视系统（TSI）、辅助设施控制系统（化学水及废水处理控制系统、垃圾抓斗控制系统、除灰控制系统等）及电视监视系统等部分组成。

1）DCS系统

分散控制系统（DCS）由DCS分散处理单元、网络通信系统、人机接口（即运行操作员站及工程师站）等部分构成。控制系统的基本构成包括：数据采集系统、模拟量控制系统、含发变组及厂用电控制的顺序控制系统、锅炉炉膛安全监控系统（FSSS）、保护和连锁、人机界面、数据通信及系统自诊断和自动跟踪等。

分散控制系统的控制模式可分成设备级、功能组级、分功能组级和驱动级，一般在功能上区分监视、控制、报警和保护功能。根据全厂生产工艺要求，允许操作员选择一个较低的自动控制模式或在DCS系统局部故障（或设备故障）但没有完全丧失工艺控制功能时选择人工控制。

DCS分散处理单元功能分散，控制器均按冗余配置。网络通信系统完成各站之间的数据通信，实现数据共享，亦采用冗余配置。DCS系统需设置一台工程师站，主要用于控制策略的组态和修改参数的整定及系统维护。操作员站是运行人员与控制系统的主要人机接口，根据DCS的监控范围，可设置多套操作员站，根据要求可同时设置数台大屏幕显示器。各操作员站功能可以相同，即均可监控全部工艺系统；也可将操作员站按功能分组，或设置全局和局部操作员站以监控不同设备。操作员站的配置数量将保证任一操作员站的故障不会导致人机接口功能的失效。人机接口配置的设备主要有：操作员显示器/键盘、大屏幕显示器、报警记录打印机、彩色图形打印机、报表打印机及工程师工作站等。

DCS具有良好的开放性能。第三方独立控制系统可以通过通信接口或硬接线与DCS相连。可通过任一台操作员站对第三方独立系统设备进行监控，实现数据共享，并有相应闭锁措施，确保只能接受一台操作员站发出的操作指令。

顺序控制系统的控制方式可采用功能组级、子功能组级和驱动级三级控制方式。通过操作员站对各单独的设备进行启、停或开、关操作，也可以通过操作员站对功能组和子功能组中相关的一组设备进行顺序启、停。

模拟量控制系统应满足功能组级自动化水平要求，实现在全负荷范围内投入自动。机组的主要参数在全负荷范围内自动维持在最佳区域内。对不能全负荷范围内投入自动的自动调节系统，至少应在焚烧炉及余热锅炉不投油稳燃负荷范围内投入自动。

2）ACC系统

自动燃烧控制(auto combustion control，ACC)是针对多变的垃圾成分、不稳定的垃圾热值特点，为从余热锅炉取得对应垃圾处理量的稳定的蒸汽量，而对垃圾焚烧炉的运行工况进行自动燃烧控制的方法。ACC的基本目的是实现垃圾完全燃烧，保持燃烧温度在要求的范围内波动，维持稳定的蒸汽量，控制燃烧烟气中气态污染物的生成量，以及焚烧炉启动与停炉控制等。

ACC的主要控制对象包括一、二次风机与焚烧炉，其中对风机的调节可采用调频控制、调节风门、液力耦合器等，但一般采用变频调速，其响应速度快，而调节风门的节流技术无法满足响应速度的要求，故很少采用。对焚烧炉的控制主要是对关键设备炉排及推料器的控制，包括由推料器把进料斗中垃圾按照预定的给料量推到炉排上和通过安装在移动框架上的运动炉排往复运动推动垃圾运动。推料器和炉排的运动都是由智能化的比例电磁阀控制的液压缸通过连接杆驱动移动框架实现的，因此可通过DCS控制比例电磁阀的动作，实现对各液压缸的过程控制。也可由操作员通过DCS的人机界面给出进料量的指令，再以通信方式下达给对应的PLC或DCS去执行。由于焚烧炉结构不同致使其自动燃烧控制系统有很大差异，一般由设备供货商独立开发ACC系统，并以可编程逻辑控制器(programmable logic controller，PLC)形式或负责在DCS直接组态形式配套提供。

ACC燃烧控制的因素包括：过热蒸汽的温度、压力、汽包水位监控，给料器和炉排速度控制，烟气在850℃温度和2 s停留时间的监控，炉膛负压控制，省煤器出口温度控制，烟气含氧量控制等。

对炉排式垃圾焚烧炉的自动燃烧控制系统的基本要求：从炉排下方分区向炉排上面的一次燃烧室供给一次空气，与由推料器供给的垃圾进行燃烧过程。其中炉排由干燥段、燃烧段和燃烬段组成。在干燥段，利用干燥炉排下灰斗供给的一次空气与来自一次燃烧室高温烟气的辐射热进行加热干燥，使垃圾水分和挥发分蒸发，放出CO与碳化氢等还原气体。在燃烧段，利用燃烧炉排下灰斗供给的一次空气与垃圾进行氧化反应，并在燃烧段下游端部达到燃烬点。在燃烬段，利用燃烬炉排下灰斗供给的一次空气，使垃圾含碳量达到规定的3%～5%。从燃烧室上方的二次燃烧室进口部位供入二次空气对一次燃烧室内未完全燃烧的气态挥发分与未燃烧的固态悬浮物质进行二次燃烧。产生的高温烟气进入余热锅炉，与其对流受热面进行热交换。在此燃烧过程中，首先设定日或小时垃圾处理量，根据不同季节的设计垃圾特性计算出余热锅炉的蒸发量、燃烧空气量，并设定一、二次空气量和烟气含氧量，从蒸发量的设定值计算出基准炉排速度和基准一次空气量，根据基准炉排速度计算值控制推料器与炉排的垃圾进料速度；并根据基准一次空气量计算值控制一次空气量。另外，由烟气含氧量设定值计算出基准二次空气量，根据二次空气量计算值控制二次空气量。由此控制余热锅炉蒸发量保持稳定，并实现垃圾自动燃烧。

3.1.7　生活垃圾焚烧工艺

生活垃圾的焚烧过程实际上是一个燃烧过程，通常由热分解、熔融、蒸发和化学反应等传热、传质过程组成。从燃烧方式来看，生活垃圾的焚烧过程是蒸发燃烧、分解燃烧和表面燃烧的综合过程。因此，根据固体废物在焚烧炉的实际焚烧过程，将固体废物的焚烧依次分为干燥、热分解和燃烧三个过程。

生活垃圾的干燥阶段是利用燃烧室的热能使垃圾的附着水和固有水气化，生成水蒸气的过程。热量传递可分为传导干燥、对流干燥和辐射干燥三种方式。生活垃圾的含水率愈高，干燥阶段也就愈长，消耗的热能也就越高，从而导致炉内温度降低，影响垃圾的整个焚烧过程。

固体废物中的可燃组分在高温作用下发生分解和挥发，生成各种烃类挥发分和固定碳等产物。热分解过程包括多种反应，有些反应吸热，有些反应放热。固体废物的热分解速度与可燃组分组成、传热及传质速度和有机固体物的粒度有关。

在高温条件下，干燥和热分解产生的气态和固态可燃物，与焚烧炉中的空气充分接触，当达到着火所需的必要条件时就会形成火焰从而燃烧。因此，生活垃圾的焚烧是气相燃烧和非均相燃烧的混合过程，它比气态燃料和液态燃料的燃烧过程更复杂。

生活垃圾焚烧过程具有以下两个特点。一个是燃烧工艺的特点。由于生活垃圾焚烧目标主要是无害化处理,追求生活垃圾在垃圾焚烧炉中充分燃烧。因此,垃圾焚烧工艺通常采用较高过剩空气比的运行模式,其实际供气量一般比理论空气量高70%～120%;同时为克服在垃圾燃烧过程中出现聚集而造成局部空气(氧)传递阻碍的现象,垃圾焚烧炉排必须设计成能使垃圾层经常处于翻动状态的构造,以利于生活垃圾的充分燃烧。另一个是热能利用的特点,垃圾焚烧的能量回收也是现代垃圾焚烧厂建设需要考虑的一个重要方面。焚烧余热利用系统一般不把过热器设置于炉内的强辐射区从而使过热蒸汽湿度受到限制;离开热能回收段的烟气温度一般不能低于250℃,否则会影响热能回收效率;而蒸汽式空气预热器的应用也会造成可用蒸汽能量的损失。因此城市生活垃圾焚烧的热能回收系统的效率要比燃煤锅炉低10%以上。典型的城市生活垃圾焚烧系统的工艺单元如图3-8所示。

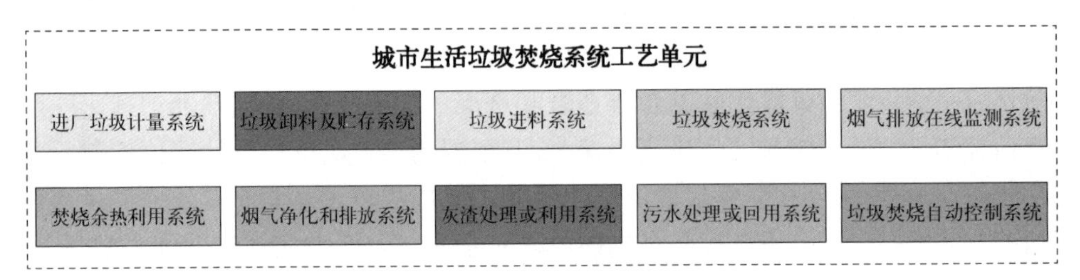

图3-8　城市生活垃圾焚烧系统工艺单元

3.1.8　垃圾接收与储存系统

生活垃圾焚烧设施的垃圾接收与储存系统主要包括汽车衡、卸料大厅、卸料门、垃圾抓斗起重机、除臭设施、渗滤液收集设施及大件垃圾破碎机等。土建设施主要包括垃圾卸料平台及运输坡道、垃圾池及应急措施等。当前的生活垃圾收运系统中,大件垃圾(如旧家具等)一般会分离出去,正常情况下无需设置搭建垃圾破碎装置,但一般会考虑预留相应位置。垃圾收运系统流程如图3-9所示。

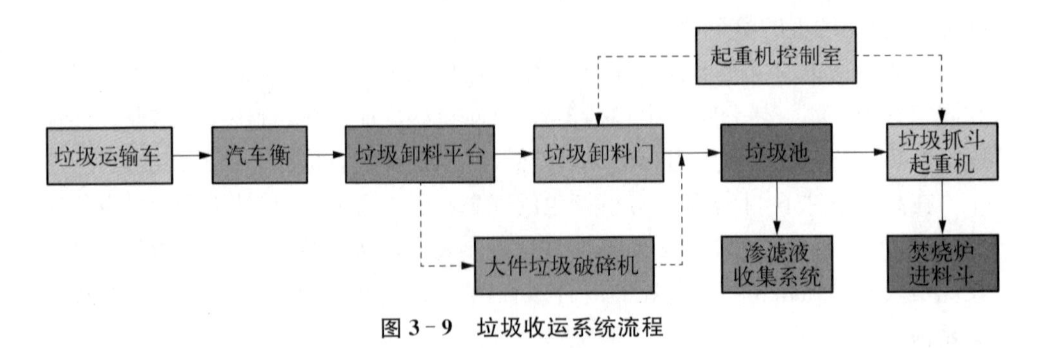

图3-9　垃圾收运系统流程

1）汽车衡

为对焚烧设施出入厂的生活垃圾、飞灰、炉渣、石灰等物料实施必需的量化管理，通常在物料出入口处设置汽车衡，即地磅。汽车衡包括机械式和电子式，以电子式为主，一般由称重台、称重传感器（包括弹性元件、电阻应变片、测量电路和传输电缆等）、称重显示仪表组成。根据焚烧设施运行要求，通常还需要设置计算机、显示器、稳压电源、打印机、电源浪涌保护器等，以实现数据管理及传输的需要。

汽车衡的数量可根据车流量密度和垃圾运输车辆规格确定，一般焚烧设施处理规模低于 1 200 t/d 时，设置 2 台汽车衡；处理规模超过 1 200 t/d 时，设置 3 台或 4 台汽车衡。

汽车衡的设计称量应根据最大垃圾运输车的满载总重、并考虑计算安全系数而确定。计算安全系数的确定应从减少故障、延长系统使用寿命、保证测试精度、经济性等角度考虑，一般可取 1.30～1.43，其中对使用载重量 15 t 及以上的运输车，取下限；15 t 以下的，取上限。

汽车衡系统应具有称重、数据存储、显示、打印、数据传输等功能。地磅房内由称重显示器和 LCD 显示，自动或手动打印，软件或硬盘存储。称重计量时，实时读取称重数据，具有自动记录功能，记录信息清单中应包括清单编号、物料种类、出入日期与时间、车辆牌照、毛重、净重或总重等信息，可根据需要有选择地统计某种物料、某辆运输车辆或某汽车衡的汇总报表。计算机系统可与厂内集散控制系统（DCS）通信，实时传输数据。

为适应自动化管理的需要，可设置垃圾运输车辆自动识别系统（AVS）。AVS 系统由服务器数据存储、垃圾称重系统、出厂车辆计量系统等组成，集成了射频卡、自动称重计量等功能，通过网络可实现数据交换、资源共享、数据管理、查询等功能。运输车辆上安装对应的电子车牌（无线射频卡），当车辆通过读卡器的有效查询范围时，电子车牌接收到定向查询射频信号，并将自身储存的电子信息返回给读卡器，实现读卡器对车辆信息的自动读取。

可根据需要在地磅前后设置检视缓冲区，以方便地磅管理人员检查车辆，且检查的同时不影响其他车辆的正常进出，另外还可以作为高峰时的车辆缓冲区，以避免堵塞进厂道路，也避免车辆停留在厂外道路影响周边居民的正常生活。

根据实际情况，汽车衡的基础结构可选择无基坑和浅基坑两种，一般要求基础结构下的素土承载力不低于 98 kPa（10 t/m^2）并应符合设备制造商的安装要求。

汽车衡应满足《固定式电子衡》（GB 7723）、《电子衡器安全要求》（GB 14249.1）、《电子衡器通用技术条件》（GB 14249.2）等标准规范。

2）垃圾卸料门

垃圾卸料门用在焚烧设施全部或部分焚烧线运行期间，来实现垃圾池与其他设施的隔离，防止粉尘或臭气逸散。当垃圾运输车在卸料平台倒车至卸料门前指定位置时，卸料门自动开启；运输车辆完成卸料并离开时，卸料门自动关闭。为避免垃圾运输车与抓斗起重机在同一区域工作，防止垃圾对抓斗起重机造成干扰甚至破坏性影响，卸料门的开启应与抓斗起重机运行实现连锁控制，即二者不得同时运行，抓斗运行区域的卸料门应闭锁，不得开启。

垃圾卸料门有两种布置方式：在垃圾池壁上卸料侧预留门洞的竖向布置和在卸料平台地板上的水平布置。水平布置方式需要增加卸料平台的纵深尺寸，增加了土建施工费用，故目前应用多采用竖向布置方式。适用于竖向布置的卸料门有两扇平开式卸料门、卷帘式卸料门、滑动式卸料门及铰接式卸料门等，其中平开式应用最多。垃圾卸料门数量应根据高峰小时垃圾运输车的规格与车流密度确定。具体可参考表3-10。

表3-10　垃圾卸料门数量参考表

垃圾处理规模/(t/d)	≤150	150～300	300～800	800～1 200	≥1 200
卸料门参考数量	3	4～5	5～8	6～12	>12

垃圾卸料门一般需要设置防止车辆滑落进入垃圾池的车挡及防止车辆撞到门侧墙、柱的安全岛等辅助设施。

3) 垃圾卸料平台

垃圾卸料平台的作用是保证垃圾运输车辆安全迅速到达指定位置、顺畅作业和实现安全管理，必须采取室内布置方式。

垃圾平台的通行包括单向通行与双向通行，其中单向通行指垃圾运输车辆进、出口分设在卸料平台两侧，双向通行指车辆进出于卸料平台同一侧。单向通行对于车辆物流组织更优，但占地较大，投资高，实际中多采用双向通行。

垃圾卸料平台的纵深按最大长度的垃圾运输车一次掉头即可到达指定卸料口，一次转弯即出去来确定。当采用装载量5～10 t的垃圾运输车辆时，卸料平台的纵深一般为15～24 m；采用15～20 t的垃圾运输车时，最大纵深约为32 m；采用25 t的垃圾运输车时，需要纵深约42 m。

卸料平台需设置必要的安全防护设施，主要包括：卸料门前设置围挡、车挡、隔离岛、指示灯等；沿周边内墙设防护栏杆；设置警示牌及防火、防滑、事故照明等设施；垃圾运输车运行组织等安全设施。为了防止垃圾渗滤液漏入卸料大厅地面并渗入水泥中，垃圾卸料大厅地面应作防腐防渗处理。

4) 垃圾池

垃圾池的作用是储存用于焚烧处理的原生垃圾。垃圾池的构造必须能够支撑垃圾重量、垃圾抓吊重量及其他重量。生活垃圾具有腐蚀性,渗滤液成分复杂,因此,与垃圾相接触的垃圾池内壁必须防渗、防腐蚀、平滑耐磨,能承受垃圾抓斗的冲击。

我国的生活垃圾是每天收运,垃圾特性处于向有利于垃圾焚烧的过渡时期,但目前垃圾含水量较高,导致垃圾热值偏低。为保证充分燃烧,需要在垃圾池内堆放一段时间,排出部分水分,提高垃圾热值。垃圾池有效容积一般应按5～7 d的额定垃圾焚烧量确定,有特殊需要时可适当调整。垃圾池有效容积以卸料平台标高以下的池内容积为准,同时为适当控制其有效容量,可考虑在不影响垃圾运输车卸料和垃圾抓斗起重机正常作业的条件下,在远离卸料门或暂时关闭部分卸料门的区域,提高垃圾储存高度以增加垃圾储存量。在计算垃圾池的容积时,垃圾堆积密度按实测垃圾堆重确定,一般按0.35～0.40 t/m^3计,垃圾池有效宽度一般为9～24 m,且不小于抓斗最大张角直径的2.5～3倍。垃圾池的长度依照焚烧设施的厂房平面布置确定。

由于生活垃圾含水率较高,垃圾池底部应有可靠的渗滤液收集和导排系统,通常在宽度方向设有不小于2%的坡度,在池壁底部设计若干孔洞并装设过滤网,参考开孔尺寸3 m×1 m左右。在池外侧设一条污水槽,渗滤液通过过滤网从污水槽自流至渗滤液收集池。污水槽可设计水冲装置,定期冲洗疏通,防止泥沙等杂物造成格栅和污水槽堵塞。污水槽外侧设检修通道,万一格栅及污水槽堵塞,可通过检修通道进行疏通或更换。

垃圾池内储存的生活垃圾是焚烧设施的主要恶臭污染源,因此垃圾池必须设置恶臭控制措施。为防止恶臭,可抽取垃圾池内的气体作为焚烧锅炉燃烧空气,从而在燃烧过程分解恶臭物质,同时确保垃圾池处于负压状态,防止恶臭扩散。此外,还需考虑焚烧设施停运期间的恶臭控制措施,包括物理吸附、化学处理、生物降解等除臭方法,此时垃圾池内的排风量应不低于单台焚烧炉燃烧所需的总空气量。

垃圾池内的垃圾正常储存时间约5 d,根据垃圾好氧堆肥的生化反应过程,产生CH_4的可能性可忽略,其主要产物为CO_2等。即便如此,仍需要充分考虑下述安全措施:CH_4浓度达到2.4%(CH_4爆炸浓度下限的50%左右)时发出报警信号并切断电源;采取局部机械通风措施,控制CH_4浓度在1%以下。

卸料门可将卸料区与垃圾贮存坑隔离开。这些卸料门的启闭由安装在每个卸料门旁的按钮来控制,与工厂中央控制室内的交通控制及垃圾起重机操纵台分离开来。在卸料区内有两个特别的卸料点,卡车将垃圾卸在料斗内,送入破碎系统(剪切),剪切后,垃圾直接送入垃圾贮存坑内。这两个特别的卸料点可以让部分卡车卸料,在垃圾水分最高的月份(夏季)减少其中水分,压出来的水被送到渗滤液处理站。

5)垃圾抓吊

垃圾抓斗起重机作为专用特种起重机,是保证垃圾焚烧系统正常运行的关键设备之一，承担功能如下：将垃圾池内的垃圾送入焚烧炉进料斗，以及保持料斗不低于最低料位，保证焚烧炉正常工作并防止回燃；搅拌垃圾池内垃圾，以改善垃圾不均匀性；将卸料门附近的垃圾送到未卸料区域，避免卸料门处发生拥堵；统计实际焚烧量以及将落入垃圾池内的大件垃圾抓取出来等。每座焚烧厂通常设置两台垃圾抓斗起重机，同时设置一个备用抓斗。当起重量超过 10 t 时，如需要设主、副两个起升机构，二者起重量之比约为 4∶1。

垃圾抓斗起重机工作条件的主要特征有：① 湿度大，灰尘大及腐蚀性气体的恶劣工作环境。② 具有年工作时间长、工作频繁、满载率高的工作负荷。③ 一旦垃圾抓斗起重机故障并无法及时弥补，势必造成焚烧厂停运，故对设备可靠性要求高。

6）除臭

垃圾焚烧厂的垃圾在垃圾坑中停放时间约为 7 天，在堆放过程中，会产生硫化氢、硫醇等有窒息性的恶臭和有毒物质，这将对环境造成很大的影响，因此必须对臭气做出有效处理。生活垃圾焚烧厂正常运行期间将垃圾池内的臭气作为燃烧空气，在燃烧过程中即可消除恶臭物质。垃圾焚烧厂维修保养期按每年 2 个月计，则除臭系统年运行 45～60 d。在此期间可利用物理吸附原理的活性炭吸附除臭方法，也可用天然植物提取液经过稀释雾化，与恶臭物质进行生化反应的生物除臭方法。

目前活性炭吸附工艺应用较多，有固定床、流动床及漩流浓缩床等工艺形式，其工艺过程包括预处理、吸附、吸附剂再生与溶剂回收等。

为了解决国内焚烧厂普遍存在的臭气问题，在垃圾坑通往主厂房的通道上设有气密室，通过向气密室送风使室内保持正压，可有效防止臭气进入主厂房。另外在焚烧车间通往外部的所有通道上均设有气密室。

为减少全焚烧厂的恶臭散发，可采取多种措施。正常工作时，除臭风机将垃圾坑臭气送入除臭装置经除臭后排至高空，从而保证焚烧厂区域内的空气质量。渣坑间由焚烧炉的二次风抽取。卸料厅车辆出入大门处设空气幕，防止臭味外溢。中央控制室、电子设备间与主工房内垃圾吊控制室、参观走廊等分别设置独立的空调系统，并且维持室内正压，防止垃圾坑的臭气进入以上区域。各气密室采取正压送风，防止臭气扩散。渗滤液处理收集间所产生的臭气统一收集排入垃圾坑中，与垃圾坑内产生的臭气一起作为一次风的来源。

7）渗滤液收集

由于垃圾含水量较高，垃圾池内的垃圾在存放期间会沥滤出渗滤液。影响垃圾池内渗滤液产生量的主要因素有进厂垃圾特性、垃圾运输过程及其在垃圾池内储存时间等。其中高含水率的厨余垃圾是影响渗滤液产生量及性质的主要原因。季节气候对垃圾成分、水分的影响也很显著。我国目前垃圾运输系统主要有两种：一是通过垃圾楼收集，由集装箱式垃圾车运送，此时垃圾渗滤液基本上都含在垃圾内一并进入垃圾池；二是通过垃圾中转站，由缩式垃圾车运送，此时有部分渗滤液在中转站分离出去，部分仍然存留在垃圾车自带的渗滤液箱及垃圾车箱体的尾部空间内，随垃圾一起卸到垃圾池内。按这种方式，很容易造成运输过程中的渗滤液沿途滴漏，故最好在中转站将渗滤液卸掉。

根据国内垃圾焚烧厂的运行经验，垃圾池内的渗滤液产生量一般不大于垃圾量的 20%。当垃圾含水量在 50%左右时，垃圾池内渗滤液量通常不大于垃圾量的 10%。若压缩式垃圾车将挤压出的渗滤液一并卸入垃圾池内，渗滤液量会超过 20%。

为了将渗滤液收集起来，目前通常的做法是将垃圾池底部设计成向卸料间方向倾斜，在池壁底部设计若干孔洞并装设过滤网。在池外侧设一条渗滤液沟，渗滤液通过过滤网从渗滤液沟自流至渗滤液收集池。过滤后的渗滤液可进行处理，也可由泵喷入炉膛，并根据燃烧室中温度调整渗滤液的回喷量。

3.1.9　飞灰处理处置

以上海某焚烧厂的飞灰稳定化系统为例，处理流程如图 3-10 所示。该系统设计处理规模 64 t/d，稳定化处理工艺采用“有机螯合剂＋磷酸盐＋水泥”的稳定化处理法，即将飞灰、水泥、螯合剂、磷酸盐、水按一定的比例加入搅拌机内充分搅拌，待飞灰稳定化后运至安全填埋场的飞灰专区安全填埋。减温塔和除尘器排放出来的飞灰由飞灰输送系统输送到灰仓。每条焚烧线的减温塔和袋式除尘器下设链式输送机，将飞灰输出。飞灰输送系统设有两条线，一用一备，每条线均可以满足四条烟气净化线总的飞灰输送需求。链式输送机连接到公用链式输送机、经斗式提升机、双向螺旋输送机，将飞灰送到两个灰仓储存。飞灰贮仓按四条烟气净化线，三天存量考虑。系统运行仅考虑白班运行。

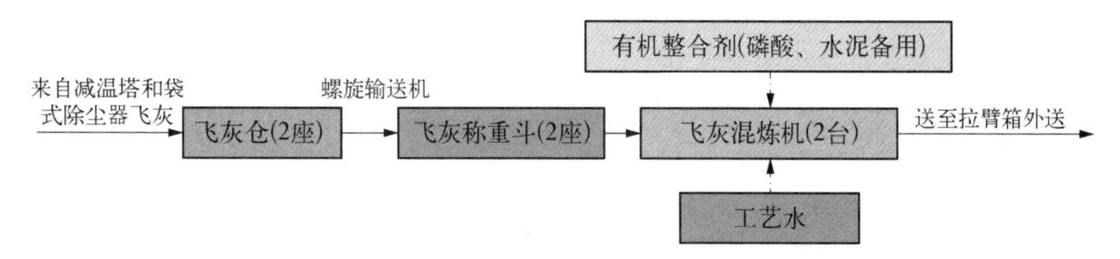

图 3-10　上海某焚烧厂的飞灰稳定化系统

3.1.10　生活垃圾焚烧技术的发展前景

焚烧处理技术有多种类型，包括流化床技术和炉排炉技术，其中炉排炉已成为发展的主流。

机械炉排炉采用层状燃烧技术，具有对垃圾的预处理要求不高，对垃圾热值适应范围广，运行及维护简便等优点，是目前世界上最常用、处理量最大的城市生活焚烧炉型。其在欧美及日本等先进国家广泛使用，单台处理规模大，技术成熟可靠。垃圾在炉排上通过三个区段：干燥段、燃烧段和燃烬段。垃圾在炉排上燃烧，热量不仅来自上方的辐射和烟气的对流，还来自垃圾层的内部。炉排上已着火的垃圾通过炉排的往复运动，产生强烈的翻转和搅动，引起底部的垃圾燃烧。连续的翻转和搅动也使垃圾层松动、透气性加强，有利于垃圾的干燥、着火、燃烧和燃烬。

流化床技术在70年前开发，20世纪60年代用来处理工业污泥，70年代用来焚烧生活垃圾，80年代在日本应用较为普及（市场占有率达到10%以上）。但在20世纪90年代后期，随着烟气排放标准的提高，流化床焚烧炉燃烧工况不易控制、二噁英初始产量高等缺点，使其在生活垃圾焚烧上的应用受到限制。在国内，近些年来流化床焚烧炉得到了一定范围的应用，但多用于日处理规模500 t以下的项目，且基本上需要加煤助燃才能正常运行。流化床焚烧炉的焚烧原理与燃煤流化床相似，都是利用床料的热容量来保证垃圾的着火燃烬。床料一般加热至600℃左右再投入垃圾，保持床层温度在850℃以上。流化床焚烧炉燃烧十分彻底，但对垃圾有严格的破碎预处理要求，容易发生故障。

由于技术成熟、对进料要求低、适应性好等原因，机械炉排炉的应用较循环流化床焚烧炉更为广泛。从新投产城市生活垃圾焚烧发电项目看，炉排炉逐渐在市场竞争中占据优势。在统计的103个垃圾焚烧项目中，使用炉排炉的有60个，流化床炉有37个。具体到区域应用也有所区别，其中，直辖市和东部发达地区（特别是省会级和副省级大城市）的垃圾焚烧厂以炉排炉为主，以引进技术和关键设备为主，中（北）部省份则以流化床为主，设备以国内制造为主。这主要是因为流化床工艺垃圾贴费低，且中西部地区煤炭资源丰富，更适合中型城市。

生活垃圾焚烧技术未来的行业发展呈现多种趋势。

1）行业处理水平进一步提升

焚烧技术推进过程中兴起的“邻避运动”，不仅没有阻挡住垃圾焚烧的建设步伐，反而在一次次讨论中让垃圾处理的技术路径更为清晰。2014年，新修订的《生活垃圾焚烧污染控制标准》颁布实施，与原标准相比，新标准在二次污染控制方面要求更为严格，全面向欧盟2000标准看齐，排放限值大多比原标准加严了30%，可较大幅度降低污染物排放量。在国标的基础上，北京、上海等地还制定并实施了更为严格的地方标准，促使生活垃圾焚烧设施不断提升自身的运行水平。“十三五”期间，垃圾焚烧厂将成为城镇生活垃圾处理的中流砥柱，垃圾焚烧设施也将从原来的大规模建设，向精细化、高水平方向发展。

2）技术理念不断创新

伴随着焚烧技术的不断发展，清洁焚烧、蓝色焚烧、近零排放等新理念不断涌现，推动焚烧处理技术进一步完善。

2014年8月，E20环境平台、上海市环境工程设计科学研究院等联合提出了“面向未来蓝色垃圾焚烧厂”的设计理念，旨在直面公众最关心的垃圾焚烧处理的污染控制问题，探索出更清洁、更亲民的建设和运行方案。包括5个方面的要求：一是更严格的烟气排放指标；二是更显著的能源利用效率；三是更先进的资源综合利用；四是更透明的企业运行情况；五是更完善的公共服务设施。例如：采用温度场成像与自动燃烧控制相结合的智能燃烧控制系统，以实现垃圾在炉膛内的充分稳定燃烧，使炉渣热灼减率小于3%；在目前国内焚烧厂通常采用的SNCR脱硝、干法/半干法脱酸、活性炭吸附去除二噁英及重金属、袋式除尘器去除烟尘的基础上，采用脱酸效率更高的湿法工艺，并增设全球最先进的SCR低温催化脱硝及分解二噁英的设施，大幅降低主要烟气污染物的排放；公众最关心的二噁英排放浓度进一步降低为0.01 ng/Nm^3，较欧盟2000标准的0.1 ng/Nm^3严格10倍；汽轮机排汽采用自然通风冷却塔冷却，较国内焚烧厂通常采用的强制通风冷却塔的能量消耗降低90%以上；厂内污水经处理后循环利用，实现全厂污水近“零排放”；支持多种固废高效协同处理，如协同处置医废和污泥等；建设数字化工厂，污染物排放指标实时公开上网；设置社区中心和补偿机制回馈周边居民等。

2014年11月，中国城市环境卫生协会在南京主办“2014年垃圾清洁焚烧与和谐邻避媒体恳谈会”。会上，多家行业单位、媒体与多名公众人士共同对话，针对社会和民众关注的生活垃圾焚烧引起的邻避现象进行成因分析，并探讨宣传、监督生活垃圾处理的渠道和解决邻避现象的途径。中国城市环境卫生协会理事长肖家保与参会的15家行业单位签署垃圾清洁焚烧承诺书。清洁焚烧，是指采用最佳适用技术与设备，通过安全性、可靠性的运行管理，妥善焚烧处理生活垃圾，提高能源利用效率，减少焚烧过程中的污染物产生和排放，以消除对人类健康和环境的危害。清洁焚烧是在现行法律框架内，基于焚烧工程理论，采用适宜工程技术，完成垃圾处理企业必须承担的责任（包括妥善处理好垃圾的责任、可持续发展的责任、控制污染物排放的责任、节约资源与能源的责任）。清洁焚烧标准提出了六个方面的准则，对行业的清洁焚烧水平给出阶段性的指标要求，指导企业清洁焚烧和污染的全过程控制，包括生产工艺与装备、资源能源利用、附属产品、污染物产生和排放、废物回收利用和建设运行管理。

3）运行监管日益严格

在焚烧设施建设与运行标准日渐严格的基础上，对设施的监管也日益受到民众、业内和主管部门的高度重视。2015年2月，住建部发布《生活垃圾焚烧厂运行监管标准》，提出了针对生活垃圾焚烧厂的监管范围、工作目标、内容等，推动焚烧厂运行监管的不断完善。

很多地区开展了焚烧厂运行监管的探索，并取得了可喜的成效。大部分采用人员监管与数字监管结合，实现实时监管与对外公开，如焚烧厂关键数据实时传输至环保局；监管人员入驻焚烧厂予以监管；设置公众显示屏实时公开排放数据；定期到厂里核查运行数据；烟气排放采用连续在线监测等。部分地区已经开始探索引入第三方监管。如上海除对全市的焚烧设施开展驻场监管外，还引入了台湾地区的专业服务公司，对老港再生能源利用中心(一期)进行第三方驻场监管，其设施运行水平明显改观。

信息化技术的进步，也推动了垃圾焚烧厂在线监管的快速发展。结合 GPS、GIS、数据库等技术，可将分散的数据予以整合，实现数据溯源追踪、诊断与预警、运营整改决策支持等，有助于企业的精细化运营。我国一些省市政府已经建成了生活垃圾焚烧厂信息化在线监管系统。智慧城市建设也将推动智慧环卫的建设，引导垃圾焚烧技术逐步实现技术升级。

4) PPP 模式逐渐兴起

20 世纪 90 年代之前，“谁污染、谁治理”的传统治污思路为我国环境保护事业做出了应有的贡献。进入 21 世纪，这种老旧治污思路的局限性不断显现：作为环境污染治理第一主体的排污单位和参与治理的第二主体环保部门，由于其技术水平、治理能力等因素的限制，两者治污的效率和效果都非常有限。

作为环境污染治理的一条新思路，第三方治理是多年来被实践检验的、能够提升环境污染治理效率、获得多赢效果的一种市场化模式，揭示了环境污染问题的经济性根源——需要用市场经济手段兼顾行政手段，一起解决当前的环境污染问题。

“十二五”期间，国家为规范环境污染治理服务市场，在制定的《节能减排“十二五”规划》、《“十二五”节能环保产业发展规划》中，分别将推广节能减排市场化机制和节能服务业培育工程列为“十二五”规划的保障措施和重点工程。同时，环保部制定的《环保服务业试点工作方案》，确定了环保服务业的试点范围和重点领域。

2013 年，环保部制定《关于发展环保服务业的指导意见》，将市场化、专业化和社会化作为发展环保服务业的指导思想，并在财政、融资方面制定了相应的支持政策。同年，《中共中央关于全面深化改革若干重大问题的决定》，明确提出了推进环境污染第三方治理模式所需要的思想转变和具体政策措施。至 2014 年，我国环保服务业试点全面展开，国务院制订的《关于创新重点领域投融资机制鼓励社会投资的指导意见》为环境污染第三方治理的开展提供了良好的融资环境。2015 年初，国务院发布《关于推行环境污染第三方治理的意见》，对环境污染第三方治理的体制机制完善、法律政策制定，提出了指导意见。

对于 PPP 模式，探索回报的资金收益的路径和机制是非常重要的，目前状况是首先鼓励现有较成熟的项目，适当考虑新项目，政府改变已有的资金用途去支持项目。PPP模式效率问题是逐步前进的过程，另外，环保部最近也在探索生态金融：一是试图建立国家环保基金；二是建立资金池。生态金融是利用金融工具解决资金利用效率的问题。

5）能效评价体系有望建立

我国垃圾焚烧发电厂近年来产业规模快速增长，投产项目不断增多，但缺乏对能耗和能量回用的评价，缺少统一的对标体系去规范管理。

2015年5月，财政部印发《节能减排补助资金管理暂行办法》(财建2015 161号)，提出支持重点行业、重点地区节能减排以及重点关键节能减排技术示范推广和改造升级。可以推测，垃圾焚烧发电行业的节能减排工作将在政策引导下进一步前行，其能效利用也必将深入展开。住房和城乡建设部环境卫生工程技术研究中心博士尹水娥从垃圾焚烧能效利用角度提出，要参照其他行业的对标管理方法，结合垃圾焚烧行业的发展特点，建立符合垃圾焚烧发电厂特点的对标体系，得出切实可行的能效利用评价标准，引导垃圾焚烧行业能效进一步提升。

欧盟国家引入能源效率计算公式对焚烧厂进行能效评价，并提出：若焚烧厂属于R1(能源回收)，则对于2009年1月1日以前项目，能源效率应大于0.60；2008年12月31日以后的项目，能源效率应大于0.65。欧洲普遍采用热电联产方式，许多垃圾焚烧厂建设在市中心，有稳定的热用户，便于能源利用，其焚烧厂约有37%能达到R1标准。在我国，受邻避效应以及环评安全防护距离影响，垃圾焚烧厂普遍选址在偏远郊区，供热较难，而且我国有可再生能源发电优惠政策，绝大多数焚烧厂余热利用以发电为主，几乎无供热。面向未来，我国生活垃圾焚烧发电厂提高能效的空间还比较大，具体措施包括但不限于：淘汰落后的风机、水泵等能耗产品；采用先进的节能技术；将火力发电厂的节能技术应用于垃圾焚烧厂，如建立“能源管理平台系统”等；找出重点用能环节，分析垃圾焚烧厂各系统的主要用能设备及参数，对耗能进行分析，从而形成有针对性的能效评估体系；对垃圾焚烧的燃烧稳定性、垃圾电厂运行的经济性与环保性实行多目标评价监测和控制，对于提高焚烧能效，建立更为规范的运营管理制度具有重要的现实意义。

3.2 气化处理技术

城市生活垃圾的气化技术是由垃圾焚烧技术衍生出来的新型技术。垃圾气化是指垃圾在绝氧或缺氧的条件下，高温发生热化学反应，制取可燃气体的过程。垃圾气化所需的空气量小于燃烧所需的量，因此产生的烟气浓度低于焚烧过程，更利于环保，且气化过程生成的燃气还可以用于发电、采暖、供居民生活燃气等。

3.2.1 基本原理

城市生活垃圾的元素组成主要是C、H和O，此外，还包含N、S和其他一些微量元素。与煤相比，城市生活垃圾的含碳量较低，而H/C和O/C含量比相当高，从而使其具有较高的挥发分含量，但热值比一般的煤炭低。此外，由于城市生活垃圾中N、S等元素含量较少，这样在热转化过程中由N和S成分所形成的污染排放量相对较低，同时其固定碳的活性比煤高得多。

在气化过程中，主要发生以下反应，如式(3-1)～式(3-7)所示。

$$C+O_2=CO_2+393.8\ \text{MJ/kmol} \tag{3-1}$$

$$2C+O_2=2CO+231.4\ \text{MJ/kmol} \tag{3-2}$$

$$C+H_2O=CO+H_2-131.5\ \text{MJ/kmol} \tag{3-3}$$

$$C+2H_2O=CO_2+2H_2-90\ \text{MJ/kmol} \tag{3-4}$$

$$C+CO_2=2CO-162.4\ \text{MJ/kmol} \tag{3-5}$$

$$C+2H_2=CH_4+74.9\ \text{MJ/kmol} \tag{3-6}$$

$$CO+H_2O=CO_2+H_2+41.0\ \text{MJ/kmol} \tag{3-7}$$

可燃气体主要由吸热反应产生，而维持吸热反应进行的热量由放热反应提供。当气化炉在常压下以空气为气化介质，通常只能得到低热值燃气(4.2～5.04 MJ/m^3)，典型组分为CO_2(10%)、CO(20%)、H_2(15%)以及CH_4(2%)，其余为N_2。

3.2.2 分类方式

城市生活垃圾气化工艺由于供热方式、产物状态、气化炉结构形式等的不同，有不同的分类方法，分类结果如图3-11所示。按供热方式可分为直接供热和间接供热气化；根据气化温度可分为高温气化、中温气化和低温气化；根据反应气氛可分为空气气化、氧气气化和水蒸气气化；根据采用的气化反应器又可分为固定床气化、流化床气化和回转窑气化；按生成产品用途可分为气化制气、气化造油、气化发电等；按灰渣是否熔融可分为气化焚烧和气化熔融。另外，还可根据气化规模的大小、气化反应压力的不同对气化技术进行分类。

3.2.3 典型工艺流程

气化技术作为一种新型的垃圾无害化、资源化利用手段在发达国家得到了大量的应用与迅速的发展，技术日趋成熟，正向着有效资源化过渡，并产生了很多主

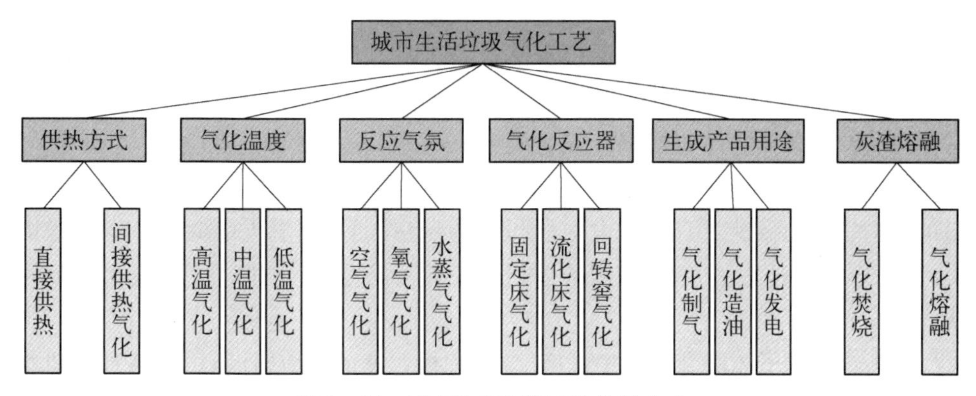

图 3-11　城市垃圾气化工艺分类方式

流的垃圾气化工艺。下面按气化焚烧技术和气化熔融技术的分类对典型的生活垃圾气化工艺进行概述。

气化焚烧是将垃圾于 400～700℃的还原性气氛下进行气化反应,生成用于焚烧制能的可燃气体和半焦等物质。气化焚烧系统一般包括气化室和燃烧室,燃烧室内进行气化产物与空气的燃烧反应,气化室内空气系数小、烟气总量相对较少、尾气净化设备成本低。气化产物中的苯、苯酚等挥发性有机物生成量较低,同时燃烧室的高温可分解二噁英前驱物,降低二噁英的排放。塑料中含的有机氯在 400～450℃时以 HCl 形式大量析出,实现垃圾焚烧前脱氯,避免了焚烧烟气对金属受热面产生的高温氯腐蚀。目前已经投入商业运行或准商业运行的垃圾气化焚烧工艺主要有固定床式、流化床式和回转窑式 3 种。

气化熔融技术是将低温气化和高温熔融有机地结合起来的一种新型垃圾无害化方法,先将垃圾在 400～700℃左右的还原性气氛下气化,产生可燃气和易于回收的金属等,再进行可燃气体的燃烧,使含碳灰渣在约 1 300℃条件下熔融,熔融灰渣冷却后可作为建筑材料。气化熔融技术以其优异的环保效益、更高的资源循环利用率,成为目前最具发展潜力的新一代气化技术。国外研究和开发的气化熔融技术较多,形式和流程各异,在目前开发的气化熔融技术中,如西门子技术、瑞士热选技术、荏原技术等都已经基本完成中试试验,开始工业化运作与推广。

3.3　等离子体技术

3.3.1　原理和优缺点

等离子体是气体电离后形成的由电子、离子、原子、分子或自由基等极活泼粒子所组成的集合体,被称为物质的第四态,包括冷和热两种类型。冷等离子体的离子化程度和能量密度较低，一般在室温状态下即可激发，常用于分解气态的有害有机物。热等离子体具有极高的温度和能量密度，可以通过多种方式激发，如交、直流电弧放电、射频放电、常压下的微波放电以及激光诱导的等离子体等。目前，通常采用直流热等离子体炬或耦合式射频热等离子体炬来处理危险垃圾。

图3-12是一种非转移弧直流热等离子体发生器的结构。工作气体从阴、阳极的切向进气口高速进入阴阳电极所包围的弧室，通过高温电弧时气体分子被电离，进而形成高达数万度的等离子体射流。热等离子体处理危险垃圾具有如下优点：

(1) 热等离子体极高的能量密度、温度和极快速的反应时间，可把各种有机物彻底分解为小分子可燃气，很小的占地面积就能做到大处理量，并且能实现快速启停；

(2) 等离子体可以应用的范围非常宽广，包括固、液、气等各种垃圾；

(3) 因为不存在燃料燃烧，热源的产生不需要氧化剂，因此相比常规热处理过程产生的烟气量少得多，处理容易，费用也低；

(4) 通过加入玻璃前驱物，等离子反应器可将垃圾熔融为玻璃态物质，并将有害物质包封在其中。玻璃化的产品可重复利用，其他高附加值产品如废金属，则可以被安全回收。

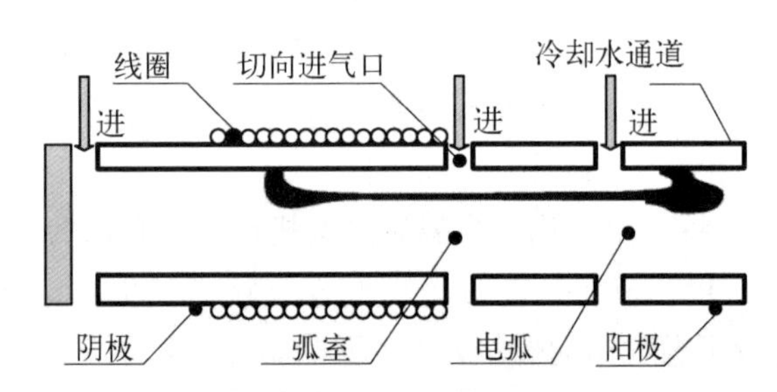

图3-12　非转移弧直流等离子体发生器结构

等离子处理方法最大的不足是其以昂贵的电力作为能源。但是，从长期投资的角度来看，等离子体处理危险垃圾仍然经济可行。虽然电耗很昂贵，但是等离子体设备可以高效率利用电能，不像其他热处理方法，为了保证燃烧，不得不同时加热空气中含量很高却毫无用途的氮气。

3.3.2　国内外现状

国外对垃圾处理的等离子体技术主要以直接等离子体气化和常规气化与等离子体整合技术结合为主。美国西屋等离子体公司采用的方法就是直接等离子体气化，直接将垃圾放在等离子体中，由几个较为完善的子系统组成，分别为垃圾预处理系统、等离子体气化系统、合成气系统和产品处理系统。这种方法耗电量大，合成气以 CO 和 H_2为主。加拿大普拉斯科能源公司主要采用的方法是常规气化与等离子体整合技术结合在一起的技术，垃圾在反应器里先形成精度比较小的合成气，此合成气经过等离子体电弧重整后转变为精度较高的合成气。目前瑞典、美国、德国、日本等国正逐渐关闭焚化炉转向等离子体废物处理系统，建立了一定规模的城市固体废物的等离子体处理厂。

中科院力学研究所对等离子体垃圾处理进行了多方面的研究，包括等离子体反应器内流动特性、玻璃体物理和化学稳定性，并在实验室建立处理医疗废物的生产线(3 t/d)，与企业合作完成两条工业规模处理危险废物的生产线。浙江大学独立设计了双阳极直流热等离子体熔融装置，对城市生活垃圾焚烧飞灰进行了熔融玻璃化实验，实验中飞灰中的二噁英被分解，重金属被固化成玻璃体。清华大学、大连理工大学、太原理工大学都对等离子体气化技术进行了一系列研究，但未形成完善的技术装置。

垃圾的无害化、资源化、减量化处理目标迫切需要等离子体技术这一高新技术的迅速发展。等离子体垃圾处理技术因其特有的无害化、无毒化处理优势在未来的环保产业中将具有广阔的发展前景。

3.4 堆肥处理技术

3.4.1 堆肥的原理

堆肥化，是指混合有机物在受控的有氧和固体状态下被好氧微生物利用而被降解，并形成稳定产物的过程。堆肥化(composting)的产物称为堆肥(compost)，包括活的和死的微生物细胞体、未降解的原料、原料经生物降解后转化形成类似土壤腐殖质的产物，但有时也把堆肥化简单地称作堆肥。我们可以利用堆肥所含的类腐殖质作为有机肥料或土壤调节剂，实现有机废弃物的资源化转化。

好氧堆肥是在有氧条件下，好氧微生物通过自身的生命活动进行氧化分解和生物合成的过程。通过氧化分解过程，一部分有机物被转化成了简单的成分如 CO_2、H_2O、NH_3和一些小分子中间代谢物，并释放出能量；另一部分有机物则通过合成过程转化成了新的细胞物质，使微生物生长繁殖，产生更多的生物体。最终的堆肥产品实际上是由未被利用的成分、堆肥过程中产生的中间产物和微生物体等组成。

3.4.2 堆肥技术在我国的应用

堆肥方法早在几个世纪之前，就在我国农村中开始应用，农民将落叶、稻草、秸秆和动物粪尿等进行简单堆积，经过发酵后得到农家肥。我国的城市生活垃圾的堆肥处理始于20世纪50年代，至今已经历了三个发展阶段。

第一阶段是20世纪50—60年代，主要是学习和借鉴国外的堆肥技术，是堆肥的起始阶段。

第二阶段是在20世纪70—80年代，属于发展阶段，是我国城市生活垃圾堆肥处理技术研究和应用的热点时期。在此期间，机械化程度较高的堆肥厂和机械化程度低但实用性强的简易堆肥系统都取得了一定的应用效果，城市生活垃圾堆肥系统发酵理论的形成、参数的验证、发酵仓的构造、分选机的研制等方面均取得了丰硕成果。之后，机械化动态发酵工艺和利用生物菌种快速分解的堆肥技术得到快速发展，该种处理技术在传统的堆肥方式上，添加了人工筛选的菌剂，并优化了堆肥处理的温度、湿度、氧分、水分等条件，使堆肥进程大为加快。

第三阶段是20世纪90年代，这一阶段为推广应用阶段，堆肥处理进一步发展。至2000年全国堆肥厂已由1991年的26座，发展到50座，堆肥处理量约占垃圾总量的5%。2000年以后，由于生活垃圾中不可降解的织物、塑料袋等成分日益增多，导致堆肥的品质差、生产效率低，加上堆肥过程中的恶臭气体难以控制，我国的很多堆肥厂都难以运行，城市生活垃圾堆肥处理继续呈现停滞甚至萎缩的状态。

2010年后，随着各地政府对生活垃圾“干湿分类”工作的推进，生活垃圾中的厨余垃圾、农贸市场的果蔬垃圾收集量越来越多，堆肥处理技术重新得到重视，简易堆肥和集中堆肥处理都开始得到应用。

3.4.3 主要工艺技术类型

根据堆肥过程中是否需要供氧、物料在堆肥过程中的运动状态、堆制方式的不同，堆肥处理可以分为不同的工艺类型。

根据物料在堆肥过程中是否需要供氧，堆肥分好氧堆肥和厌氧堆肥两种基本形式。通常采用好氧和微好氧堆肥方式，因为好氧和微好氧环境能显著缩短堆肥周期，具有对有机物分解速度快、降解彻底、堆肥周期短的特点。一般一次发酵4～12 d，二次发酵10～30 d便可完成。好氧堆肥的温度高，可以杀灭病原体、虫卵和固体废物中的植物种子，使堆肥达到无害化。厌氧堆肥通过堆肥自然发酵分解有机物，不必由外界提供能量，因此运转费用低，对所产生的甲烷气体还可利用。但是，在厌氧堆肥过程中，有机物分解缓慢，堆肥周期一般需要4～6个月，易产生恶臭，占地面积大，因此厌氧堆肥一直没有大面积推广应用。

根据物料在堆肥过程中的运动状态，堆肥工艺可分为静态堆肥和动态堆肥。静态堆肥是把垃圾分批造堆发酵，造堆之后不再添加新的堆肥原料，也不进行翻倒，让它在微生物的作用下进行生化反应，待腐熟后开挖。动态堆肥采用连续进料、连续出料的机械堆肥装置，具有堆肥周期短、物料混合均匀、供氧均匀充足、机械化程度高、便于大规模机械化连续操作等运行特点。在实际应用中，有时将两种方式结合起来，形成静态堆肥和动态堆肥相结合的堆肥工艺，称之为间歇式动态堆肥。

根据堆肥工艺的堆制方式不同，堆肥工艺可分为场地堆积式堆肥和密闭装置式堆肥。场地堆积式堆肥工艺是将堆肥原料露天堆积，采用自然通风，氧气的供给依赖堆积层表面的氧气向堆积层内部扩散。这种堆肥工艺设备简单、投资小、成本低、应用灵活；其缺点是发酵时间长、占地面积大、有恶臭。密封装置式堆肥工艺是将堆肥原料密封在堆肥发酵设备中，通过风机强制通风供氧，使物料处于良好的好氧状态。密封装置式堆肥工艺的发酵设备有发酵塔、发酵筒、发酵仓等。这种堆肥工艺机械化程度高，堆肥时间短、占地面积小、环境条件好、堆肥品质可靠，适合于大规模批量生产。其缺点是投资大、运行费用高。但在实际工程应用中，许多堆肥工艺在主发酵阶段采用密闭装置式堆肥工艺，而在次发酵阶段采用场地堆积式堆肥工艺。

3.4.4　主要技术工艺流程

好氧堆肥工艺如图3-13所示，一般包括以下几部分流程：预处理、主发酵（一次发酵）、后发酵（二次发酵）、后处理、二次污染控制、贮存等。

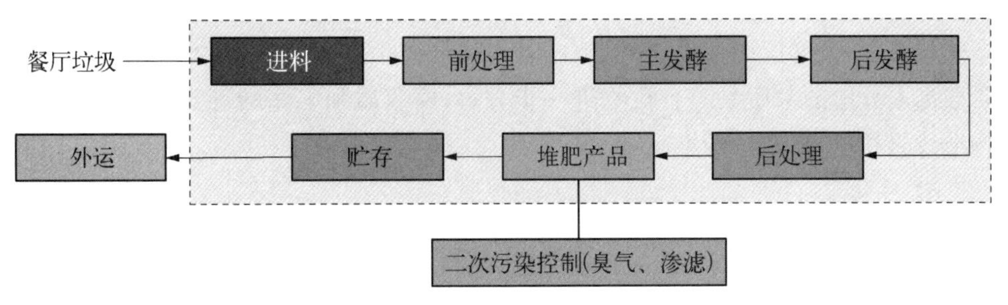

图3-13　好氧堆肥工艺

1）前处理

由于我国的餐厨垃圾具有高含水率、高油分和高盐分等特点，因此在好氧堆肥前一般要进行分选、脱水、破碎、筛分、除盐等工艺。通过分选可以去除粗大垃圾和不易生物降解的组分，如金属、陶瓷、塑料、竹木等；通过破碎和筛分可以使物料的颗粒粒径变小，使得表面积提高，从而加速生物降解过程；通过脱水可以使堆肥原料含水率降低；通过除盐可以降低堆肥原料盐分、避免堆肥产品盐分富集。有时在预处理环节还会复配一些添加剂，如水分调节剂，用于平衡原料含水率，如锯末、碾碎的垃圾、秸秆等；膨胀剂，促进孔隙通气，如果壳、木屑等；其他特定目的的调节剂，如pH调节剂、氮素抑制剂、重金属钝化剂等，可优化堆肥过程的环境条件、提高微生物活性，加快生化进程、促进堆肥的腐熟，减少氮素损失、保持养分含量，调节堆肥中各种营养元素的含量、提高堆肥质量。

近年来，随着堆肥技术的发展，添加微生物菌剂的工艺技术也越来越多。微生物菌剂通常是由细菌、真菌、酵母菌、放线菌、乳酸菌、固氮菌、纤维素分解菌等多种微生物经特殊方法培养而成的高效复合微生物菌群。与单一菌种相比，这些复合微生物菌群依靠相互间的协同作用，可更迅速地分解垃圾中的有机物，代谢出抗氧化物质，生成复杂而稳定的生态系统，并抑制有害微生物的生长繁殖。通过控制温度、湿度和通风供氧条件，菌种会释放出大量的酶，将大分子有机物分解为糖、脂肪酸和氨基酸等短链的低分子有机物，菌种以此为养分代谢出水、气体和生物热能，同时以几何级数迅速繁殖。如此菌种可以周而复始地“吃”掉新投入的餐厨垃圾，加速餐厨垃圾的降解。

2）主发酵（一次发酵）和次发酵（二次发酵）

主发酵对应堆肥升温、高温和降温阶段，一般持续 4～12 天。初期，中温好氧的细菌和真菌将可分解的可溶性物质（包括淀粉和糖类）分解，产生 CO_2 和 H_2O，同时产生热量让温度上升至 30～40℃，该阶段一般持续 1～3 天。随着温度的升高，最适宜温度 45～55℃的嗜热菌取代嗜温菌，将堆肥中的可溶性有机物继续分解转化，一些复杂的有机物也被分解，该阶段一般持续 3～8 天。

次发酵对应常温腐熟阶段，一般持续 20～30 天。这一阶段微生物活动减弱，产热量减少，温度逐渐下降，嗜温菌或者中温性微生物成为优势菌种，主发酵工艺阶段尚未分解的木质素等有机物进一步分解，腐殖质和氨基酸等比较稳定的有机物继续累积，得到成熟的堆肥制品。

3）后处理

后处理主要去除在前处理工序中没有完全去掉的塑料、玻璃、金属、陶瓷、石块等。

4）二次污染控制

垃圾堆肥化过程中的二次污染控制，包括臭气、渗滤液、噪声控制等，其中臭气控制最难也最受到关注。臭气主要来源于物料本身以及堆肥过程中好氧、厌氧过程释放的恶臭物质。臭气控制应做好气流组织、尾气收集和处理。常用的臭气处理工艺，包括生物滤床、湿式洗涤器、吸附、除臭剂、焚烧等。

3.5 综合处理技术

城市垃圾综合处理与再利用就是采用多种物理化学方法及垃圾处理技术对有用物质及能量加以回收利用，使其无用部分达到无害化、减量化，真正做到物尽其用的过程。既取得一定的经济效益，又保护了环境，达到废物资源化、再利用，使资源的利用良性循环。

3.5.1　生活垃圾综合处理系统

处理方式的优化选择。在对不同生活垃圾处理方式适用性探讨的基础上，可以针对不同地域的具体情况选取不同的处理方式及其组合。生活垃圾处理方式的选择本身也是一个如何进行决策的问题，其中多目标动态模型选取的目标是综合效益最高、费用最小，通过该模型可以得出每年各种生活垃圾处理方式的处理量和比例。处理设施的优化设置，包括确定其位置、数量及规模。处理设施的优化设置与生活垃圾处理方式的优选结合紧密，在确定了可能的选址后，依据确定的生活垃圾处理方式和当地的生活垃圾产生量、组分即可确定各个处理设施的类型和规模，尤其是采用多目标动态模型后可以确定不同处理方式的最佳处理量，从而为结合实际情况优化设置处理设施的数量和规模提供依据。

垃圾物流的优化分配。垃圾物流优化分配是综合处理系统探讨的核心内容，优化手段包括多种规划方法和数学模型。最常用的垃圾物流优化模型为最小费用模型。

3.5.2　生活垃圾综合处理工艺

预分选综合处理工艺是指利用物理分选技术把混合垃圾中的不同组分按处理目的进行分离，使不同组分分别进行处理，这也是应用最多的综合处理工艺，探讨重点集中在分选系统。其面临的问题有：

（1）我国生活垃圾实行混合收集，在发达国家由产生者进行的分类工作不得不由厂内的分选系统完成，分选系统的投资和运行费用很大；

（2）目前的生活垃圾综合处理厂处理规模较小，焚烧量和填埋量也很少，在这种情况下，相对于单一焚烧或填埋，综合处理如何实现经济上的比较优势也是需要重视的问题。

预堆肥综合处理工艺。堆肥过程可以降低生活垃圾的有机物含量和含水率，因此可以把堆肥过程作为生活垃圾综合处理系统的预处理步骤。对焚烧而言，经堆肥处理后垃圾易于燃烧，热效率高，产生的有害气体量较小；对填埋而言，经堆肥处理后减少了填埋量，降低了渗滤液的产量和处理难度，减少了填埋气的排放。虽然堆肥预处理对于综合处理工艺具有明显的益处，但是尚未有深入探讨，更没有投入运行的工程项目，此外，堆肥预处理工艺还存在成本高、堆肥时间长、周边环境差等缺点。预消解综合处理工艺与预堆肥综合处理工艺类似，相对于堆肥预处理，消解预处理的最大优势是可以减少堆肥的时间，其环境影响也较小，但是成本更高。

能量自给综合处理工艺也是一种结合多种生活垃圾处理技术的工艺,它以系统能量的完全自给为目标,因此与垃圾焚烧厂的余热利用系统不同。国内一些研究已经提出了一些设想,但是缺乏对系统能量流的深入探讨和经济性探讨,而且由于现有技术的能源利用效率较低,尚不能利用垃圾自身的能量解决工艺过程的高能耗问题,实际生产中难以实现。

3.5.3 生活垃圾综合处理实例

江苏沭阳县生活垃圾综合处理的占地面积约为 5 hm^2,项目总投资为 2 亿元人民币,以 25 年 BOT(建设—经营—转让)形式运作;采用前分选与后续资源回收工艺组合的技术平台,对生活垃圾进行无害化、减量化处理,并最终达到资源、能源化利用的目的。图 3-14 是沭阳县生活垃圾综合处理项目的工艺流程。

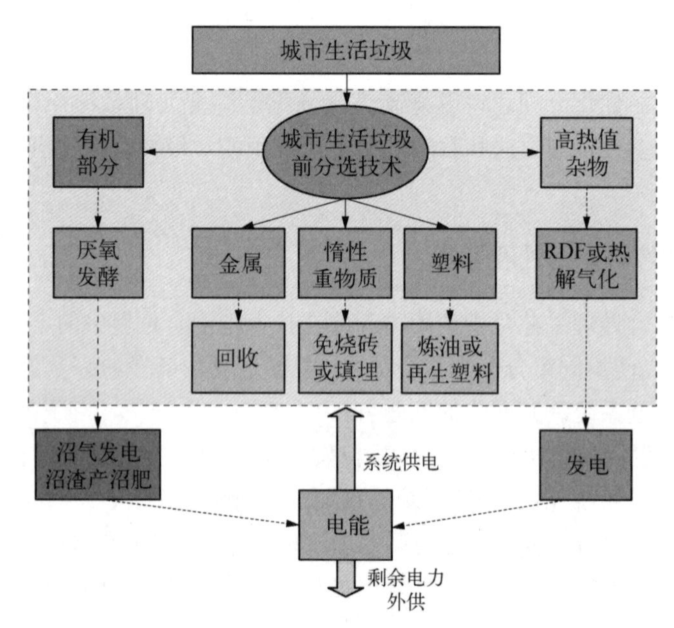

图 3-14 沭阳县生活垃圾综合处理项目的工艺流程

本项目的生活垃圾综合处理技术平台以前分选技术为核心,将成分混杂的生活垃圾分为有机物、塑料、高热值可燃杂物、惰性重物和磁性金属类,再配套对应的资源/能源回收再生工艺,主要包括:有机物通过厌氧发酵产生沼气→由内燃机发电机组发电→发酵后的沼渣用于制造有机复合肥;对塑料类垃圾以低温常压热裂解技术将其转化为轻柴油;对高热值杂物利用热解气化技术转换成热能和合成气,或制成垃圾衍生燃料;对惰性物制成环保免烧砖。采用该技术平台能够将生活垃圾充分资源/能源化,再投放于市场,推动经济循环,充分体现了减量化、无害化、资源化的生活垃圾处理要求。

3.6　城市污泥

城市污泥是污水处理厂和污水处理过程中产生的絮状沉淀物，主要由有机物、胶体、无机颗粒、微生物、虫卵和动植物残体等组成。城市污泥一般含水率高(90%以上)、有机质含量大，且含有大量的重金属和致病微生物等，若未经处理直接排放将对环境和人类健康造成威胁，因此，需要对其进行减量化、稳定化和无害化处理。目前，城市污泥常见的处理方式主要有填埋、生化处理、协同焚烧和其他资源化利用等。

3.6.1　填埋处理

污泥填埋技术属于发展最早且相对成熟的技术手段。同时也是污泥最终的处置手段。污泥填埋分单独填埋和混合填埋，在欧洲采用脱水污泥和城市垃圾混合填埋较多，而美国主要以单独填埋为主。通常脱水后污泥含水率低于 65%可直接用于单独填埋处理，但一般未处理的污泥脱水后含水率尚有 80%，因此，需要添加生石灰等处理后进行脱水，增加了污泥填埋的成本。另外，污泥采用混合填埋的方式，当污泥的混合比例不超过 10%，不会对填埋体的稳定性产生影响，但却可以在填埋初期大大提高填埋体的稳定化效率，是我国污泥填埋的重要出路。但填埋最终不能消除污泥所带来的污染，并容易造成二次污染，且消耗大量的土地资源。

3.6.2　生化处理

城市污泥生物法处理主要有厌氧消化、好氧消化和堆肥等方式，其中厌氧消化产沼因为可以资源回收利用而应用较为普遍。目前，世界各国的污泥生化处理主要以厌氧消化为主，厌氧消化因处理效率不高、环境要求苛刻，且前期投资成本高、运营管理复杂等，适合于大型污水处理厂。而污泥好氧消化和堆肥处理方式由于效率高、操作管理简便、投资成本低等，比较适合中小型污水处理厂。

污泥厌氧消化是指污泥在无氧条件下，通过兼性菌和厌氧菌的内源代谢作用，将污泥中可生物降解的有机组分进行分解，并产生 CO_2、CH_4 和 H_2O 等产物的过程。通常，将污泥厌氧消化过程分为三个阶段，即水解、酸化和产甲烷过程。水解过程主要由兼性菌将难水溶性的大分子物质，如淀粉、纤维素等分解为易水溶性的物质；酸化过程则由产氢产乙酸菌将水解过程产生的可溶性有机物进一步分解为甲酸、乙酸、甲醇等可被产甲烷菌直接利用的小分子物质；产甲烷过程则主要由乙酸型产甲烷菌或氢型产甲烷菌将水解酸化产生的小分子有机酸等物质或 H_2 和 CO_2 等物质转化为甲烷[4]。污泥厌氧消化的温度以中温(35℃)和高温(55℃)两种条件较为常见，其中又以前者应用为主。

污泥好氧消化源自污泥好氧堆肥，又称“液态堆肥”，指污泥在人工曝气条件下，污泥中的微生物通过内源代谢，自身氧化分解为CO_2、H_2O和NH_3等，同时合成部分微生物体，从而使得污泥中一部分有机物得以降解和稳定的过程。污泥好氧消化和污泥好氧堆肥因两者流体性质不同导致传质效果差异，从而使得两者的消化效率不同。污泥好氧消化的进泥总固体浓度一般不超过7%，否则无论是曝气还是搅拌均将有困难。常见的好氧消化主要在中温(35℃)和高温(55℃)两种环境下进行，其中又以中温好氧消化的应用较为普遍，而高温好氧消化主要受维持较高温度需大量消耗能源的影响，主要集中于自热高温微好氧消化的研究阶段。

污泥堆肥一般分为污泥好氧堆肥和污泥厌氧堆肥，其中后者因单位质量产热低、易腐臭等因素而不被采纳，故几乎所有的堆肥工艺均采用好氧堆肥。污泥好氧堆肥指通过控制污泥中的水分、C/N含量比和堆体的通风条件，并利用微生物的发酵作用，将污泥中的有机物转变为肥料的过程。通常污泥堆体的温度需要维持在45℃以上，以便于堆体中病原体的灭活。污泥通过堆肥处理后，其中不稳定状态的有机物转化为稳定状态的腐殖质，是一种良好的土壤改良剂和有机肥料。另外，污泥堆肥的稳定化过程常伴随干化过程，有利于降低后续的处理费用。

生化处理后的残余物均可直接或间接用于农作肥料，在国外的应用已见报道，但在国内的应用实例尚无。

3.6.3 协同焚烧

脱水污泥焚烧不仅可以实现污泥的减量化，同时也以热能或电能的形式回收了部分能源，是目前污泥处理应用较多的方式之一。但脱水污泥单独进行焚烧耗能大、设备复杂且对环境危害大，因此对脱水污泥协同焚烧方式的研究较多。脱水污泥协同焚烧主要有燃煤电厂污泥协同焚烧、水泥窑污泥协同焚烧和垃圾焚烧厂污泥协同焚烧等，其中以水泥窑污泥协同焚烧为主。水泥窑污泥协同焚烧主要应用于水泥熟料煅烧阶段，可以减少约14%的生料用量和约70%的化石燃料。另外，水泥窑协同焚烧污泥具有有机物分解彻底、抑制二噁英形成、不产生飞灰、固化重金属等特点。

3.6.4 其他资源化利用

城市污泥制活性炭发展较早，是20世纪80年代后期出现的一种利用途径，主要指在隔绝空气的高温条件下，通过添加活化剂如KOH、$ZnCl_2$等进行碳化的过程。但由于污泥中有机碳有限，且含有重金属等污染物，虽然比传统商业活性炭经济，但应用场合受限。城市污泥的低温热解技术是一种新的热能利用技术，指在常压和缺氧条件下，将污泥加热到450℃左右，并通过复杂的催化反应过程将污泥中有机质转化为碳氢化合物的过程。该技术已在澳大利亚进行污泥炼油的工业化中应用。等离子体处理技术是指通过电弧等离子体产生瞬时高温突跃，形成数千度的高温环境，使污泥中有机物碳化，同时降低其含水率，并从中获得以CO为主的混合气产物的技术。该技术已逐渐在西方国家被应用于城市污泥的处理。

3.7　工业固废

工业固体废弃物是在工业生产过程中排出的采矿废石、燃料废渣、冶炼及化工过程废渣等固体废物。历年数据显示，我国工业固废的产生量在逐年增长，而且最近10年的平均增长率达到10%。其中供电供热行业、乙炔和PVC及工业酸类等化工行业、黑色金属发掘提炼及加工行业、有色金属矿开采行业、煤炭开采及分离提取行业五大行业的固废产量占固废总量的80%左右。

大量堆存的工业固废不仅占用了宝贵的土地资源，而且给当地的土壤、水体和空气造成了严重的污染。同时，固废亦被称作“放错了地方的资源”，有巨大的利用空间，故堆放也是种资源浪费。因此，工信部将脱硫石膏、赤泥、粉煤灰、脱硫灰、电石渣、铅灰渣、尾矿、煤杆石等产自上述五大行业的固体废弃物列为大宗工业固废，写入《2016年—2021年工业固废行业深度分析及“十三五”发展规划指导报告》，作为重点整治利用对象。

3.7.1　赤泥的综合利用现状

赤泥是氧化铅提炼工业生产过程中所产生的大宗工业废渣，根据生产工艺可分为拜耳法赤泥、烧结法赤泥和联合法赤泥，排放量巨大，每生产1 t氧化铝，即可产生0.8～1.5 t赤泥。2014年我国工业氧化铝产量5 239.91万吨，保守估计赤泥产生量超过5 000万吨。赤泥呈暗红色，粉化物，主要是由细颗粒的泥和粗颗粒的砂组成，主要组分是SiO_2、CaO、Fe_2O_3、Al_2O_3、Na_2O、K_2O、TiO_2等，其化学成分和矿物组成随着铅矿的成分不同、氧化铅生产工艺不同而变化很大，以郑州长城铅业公司产生的副产赤泥为例，赤泥的主要化学成分和矿物组成如表3-11和表3-12所示。

表3-11　不同种类赤泥的化学成分(单位：质量百分比%)

种　类	CaO	SiO_2	Al_2O_3	Fe_2O_3	TiO_2	MgO	Na_2O	K_2O	Loss
烧结法赤泥	40.98	21.86	5.83	11.74	3.35	3.35	3.43	0.87	5.63
拜耳法赤泥	17.80	17.88	22.62	14.03	3.73	1.34	5.95	1.62	13.30

表 3-12 赤泥的主要矿物组成

赤泥种类	矿物种类
拜耳法赤泥	赤铁矿、方解石、水化石榴石、钙霞石、一水硬铝石、钙钛矿等
拜耳法赤泥	硅酸二钙、方解石、钙钛矿、石英、硅钙石、铝酸三钙、硅酸盐等

赤泥是一种不溶性的强碱残渣,湿度、细度和稠度较高,处理利用难度很大,利用率不足10%,目前全国累计堆存量已达十几亿吨。赤泥的堆存,一方面占用大量土地,赤泥大量堆存危险且维护成本高,一方面扬尘和碱液给当地大气、土壤和水体造成重度污染,危害人体健康。在国家"十二五"科技发展规划、金属尾矿综合利用专项规划等政策中,赤泥的综合利用均被重点指出。

目前我国对赤泥的处理利用主要集中在以下几个方面:① 生产水泥;② 生产建筑用砖;③ 生产加气混凝土砌块;④ 作路面基层材料;⑤ 制备新型功能性材料(如PVC等),及硅钙复合肥等化工产品;⑥ 从赤泥中回收铁精粉,提取稀有元素等。此外,赤泥在环保领域中也有很多应用,如废水吸附剂、澄清剂、固硫剂等。

虽然赤泥的利用途径较多,但存在运输半径大及预处理成本高昂的问题,以及利用后的二次废渣污染问题,导致其资源化利用难以形成产业化,无法根本解决赤泥的资源化和堆存问题。

3.7.2 脱硫石膏的综合利用现状

脱硫石膏是火力发电厂的脱硫副产物,主要为石灰石-石膏法烟气脱硫工艺的产物,生产过程包括吸收、中和、氧化和结晶四个步骤:

(1) 吸收:$SO_2 + H_2O = H_2SO_3$;

(2) 中和:$CaCO_3 + H_2SO_3 = CaCO_3 + CO_2 + H_2O$;

(3) 氧化:$CaSO_3 + 1/2O_2 = CaSO_4$;

(4) 结晶:$CaSO_4 + 2H_2O = CaSO_4 \cdot 2H_2O$。

脱硫石膏的主要化学成分与天然石膏相同,都是$CaSO_4 \cdot 2H_2O$,其含量超过90%,两者的主要化学成分对比情况如表3-13所示。脱硫石膏呈细颗粒状,多为灰白色,部分黄色,粒径为40~60 μm,含水量15%左右。

表 3-13 脱硫石膏与天然石膏化学成分对比(单位:质量百分比%)

种 类	SO_3	CaO	MgO	SiO_2	Al_2O_3	Fe_2O_3	H_2O
脱硫石膏	24~53	25~50	0.1~1.8	0.8~7.2	0.3~3.7	0.1~1.9	10~17
天然石膏	37~44	17~35	1.2~4.3	0.7~3.5	0.4~1.0	0.2~0.8	0~5

随着我国电力能源需求越来越大，发电厂产生的脱硫石膏产量也在迅速增加，最近几年我国脱硫石膏产量如表3－14所示，目前脱硫石膏的堆存量巨大，而综合利用率只有60%左右，占用了大量土地，而且引起二次污染。

表3－14　2009年—2013年中国工业副产石膏产量(单位：万吨)

年　份	种　类			
	脱硫石膏	磷石膏	其他种类	合　计
2009	4 300	5 000	2 545	11 845
2010	5 230	6 200	2 904	14 334
2011	6 770	6 800	3 285	16 855
2012	6 800	7 000	3 410	17 210
2013	7 550	7 000	3 808	18 358

目前我国对脱硫石膏的处理利用的方式，主要有下几个方面：① 作水泥缓凝剂；② 用于建筑材料的生产中生产石膏板材和路基材料等；③ 作土壤改良剂，提供矿物元素并中和碱化土地。

我国的脱硫石膏产量巨大，而现有的利用途径技术支撑能力不足，无法大规模地处理利用脱硫石膏，且天然石膏资源丰富，品质稳定，进一步抑制了脱硫石膏使用的积极性，导致脱硫石膏的大量堆积。

3.7.3　磷石膏的综合利用现状

磷石膏是在工业生产磷肥、磷酸的过程中排出的固体废渣，生产1 t磷酸将产生约5 t磷石膏，我国最近几年磷石膏产量如表3－15所示，2013年其排放量已经超过7 000万吨，而其利用率却不足15%，一般采用堆放的处理方式，占用大量土地且严重污染环境。磷石膏通常为黄白色或黑灰色细粉状固体，含水量为20%～30%。磷石膏主要以针状晶体结晶形式存在。目前世界上生产磷酸的主要方法为湿法生产工艺。

我国目前对磷石膏处理利用的主要应用领域在以下几个方面。

(1) 在建材领域的应用：可作为水泥的缓凝剂；制作石膏建材产品；作路基或工业填料。

(2) 在农业上的应用：作为肥料；作为土壤改良剂。

(3) 作为化工原料进行利用：用磷石膏制作硫酸联产水泥、硫酸铵、硫酸钾、过磷酸钙、硫化钙等产品。

目前限制磷石膏利用的主要问题是其含有磷、氟元素及放射性重金属杂质，导致磷石膏的大范围利用受阻，且各地生产的磷石膏成分、产生工艺、处理方式有很大的差异，没有通行的应用工艺，这些进一步制约了磷石膏的大规模利用。

3.7.4 铝灰的综合利用现状

铝灰是一次和二次铝工业所产生的废渣，其中铝元素的质量含量可达 30%～55%。随着我国铝工业的快速发展，铝灰的产生量也越来越多，一次铝工业每生产 1 t 原铝，就会产生约 30 kg 铝灰；二次铝工业中每生产 1 t 再生铝，会产生约 300 kg 铝灰。2014 年我国原铝产量 2 752.54 万吨，铝灰的排放量超过 80 万吨。一次铝灰呈白色，二次铝灰多呈现黑灰色，铝灰渣的可磨性好、硬度不高、颗粒形状不均、粒度大小不一、流动性差。铝灰成分复杂，主要化学成分中，Al_2O_3 含量占 40%～60%，AlN 含量占 15%～30%，金属 Al 含量占 5%～10%，此外还含有部分 SiO_2、盐酸盐和重金属杂质，各化学成分具体含量因来源不同存在差别。

目前国内对铝灰的处理利用主要集中在以下几个方面：回收铝灰中的金属铝，提取率可达到 70%；回收可溶性盐（氟化盐、NaCl、KCl 等）和合成铝酸盐；回收氧化铝；以铝灰（二次铝灰）为主要原料合成净水剂；制备耐火材料，如棕刚玉、电熔刚玉、耐火烧铸料、复合陶瓷等；用作路基及建筑材料。

虽然铝灰的排放量很大，但由于成分复杂、处置困难而缺乏高效利用途径。目前我国的铝灰资源化利用工艺仍然处于初级阶段，缺乏创新性和高附加值的利用工艺，难以形成规模效应，当前多被堆积处理，存在环境污染和资源浪费等诸多问题。

3.7.5 粉煤灰的综合利用现状

粉煤灰是燃煤火力发电厂排放的废弃物，烟气经除尘器收集的细灰为粉煤灰，所有烧煤的锅炉、烟灰也都是粉煤灰的来源，如供暖烧煤、水泥厂、陶瓷厂等。近年来我国火力发电发展较快，粉煤灰产生量快速增加，近几年我国粉煤灰的排放量如表 3-15 所示，预计到 2020 年，我国粉煤灰的累积堆存量为 30 亿吨左右。

表 3-15　我国粉煤灰的排放量（单位：亿吨）

年　份	2010	2011	2012	2013
排放量	4.80	4.98	5.20	5.32

粉煤灰多是灰色或灰白色的粉状物质，为球状或微珠的集合体，粉煤灰是多孔结构，对水有较大的吸附能力。粉煤灰的主要化学成分为 Fe_2O_3、Al_2O_3、SiO_2，通常还含有 Ca、Mg、Ti、K 等元素。

大量的粉煤灰堆积导致了严重的环境问题，目前国际上发达国家对粉煤灰的利用已经形成一套循环经济体系，利用率很高（达到 80%以上）；在我国，虽然粉煤灰已经广泛应用于各行各业中，但是利用率仍然不高（只有 60%左右），其典型的应用主要有以下几方面。

(1) 建材行业：粉煤灰可以应用于水泥工业，作生产原料或水泥混合材料；可用作混凝土掺和料；用来生产各种粉煤灰砖如泡沫砖、轻质黏土砖等，以及粉煤灰陶粒；利用粉煤灰做道路基层或矿井的填充材料和灌浆材料；用来提取工业原料，回收铝铁等金属以及空心细珠。

(2) 粉煤灰在农业生产中亦应用广泛，可以利用粉煤灰改良盐碱地，制作肥料，为植物稻谷的生长创造有利环境。

(3) 在环保行业中用于制备分子筛、脱硫剂、絮凝剂等物质。

经过长期的研发与实践，粉煤灰的资源化利用途径已有很多，但是受制于地域间运输成本、供需双方高交易成本，产品市场半径小等因素，导致粉煤灰的利用率只有 60%。如何有效降低使用成本，就地资源化，扩大市场应用范围成为行业亟待解决的问题。

3.8　建筑垃圾

建筑垃圾大多为固体废弃物，主要来自建筑活动中的三个环节：建筑物的施工(生产)、建筑物的使用和维修(使用)以及建筑物的拆除(报废)。建筑施工过程中产生的建筑垃圾主要有开挖的土石方、碎砖、混凝土、砂浆、桩头、包装材料等；使用过程中产生的垃圾主要有装修类材料、塑料、沥青、橡胶等；建筑拆卸废料如废混凝土、废砖、废瓦、废钢筋、木材、碎玻璃、塑料制品等。

据最新统计结果显示，我国每年的建筑施工面积已超过 6.5 亿平方米，但随之而来的建筑垃圾也与日俱增。近年我国每年仅新建房屋施工和旧房拆除两项就排放建筑垃圾约$(2.4\sim3.6)\times10^{8}$ t，建筑垃圾排放量占城市废弃物总量的 30%～40%，成为废物管理中的难题。就目前而言，绝大部分的建筑垃圾均未经过任何处理就被运到郊外或乡村，多采用露天堆放或填埋的方式进行处理。在实际施工中，据测算，材料实际耗用量比理论计划用量多出 2%～5%，这表明，建筑材料的实际有效利用率仅达 95%～98%，余下的部分大多成了建筑垃圾。建筑垃圾对生态地质环境的影响主要表现在如下几方面。

(1) 占用土地，降低土壤质量。建筑垃圾以固体非可燃性物质为主，在处理上不同于一般的生活垃圾。目前还没有专门的厂家或行业来对其进行处理，许多城市建筑垃圾未经处理就被转移到郊区堆放。随着城市建筑垃圾量的增加，垃圾堆放点也在增加，垃圾堆放场的面积也逐渐扩大。经历长期的日晒雨淋，垃圾中的有害物质(包含有城市建筑垃圾中的油漆、涂料和沥青等释放出的多环芳烃构化物质)通过垃圾渗滤液渗入土壤中，从而发生一系列物理、化学和生物反应，如过滤、吸附、沉淀,或为植物根系吸收或被微生物合成吸收,造成郊区土壤的污染,从而降低了土壤质量。

(2) 影响空气质量。建筑垃圾堆放过程中,在温度、水分等作用下,某些有机物质发生分解,产生有害气体;建筑垃圾破碎、运输过程中,干磨干破的设备及敞露式运输车辆往往造成粉尘随风飘散,造成对空气的污染;少量可燃建筑垃圾在焚烧过程中又会产生有毒的致癌物质,造成对空气的二次污染。

(3) 对水域的污染。建筑垃圾在堆放和填埋过程中,由于雨水的淋溶、冲刷,以及地表水和地下水的浸泡而渗滤出的污水(渗滤液或淋滤液),会造成周围地表水和地下水的严重污染。垃圾渗滤液内不仅含有大量有机污染物,而且还含有大量金属和非金属污染物,水质成分复杂,一旦饮用这种受污染的水,将会对人体造成很大的危害。

3.8.1 国外处置经验

建筑垃圾是全世界都面临的问题。国外一些先进国家在建筑废弃物再生利用方面作了大量工作,取得了较好的效果。这方面,日本、法国、德国、丹麦等国走在前面,2005 年,德国建筑垃圾全年总量达 1.851 亿吨,其中 1.604 亿吨得以再利用,2 450 万吨被清除处理,再利用率为 87%,其建筑垃圾影响环境的问题已经得到较好的解决。

1) 国外建筑垃圾相关法律法规

各国均在循环经济立法方面做出大量工作,就建筑垃圾回收回用、资源化、减量化等领域制定了一系列的法律法规以及优惠政策。这些法律法规及政策中都明确了相关责任主体在建筑垃圾处理中的责任和义务,普遍贯穿了分类处理和存放的思想,甚至对其回收率做出了规划指标,促进建筑垃圾的减量化和循环利用。其中主要国家建筑垃圾方面的相关法律法规如表 3-16 所示。

表 3-16 各国建筑垃圾方面相关法律法规

国家	法律法规	主要内容
德国	《废物处理法》、《垃圾法》、《支持可循环经济和保障对环境无破坏的垃圾处理法规》等	垃圾的产生者或拥有者有义务回收利用,并且重新利用要成为处理垃圾的首选;垃圾要进行分类保存和处理等
英国	《建筑业可持续发展战略》、《废弃物战略》、《工地废弃物管理计划 2008》等	提出到 2020 年建筑垃圾实现零填埋的目标等
美国	《固体废弃物处理法》、《超级基金法》等	关于固体废物循环利用各环节相关的规定;规定一些生产企业必须在源头减少垃圾产生等

（续表）

国　家	法律法规	主要内容
日　本	《废弃物处理法》、《资源有效利用促进法》、《建筑再利用法》等	明确规定建筑材料分类拆除及资源化的责任人及责任；规定了混凝土等建筑垃圾的资源利用及处置方法等
新加坡	《绿色宏图2012废物减量行动计划》等	将废物减量纳入验收指标体系；将建筑垃圾循环利用纳入绿色建筑标志认证等

2）各国建筑垃圾源头分类、减量控制技术及政策

关于建筑垃圾的源头控制技术，在日本，对于建筑垃圾已经形成了这样的指导方针：尽量不从施工现场排出建筑垃圾，建筑垃圾要尽可能重新利用，对于重新利用有困难的则应适当予以处理。早在30年前，日本就实行建筑垃圾集中处理政策，把垃圾资源化技术列为十大新兴技术，给以重点支持。近30年来，日本围绕着建筑垃圾资源化从国家到行业管理部门颁布了一系列政策法规。1977年日本政府制定了《再生骨料和再生混凝土使用规范》，把建筑垃圾科学定义为“建筑副产品”，要求必须送往“再资源化设施”进行处理综合利用。1991年，日本政府又制定了《资源重新利用促进法》、建设省制定《再循环法》，要求“必须有效地利用资源，保护环境，建立资源循环型社会”。1998年日本建设省制定了《建设再循环指导方针》，要求工程业主在工程规划设计阶段制定“再循环计划书”，施工单位制定“再生资源利用计划书”。2000年日本政府又制定了《促进废弃物处理指定设施配备法》等，把建筑废弃物集中处理的全国各地布局设定纳入法制化管理。目前日本关于建筑垃圾资源化率已经超过欧盟国家平均水平，主要建筑废渣资源化率达到90%。

目前，在日本已经形成了成熟的建筑垃圾处理技术。从建筑工地运来的垃圾经过磅后，采用机械和人工方法，按木材、纸片、混凝土、塑料、金属等进行分类，分为粗选和细选两个过程。分离后的残渣焚烧处理，以进一步减少垃圾物的体积。对不溶不燃物掩埋处理。可用的废纸、金属及成块木材，可直接出售给有关企业作为原料进行再利用。碎木材由皮带运输机送破碎机进行破碎，经磁选除金属后，经过多级筛分机进行筛分，分为造纸原料，水泥木屑板、刨花板和密度板原料，牲畜垫栏原料及燃料原料等，放入不同的储库内，作为原料供应有关企业。用抓斗将大块混凝土敲碎，回收其中的钢筋，混凝土用破碎机进行破碎，经筛分除去砂土，清洗干净的碎混凝土可作为铺路基的材料，还可用作混凝土的集料。

政策方面，各国主要通过三种途径鼓励建筑垃圾的源头减量。一方面通过征收税费从源头减少建筑垃圾的产生和随意处置，建立多层级的建筑垃圾收费价格体系，并从这部分税收中拿出一部分以财政补贴的形式支持废弃物管理；另一方

面，对从事建筑垃圾处理处置的企业进行财政补贴、低息贷款、税收减免等政策，对再生建筑材料的生产企业进行鼓励和经济支持等；最后，对随意倾倒建筑垃圾的行为进行高额的罚款。

3）建筑垃圾再生利用

美国是最早开展建筑垃圾资源化的发达国家之一，它每年有大约1亿吨废弃混凝土被加工成骨料用于工程建设，其中，68%的再生骨料被用于道路基础建设，6%被用于搅拌混凝土，9%被用于搅拌沥青混凝土，3%被用于边坡防护，7%被用于回填基坑，7%被用在其他地方。美国的建筑垃圾资源化大致可以分为三个级别：低级利用、中级利用和高级利用。其中低级利用如现场分拣利用，一般性回填等，占建筑垃圾总量的50%到60%；中级利用例如用作建筑物或道路的基础材料，建筑垃圾由处理厂加工成骨料，再制成各种建筑用砖等，约占建筑垃圾总量的40%；高级利用，如将建筑垃圾还原成水泥、沥青等再利用（由于技术要求、经济要求都比较高，因此这部分利用的比例较小）。美国早在1915年就对筑路中产生的废旧沥青进行研究利用。据有关资料，美国每年产生建筑垃圾3.25亿吨，占城市垃圾总量的40%，经过分拣、加工进行转化，再生利用的约占建筑垃圾的70%，其余的30%以填埋方式利用在需要的地方。另外，美国在混凝土路面的再生利用方面成绩斐然，采用微波技术处理沥青建筑垃圾，利用率达100%。

日本较早就兴建了相当数量的建筑垃圾加工处理厂，经过长时间的生产运作，以及不断改进生产工艺和设备，使生产出的建筑垃圾再生产品最终为市场所接纳。当前，日本建筑垃圾的生产工艺流程的基本思路与德国基本一致，但其独到之处在于每个步骤的细化程度较高，配备的设备所属功能也更为先进，在建筑垃圾分选环节体现得十分突出。除了常规的诸如振动筛分选设备和电磁分选设备之外，还包括可燃物回转式分选设备、不燃物精细分选设备、比重差分选设备等其他先进设备。科学合理的工艺，再配套先进完善的设备，从而有效确保了再生骨料产品的优良品质，为产品的广泛应用提供了必要的保障。

3.8.2 资源循环利用

1）废旧混凝土的资源化技术

（1）混凝土再生集料工业（预拌）砂浆。与天然砂石集料砂浆相比，混凝土再生集料工业砂浆具有良好的保温功能，可用于楼面地坪抹灰，既有利于楼层地面保温，又有利于实现废混凝土高附加值资源化利用。通过砂浆机泵送至施工楼层，既有利于建筑施工工业化，提高施工效率和施工质量，又有利于清洁生产。杨德志等发明了一种混凝土再生集料工业（预拌）砂浆制造工艺，通过对建筑废物分类再生处理加工，制作成粒径不大于5 mm的混凝土再生集料，将其与胶凝材料、辅料、外加剂、水等分别计量，用搅拌机搅拌混合，制造成预拌砂浆或干砂浆，作地坪抹灰砂浆、墙面抹灰砂浆用，热工性能较好。其流程如图3-15所示。

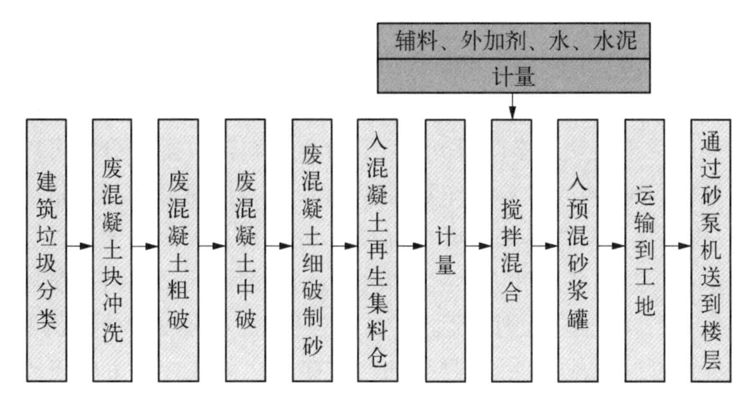

图3-15 混凝土再生集料工业砂浆工艺流程

具体通过以下技术方案实现：

水泥10%～30%，石膏0%～30%，粒径≤5 mm的混凝土再生集料10%～85%，天然砂0～40%，有机纤维0～3%，无机纤维0～3%，膨胀珍珠岩2%～30%，聚苯粒料0～30%，粉煤灰5%～30%，聚合物改性剂1%～5%，外加剂1%～5%。

(2) 再生混凝土及其制品。剩余的难以分类的碎陶瓷、砂浆渣土以及小块的碎混凝土、碎砖、瓦砾等建筑固体废弃物，可以用来制造各种中低标号的再生混凝土及其制品，用于道路铺设、室外围墙、挡土墙、护坡石等基本建设。再生集料混凝土制品生产工艺流程如图3-16所示。

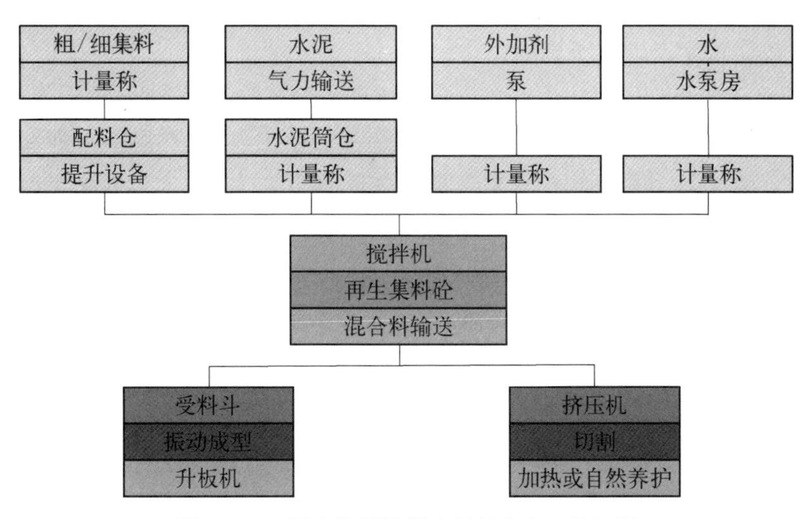

图3-16 再生集料混凝土制品生产工艺流程

(3) 废旧混凝土的资源化途径。再生混凝土的破坏过程及破坏模式与普通混凝土基本一致,从破坏形态看,再生混凝土的破坏基本上开始于粗骨料和水泥凝胶体面的黏结破坏。再生骨料的取代率对再生混凝土各龄期的抗压强度影响较大,在取代率为50%时,再生混凝土的抗压强度较普通混凝土有所增加,其他取代率下再生混凝土的强度均比普通混凝土要低。再生混凝土抗压强度与其表观密度之间存在线性关系。重庆交通学院研究表明:再生骨料经过筛分分级可以得到符合规范要求的颗粒级配;再生骨料用作基层时,在应力较低时其回弹模量高于其他材料,压实后表现出比天然集料相对更小的密度,并且具有较高的渗透性。对由不同比例的再生水泥混凝土集料和天然集料混合后制成的不同试件进行试验,发现,混合料中的再生骨料含量越高,则混凝土的抗压强度、抗弯强度和抗拉强度越低。当旧混凝土是硅石混凝土或硅酸盐混凝土时,在拌和之前或拌和中应将再生骨料裹覆水泥浆或用石灰处理,以提高与新水泥浆之间的黏结。新拌再生水泥混凝土的抗压强度主要取决于旧混凝土的强度以及新拌混凝土的配合比。

研究证实,可直接利用废旧混凝土骨料和粉煤灰生产无普通水泥的混凝土,这种混凝土可用作填料和路基。再生混凝土的坍落度是100 mm,具有很好的凝聚力;再生混凝土圆柱试块(100 mm×200 mm)的28 d龄期强度为1.6 MPa,3年龄期强度为12.4 MPa。这说明,仅用废旧混凝土骨料和粉煤灰,而不使用普通水泥生产再生混凝土是完全可行的,但再生混凝土的强度较低,强度增强缓慢。

2) 废旧砖瓦的资源化

化学分析及X射线衍射分析表明,经长期使用后的废旧红砖与青砖的矿物成分十分相似但含量不同,烧结时未进行反应的SiO_2大量存在,青砖中含有较多的$CaCO_3$。因此,它们在本质上存在可被再利用的价值。

(1) 碎砖块生产混凝土砌块。

利用碎砖块和碎砂浆块生产多排孔轻质砌块的试验结果表明,废砖容易破碎,极易产生细粉,颗粒级配中小于0.16 mm粉末含量较多,其对混凝土强度的影响不容忽视。在低标号混凝土中粉末含量占总量20%左右,粉末对混凝土起一种惰性矿物粉的填充作用,可改善混凝土的和易性,增加其密实度,对强度较为有利。但粉末含量大于25%,则混凝土强度明显下降。砌块的强度与体积密度、吸水率、干缩率存在下列关系:强度等级越高,砌块的吸水率和干缩率越低,体积密度则越高。砌块的保温隔热性能较好,经江苏省建筑研究院测得厚度为190 mm的砌块墙体热阻值为0.393 K/W,优于厚度240 mm砖墙的隔热性能。

采用旧建筑拆迁下来的碎砖块和碎砂浆块,作为集料生产混凝土小型空心砌块,所得空心砌块产品质量符合国家标准GB 15229—94的要求。

将废旧丝切砖和模具制砖分别加工成粗骨料,与普通Portland水泥(43级)、天然河砂以及适量的水混合配制成再生混凝土砌块，并将其与由新采花岗岩以及废旧混凝土作粗骨料制成的再生混凝土砌块(其他条件相同)相比较。结果发现，废旧丝切砖和模具制砖再生混凝土砌块的抗压强度远远低于新采花岗岩以及废旧混凝土再生混凝土砌块，但其抗压强度基本都超过 10 MPa(水灰比较高的模具制砖再生混凝土砌块除外)，故废旧丝切砖和模具制砖再生混凝土砌块可以应用于载重墙体。

用废黏土砖集料掺粉煤灰生产混凝土空心砌块，抗压强度平均值为 10.4 MPa，最小值为 8.7 MPa，其他指标也均符合《轻集料混凝土小型空心砌块》(GB 15229—94)标准规定的一等品指标。

(2) 废砖瓦替代骨料配制再生混凝土。

废旧砖瓦还可以用来生产轻集料混凝土，旧砖瓦经破碎、筛分、粉磨等工序后制成粉末，在石灰、硅酸盐水泥熟料等激发条件下，可制作成具有一定强度活性的轻集料混凝土构件，可用作隔墙板、低档保温隔热材料。

通过对废砖主要成分的检测、废砖再生骨物理和力学性能的测试以及砖粉的活性分析，提出了将废砖经过破碎筛分，作为再生骨料替代部分天然骨料的想法。通过试验研究发现，将拆除建筑物形成的废砖用于混凝土中的效果很差，但将砖厂中废砖用作粗骨料时，混凝土有较好的性能，某些性能甚至超过了用天然骨料配制的混凝土。华北水利水电学院邢振贤等用正交法试验分析了碎砖骨料混凝土的配合比，提出水灰比和碎砖骨料掺量分别是影响混凝土强度和流动性的主要因素，倡导用碎砖做混凝土骨料，保护生态环境。

(3) 废旧砖块取代再生混凝土作集料生产铺路块料。

利用废旧砖块代替部分再生混凝土作集料生产铺路块料，生产出两个系列产品。系列 1 中集料与水泥之比为 4.8∶1，系列 2 中集料与(水泥＋飞灰)之比为 2.4∶1，集料与水泥之比为 4.1∶1。试验结果表明，取代率为 50%时，系列 1 和系列 2 产品均达到澳大利亚/新西兰人行区铺地块料的最低要求(AS/NZS4455)以及香港交通、运输、劳资署人行区铺地块料 B 级要求；当取代率为 25%时，系列 2 产品达到香港交通、运输、劳资署车辆交通区铺地块料 B 级要求。

(4) 废砖瓦其他资源化途径。

用作免烧砌筑水泥原料。使用 50%～60%的废砖粉，利用硅酸盐熟料激发，经粉磨工艺，免烧，可成功制得符合 GB/T 3183 标准的 175＃(275＃)砌筑水泥，90 d 龄期抗折与抗压强度比 28 d 提高 5%左右。

用作水泥混合材。在普通水泥中加入 5%废砖粉作混合材，28 d 抗折与抗压强度均高于不加时，但 3 d、7 d 抗压强度略低，不影响凝结时间与水泥安定性。

用于再生烧砖瓦。使用 60%～70%的废砖粉，利用石灰、石膏激发，免烧，免蒸，可成功制得 28 d 强度符合 GB 5101—85 烧结普通砖标准要求的 100＃及 150＃

砖,可用于承重结构。普通烧结砖在出窑后的使用期强度不会再有提高,而这种免烧再生砖 90 d 时比 28 d 可提高强度 60%左右。利用这一特点,也可成形任一形状的产品或构件。

3) 旧沥青路面料的资源化

沥青混凝土特别是沥青路面在使用过程中,经受着行车和各种自然因素的作用,逐渐脆硬老化,出现龟裂病害。其实质是路面材料中的沥青结合料发生了变化。病害的主要原因是其油分减少,沥青质增加。沥青老化的路面技术指标表现为针入度减小,软化点上升,延度降低。由于沥青材料是由油分、胶质、沥青质等组成的混合物(不是单体),所以可以用简单的方法掺加某种组分,或者将它和新沥青材料重新混合,调配成新的沥青混合物,使之重新表现出原有的性质。

沥青路面再生利用技术,是将需要翻修改造的旧沥青路面,经过回收、破碎、筛分后和再生剂、新集料、新沥青适当配合,重新拌和成满足道路建设需要、符合国家和行业标准要求的沥青混合料,并应用于铺筑路面面层或基层的整套生产技术。

根据目前国外的再生工艺,沥青混合料的再生工艺有热再生和冷再生两种方法。这两种工艺既可以在现场进行就地再生,也可以进行厂拌再生。

热再生技术利用特殊结构的加热墙提供强大的热量,在短时间内将沥青路面加热至施工温度,通过旧料再生等一些工艺措施,使病害路面达到或接近原路面技术指标的一种技术。使用先进的现场热再生机组,就地加热旧路面,收集旧料,增加适当的新拌沥青混合料、再生剂进行机内热搅,随即摊铺、熨平、碾压,即可快速开放交通,是一种连续式的现场热再生作业方式。这种方法施工简便,主要适用于一些高等级的公路,如城市道路的面层。特别适于老化不严重,但平整度较差的路面。其特点为不中断交通、大量节约成本、无烟操作,维修后其效果可达新路标准。

冷再生方法是利用铣刨机将旧沥青面层及基层材料就地翻挖、破碎,将旧沥青混合料破碎后当作新骨料,加入再生剂或添加剂,混合均匀后,用碾压机将混合料碾压成型,主要作为公路基层及底基层使用。沥青混凝土冷再生操作在常温下进行,所以冷再生法又称常温再生法。

厂拌再生法,即将旧的沥青路面经过翻挖后运回拌和厂,破碎后和再生剂、新沥青材料、新集料等按一定比例重新拌和,产品达到规范规定的各项指标的新混合料,可用于基层和底基层的铺筑。沥青混合料厂拌再生法的缺点是其再生维修周期长、占地大、不适宜大交通量的维修施工。

4) 其他建筑垃圾的资源化利用

(1) 建筑垃圾微粉的资源化。建筑垃圾微粉,一般是指在建筑工地或建筑垃圾处理中心产生的粒径小于 5 mm 的微小粉末,也有资料将建筑垃圾微粉定义为粒径小于 0.15 mm 的微小粉末。除粒径 0.15~5 mm 的废旧混凝土微小粉末能单独作细骨料拌制再生混凝土外，其他粒径 0.15～5 mm 的建筑垃圾微粉一般与粒径小于 5 mm 的微小粉末混合在一起，作为资源回收利用。目前，有关建筑垃圾微粉资源化的研究较少，除了单独将废旧混凝土微粉作细骨料拌制再生混凝土外，主要有将建筑垃圾微粉用于生产硅酸钙砌块和用作生活垃圾填埋场的日覆盖材料两方面。

(2) 废木材、木屑的资源化。废旧木材既可进行物质循环利用，又可进行能量利用。废旧木材的物质循环利用和能量利用是目前最常见的两种方式。物质循环利用是指对废旧木材回收后进行再次加工，制成刨花板、中密度纤维板、木塑复合材料、大芯板等，也可用来生产活性炭、木醋液等产品。废旧木材的能量利用，就是指将其作为工业燃料用于锅炉或发电，也可用于民用的家庭取暖。对于含有有毒物质的废旧木材，如含有卤素类有机混合物或含有防腐剂的废旧木材，最环保的利用方式是进行能量利用。两种回收利用方法的目的都是变废为宝、节约资源、保护环境。

对于质量比较好的废旧木材可回收复用。如木质包装回收后可根据情况回收复用；建房拆下的废旧木材，经分类后可按市场需求加工成各种可用木料。这是废旧木材循环利用最直接也是应首选的途径。在废旧木材重新利用前，应充分考虑以下两个因素：木材腐坏、表面涂漆和粗糙程度；木材上尚未拔除的钉子以及其他需清除的物质。废旧木材的利用等级一般需作适当降低。对于建筑施工产生的多余木料(木条)，清除其表面污染物后可根据其尺寸直接利用，而不用降低其使用等级，如加工成楼梯、栏杆(或栅栏)、室内地板、护壁板(或地板)和饰条等。

废旧木材可用来生产人造板(刨花板、中纤板、石膏刨花板、水泥刨花板等)。每立方米的人造板可代替 3 m^3的原木，生产 1 m^3的人造板只需要大约 1.5 m^3的木材原料。因此充分利用废旧木材来发展人造板，可以增加林木制品的有效供给。

可采用具有再利用价值的废旧木材制造细木工板等建筑装饰材料。如河北保定就是华北利用废旧木材制造大芯板的重要基地。

利用废旧木材、塑料制造木塑复合材料。将废旧塑料和废旧木材，包括锯末、木材枝杈、稻壳、农作物秸秆、花生壳等以一定的比例，添加特制的黏合剂，经高温高压处理后制成结构型材，然后直接挤出制品或将型材再装配成产品，如托盘或包装箱。总体上看，这种新型木塑复合材料的优点包括：机械性能好；98%的原料为废旧材料，价格便宜；可制成各种截面形状尺寸的制品，而且使用维修简单，可锯、可刨、可钉；产品可 100%回收再利用；产品不怕虫蛀、不长真菌、抗强酸强碱、不吸水分、不易变形等。这类木塑新型复合材料是一种性能优良、经济环保的新材料。可以替代外运货物木质包装材料和铺垫材料，也可以用于门窗框、建筑模板、地板、汽车配件及交通护栏等。

废旧木材通过土窑、机械炉和连续式干馏炉等设备高温热解后可得到固体、液体和气体三类初产物，留在干馏炉内的固体产物为木炭，从干馏设备中导出的蒸气气体混合物经冷凝分离后得到的棕褐色液体产物为粗木醋液，含有大量工业产品，经较长时间存放后，上层为澄清木醋液，下层为沉淀木焦油。木醋液含有醋酸、丙酸、甲醇等多种化合物，有特殊的烟焦气味；焦油是黑色、黏稠的油状液体，含有大量的酚类物质和多种有机物质。从干馏设备中导出的蒸气气体混合物经冷凝分离处理后的气体产物称为木煤气。木煤气的主要成分是 CO_2、CO、CH_4、C_2H_4、H_2 等，是一种不污染环境的优良气态燃料。除了直接利用大块废旧木材制造木炭外，还可以将零碎的废旧木材经粉碎、干燥、挤压成型制成木屑棒，之后再烧制成木屑棒炭，既充分利用了农林废弃加工物，又可减轻我国能源紧张的矛盾。

废旧木材能量利用的主要途径为直接燃烧产生能量，为了运输方便和提高热利用效率，可把废旧木材做成各种形式，如木片、木球、高能颗粒和固体燃料等。

5）建筑垃圾高值资源化利用

建筑垃圾资源化利用，应从传统的再生粗细骨料、再生砖瓦、再生混凝土等利用途径向精细化分类及资源化高阶利用转变，生产更高附加值的再生产品。目前来看，其应用主要有以下两方向。

（1）建筑垃圾-工业固体废物耦合制备复杂多组分材料。将建筑垃圾与多种工业固体废物通过高温处理、化学激化、物理-化学耦合处理等方法进行预处理，开展配伍方法、调和工艺研究，在不同梯级尺度下选取最优配伍比例及原料调和最佳工艺；利用热力提升、化学激发等方法改善产品功能，从而确定各种固体废物加合比例、粒度梯级和预处理工艺。

（2）建筑垃圾制备超分子、高强度材料。建筑垃圾复杂，组分多元、全面，可生产具备特殊性能的材料。突破传统建筑材料再生技术，基于分子设计、超分子化学原理开发超分子建筑材料，即将普通的建筑垃圾制备成复杂的、高强度、有组织的聚集体，并保持一定的完整性，且具有明确的微观结构和宏观特性，使得建筑垃圾再生超分子、高强度材料具备更为广泛的用途。

3.9 电子废弃物及其处理处置技术

电子废弃物(e-waste)，俗称电子垃圾，是被使用者弃置的电器电子产品。

电子废弃物的来源主要有两大类，一类来源于人们的生活；另一类来源于电子产品的生产过程。前者可进一步划分为两部分：一是家庭和小商家；二是大公司、研究机构和政府。

电子废弃物中含有大量的金属和有机材料，因此它是一种潜在的可利用资源。美国环保局认为，利用从废旧家电中回收的二次钢材代替通过采矿、运输、冶炼得到的新钢材，可减少 97%的矿废物、86%的空气污染、76%的水污染、40%的用水量、节约90%的原材料及74%的能源。但是,电子废弃物类型复杂、种类多样,在一定程度上增加了其回收处理的难度。

1) 火法冶金回收方法

火法冶金回收方法是指通过焚烧、熔炼、烧结或熔融等火法处理的手段去除电子废弃物中的塑料及其他有机成分,使金属得到富集和回收利用的方法。火法冶金回收方法主要有焚烧熔出工艺、高温氧化熔炼工艺、浮渣技术、电弧炉烧结工艺等。

火法冶金技术是20世纪80年代从电子废弃物中回收贵金属应用最广泛的技术。采用火法冶金技术能将聚合物降解或将金属熔融,从而比较容易地从中回收能源和有用成分,同时避免了复杂而昂贵的分离分类过程。此外,电子废弃物的火法冶金技术在减容减量、处理规模和效率方面也是其他回收技术无法比拟的。火法冶金技术的基本原理是利用冶金炉高温加热剥离非金属物质,贵金属熔融于其他金属熔炼物料或熔盐中,再加以分离。

火法冶金技术主要包括焚烧、热解、气化、直接冶炼技术等,各种技术的比较如表3-17所示。

表3-17 电子废弃物火法冶金技术比较

处理技术	处理速度	回收产品	二次污染程度	运行投资成本	减容减量效果	惰性材料分离效果
焚烧	快	热能	大	高	最好	好
热解	慢	原料和燃料	小	比焚烧低	好	较好
气化	快	合成气	很小	比焚烧低	好	好
真空热处置	快	原料	很小	比焚烧低	好	最好

火法冶金技术从电子废弃物中提取贵金属的一般工艺流程如图3-17所示。

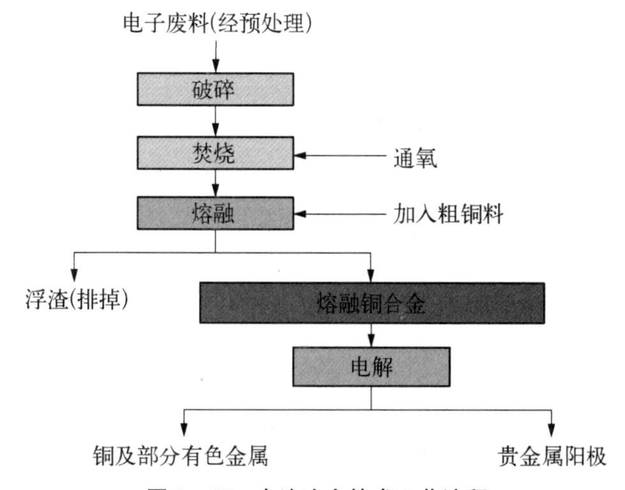

图3-17 火法冶金技术工艺流程

火法冶金回收方法具有简单、方便和回收率高的特点，不需要预处理并且几乎可以处理所有形式的电子废弃物，该法中铜、金、银、钯等贵金属回收率可达90%以上，但若要从阳极泥中分别得到金、银等，则还要配以各种提纯分选的方法。其缺点是有二噁英等有毒气体逸出；电子废弃物中的陶瓷及玻璃成分使熔炼炉中的炉渣量增加，有色金属如锡、铅等回收率低，且大量的非金属成分在焚烧过程中被损失。

20世纪90年代后，随着电子工业的发展，电子产品中贵金属的用量逐渐减少，同时火法处理电子废弃物释放的有害气体对环境产生严重的危害，因此火法冶金处理电子废弃物技术发展比较缓慢。

2）湿法冶金回收方法

湿法冶金技术开创于19世纪20年代的智利，长期以来主要用于处理低品位矿或二级矿。

湿法冶金回收方法利用电子废弃物中的绝大多数金属（包括贵金属和普通金属）能在硝酸、硫酸、王水等介质中溶解从而进入液相的特点，使绝大部分贵金属和其他金属进入液相，与电子废弃物中的其他物料分离，最后以金属或其他化合物的形式加以回收的方法。该方法主要是通过电解来回收印刷线路板（PCB）中的金属。湿法冶金可以认为主要由以下几个工序组成：

（1）原料预处理，主要是将矿石或其他原料破碎及磨细，便于浸取；

（2）浸取，在一定温度及压力条件下，用溶液浸取矿粉或其他原料，使有用金属转入液相；

（3）固液分离，使浸取后的溶液与残渣分开，通常在沉降池、过滤机等设备中进行；

（4）金属回收，富集、分离、纯化溶液中的有用金属，用各种方法从溶液中回收金属或金属化合物；

（5）溶剂再生，使浸取溶液再生从而循环使用。

与火法回收技术相比，湿法回收技术的优点在于几乎无废气排放、提取贵金属后的残留物易于处理、回收得到的产品是单一的金属、工艺流程相对简单，所以其应用比火法冶金提取贵金属技术更加普及。但湿法回收技术的化学试剂消耗量大，浸出液及残渣具有腐蚀性及毒性、易引起二次污染，故只能回收金属，当需要浸出的金属焊有锡、陶瓷等覆盖层时回收效率低。

3）机械处理方法

机械处理法是当前回收印刷线路板时应用较多的方法，其工艺流程主要包括拆解、粉碎和分选等步骤。目前，机械化自动拆解已经成为发展的方向。日本的NEC公司和德国的FAPS公司研究开发了废弃印刷线路板的自动拆卸装置和方法。机械物理处理方法易实现工程化，且几乎不会产生二次污染，是电子废弃物非常有前途的资源化处理技术。

4) 其他处理方法

微波法是将印刷线路板粉碎后进行微波加热,使其中的有机物分解挥发后,再加热到1 400℃左右熔化余下的废料使其形成玻璃化物质,最后将其冷却,其中的金、银和其他金属便以小珠的形式分离出来,剩余玻璃质物质可以回收用作建筑材料。

生物回收技术是20世纪80年代开始研究的、利用细菌浸取或富集贵金属从而提取低含量物料中贵金属的新技术,也称微生物湿法冶金,包括微生物氧化浸出和微生物积累和吸附。

此外,还有多种针对不同要求的电子废弃物回收方法,如废旧二次锂离子电池的回收、废旧印刷电路板中非金属材料的再利用、废弃电路板中金属富集体的物理回收等。

3.10 其他处置对象

3.10.1 飞灰的稳定化技术

1) 飞灰的特点

飞灰是城市生活垃圾焚烧(municipal solid waste incineration,MSWI)过程中产生的二次污染物,性状为灰白色粉末,90%以上的垃圾焚烧飞灰颗粒粒径集中在10～100 μm之间,颗粒分布比较均匀,粒径小于50 μm的颗粒百分含量高达83.5%,其平均粒径为21.63 μm。

随着垃圾焚烧技术在我国的工业实践,垃圾焚烧飞灰的环境污染问题也逐渐显现。由于焚烧过程中生活垃圾中所含的重金属总量基本保持不变,并且大部分会浓缩、富集在垃圾焚烧飞灰中。而且重金属经高温焚烧、活化后,在环境中更容易迁移和转化,在自然环境下经风化、侵蚀后,飞灰中的重金属可以渗滤出来,危害环境生态安全。因此,我国危险废物名录已明确将飞灰列为危险废物(编号HW18),规定其必须经过特殊处理后才能进入填埋场进行安全处置。

原灰中含有大量CaO和$Ca(OH)_2$,这是因为在处理尾气的过程中要喷入过量石灰浆来中和SO_2,造成飞灰的高碱性。其中的重金属Pb、Zn等主要以氧化物形式存在,如Pb_3O_4和ZnO。

生活垃圾焚烧后,一些矿物质和元素富集于飞灰中。通过X射线荧光光谱(XRF)分析,各粒径飞灰的基本化学元素为Ca、Si、Cl、K、Na、S、Al、Mg和Fe,主要化学成分是CaO、SiO_2、Al_2O_3和Fe_2O_3,含量分别为30.6%、15.9%、5.7%和2.26%,CaO、SiO_2和Al_2O_3以及K、Na、Mg金属氧化物的总含量超过了67%。通过XRD

分析，实验飞灰的主要矿物相为 $CaAl_4O_7$、$CaSO_4$、SiO_2、$CaSiO_3$、$Ca_2Al_2SiO_7$ 及 $Ca_3Si_2O_7$，不同粒径飞灰的组成成分基本相同，并无显著差异，属于 $CaO-SiO_2-SO_3-Al_2O_3$ 体系，具有大量的活性物质，飞灰的成分如表 3-18 所示。

表 3-18 飞灰的成分

成　分	CaO	SiO_2	CuO	Al_2O_3	Fe_2O_3	K_2S	ZnO	TiO_2	P_2O_5	$ZnCl_2$
质量分数/%	24.7	23.89	9.68	10.1	18.84	2.72	0	3.47	—	5.43

飞灰粒径大多在 40～100 μm 之间，主要成分属 CaO、SiO_2、Al_2O_3、Fe_2O_3 体系，与粉煤灰相似，具有潜在火山灰特性，通过一定的化学手段，如碱激发，破坏飞灰外层的玻璃体，释放活性 SiO_2、Al_2O_3，同时将网络聚集体解聚、瓦解成 SiO_4、AlO_4 等单体或双聚体等。

2）飞灰的稳定化处理技术

飞灰是垃圾焚烧厂烟气净化系统捕集到的小颗粒物质，属于垃圾焚烧的二次污染物质，其含有多种重金属，对环境有较大危害，一般按照危险废物进行管理。目前，国内外垃圾焚烧飞灰的处理方法主要有重金属的萃取、电解、水泥固化、熔融和药剂稳定化等方法。

水泥固化是把飞灰、水泥按一定比例混合，加水混合使之固化的一种方法，具有工艺成熟、操作简单、处理成本低等优点，是目前对垃圾焚烧飞灰最为简单有效的处理措施。但是该方法的弊端是处理后废弃物增容比大、运输困难，需占用大量的填埋处置场地，倘若固化体风化破坏后，重金属存在二次溶出的隐患，不符合现行普通生活垃圾填埋场的进场标准。在今后飞灰处理的过程中最好逐渐减少使用水泥固化方法，以免造成资源的浪费。

熔融法是利用燃料或电力将垃圾焚烧飞灰在燃料炉内加热到 1 400℃左右，使垃圾飞灰高温熔融后，经过一定的程序冷却后变成熔渣。熔融法具有减容率高、熔渣性质稳定、重金属浸出低等优点，但采用高温熔融工艺需要消耗大量的能源，同时由于其中的 Pb、Cd 和 Zn 等重金属元素易挥发，需进行后续严格的烟气处理，故处理成本很高，仅在欧洲及日本有工程实例。

药剂稳定化处置是利用某些化学药剂，把垃圾焚烧飞灰中的重金属转变成低溶解性、低迁移性及低毒性物质的过程，因此稳定化又称作固化或钝化。依据化学药剂化学性质的不同，可将稳定化处理药剂分为无机和有机两种类型。目前石膏、绿矾、硫化物、磷酸、磷酸盐和多聚磷酸盐等无机稳定剂已有报道，经无机稳定剂处理后的垃圾焚烧飞灰增容很小，但在环境 pH 条件发生改变时，飞灰中的重金属会发生淋溶浸出现象，不能满足危险废物处理的长期安全性要求。有机型固化稳定剂主要以螯合剂为主，包括氨基硫代甲酸盐 DTC、巯基胺盐、EDTA 接聚体和壳聚糖衍生物等，其中以二硫代氨基甲酸或其盐为代表的DTC类有机固化稳定剂在国内应用较为广泛。有机型固化稳定剂能与重金属形成稳定的、疏水性的、在水中不溶的或溶解度很小的金属螯合物，将飞灰中的重金属固定下来，减缓飞灰中重金属的二次浸出，但是有机固化稳定剂的固化原理及其性能研究还不够深入，一定程度上制约了有机稳定剂的推广应用。

目前城市化进程不断加快，土地资源日渐紧张，使得垃圾焚烧飞灰安全填埋场的建设费用及飞灰处理费用不断上涨。固化剂的工业化实践，不仅可以大幅度降低飞灰的填埋量，实现我国垃圾焚烧飞灰稳定化技术的进步，而且有助于垃圾焚烧产业链的完善，对于我国城市垃圾焚烧的低成本、可持续发展具有重要的意义。

3.10.2　垃圾焚烧炉渣处理及资源化技术

1）利用垃圾焚烧炉渣制备免烧砖

一般焚烧炉渣的主要成分相对比较坚硬，具有一定的抗压强度和硬度。有机质组分含量少，坚固性好，符合《墙体材料术语》(GB/T 18968—2003)中硅酸盐砖原材料的要求，尽管含有一些重金属，但是根据我国的规定，炉渣仅属于一般废弃物，可以进行资源化利用，作为生产免烧砖的主要原料。由于不具备火山灰活性，除选择水泥外，还选择石灰、石膏和激发剂作为原料。

活垃圾焚烧炉渣的主要化学成分为SiO_2、CaO和Al_2O_3，其中SiO_2和Al_2O_3能与水泥水化产生的$Ca(OH)_2$发生二次水化反应，反应过程如式(3-8)和式(3-9)所示。

$$SiO_2 + xCa(OH)_2 + (n-x)H_2O = xCaO \cdot SiO_2 \cdot nH_2O \quad (3-8)$$

$$Al_2O_3 + xCa(OH)_2 + (n-x)H_2O = xCaO \cdot Al_2O_3 \cdot nH_2O \quad (3-9)$$

石灰的主要作用是其有效氧化钙与硅质材料发生反应，生成含水硅酸盐凝胶及结晶连生体，从而胶结未反应完全的炉渣，提高早期强度。石膏属于一种硫酸盐激发剂，用来激发炉渣的活性，以免过程缓慢导致早期强度低。在激发剂(Na_2SiO_3、Na_2SO_4、NaOH)的作用下，激发垃圾焚烧炉渣的活性，非活性的SiO_2和Al_2O_3在碱性条件下可反应生成水化硅酸钙和水化铝酸钙。整个水化过程就是焚烧炉渣在硫酸盐激发剂和碱激发剂的作用下，和水泥、石灰的水化产物进行一系列复杂的二次反应，生成水化硅酸钙和水化铝酸钙，氢氧化钙及水化铝酸钙等析出针状晶体伸入硅酸钙凝胶体内，使砖硬化从而具有强度。

(1) 原材料及设备。垃圾焚烧炉渣需破碎筛选，以调整焚烧炉渣颗粒粗细分布。筛选3～8 mm的炉渣备用，3 mm以下加生石灰粉及水辊碾搅拌及陈化。水泥既是焚烧炉渣砖的胶结料，同时也是焚烧炉渣的活性激发剂。水泥的质量要符合《硅酸盐水泥、普通硅酸盐水泥》(GB 175—1999)的规定。选用新鲜生石灰，确保其高活性，有效氧化钙含量不低于70%，过火灰含量小于5%，欠火灰含量小于7%，细磨过0.08 mm筛。选用石膏，其CaO含量大于32%、SO_3含量大于45%、含水量小于20%、杂质含量小于3%。采用硫酸盐激发剂和碱激发剂作为激发剂。

制备生活垃圾焚烧炉渣砖的设备主要有：破碎设备，包括粉碎机、滚筒筛或者震击式标准振筛机等、球磨机；混料设备，搅拌机；成型设备，包括制砖机、标准砖模具；养护设备，托板、喷水器。

(2) 压制成型。使用液压制砖机，标准砖模具按设定配比方案压制。制备此类焚烧炉渣免烧砖既不烧结，也不蒸压，因此前期强度的形成主要依靠成型压力，后期的强度主要依靠水泥的胶结及焚烧炉渣活性的激发。

(3) 养护制度。砖坯成型后具有一定强度(浇水时砖淋不坏)时就可以开始洒水养护，成品隔5 h洒水1次，3 d后每隔8 h洒水1次，10 d后每隔10 h洒水1次，15 d后自然干燥至28 d，外观完整、无裂纹、无明显变形。

2) 利用垃圾焚烧炉渣制备路基、路堤等的建筑填料

由于天然砂石骨料的缺乏，炉渣用作停车场、道路等的建筑填土材料，成为目前欧洲灰渣资源化利用的重要途径之一。由于炉渣的稳定性好，物理和工程性质与轻质的天然骨料相似，并且容易进行粒径分配，易加工成商业化产品，因此成为一种适宜的建筑填料。欧洲多年的工程实践经验表明，炉渣作为建筑填料的资源化利用方式是可行的，在环境协调性和材料的使用性能方面均符合要求。

3) 利用垃圾焚烧炉渣制备填埋场覆盖材料

填埋场的覆盖层由五个部分组成，由上层到下层分别是植被层、营养层、排水层、阻隔层和基础层。其中基础层对整个覆盖系统起着支撑、稳定的作用，其材料为土壤、砂砾，甚至可以为一些坚固的垃圾，如建筑垃圾等。炉渣若用作填埋场覆盖材料，可不必进行筛选、磁选、粒径分配等预处理工艺。由于填埋场自身存在有利的卫生条件(具备环境保护设施，如防渗层及渗滤液回收系统等)，能够很好地控制炉渣中的重金属或水溶性盐分的浸出，从而避免对人类健康和环境的不利影响。另外，焚烧炉渣作为垃圾填埋场的每日临时覆盖材料对于阻止填埋场臭气溢出可以起到一定作用，正在逐渐被采用。

4) 利用垃圾焚烧炉渣制备生态水泥

早在21世纪初就有机构利用焚烧炉灰作原料试制了一种生态水泥，既解决了焚烧炉灰渣的处理问题，又较好地控制了二次污染，值得参考。生产该水泥的基本目标是：原料中焚烧炉灰渣的比例不低；生产的水泥有广泛的应用。生态水泥的生产流程如图3-18所示，整个生产工艺与波特兰水泥相同，包括生料制备、煅烧和制成。

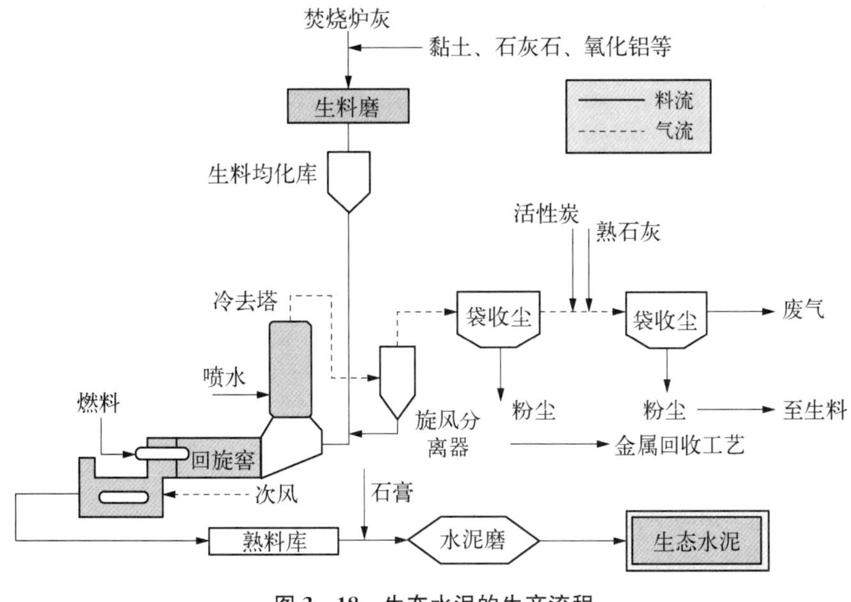

图3-18　生态水泥的生产流程

(1) 生料制备。由于生态水泥使用废弃物,与使用天然原料生产波特兰水泥相比,存在差异。焚烧炉灰渣由于来源不同,化学成分波动较大。因此设有焚烧炉混料仓,XRF分析仪,使焚烧炉灰渣成分波动在允许范围内。由于煅烧过程中碱及其他金属以氯化物形式挥发,因此设计生料中碱和氯的含量时,要考虑这个因素。对波特兰水泥类而言,生料中的氯含量要与碱和其他金属含量平衡,若生料中的碱含量相对氯不足,需加入 Na_2CO_3 以使过量的氯挥发。对快硬水泥而言,为使熟料中 $C_{11}A_7 \cdot CaCl_2$ 含量稳定,生料中的 $A1_2O_3$ 必须保持稳定,而且氯相对于碱过量的数量也要稳定,如氯含量不足,可加入 $CaCl_2$。

(2) 煅烧。由于生料中含有重金属及氯,因而不宜用悬浮预热器,因为氯化物冷凝可能导致堵塞。由于生料中氯的矿化作用,两种生态水泥的煅烧温度均低于普通波特兰水泥的煅烧温度(1 450℃)。焚烧炉灰渣所含的二噁英在高于800℃时完全分解,窑尾废气用冷却塔快速冷却至250℃以下,以防止在250～350℃时二噁英重新生成。废气中氯化物经冷却塔和分离器冷却,由袋式除尘器收集,收集的粉尘送往金属回收工艺流程。

(3) 制成。对波特兰类生态水泥,熟料加石膏粉磨至4 000 cm^2/g,石膏在粉磨过程中脱水成半水石膏,以利控制水泥的凝结时间,由于水泥中 C_3A 含量较高,因而控制水泥中 SO_3 含量为3.5%～4.0%,比波特兰水泥稍高。对快硬类生态水泥,熟料掺加1% Na_2SO_4、而不掺石膏,粉磨至4 500 cm^2/g,然后与7 000 cm^2/g 的无水石膏混合，使 Al_2O_3 与 SO_3 摩尔比为 1.0～1.2。Na_2SO_4 控制快硬水泥的凝结时间，而硬石膏用于 $C_{11}A_7 \cdot CaCl_2$ 快速生成钙矾石，并保持强度稳定增长。

参考文献

[1] 夏溢，章骅，邵立明，等.生活垃圾焚烧炉渣中有价金属的形态与可回收特征[J].环境科学研究，2017，30(04)：586-591.

[2] 尤海辉，马增益，唐义军，等.循环流化床入炉垃圾热值软测量[J].浙江大学学报(工学版)，2017，51(06)：1163-1172.

[3] Chen S，Meng A，Long Y，et al. TGA pyrolysis and gasification of combustible municipal solid waste[J]. Journal of the Energy Institute，2015，88(3)：332-343.

[4] 晏卓逸，岳波，高红，等.我国村镇生活垃圾可燃组分基本特征及其时空差异[J].环境科学，2017，38(07)：3078-3084.

[5] 肖海平，茹宇，李丽，等.水泥窑协同处置生活垃圾焚烧飞灰过程中二噁英的迁移和降解特性[J].环境科学研究，2017，30(02)：291-297.

[6] Zhou H，Meng A H，Long Y Q，et al. ChemInform abstract：an overview of characteristics of municipal solid waste fuel in China：physical，chemical composition and heating value[J]. Renewable & Sustainable Energy Reviews，2015，46(30)：107-122.

[7] 陈萍，高炎旭，马美玲.疏浚淤泥与焚烧底灰混合固化方法的试验研究[J].水利学报，2015，46(06)：749-756.

[8] Zhou H，Long Y Q，Meng A H，et al. Classification of municipal solid waste components for thermal conversion in waste-to-energy research[J]. Fuel，2015，145：151-157.

[9] 严玉朋，黄亚继，王昕晔，等.城市生活垃圾焚烧中铅形态转化的热力学平衡[J].中南大学学报(自然科学版)，2016，47(06)：2166-2173.

[10] Heikkinen M，Hiltunen T，Liukkonen M，et al. A modelling and optimization system for fluidized bed power plants[J]. Expert Systems with Applications An International Journal，2009，36(7)：10274-10279.

[11] 徐颖，陈玉，冯岳阳.重金属螯合剂处理垃圾焚烧飞灰的稳定化技术[J].化工学报，2013，64(05)：1833-1839.

[12] 冯丽，蒋旭光，李春雨，等.模拟垃圾焚烧中 HCl 实时释放特性试验研究[J].中国电机工程学报，2010，30(23)：45-50.

[13] 严密，李晓东，张晓翔，等.生活垃圾焚烧炉多环芳烃和二噁英关联[J].浙江大学学报(工学版)，2010，44(06)：1118-1121.

[14] Malkow T. Novel and innovative pyrolysis and gasification technologies for energy efficient and environmentally sound MSW disposal[J]. Waste Management，2004，24(1)：53-79.

[15] 罗玉和，丁力行.基于能值理论的生物质发电系统评价[J].中国电机工程学报，2009，29(32)：112-117.

[16] 王伟，高兴保.生活垃圾焚烧飞灰中的二噁英分布及指示异构体的识别[J].环境科学，2007，28(02)：445-448.

[17] 吕亮，丁艳军，朱琳，等.城市生活垃圾焚烧炉的建模[J].清华大学学报(自然科学版)，2006，46(11)：1884 - 1887.
[18] 肖刚，倪明江，池涌，等.城市生活垃圾低污染气化熔融系统研究[J].环境科学，2006，(02)：381 - 385.
[19] 施惠生，袁玲.垃圾焚烧飞灰胶凝活性和水泥对其固化效果的研究[J].硅酸盐学报，2003，(11)：1021 - 1025.
[20] 董长青，杨勇平，倪景峰，等.木屑和聚乙烯流化床共气化实验研究[J].中国电机工程学报，2007，(05)：55 - 60.
[21] 肖刚，池涌，倪明江，等.纸类废弃物流化床热解气化研究[J].工程热物理学报，2007，28(01)：161 - 164.
[22] 黄海涛，熊祖鸿，吴创之.下吸式气化炉处理有机废弃物[J].过程工程学报，2003，3(05)：477 - 480.
[23] Sugiyama S, Suzuki N, Kato Y, et al. Gasification performance of coals using high temperature air[J]. Energy, 2005, 30(2 - 4): 399 - 413.
[24] Kupferminc M J, Peaceman A M, Wigton T R, et al. Plastic waste elimination by co-gasification with coal and biomass in fluidized bed with air in pilot plant[J]. Fuel Processing Technology, 2006, 87(5): 409 - 420.
[25] Chmielniak T, Sciazko M. Co-gasification of biomass and coal for methanol synthesis[J]. Applied Energy, 2003, 74(3 - 4): 393 - 403.
[26] Arena U, Mastellone M L. Defluidization phenomena during the pyrolysis of two plastic wastes[J]. Chemical Engineering Science, 2000, 55(15): 2849 - 2860.
[27] 夏芸，姚晓妹，张铁，等.沿面放电等离子体活化空气氧化亚硫酸钙实验研究[J].高电压技术，2016，42(08)：2683 - 2688.
[28] 潘新潮，马增益，王勤，等.等离子体技术在处理垃圾焚烧飞灰中的应用研究[J].环境科学，2008，29(04)：1114 - 1118.
[29] Prieto G, Okumoto M, Shimano K, et al. Reforming of heavy oil using nonthermal plasma [J]. IEEE Transactions on Industry Applications, 2001, 37(5): 1464 - 1467.
[30] Byun Y, Cho M, Chung J W, et al. Hydrogen recovery from the thermal plasma gasification of solid waste[J]. Journal of Hazardous Materials, 2011, 190(1 - 3): 317.
[31] Huang H, Tang L. Pyrolysis treatment of waste tire powder in a capacitively coupled RF plasma reactor[J]. Energy Conversion & Management, 2009, 50(3): 611 - 617.
[32] 徐飞，骆仲泱，王鹏，等.脉冲放电降解垃圾焚烧飞灰 PAHs 和二噁英的研究[J].中国电机工程学报，2007，27(32)：34 - 39.
[33] 李宝华，郭瑞霞，康飞宇.废电池的回收利用[J].现代化工，2004，(08)：55 - 57+71.
[34] 温沁雪，陈希，张诗华，等.城市污泥混合青霉素菌渣堆肥实验[J].哈尔滨工业大学学报，2014，46(04)：43 - 49.
[35] 魏自民，王世平，席北斗，等.生活垃圾堆肥过程中腐殖质及有机态氮组分的变化[J].环境科学学报，2007，27(02)：235 - 240.
[36] 汪群慧，马鸿志，王旭明，等.厨余垃圾的资源化技术[J].现代化工，2004，24(07)：56 - 59
[37] 肖刚，倪明江，池涌，等.城市生活垃圾低污染气化熔融系统研究[J].环境科学，2006，

27(02)：381－385.

[38] Chefetz B，Hatcher P G，Hadar Y，et al. Chemical and biological characterization of organic matter during composting of municipal solid waste[J]. Journal of Environmental Quality，1996，25(25)：776－785.

[39] Akdeniz N，Koziel J A，Ahn H K，et al. Field scale evaluation of volatile organic compound production inside biosecure swine mortality composts[J]. Waste Management，2010，30(10)：1981.

[40] 金建英，宋学颖. 固体废弃物的综合处理与资源化[J]. 辽宁工程技术大学学报，2004，23(02)：283－285.

[41] 姚海林，吴文，刘峻明，等.城市生活垃圾的消纳处理方法及其利弊分析[J].岩石力学与工程学报，2003，22(10)：1756－1759.

[42] 李天威，严刚，王业耀，等.中国中小城市生活垃圾优化管理模型的应用[J].环境科学，2003，24(03)：136－139.

[43] 郭广慧，陈同斌，杨军，等.中国城市污泥重金属区域分布特征及变化趋势[J].环境科学学报，2014，34(10)：2455－2461.

[44] Li X，Dai X，Yuan S，et al. Thermal analysis and 454 pyrosequencing to evaluate the performance and mechanisms for deep stabilization and reduction of high-solid anaerobically digested sludge using biodrying process.[J]. Bioresource Technology，2015，175(8)：245－253.

[45] 郭鹏然，雷永乾，蔡大川，等.广州城市污泥中重金属形态特征及其生态风险评价[J].环境科学，2014，35(02)：684－691.

[46] Li R，Wang J J，Zhang Z，et al. Nutrient transformations during composting of pig manure with bentonite.[J]. Bioresource Technology，2012，121(121)：362.

[47] 张灿，陈虹，余忆玄，等.我国沿海地区城镇污水处理厂污泥重金属污染状况及其处置分析[J].环境科学，2013，34(04)：1345－1350.

[48] 刘敬勇，孙水裕.广州城市污泥燃烧性能综合评价及其燃烧动力学模型[J].环境科学学报，2012，32(08)：1952－1961.

[49] 陈俊，陈同斌，高定，等.城市污泥好氧发酵处理技术现状与对策[J].中国给水排水，2012，28(11)：105－108.

[50] 朱英，赵由才，李鸿江.城镇污水处理厂污泥填埋方法与技术分析[J].中国给水排水，2010，26(20)：12－15.

[51] 张贺飞，徐燕，曾正中，等.国外城市污泥处理处置方式研究及对我国的启示[J].环境工程，2010，28(S1)：434－438.

[52] 郭松林，陈同斌，高定，等.城市污泥生物干化的研究进展与展望[J].中国给水排水，2010，26(15)：102－105.

[53] 吴雪峰，李青青，李小平.城市污泥处理处置管理体系探讨[J].环境科学与技术，2010，33(04)：186－189.

[54] 丘锦荣，郭晓方，卫泽斌，等.城市污泥农用资源化研究进展[J].农业环境科学学报，2010，29(S1)：300－304.

[55] Huiliñir C，Villegas M. Simultaneous effect of initial moisture content and airflow rate on

biodrying of sewage sludge[J]. Water Research, 2015, 82: 118 - 128.
[56] 陈同斌,郑国砥,高定,等.城市污泥堆肥处理及其产业化发展中的几个关键问题[J].中国给水排水,2009,25(09): 104 - 108.
[57] 白莉萍,伏亚萍.城市污泥应用于陆地生态系统研究进展[J].生态学报,2009,29(01): 416 - 426.
[58] 张英奎,王菲菲,李宪赢.江苏省经济增长与工业环境污染的关系研究——基于向量自回归(VAR)模型分析[J].环境保护,2017,(18): 46 - 52.
[59] 陈向,周伟奇,韩立建,等.京津冀地区污染物排放与城市化过程的耦合关系[J].生态学报,2016,36(23): 7814 - 7825.
[60] Zeng M, Ouyang S, Zhang Y, et al. CCS technology development in China: Status, problems and countermeasures — Based on SWOT analysis[J]. Renewable & Sustainable Energy Reviews, 2014, 39(6): 604 - 616.
[61] Zhang S, Chen Z, Wen Q, et al. Effectiveness of bulking agents for co-composting penicillin mycelial dreg (PMD) and sewage sludge in pilot-scale system[J]. Environmental Science & Pollution Research International, 2016, 23(2): 1362 - 1370.
[62] 苏清发,周勇敏,陈永瑞,等.脱硫灰/脱硫石膏作为水泥缓凝剂的水化行为[J].硅酸盐学报,2016,44(05): 663 - 667.
[63] 黄强,李东彬,王建军,等.轻钢轻混凝土结构体系研究与开发[J].建筑结构学报,2016,37(04): 1 - 9.
[64] Liang B, Wang C, Yue H, et al. Evaluation for the process of mineralization of CO_2 using natural K-feldspar and phosphogypsum to produce sulfate potassium[J]. Journal of Sichuan University, 2014, 46(3): 168 - 174.
[65] 王中杰,倪文,封金鹏,等.粒度分布对大掺量矿渣、钢渣胶凝体系抗压强度影响的灰色关联分析[J].北京科技大学学报,2012,34(05): 546 - 551.
[66] 梁斌,王超,岳海荣,等.天然钾长石-磷石膏矿化 CO_2 联产硫酸钾过程评价[J].四川大学学报(工程科学版),2014,46(03): 168 - 174.
[67] 谢和平,谢凌志,王昱飞,等.全球二氧化碳减排不应是 CCS,应是 CCU[J].四川大学学报(工程科学版),2012,44(04): 1 - 5.
[68] 王剑锋,马骥堃,唐官保,等.丙三醇磷酸酯的制备及其对水泥水化的影响[J].硅酸盐学报,2017,45(05): 684 - 689.
[69] 游世海,郑化安,付东升,等.粉煤灰合成钙长石多孔陶瓷的结构与性能[J].硅酸盐学报,2016,44(12): 1718 - 1723.
[70] 苏清发,周勇敏,陈永瑞,等.脱硫灰/脱硫石膏作为水泥缓凝剂的水化行为[J].硅酸盐学报,2016,44(05): 663 - 667.
[71] 黄强,李东彬,王建军,等.轻钢轻混凝土结构体系研究与开发[J].建筑结构学报,2016,37(04): 1 - 9.
[72] Hsiao T Y, Huang Y T, Yu Y H, et al. Modeling materials flow of waste concrete from construction and demolition wastes in Taiwan[J]. Resources Policy, 2002, 28(1 - 2): 39 - 47.
[73] 房凯,张忠苗,刘兴旺,等.工程废弃泥浆污染及其防治措施研究[J].岩土工程学报,2011,

33(S2)：238 - 241.
[74] Liu C, Wu X W. Factors influencing municipal solid waste generation in China：a multiple statistical analysis study. [J]. Waste Management & Research the Journal of the International Solid Wastes & Public Cleansing Association Iswa, 2011, 29(4)：371.
[75] 阎常峰，陈勇，李海滨，等.能量自给型垃圾堆肥系统优化与污染物排放控制[J].太阳能学报，2006，27(05)：508 - 513.
[76] 朱建新，陈梦君，于波.废旧阴极射线管玻璃高温自蔓延处理技术[J].稀有金属材料与工程，2009，38(S2)：134 - 137.
[77] 姚春霞，尹雪斌，宋静，等.某电子废弃物拆卸区土壤、水和农作物中砷含量状况研究[J].环境科学，2008，29(06)：1713 - 1718.
[78] 姚春霞，尹雪斌，宋静，等.电子废弃物拆解区土壤 Hg 和 As 的分布规律[J].中国环境科学，2008，28(03)：246 - 250.
[79] 周坚负，蔡建国.物理法回收处理电子产品[J].机械设计与研究，2003，(04)：60 - 62+9.
[80] 梅琳，卢啸风，王泉海，等.飞灰流化床燃烧脱碳的试验研究[J].中国电机工程学报，2014，34(26)：4454 - 4461.
[81] 李江山，薛强，胡竹云，等.垃圾焚烧飞灰水泥固化体强度稳定性研究[J].岩土力学，2013，34(03)：751 - 756.
[82] 叶暾旻，王伟，高兴保，等.我国垃圾焚烧飞灰性质及其重金属浸出特性分析[J].环境科学，2007，28(11)：2646 - 2650.
[83] 张海军，于颖，倪余文，等.采用巯基捕收剂稳定化处理垃圾焚烧飞灰中的重金属[J].环境科学，2007，28(08)：1899 - 1904.
[84] 张妍，蒋建国，邓舟，等.焚烧飞灰磷灰石药剂稳定化技术研究[J].环境科学，2006，27(01)：189 - 192.
[85] Zhang Z L, Chen X P, Yang J, et al. Dynamic changes of the relationships between economic growth and environmental pressure in Gansu Province：a structural decomposition analysis.[J]. Chinese Journal of Applied Ecology, 2010, 21(2)：429 - 433.
[86] Mao J, Yang Z, Lu Z, et al. The relationship between industrial development and environmental impacts in China[J]. Acta Scientiarum Naturalium Universitatis Pekinensis, 2007, 43(6)：744 - 751.
[87] Nagurney A, Toyasaki F, Talley W. Reverse supply chain management and electronic waste recycling：a multitiered network equilibrium framework for e-cycling [J]. Transportation Research E, 2005, 41(1)：1 - 28.
[88] Reyna L A, Atea J J, Chesini E, et al. A massive experience of computer equipment recycling[J]. IEEE Latin America Transactions, 2013, 11(1)：17 - 20.
[89] Wolf M I, Colledani M, Gershwin S B, et al. A Network Flow Model for the Performance Evaluation and Design of Material Separation Systems For Recycling[J]. IEEE Transactions on Automation Science & Engineering, 2012, 10(1)：65 - 75.
[90] 杨德志，张雄.建筑固体废弃物资源化战略研究[J].中国建材，2006(05)：83 - 84.
[91] 邢振贤，刘利军，赵玉青，等.碎砖骨料再生混凝土配合比研究[J].再生资源研究，2006(2)：38 - 40.

第4章　典型固废综合利用基地的应用特点

4.1　固废综合处置园区概述

4.1.1　固废综合处置园区的定义

城市固废综合处理园区将处理生活垃圾、餐厨垃圾、建筑垃圾、大件垃圾、粪便粪渣等各种固废处理设施和固废资源化再利用设施有机地结合，形成固体废物之间的物质循环和能量循环的一种生态型循环机制，实现污染物的“零排放”，此外，固废综合处理园还配套建设环卫科技研发推广、环保宣传教育功能的园区式环保综合体。城市固废综合处理园区以静脉产业为主体，以发展循环经济为目标，故通常又称作循环经济产业园或静脉产业园。

将一般制造业从原料的生产、流通、消费、废弃的过程与人体血液的动脉过程类比，称之为动脉产业；类似的，将处理、处置及循环利用从生产过程中排放的废弃物的产业称作静脉产业。静脉产业是以减量化、再利用、资源化为指导原则，运用先进的技术，将生产和消费过程中产生的废物资源化，以实现节约资源、减少废物排放、降低环境污染负荷。发展静脉产业是我国推动资源节约型、环境友好型社会建设的重要举措。

循环经济是一种模拟生态群落的物质循环特征，以物质、能量的循环和梯级利用为方式的经济发展模式。循环经济产业园依据循环经济理念，采用工业生态学模式，按照清洁生产要求，成为集合节地、节能、环保、循环等先进工艺为一体的新型工业园区。

4.1.2　固废综合处置园区的类型

近年来，商务部、发改委和环保部出台了一系列发展静脉产业，实现资源回收再利用和建设综合处置产业园的政策，安排试点产业园包括进口再生资源“圈区管理”园区、静脉产业类生态工业园区、“城市矿产”示范园区等。

1）进口再生资源“圈区管理”园区

改革开放以来，随着我国经济的快速发展，资源和原材料的需求不断增加，作为可再生利用的废五金电器、废电线电缆、废电机的进口量也随之不断增加。对上述废物的拆解利用发展迅速，并在20世纪90年代中后期形成了相当的规模，但大多数从事拆解的企业规模小、地域分散、缺乏污染控制设施，在生产过程中造成了严重的环境污染，并引起了社会的广泛关注，为了进一步加强进口再生资源过程的环境管理，推动进口再生资源加工园区的建设，提高进口再生资源的规模化水平，原国家环保局于1996年提出了对进口废物实行“圈区管理”的工作思路，并于1999年会同国务院相关部委在部分省市开展对进口废五金电器类废物实行“圈区管理”的试点工作。

进口再生资源“圈区管理”是以循环经济和生态工业理论为指导，以充分回收利用资源、节约能源、保护环境为目标，统筹考虑上下游产业相衔接、同类型企业相聚集，按照功能建设原则，划分为商品交易区、分拣加工区、仓储配送区、商品展示区、配套服务区和培训中心，实现“废物入园—分拣分选—专业加工—物流配送—成品出园”的封闭式循环经济模式。

2）静脉产业类生态工业园区

静脉产业类生态工业园区是以从事静脉产业生产的企业为主体建设的生态工业园区，而生态工业园区是“依据循环经济理念、工业生态学原理和清洁生产要求而建设的一种新型工业园区”。它通过理念更新、体制革新、机制创新，把不同工厂、企业、产业联系起来，提供可持续的服务体系，形成共享资源和互换副产品的产业共生组合，建立“生产者—消费者—分解者”的循环方式，寻求物质闭环循环、能量多级利用、信息反馈，实现园区经济协调健康发展。

3）“城市矿产”示范基地

“城市矿产”指工业化和城镇化过程中产生和蕴藏于废旧机电设备、电线电缆、通信工具、汽车、家电、电子产品、金属和塑料包装物以及废料中，可循环利用的钢铁、有色金属、贵金属、塑料、橡胶等资源，其利用量相当于原生矿产资源。开展“城市矿产”示范基地建设，顺应国家战略性新兴产业的规划需求。目前已有的三批“城市矿产”建设示范基地如表4-1所示。

表4-1 “城市矿产”建设示范基地

批次	地 点	产 业 园 名 称
第一批	天津静海	天津子牙循环经济产业园
	浙江宁波	宁波金田产业园
	湖南岳阳	湖南汨罗循环经济工业园

（续表）

批次	地　点	产 业 园 名 称
第一批	广东清远	广东清远华清循环经济园
	安徽阜阳	安徽界首田营循环经济工业区
	山东青岛	青岛新天地静脉产业园
	四川内江	四川西南再生资源产业园区
第二批	上海青浦	上海燕龙基再生资源利用示范基地
	广西梧州	广西梧州进口再生资源加工园区
	江苏徐州	江苏邳州市循环经济产业园再生铅产业集聚区
	山东临沂	山东临沂金升有色金属产业基地
	重庆永川	重庆永川工业园区港桥工业园
	浙江杭州	浙江桐庐大地循环经济产业园
	湖北襄阳	湖北谷城再生资源园区
	辽宁大连	大连国家生态工业示范园区
	江西新余	江西新余钢铁再生资源产业基地
	河北唐山	河北唐山再生资源循环利用科技产业园
	河南许昌	河南大周镇再生金属回收加工区
	福建福州	福建华闽再生资源产业园
	宁夏银川	宁夏灵武市再生资源循环经济示范区
	北京朝阳	北京市绿盟再生资源产业基地
	辽宁丹东	辽宁东港再生资源产业园
第三批	广东佛山	广东赢家再生资源回收利用基地
	安徽滁州	滁州市报废汽车循环经济产业园
	新疆巴音郭楞	新疆南疆城市矿产示范基地
	山西阳泉	山西吉天利循环经济科技产业园区
	黑龙江七台河	黑龙江省东部再生资源回收利用产业园区
	湖南郴州	永兴县循环经济工业园

4.1.3　固废综合处置园区的构成

围绕着循环经济理念中减量化（reduce）、再使用（reuse）、资源化（recycle）的“3R”原则，城市固废综合处置园区一般由城市垃圾处理设施、再生资源回收利用措施、危废处理设施组成，配套有科技研发及装备制造设施和环保宣教及亲民设施几个部分。典型的园区循环工艺流程如图4-1所示。

1）城市垃圾处理设施

垃圾处理设施包括生活垃圾分选中心、不同垃圾处理设施、生活垃圾焚烧发电厂和卫生填埋场等集中处理设施。在生活垃圾分选中心，生活垃圾进厂经破袋机、

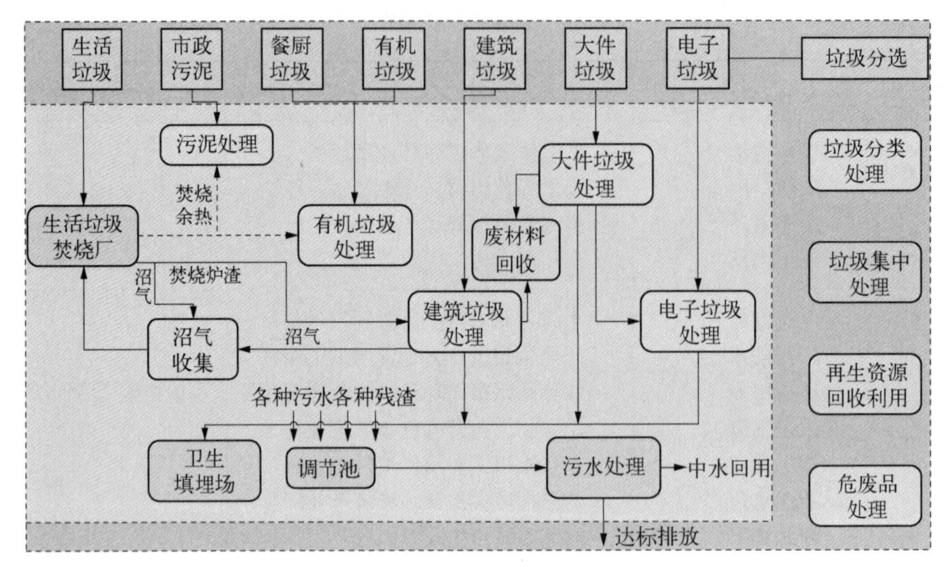

图 4-1 典型固废综合处置园区工艺流程

滚筒筛和磁选机等多级串联设备分选后进入各相应垃圾处理设施。

不同垃圾处理设施包括餐厨垃圾处理厂、粪便粪渣处理厂、渗滤液处理厂、建筑垃圾处理厂等。餐厨垃圾处理可采用厌氧消化技术，产生沼气、沼渣、沼液及废油，除油系统分离油脂可深加工制取生物柴油，沼气可发电、沼液经污水处理后回用、沼渣可处理生产腐殖土。粪便处理厂：粪便进厂后经固液分离、絮凝脱水后，污水进入污水资源化利用系统；粪渣入生化处理厂；不能再利用的残渣进入卫生填埋场进行填埋。渗滤液处理是对成分复杂的高浓度有机废水进行预处理、生物处理、深度处理和后处理，使得处理后的废水可以达标排放。拆迁、建设、修缮等建筑业的生产活动中产生的渣土、废旧混凝土、砖石及其他废弃物（即建筑垃圾），经分拣、剔除或粉碎后，大多可以作为再生资源重新利用。

卫生填埋场主要处理生活垃圾经分选后不能再利用的无机垃圾以及建筑垃圾、餐厨垃圾、粪便等经处理后不能被资源化利用的残渣，不会带来严重的二次污染。垃圾焚烧厂主要处理经分选后的易燃垃圾，焚烧余热发电上网；炉渣进入建筑垃圾资源化利用中心用来制造建材；不能利用的残渣入卫生填埋场填埋。

2）再生资源回收利用设施

再生资源回收利用设施包括废旧汽车、废旧家电、废旧金属、废旧塑料、废旧橡胶等垃圾的回收及再利用设施。建筑垃圾进厂后经过分级处理后，得到各种粒径的再生骨料，可生产各种环保型再生建材产品；得到的废钢筋、废电线及金属配件，可重新加工回收；得到的渣土可作为填埋场覆盖土。废旧家电、家具等大件垃圾经拆解后，金属、塑料、玻璃、陶瓷等材料可以运至废品回收部门；木材粉碎可运至木材厂重新加工,其不可利用部分可作为燃料焚烧发电。卫生填埋场填埋气体、餐厨垃圾处理厂及粪便处理厂所产生的沼气,可用来发电;渗滤液处理后可供园区回用;对生活垃圾分选出来的易腐化物质、餐厨垃圾处理厂产生的沼渣及粪便处理厂产生的粪渣,可以进行联合生化处理,生产腐殖土用于园区生态景观区的种植。

3) 危险废物再利用设施

危险废物再利用设施包括医疗垃圾处理、电子垃圾精深加工、废矿物油、废旧电池以及当地工业相关的危险废物的处理设施。

4) 环保宣教科研及亲民设施

环保宣教科研及亲民设施包括园区综合管理、宣传教育、实验研究、职工宿舍、生活服务以及供周边居民共享的体育休闲等设施。园区管理中心负责园区的管理及员工住宿休息。环保科研及宣传教育基地负责发展技术创新,研究垃圾处理新工艺,对园区内可能存在的各项污染指标进行监控,并开办环保教育培训等。附属设施包括园区车辆的相关服务。

5) 科技研发及装备制造设施

科技研发及装备制造设施包括科技研发、中试实证、企业孵化、装备加工及制造等设施。

4.2 垃圾填埋场及焚烧发电厂经典案例

4.2.1 国内垃圾填埋场经典案例

重庆市黑石子垃圾处理场如图 4-2 所示,设计日处理垃圾 1 000 t,采用新型厌氧卫生填埋处理工艺。该垃圾处理场属Ⅱ类Ⅱ级山谷型垃圾填埋场,工程设计批复投资 36 839.15 万元,工程竣工投资决算为 32 622.508 万元。

黑石子垃圾处理场采用新型厌氧卫生填埋技术和高维填埋技术。新型厌氧生态填埋技术的重要设计理念之一体现在渗滤液和填埋气体的收集、导排方面。在堆体填埋规划构造方面,紧密结合场址特点和地质结构,创造性地采用高维填埋技术。黑石子工程利用场区南北狭长、西侧山头高的特点,依山规划填埋,填埋相对高差远远超过国家建设标准的技术指标,扩大了填埋库容量,节约了土地资源。

黑石子垃圾处理场采用高边坡复合衬垫的工程防渗技术。由于人工防渗的HDPE 膜在焊接过程中易穿孔渗漏,尤其在大型垃圾填埋场,由于其场地范围大,渗漏隐患多,如果填埋场边坡高程差大,还存在防渗材料老化问题。重庆黑石子工程经过反复研究论证,采用“膨润土防渗衬垫(GCL)+高密度聚乙烯土工膜(HDPE)+土工布”的防渗衬层,以保证结构安全可靠,即使土工膜渗漏还有 GCL 保护层。此

图 4-2　重庆市黑石子垃圾处理场

外，根据边坡铺设高差达到 50 m 的特点，采用了高剪切强度和抗拉伸的材料满足防渗要求。根据库区特点和服务范围，黑石子工程将填埋库区分为两期实施，有效克服了高陡边坡条件下的防渗材料老化问题，同时节约投资。有效清污分流、减少渗滤液产生量。对于大型填埋场，尤其填埋区域和汇水区域面积大，需采取多种清污分流措施，减少渗滤液产生量。黑石子项目除了设置库区外围截洪沟外，还采取了有效的雨污分流措施。在未填埋垃圾区域，有效利用该排洪系统将库区的雨水和污水进行分流。

对于场地面积大、场区地质条件极为复杂的填埋场，应对滑坡体实行高切坡的安全稳定处理技术。黑石子工程根据现场开挖的实际情况，针对边坡岩体破碎、容易风化破坏、局部破坏严重及边坡高度较大等特点，在库区多个位置进行了高切坡体的治理。为保证边坡的稳定和防风化，主要采取锚钉加喷射混凝土的结构进行治理。实施实用、有效的渗滤液导排系统。传统渗滤液导排系统设计存在渗滤液立体空间不够、渗滤液导排缓慢、易堵塞等问题。黑石子项目的渗滤液导排系统创造性采用了三维立体设计理念以确保渗滤液导排系统通畅。

4.2.2　国外垃圾填埋场经典案例

纽约清泉垃圾填埋场开创了生态风景园的新形式以及垃圾填埋场再生的新范例，其规划布局如图 4-3 所示。工程师为每个垃圾山裹上一层高分子聚合物的保护膜，在膜上覆盖厚约 76.2 cm 的泥土层，从而在垃圾与地面大气之间形成一个隔离层。通过“条田种植法”，即通常采用 3 m 宽为边界开挖条田状沟渠，在条田堆积层上先铺设 30 cm 左右的黏土层压实，再覆盖 40 cm 的熟土以种植苗木，并在一些地方插入排气管以减少填埋气体对植物的影响。这种经济实用的农业方法可以改善土壤状况、增加土壤厚度，创建更有利于植物生长的环境。

设计团队将不同运动和文化活动等分别纳入公园的5个主要区域：综合区、北部公园、西部公园、南部公园、东部公园，每个区域有自己鲜明的特色和独特的设计方法(见图4-3)。

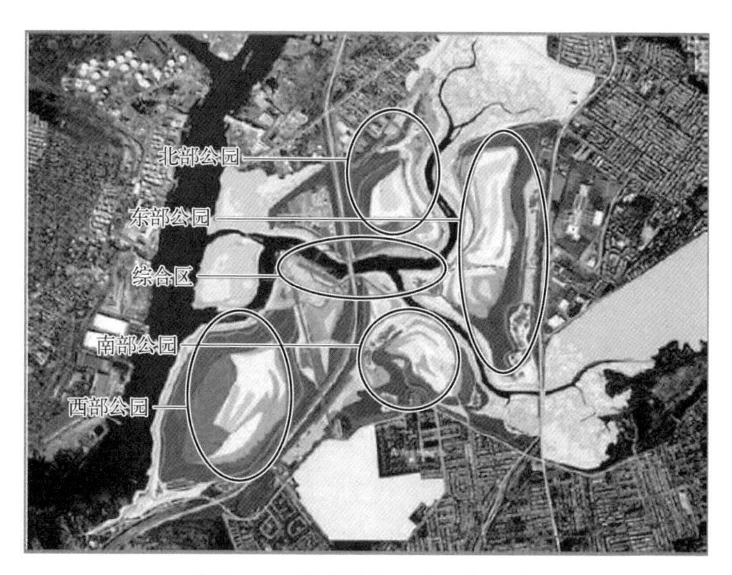

图4-3　清泉公园5个组成区域

中心区、自然科普教育区图、南部公园垃圾山顶登高观景和西部公园分别如图4-4、图4-5、图4-6和图4-7所示。综合区分为清泉湾北岸的亲水平台区和南岸的中心区。亲水平台区位于三条溪流的交汇处，为亲水活动而设计，包括滨水散步平台、皮划艇和划船项目、游客集散中心、停车场以及可供聚会野餐和日光浴的大草坪。中心区是清泉湾南岸的一片平坦区域，提供会议场所、艺术工作室、滨水散步道、饭店、宴会厅和露天市场等设施，展示清泉垃圾填埋场的器械设备是其最大特色。东部公园占地195.2 hm^2，除分布着公园基础设施和几片湿地之外，该园的最大特点是包含一条东起里士满大道，向西连接西海岸高速的景观车道。西部公园占地220.7 hm^2，设有自然保护地，巨大的垃圾山构成了该园最大的特征，垃圾山顶上将建造一座巨大的大地艺术纪念碑，尺寸、长度均与原来的世贸中心双子塔楼一样。南部公园面积约172 hm^2，该园的特点是拥有巨大的体育休闲空间，游人也可以攀登到南部垃圾山顶欣赏风景。北部公园是简单、淳朴的自然风貌。环绕北部垃圾山，各种用途的道路交错延伸，组成道路网，其中有不少小路野径通向溪流岸边。此外，北部公园安排了观光、野餐、垂钓和休憩的场所，在这里可以眺望威廉戴维斯野生动植物保护区。

图 4-4　中心区：旧器械设备成为道路景观

图 4-5　东部公园的自然科普教育区

图 4-6　南部公园垃圾山顶登高观景

图 4-7　西部公园：垃圾山顶的大地艺术纪念碑

清泉公园并没有被考虑建设成一种固定的形式。设计师在设计中保留了某种特定的流动性，选择以时间和自然变化这两种存在于景观和景观变迁内部的现象为基础，利用植被对环境持续变化的适应和回应能力，构建场地生态恢复和景观更新的框架。

4.2.3　国内垃圾焚烧发电经典案例

1）深圳市市政环卫综合处理厂

深圳市市政环卫综合处理厂采用焚烧技术处理城市生活垃圾，并利用其余热发电、供热。该处理厂的炉床从上而下分为干燥区、燃烧区和燃尽区。垃圾在炉排上呈层状燃烧，燃烧空气从炉排下方送入。通过炉排的逆向间歇运动，使垃圾自上而下均匀移动，并对垃圾进行搅动和破碎，增加透气性，便于空气与垃圾的充分混合。余热锅炉作为烟气冷却系统和热能回收利用系统与垃圾焚烧炉组成一个有机的整体。

该厂配备的每台锅炉正常运行时，每小时可外供 1.6 MPa 饱和蒸汽 12 t，可外供热量 33 500 MJ，分别送至汽轮发电机组、卫生处理厂和宝东塑料制品厂，由于工质参数偏低，最大外供热能利用率仅 16.7%。为此，处理厂分别于 1994 年 8 月、1995 年 2 月对#1 炉、#2 炉进行改造，主要包括炉内加装屏式过热器、改造现有热力系统以避免蒸汽直接凝结造成放热损失、选用与改造后配套的凝汽式汽轮发电机组，实行以发电为主、供热为辅的热力循环方式。改造完成后，进入汽轮机的蒸汽入口焓比原参数提高 339.13 kJ/kg，排汽焓比原参数降低 113 kJ/kg，机内焓降为 929.22 kJ/kg，比原机组增加 1 倍多，可利用热能大大增加。

该厂建厂初期已配套建设了烟气污染防治设施，采用干式布袋加静电除尘烟气净化技术的烟气处理工艺，垃圾焚烧产生的烟尘由电除尘器收集，烟气中的 HCl 等有害气体通过烟道中设置的处理装置自动喷入 $Ca(OH)_2$ 控制。由于建成时间较早，运行过程中面临烟气系统升级改造和发电系统扩容等问题。

2) 杭州乔司垃圾焚烧电厂

杭州乔司垃圾焚烧电厂如图 4-8 所示，其是我国首座采用流化床工艺的生活垃圾焚烧设施。该项目日处理生活垃圾 800 t，烟气处理系统采用"循环悬浮式半干法+活性炭吸附+袋式除尘器"脱硫工艺。杭州余杭区 60%及杭州城西部分城区的生活垃圾送到这里进行焚烧处理。

图 4-8　杭州乔司垃圾焚烧电厂

垃圾被运到乔司垃圾发电厂的材料区后，就被直接倾倒在垃圾堆放区一侧的预处理平台上，然后随着机械传送带，被带进流水线操作的发电程序中。首先，工人分拣出铁桶、大砖块等不易燃烧的垃圾；然后袋子被切开，使垃圾散开，再用磁性带吸走铁盒、啤酒瓶盖等；经过传送再除铁，然后进入垃圾成品库。每隔七八分钟，吊车就会从这个成品库里，吊走 1.8 t 左右的垃圾，运进焚烧炉。在整个预处理过程中，每天都会拣出 2 t 以上不能燃烧的东西。垃圾以及一部分助燃物（主要是煤粉）被鼓风机吹到锅炉里的半空中进行充分焚烧，燃烧后的热量被传输到几台专门的集成发电机组上用来发电，而产生的废气经袋式除尘器、半干法烟气处理系统等进行脱尘、脱硫、脱酸、除去二噁英后达标排放。最后，垃圾焚烧后产生的约 5%的废渣，被运到几千米外的砖瓦厂，制成人行道的路面砖。

3）上海江桥生活垃圾焚烧厂

上海江桥生活垃圾焚烧厂主要处理黄浦区、静安区的全部生活垃圾及普陀区、闸北区、长宁区、嘉定区的部分生活垃圾。

上海江桥生活垃圾焚烧厂如图 4－9 所示，全厂工艺主要由以下几个系统构成：垃圾称重及卸料系统、垃圾焚烧系统、助燃空气系统、余热锅炉系统、出渣系统、烟气净化系统、汽轮发电机系统、自动控制系统、公用系统等，生产线配置为三炉二机。

图 4－9　上海江桥生活垃圾焚烧厂

卸料大厅有 18 个卸料口，卸料口安装了半自动门，垃圾车卸下垃圾后，门会自动关上，以防臭气外泄。卸料大厅后面是垃圾贮存坑，采用了负压设计，垃圾贮存坑内的臭气由贮存坑上方“一次风进口”抽向焚烧炉内，不仅解决了焚烧炉内加氧助燃的问题，而且解决了垃圾贮存坑内臭气外泄的问题。垃圾贮存池为半地下式钢筋混凝土结构，可存放 5 天的垃圾量。垃圾坑上方安装了两台 12.8 t 的抓斗吊车，可将垃圾抓入进料口，进入焚烧炉。

焚烧炉确保烟气在不低于 850℃条件下的炉内停留时间不少于 2 s，灰渣热灼减率≤3%。烟气净化采用“半干法＋喷活性炭＋袋式除尘器”的组合工艺，并预留了脱氮装置；该系统使用转速为 15 000 r/min 的喷雾器、P84 布袋材料的袋式除尘器。整体工艺控制采用集散控制系统(DCS),以实现焚烧、烟气净化、汽轮发电机组系统、电气系统、汽水循环系统及其他各辅助工艺系统的自动控制和管理,从而使全厂获得高度的自动化水平。垃圾焚烧产生的热量通过余热锅炉回收产生蒸汽,并经两台额定功率为12 MW的中压凝汽式汽轮发电机组发电,电量除供本厂使用外,大部分出售,并入华东电网。目前,烟气净化系统产生的飞灰外运至嘉定危险品处理场进行安全处置。垃圾焚烧产生的灰渣,运往老港固废处置基地处理。垃圾渗沥水收集后在厂内进行处理后达标排放;生产废水、生活污水由厂内污水处理站处理后达标排放。

4.2.4　国外垃圾焚烧发电经典案例

1) 德国柏林垃圾焚烧厂

图4-10为德国柏林垃圾焚烧厂。发电厂的8条焚烧线年处理生活垃圾52万吨,柏林市59%的生活垃圾都在该厂处理。柏林市垃圾焚烧发电厂的环境很好,厂区内没有臭味,场内工作井然有序。该焚烧厂可以为10万户家庭供电、3万户家庭供热,同时也向周围的工厂供电、供热。目前,柏林市有54%的垃圾以焚烧的方式处理,生化处理占23%,填埋占23%。柏林市正在制定垃圾处理五年规划,如果规划通过,将来要关闭所有填埋场,到2020年生活垃圾将实现零填埋,届时现有的垃圾填埋场将用来处理建筑垃圾。

图4-10　德国柏林垃圾焚烧厂

2) 奥地利维也纳垃圾焚烧厂

维也纳有4个垃圾焚烧发电厂,其中3个是生活垃圾焚烧厂,1个是危险垃圾焚烧厂。维也纳市的 4 个垃圾焚烧厂供热管线总长度达到 1 100 km。该厂采用电子过滤、高压方式除尘，采用钠溶液、石灰水、氨溶液等液体净化方式对焚烧气体进行净化处理，采用催化技术脱氮、脱毒。实施每天检测制度，实时公布烟气排放信息，政府对二噁英每年进行 4 次检测，并对外公布检测结果。

维也纳年产生垃圾 100 万吨，其中生活垃圾 62 万吨，由政府负责处理。废纸 13 万吨、生物质垃圾 13 万吨、金属 1.7 万吨、玻璃 2.5 万吨，这些垃圾通过回收系统进行回收利用。另外，电池、打印机墨盒等危险垃圾通过移动式垃圾回收车运输送至 43 个回收站点。同时垃圾焚烧可以发电、供热，夏天还可以制冷，资源得到了循环利用，对城市低碳环保起到了积极作用。

4.3 综合处置园区经典案例

4.3.1 国内固废综合处置园区经典案例

1）北京朝阳循环经济产业园

北京市朝阳循环经济产业园承担了朝阳区的固体废弃物无害化处理和综合利用。目前，该产业园已建成并投入运营的项目包括：生活垃圾卫生填埋场、医疗垃圾焚烧厂、垃圾焚烧发电厂、电动汽车充换电站和餐厨垃圾处理厂。正在规划建设的项目包括：生活垃圾综合处理厂焚烧中心、生物处理中心、分选中心、科研环保教育中心、废旧物资回收中心、建筑垃圾处理厂、环卫停车场等七个固废处理和综合服务项目。

卫生填埋场可以对朝阳区 60%的垃圾实现无害化处理。医疗垃圾处理厂对医疗垃圾进行集中处理，技术工艺比其他垃圾处理更加严格，焚烧后可基本达到无害化。

园区的高安屯垃圾焚烧发电厂可为朝阳区 200 多万城市人口提供环境卫生服务，完成朝阳区一半的垃圾处理，年处理生活垃圾 70 万～80 万吨；采用中水作为循环冷却水，每年节省 160 万吨市政供水资源；沼气发电站每年平均发电 2.2 亿度，相当于每年节约 7 万吨标准煤。同时，垃圾焚烧后还将产生总量 20%左右的炉渣，可用于制作城市道路和防护堤坝的建筑材料。此外，园区从 2009 年开始对二噁英排放量进行监测，测算数据显示，二噁英排放指标最高值为 0.07 ng，排放量完全达标。

园区的高安屯餐厨废弃物处理厂是目前国内规模最大的餐厨废弃物资源化处理厂，同时也是最大的农用微生物产品工业化固体发酵生产基地。厂区设计垃圾日处理能力 400 t，可解决北京市东部区域餐厨垃圾处理问题。该厂采用高温发酵生化处理技术，通过微生物菌群加工制成微生物肥料菌剂及生物蛋白饲料，用于有机农业和清洁养殖业。利用生物腐殖酸可以生产出有机/无机复混肥，而餐厨废弃物能够替代煤炭腐殖酸，从而有效地解决了对不可再生煤炭腐殖酸资源的依赖。该厂设计年处理 14 万吨餐厨废弃物，年产 8 万吨生化腐殖酸。

2) 北京鲁家山循环经济(静脉产业)基地

北京鲁家山循环经济(静脉产业)基地以垃圾焚烧项目为核心，统筹建设建筑垃圾、电子垃圾、园林垃圾、餐厨垃圾、废玻璃、市政污泥、生活垃圾 7 类城市固废处理设施，建设项目包括生活垃圾焚烧发电项目、餐厨废弃物处理项目、残渣处理场项目等 12 个产业项目，配套建设环保展示体验中心以及宣教区。其建设布局如图 4－11 所示。

图 4－11　北京鲁家山循环经济(静脉产业)基地

基地包含了生活垃圾处理产业链、餐厨垃圾处理产业链、废油脂处理产业链、废电子产品处理产业链、污泥处理产业链、废玻璃及其制品处理产业链、建筑垃圾处理产业链等。各个链节之间存在多种输入输出关系，形成循环经济网络，其总产业链如图 4－12 所示。

基地的核心项目，生活垃圾处理产业链采用机械炉排式焚烧炉进行垃圾焚烧，一期处理规模 3 000 t/d，二期处理规模 3 000 t/d。与周边区域协同建立生活垃圾分类收集、深度筛分系统，保证进厂垃圾达到设计热值，形成以焚烧工艺为核心的生活垃圾处理产业链条。

垃圾焚烧厂在工艺设计上首次采用负压除臭工艺、烟气防白烟技术，保持炉膛内温度大于 850℃，并控制烟气在炉膛内停留 2 s 以上，辅以活性炭脱除的烟气处理工艺，将二噁英排放浓度控制在 0.1 ng 以内，实现达标排放。

餐厨垃圾处理产业链采用生化处理工艺。发挥餐厨垃圾的资源化属性，打造

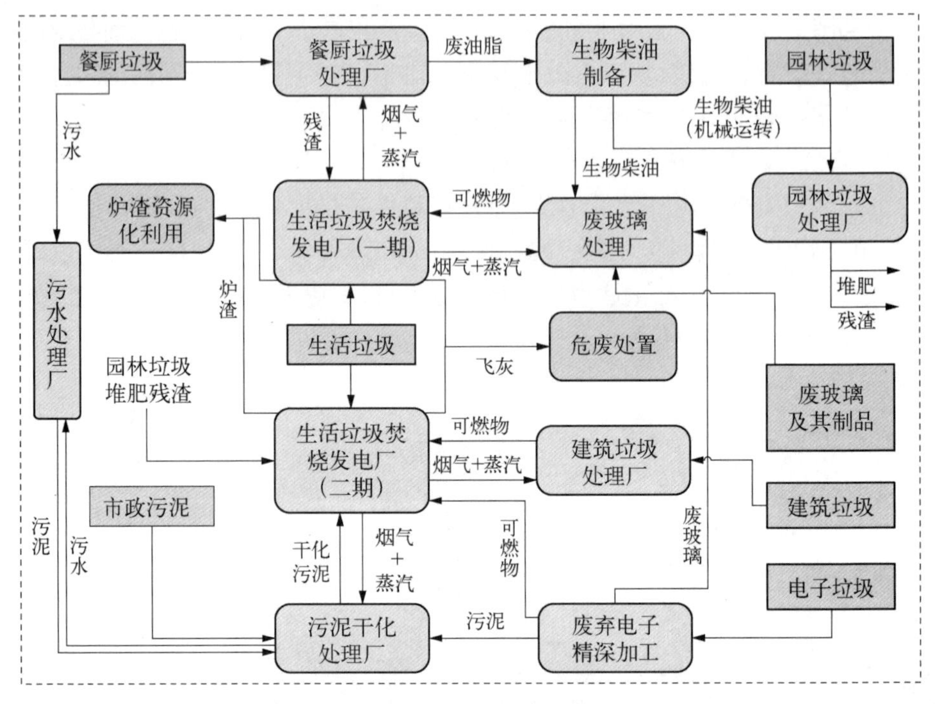

图 4-12　北京鲁家山循环经济产业链

餐厨垃圾处理产业链，实现垃圾收运系统与处理系统对接，同时与有机肥销售市场对接，以保证肥料产品的销售渠道。餐厨垃圾利用一期项目采用“前端分选＋厌氧发酵处理＋沼气利用”的集成处理工艺，可分选出塑料、纺织物、玻璃、金属等可回收物，还可将有机物分离后进行处理，使垃圾减量率达到80%。

废油脂处理产业链采用生化处理工艺。以打造废油脂处理产业链为目标，通过与市区机关、高校等签订处理合同，保障废油脂来源；与柴油用量大户签订供货合同，保障生产的生物柴油具有稳定市场。

废电子产品处理产业链采用湿法与火法工艺，以缓解北京市废电子产品精深加工的处理困境、打造废电子产品拆解-金属提纯产业链为目标，实现了与北京市现有废电子产品拆解企业的对接，接收并深度处理其拆解后的废电路板等，提纯金、银、铜、钯、锡等金属。

污泥处理产业链利用焚烧余热对污泥进行干化，再焚烧发电。以充分利用生活垃圾焚烧余热资源、打造污泥余热干化-焚烧发电资源化处理产业链为目标，与污泥产生单位建立合作关系，实现污泥稳定、定向输送，与生活垃圾焚烧发电设施对接，实现污泥焚烧发电及生活垃圾焚烧发电并网输出。

3) 天津子牙循环经济产业区

天津子牙循环经济产业区重点发展废旧机电产品、废弃电器电子产品、报废汽车、橡塑加工、精深加工再制造和节能环保新能源产业六大产业，各区域地理布局如图4-13所示。园区产业链构建大中小三级循环模式，形成了“静脉串联”、“动脉衔接”、产业间“动态循环”的循环经济发展“子牙模式”，其产业链结构如图4-14所示。

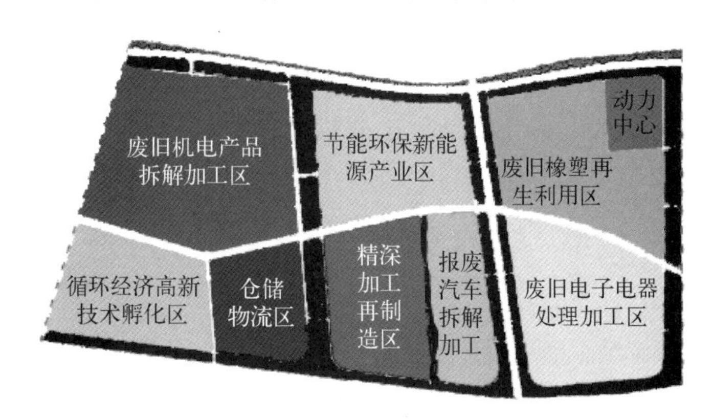

图4-13 天津子牙循环经济产业区产业布局

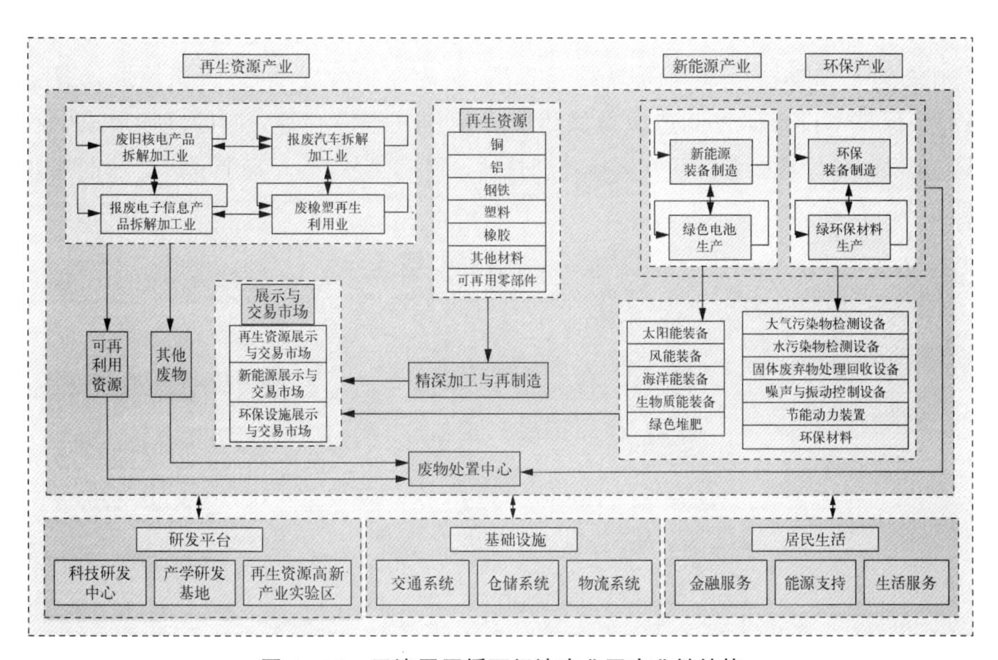

图4-14 天津子牙循环经济产业区产业链结构

废旧机电产品拆解处理产业形成了覆盖全国各地的较大的有色金属原材料市场。报废汽车拆解处理产业可回收铜、铝、铁等有色金属及有价零部件。天津市国联报废机动车拆解处理项目的开工建设，在国内同行业领域中起带动和示范作用。废旧电子信息产品拆解处理产业采用先进的拆解和回收利用技术，大力发展电视机、洗衣机、电冰箱、空调等家用电器的再制造，使废旧电子信息产品资源化率达到

99%。废橡塑再生利用产业重点发展旧轮胎的翻修与再制造、废轮胎的胶粉生产与再利用、废轮胎橡胶的复原再利用、废橡胶的负压裂解再利用产业，大力引进再生瓶级聚酯(PET)切片项目、再生聚乙烯(PE)制品项目和环保型再生木塑复合材料等项目，通过独创的研究技术和先进工艺，以一种全新的理念开发以废橡塑为代表的高分子"城市矿产"。精深加工再制造产业研究开发环保新工艺、新设备、新技术，重点发展太阳能光伏、风电装备制造、生物柴油开发、环保设备及环保材料制造业等，大力引进中小型风电项目、大型生物质能源项目、高性能的环保材料研发与制造项目、环保设备研发与制造项目等，培育新的产业增长点，使新兴产业尽快成为园区的亮点。

4) 苏州光大静脉产业园

苏州光大静脉产业示范园主要解决生活垃圾、工业固体废物、市政污泥等城市固体废物的无害化处理，其布局如图 4-15 所示。产业园已陆续建成投运的项目有：生活垃圾焚烧发电厂、生活垃圾填埋场沼气发电、垃圾焚烧灰渣资源化利用、余热综合利用(出售热水)、工业危险废物安全处置中心、园区垃圾渗滤液集中处理厂、市政污水厂污泥焚烧处理厂、医疗废物处置项目、餐厨垃圾处置项目、环保技术设备研发制造以及固体废弃物预处理中心等。园区规划形成生产区、研发区和管理服务区三大区域，同时进行环保教育宣传。整个园区产业框架如图 4-16 所示。

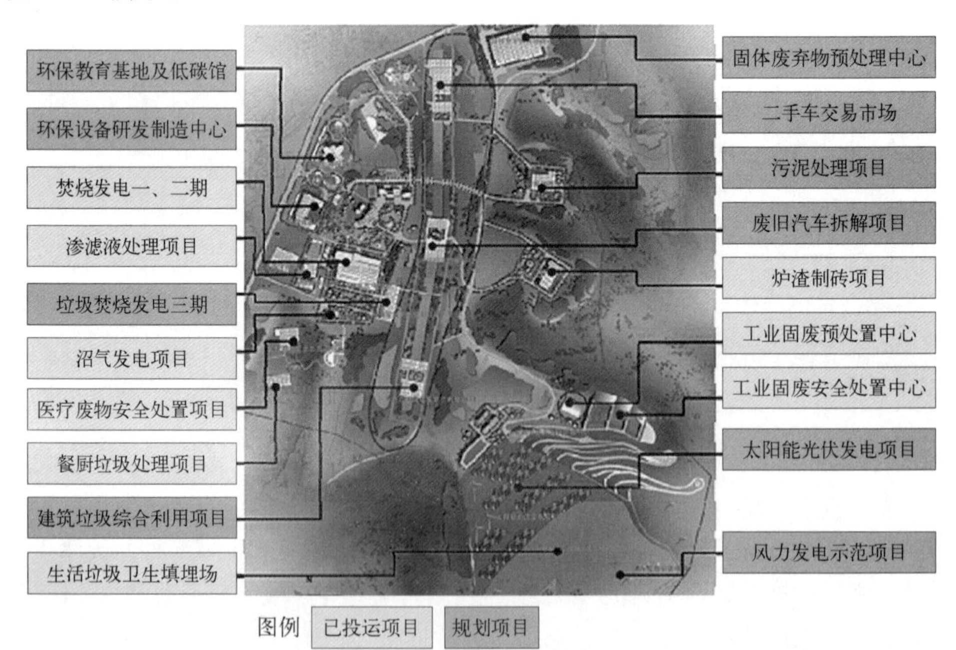

图 4-15　苏州市光大静脉产业示范园区产业布局

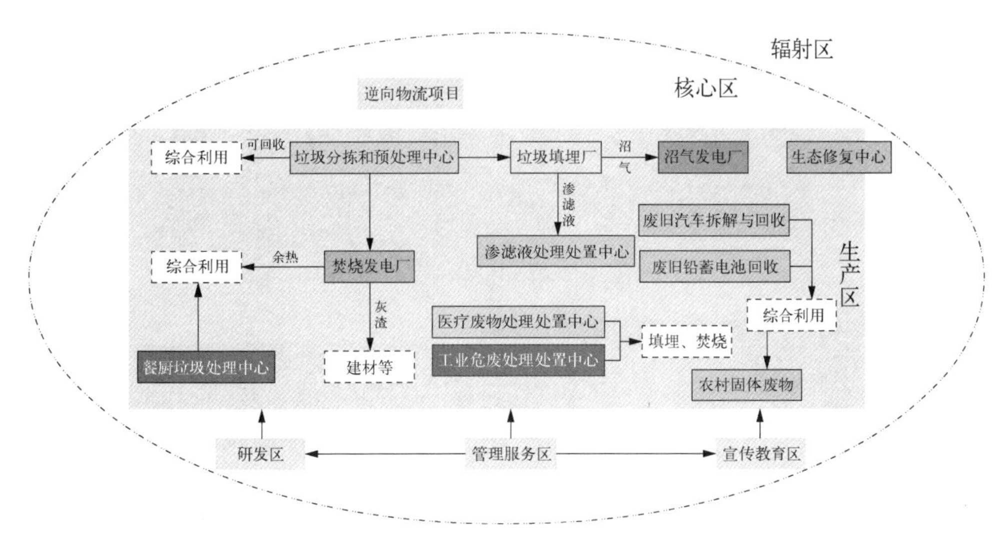

图 4-16　静脉产业园区产业框架

生产区是整个产业园的核心，集生活垃圾资源化利用、餐厨垃圾资源化利用、危废处理处置、废旧汽车拆解利用、废旧蓄电池再生利用、市政污泥处置、农村固废资源化利用等项目于一体，以实现区域固体的综合处理处置。研发区是产业园的技术依托。管理服务区是整个产业园正常运作的保障，通过基础设施建设和共享，保障园区三废得到安全处理。

5）青岛新天地静脉产业园

青岛新天地静脉产业园建设至今不断发展完善，形成了固体废物"回收—精细化拆解—高效破碎—深加工—无害化处置"的完整产业链，拥有报废汽车拆解流水线设备、废弃(旧)电冰箱综合拆解资源再利用处置线、废弃(旧)电视机或电脑荧光屏综合拆解资源再利用处置线、涉密载体销毁专用车、油桶修复装备、氟利昂制冷剂提纯再生装置、报废汽车破碎分选生产线、废旧发动机和变速箱拆解装置等多项专有技术。其布局如图 4-17 所示。

园区构建了废家电、废汽车、线路板、废容器等资源利用产业链，并正在形成废塑料、废轮胎、废矿物油、废七类机电等循环利用产业链，产业间耦合共生关系不断拓展。目前园区包含医疗废物焚烧设施、危险废物焚烧设施、一般工业填埋场、危废贮存仓库、危险废物安全填埋场、物理化学处理车间、危险废物稳定化固化车间、污水处理设施、物流中心、报废汽车拆解设备、废旧家电及电子产品拆解处置生产线、废旧轮胎生产线以及园区专用道路、给排水管网工程和生态防护林等基础配套设施。产业园管理如图 4-18 所示。模式产业园的基础项目包括青岛市一般工业固体废物填埋场处置中心、废弃电器电子产品资源化利用项目、青岛市医疗废物集中处置中心、青岛危险废物处置中心以及报废汽车回收拆解项目。

图 4-17　青岛新天地静脉产业园布局

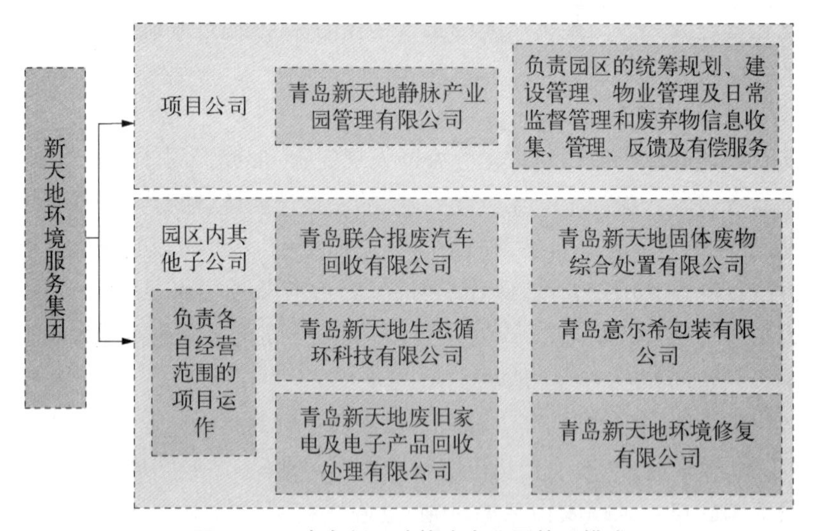

图 4-18　青岛新天地静脉产业园管理模式

4.3.2　国外固废综合处置园区经典案例

1）日本川崎固废处置静脉产业园区

日本川崎固废处置静脉产业园区占地面积约为 2 053 hm^2。其中 81%被指定为工业专用地，公园、绿地所占面积只有 1%。生态产业园内产业链如图 4-19 所

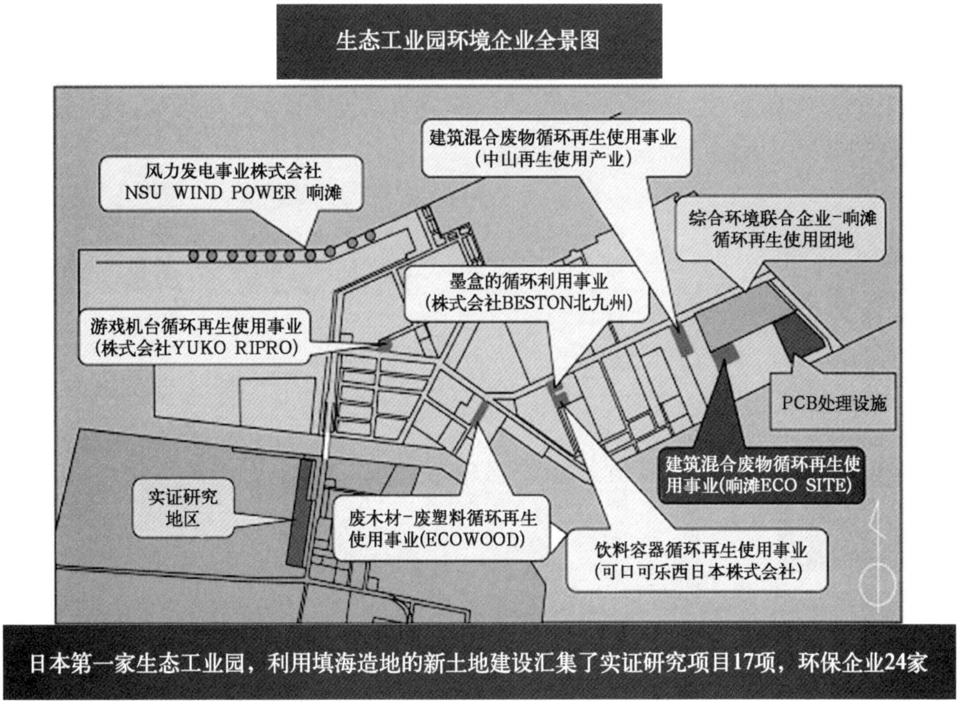

图 4－19　川崎生态产业园内产业链示意图

示。川崎生态园的再生利用项目主要包括：废塑料高炉还原系统、家电回收设施与系统、废塑料水泥型框架控制板制造设施与系统、废纸回收设施与系统、废塑料原料化设施与系统、不锈钢制造厂废物的回收利用项目等。

2）德国瑞曼迪斯生态园区

瑞曼迪斯生态园区中生物燃料发电站年发电量 15 万 MW；屠宰场副产品年处理量达 8 万吨，用于生产生物燃料；动植物油脂年处理量 10 万吨，用于生产生物柴油；废纸废塑料年处理量 4 万吨，用于生产垃圾衍生燃料（RDF）；流化床发电厂年处理废物量 16 万吨，发电 5 万 MW。此外，废电子设备、电器年拆解处理量 10 万吨，废木材年处理量 43 万吨，矿渣生产的高级钢和有色金属颗粒年处理量 25 万吨，园林垃圾堆肥年处理量 10 万吨。

4.4　上海老港固废处置基地的构成

4.4.1　老港基地整体概述

老港固废综合利用基地平面布置如图 4－20 所示，主要分为垃圾焚烧发电厂、垃圾填埋场、渗滤液处理厂三大厂区，还包括未来规划待建的沼气发电厂、光伏电站、污泥干化厂等。作为垃圾焚烧、生化处理等均有残渣的最终填埋处，老港基地承担着全上海市约 70%的生活垃圾处理任务，成为本市生活垃圾的最终处置场所。老港基地厂区组成如图 4-21 所示。

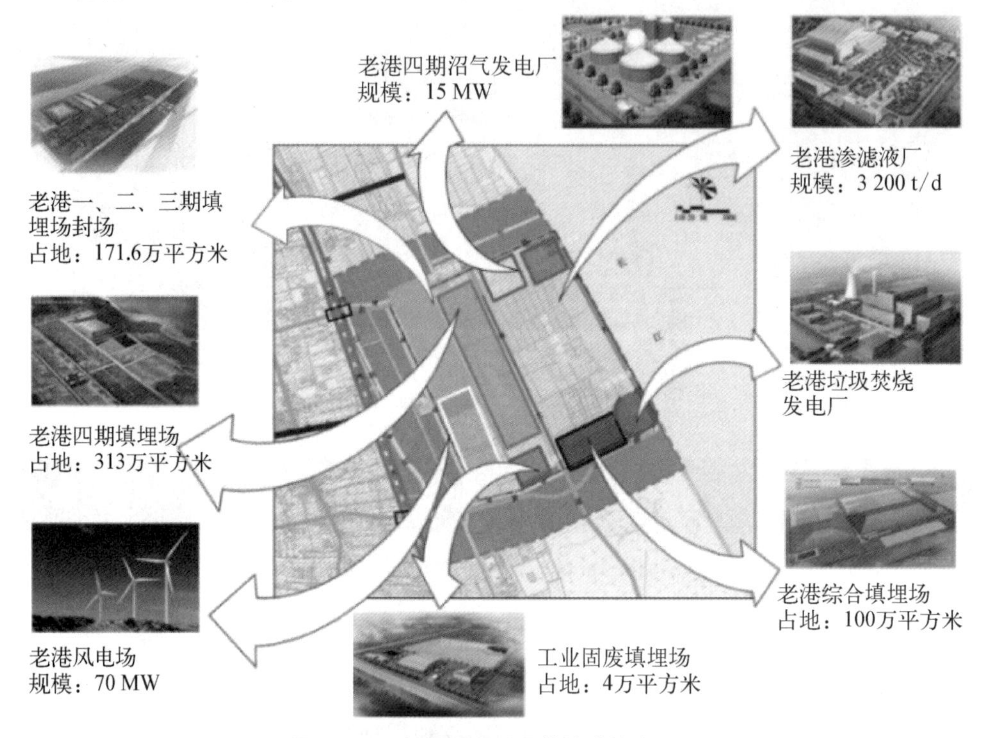

图 4-20　老港固废利用基地功能布局图

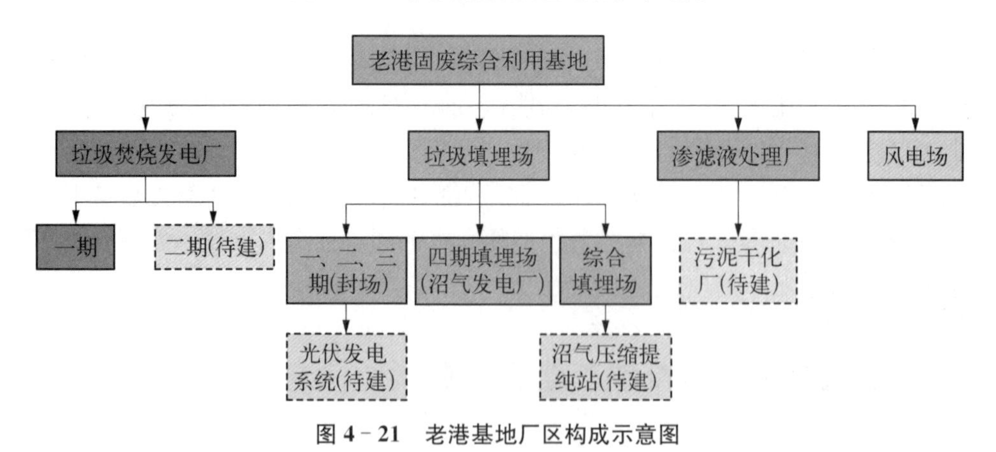

图 4-21　老港基地厂区构成示意图

1）厂区简介

垃圾焚烧发电厂。老港能源利用中心一期工程垃圾焚烧发电厂日处理垃圾

3 000 t。再生能源利用中心二期工程，即垃圾焚烧厂二期正在建设中。垃圾焚烧发电在处理生活垃圾的同时，可以发电产热，变废为宝，年处理垃圾 100 万吨，且年发电量超过 3 亿度。能够最大限度地实现生活垃圾的减量、无害以及资源化处理，而且占用土地资源最少。因而应提倡扩大采用焚烧处理技术的规模，通过提高焚烧能力，实现原生垃圾零填埋目标。

垃圾填埋场。老港垃圾填埋场包括已完成封场修复工程的一、二、三期填埋场，和正在使用的四期填埋场，以及对生活垃圾、污泥、飞灰等进行综合处理的综合填埋场和工业固废填埋场。目前正在进行填埋的是老港四期填埋场，位于整个基地北部。老港综合填埋场设置了生活垃圾、飞灰和污泥填埋区，处理垃圾量 5 000 t/d。生活垃圾填埋库区以应急为主填埋原生垃圾，飞灰填埋库区用来填埋能源中心一期工程稳定化处理后的飞灰，污泥库区用于填埋脱水处理的污泥。老港四期填埋场上建设有沼气发电厂。填埋场堆体中产生的填埋气作为一种可用于发电的生物质能，是可再生能源。老港四期填埋场已实现在垃圾填埋场直接将垃圾再利用为沼气，通过发酵使填埋的垃圾产生沼气，再进行发电，年发电量可以达到 1.5 亿千瓦·时，可以提供近 10 万户家庭的生活用电，是国内最大的生物发电项目。

渗滤液处理厂。老港渗滤液处理厂即为整个基地垃圾渗滤液集中处理的场所。基地内部垃圾焚烧发电厂、综合填埋场、四期填埋场和已经封场的一、二、三期填埋场所产生的渗滤液都需要处理，即汇集到渗滤液处理厂统一处理。处理规模约 3 200 m^3/d，是目前全亚洲规模最大的垃圾渗滤液处理厂，其中垃圾焚烧发电厂、填埋场渗滤液处理规模各为 1 600 m^3/d。

风电场。老港风电场是亚洲第一个也是唯一一个建立于垃圾填埋场上的风电场。整个风电场包含一期工程建设的 13 台 1.5 MW 风电机组，二期工程建设的 24 台 2 MW 风电机组，该风电场是上海内陆风电场中最大的，总装机容量达 6.75 万 kW。年上网电量可达约 1.05 亿千瓦·时，每年可相应减少约 4.9 万吨燃煤所造成的污染，有着重要的环保作用。

规划建设厂区包括垃圾焚烧厂、光伏发电系统、污泥干化场、沼气压缩提纯站。

(1) 垃圾焚烧厂(二期)。为了进一步优化生活垃圾处理结构，实现原生垃圾零填埋的目标，规划设计了老港垃圾焚烧发电(二期)工程。焚烧发电(二期)设计处理能力为 6 000 t/d。届时，加上目前已经投产的一期焚烧厂，每天运来老港的生活垃圾(上海绝大部分垃圾)将全采用焚烧处理，无需继续填埋。并且每年将产生高达 9 亿千瓦·时的发电量。焚烧厂的二期工程是推进焚烧处理垃圾的关键，可以大大提升垃圾处理的二次利用率。

(2) 光伏发电系统。在已封场的填埋场上建设光伏发电系统。卫生填埋是目前垃圾处理的主要方式，但这种方式会带来很多危害，占用大量的土地资源，还会造成严重的污染，影响居民生活。在垃圾填埋场填埋完成，进行封场后，可以在其上加装光伏发电系统。这样不仅解决了土地浪费问题，还能通过太阳能产生更多的能量，是目前国内外资源再生利用的一个主要趋势。

(3) 污泥干化厂。渗滤液的生产工艺过程会产生大量沼气，目前的沼气处理方式是直接点火炬燃烧，造成了能源资源的严重浪费。为合理利用资源，拟在渗滤液厂附近建设污泥干化厂，利用渗滤液处理过程中收集到的大量沼气对渗滤液处理过程中产生的大量污泥进行干化，干化后的污泥热值明显提高，可实现稳定燃烧，作为燃料送入焚烧厂进行燃烧发电。污泥焚烧将污泥中的热值转换为电能或者热能利用起来，其产生的能量再用于污泥干化，可以减少处理中所需要的能量。整个过程实现了能源的综合利用。

(4) 沼气压缩提纯站。渗滤液厂厌氧发酵所产生的沼气还可通过压缩提纯技术，经提纯后供入天然气管网。厌氧消化产生的沼气主要成分是CH_4和CO_2，其中CH_4含量约占60%而CO_2含量约占40%。沼气来源丰富且拥有很高的利用价值。由于沼气中最有价值的就是CH_4，所以再利用前需要进行提纯，将沼气中的杂质去除。当下能源紧缺，而作为可再生能源的沼气则恰恰能缓解这一问题，较高纯度的沼气完全可以取代天然气。建设沼气提纯站，使得渗滤液厂所产沼气符合天然气的标准要求，进入天然气管网输送给附近居民，从而进行大规模利用。

2) 基地定位

生活垃圾战略处置基地。在充分考虑老港固废处置基地与周边区域和谐共生的前提下，建设一座满足上海市生活垃圾处理处置需求的基地，同时对其他建筑垃圾分类回收、危险废物处理、工业固废处理、污泥处理等进行相应的集约化、规模化、资源化处理。

生活垃圾最终处置场所。垃圾焚烧、生化处理等均有残渣需要最终填埋处置，老港固体废弃物综合利用基地即上海市生活垃圾的最终处置场所。

循环经济示范基地。利用基地土地空间及生活垃圾综合处理产出和生活垃圾源头分类分离的可回收物质，发展环保达标、技术先进的废包装桶、建筑材料、废旧塑料等资源再生项目，形成废弃物循环利用产业链，成为发展循环经济的示范基地。

固废处理实证基地。借鉴国外经验，发展环保技术实证与技术、产品展示基地。环保技术实证，即支持各类环境资源再利用技术和最终处置技术领域的实验室成果扩大化研究、集成创新研究、引进技术的本土化研究活动。技术、产品展示，即展示和介绍基地内外可进入产业化应用阶段的技术和产品，普及科技知识，培养参观者环保与循环利用意识。

3) 基地概况

老港固废处置基地预期运营模式可以分为四条路线：即沼气路线、供热路线、供电路线及垃圾运输路线。根据资料，近几年进入老港填埋场的各类垃圾处理量如表4-2所示。2009年，老港四期实际承担的垃圾量平均达8 960 t/d，最高月日均垃圾填埋量高达9 956 t/d。由于老港四期的配套设施是按照4 900 t/d设计的，四期配套设施的不足，不可避免地给周边带来了环境问题。图4-22表示垃圾填埋占比。

表4-2　老港垃圾填埋量(2005年—2009年，单位：t/d)

垃圾种类＼年度	2005年	2006年	2007年	2008年	2009年
生活垃圾	6 729	7 270	8 397	8 642	9 447
三林陈垃圾	—	1 093	—	165	—
世博会渣土	—	6	40	914	—
江桥焚烧厂炉渣	—	—	167	255	358
水面保洁垃圾	—	—	47	59	0.3
总计	6 729	8 369	8 651	10 033	9 805
老港三期填埋量	5 328	3 470	2 281	2 247	845
老港四期填埋量	1 401	4 900	6 370	7 790	8 960

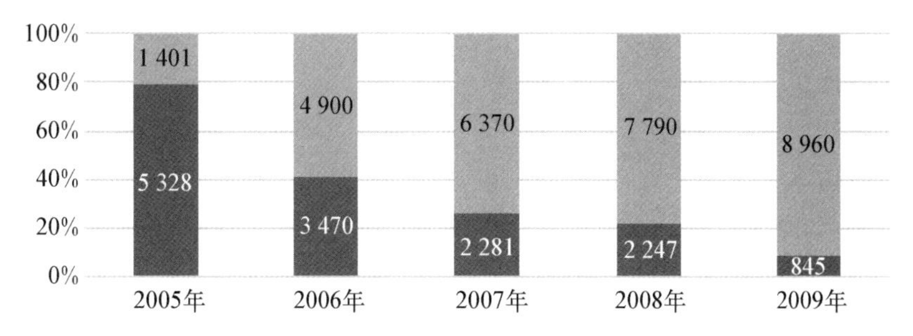

图4-22　垃圾填埋占比(单位：t/d)

从2005年至2009年，老港垃圾填埋场中的三期填埋场逐渐趋于饱和，其垃圾填埋量百分占比逐年下降，从2005年占总填埋量的79.2%到2009年的8.6%占比。而四期填埋场则逐年在垃圾填埋中起到越来越重要的作用，其垃圾填埋量从2005年占总垃圾填埋量的20.8%到2009年的91.4%占比。由图4-23可以发现，在老港的日常垃圾填埋中，生活垃圾占据了很大的比例，且生活垃圾以及垃圾总量也在逐年增加。

表4-3表示2011年—2016年老港垃圾处理量的变化情况。图4-24表示老港垃圾处理量的占比。从相应图表中可以发现，再生能源利用中心的投入生产，使得垃圾填埋场的填埋量大大减少，相应地再生能源利用中心焚烧的垃圾量逐年增加。垃圾产量的不断增加要求我们必须不断改进垃圾处理技术，达到在最少的破

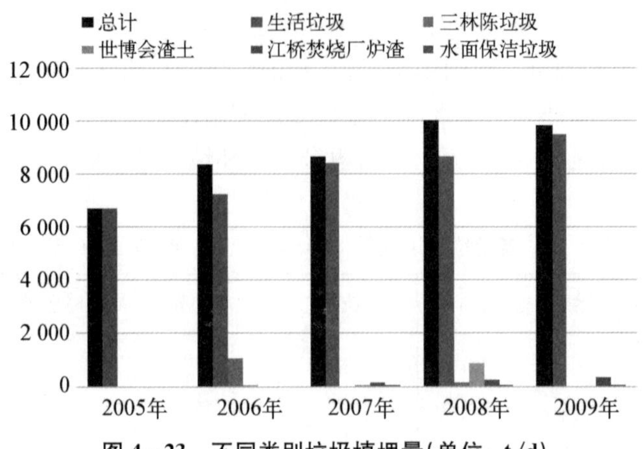

图 4-23　不同类别垃圾填埋量(单位：t/d)

表 4-3　老港垃圾处理量(2011 年—2016 年)

	垃圾种类	近期(2011—2012)	中期(2013—2015)	远期(2016—　)
老港垃圾处理量/(t/d)	生活垃圾	10 000	13 500	13 500
	其他垃圾	500	500	500
	飞灰	0	100	200
	污泥	2 500	500	500
	合计	13 000	14 600	14 700
垃圾去向/(t/d)	四期工程	8 000	6 160	4 900
	再生能源利用中心	0	3 000～3 750	6 000～7 500
	综合填埋场	5 000	4 690～5 000	2 300～3 800

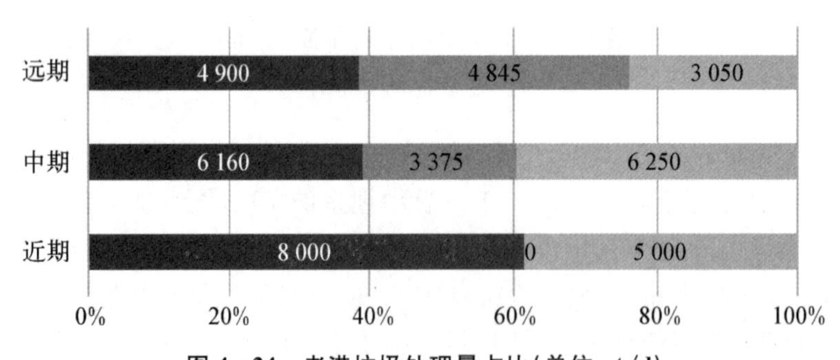

图 4-24　老港垃圾处理量占比(单位：t/d)

坏下处理最大量的垃圾量，这样才能够跟上垃圾处理量的变化。需要注意的是，垃圾产量的与日俱增是由于生活垃圾的与日俱增，这主要与中国人的生活方式相关，因此，生活垃圾处理技术为当前研究工作中的重中之重。

4.4.2　老港填埋场

老港一、二、三期填埋场按垃圾由场底(标高为 4 m 左右)填至堤坝高度(标高为 8 m 左右),平均厚度 4 m 计算,容积为 1 040 万立方米。从 2002 年起垃圾填埋实行堆高作业(填至堤坝以上 8 m)。至 2004 年,老港填埋场区一、二、三期均已经不再填埋垃圾。正在使用中的四期填埋场设计堆填高度 45 m,总库容 8 000 万吨,处理规模为 5 000 t/d。

填埋库区根据物料性质分为三个区域:污泥填埋区、生活垃圾与其他垃圾填埋区、飞灰填埋区。综合填埋场处理规模为 5 000 t/d,主要用途为污泥应急填埋,以应急为主,填埋原生垃圾来平衡老港四期处置量,满足焚烧厂的焚烧残渣及飞灰填埋需求。各填埋场信息如表 4 - 4 所示。在控制污染,保护生态环境方面,老港填埋场都给予充分考虑并采取了有效措施。以绿化为主的开发利用将使老港填埋场朝着生态型无害化卫生填埋场的目标迈进。

表 4 - 4　填埋场信息

序号	名　称	日处理量/(t/d)	处理垃圾类型
1	一、二、三期填埋场	停止填埋	已封场
2	四期填埋场	5 000	生活垃圾、污泥、飞灰
3	综合填埋场	5 000	应急填埋(平衡四期处置量)

四期填埋场引入 HDPE 膜参与渗滤液的处理流程,填埋时使用分层压实的工艺。最终获得的填埋气可以进行储存或产电。老港四期填埋场填埋完成后将在其上建设生态公园以进行土地的再利用。四期垃圾填埋运用高维填埋技术,对收集后的垃圾进行发酵处理,每立方米垃圾可发电 160 度以上。这项技术消除了长久以来垃圾填埋产生的污染和对土地资源的浪费,实现了垃圾处置与再利用相结合的可持续发展模式,且垃圾场的臭味也不复存在。

1) 老港一、二、三期填埋场

(1) 一期填埋场工程。

一期工程设计日处理生活垃圾 2 500 t(车吨位),占地 4 600 亩,其中填埋区面积 3 000 亩,总投资 10 494 万元。一期工程于 1989 年 10 月投入试运转,1991 年 4 月通过竣工验收。

一期工程分为两个填埋区(1♯和 2♯),1♯填埋区划分为 4 个单元,每个单元面积为 1 000 m×400 m,2♯填埋区划分为 2 个单元,每个单元面积为 1 000 m×500 m,垃圾填埋高度 4 m。采用推土机压实,泥浆覆盖。

一期工程建设时，缺少相关的技术标准和建设标准，从现在的卫生填埋标准看，存在不少问题：填埋作业单元过大；配置的 SH120 推土机不适应堆场的操作；没有系统考虑填埋作业前、作业中、作业后的排水系统；没有防渗措施；没有污水处理系统；没有填埋气导排系统；填埋场没有供电设施。

(2) 二期填埋场工程。

1992 年，上海市环卫设施建设专题会议指出，需要将老港填埋场的日处置能力从 2 500 车吨提高到 5 000 车吨。二期工程根据建设部颁布的《城市生活垃圾卫生填埋场技术标准》(CJJ 17—88)，设计和实施了作业单元的合理划分(400 m×125 m)，配置了适合现有填埋场条件的推土机，设计并实施了污水处理系统，规划实施了临时道路，铺设了填埋气导排管，进行了灭蝇技术专项研究，并成立了专业灭蝇队伍。

二期工程中，防渗工程和排水方案因投资有限而未纳入工程建设范围。二期工程开始，单元内作业采用一单元"品"字形多点作业法，经过"八五"攻关项目("垃圾卫生填埋场研究")，制定了较为完善的卫生填埋操作工艺，颁布了《生活垃圾卫生填埋技术要求(试行)》和《老港场作业单元生活垃圾卫生填埋工艺操作规范(试行)》，规范了卸船、装车、卡车驳运、定点倾卸、分层摊铺、分层碾压的卫生填埋操作工艺，实行"一隔堤、两单元、多点作业法"。

二期工程除了提高生产能力外，开始加大了填埋场在环境保护方面的投资，使其向卫生填埋靠近了一大步。二期工程中，除防渗和雨污水分流系统外，填埋场没有终场土地利用总体规划；覆盖问题曾进行喷塑覆盖试验，但由于部分关键技术问题没解决，以至于未能得到进一步利用。

(3) 三期填埋场工程。

三期工程总投资 1.6 亿元，于 2000 年竣工。改扩建主要工程包括码头扩建，围堤、隔堤与道路修建，渗滤液处理系统、排水系统和变配电系统的改建、新建南部生产生活区以及相应的工程机械配备等。三期工程建设后，使老港场基地的日处置生活垃圾规模由 5 000 车吨提高到 7 500 车吨。

新增 3 号填埋区占地 1 145 亩，投入使用后可使老港场使用年限延长至 2003 年。加上一、二期工程的 3 900 亩，老港场共有填埋区 5 045 亩，目前堆高 4 m 至绝对标高 8 m。原有 1#、2#码头各设 10 个泊位、10 台 16 t 吊机。三期工程在 1#码头向北延伸岸线 106 m，增加 2 个泊位；在 2#码头向南延伸岸线 220 m，增加 3 个泊位；共增加 5 个泊位，17 台吊机。配合压实机的使用，3#填埋区标准单元为 400 m×250 m，计划配合专用压实机的引进，垃圾车直接进入填埋单元，但由于未解决好场内积水问题，使得填埋作业机械不能进入填埋单元内，目前采用一单元多点作业法。三期工程除上述码头的 17 台 16 t 轮胎吊以外，还新添置了 37 辆 8 t 自卸汽车、6 辆 220 型推土机、2 辆宝马压实机、3 台 ZLM30 装载机等。

除上述主要设施和设备外，三期工程还新建设了一套监控系统、一座换水泵房、二座码头污水泵房、三处计量装置和洗车台，此外，还对二套渗滤液处理系统进行改造，加强了曝气塘的供氧能力。

(4) 一、二、三期填埋场封场工程。

老港一、二、三期填埋场位于基地内部西侧，占地约 3.26 km^2。目前已经实施完成封场和生态修复工程。该项目被列入上海第四轮(2009 年—2011 年)三年环保行动计划，拟通过封场及污染治理、生态修复两方面的措施，逐渐消除老港填埋场一、二、三期工程对周边环境的不利影响，并为老港固体废弃物综合利用基地提供部分建设用地，恢复区域生态。

老港一、二、三期填埋场封场工程包括封场覆盖、排水工程、渗滤液收集、绿化工程、填埋气导排工程等。工程范围较大，为了满足上海市创模要求，加快工程实施进度，工程分两阶段进行。第一阶段工程范围主要集中在老港一、二、三期北面填埋单元，主要包括 1#～10#，17#～24#单元，占地约 935 300 m^2。第二阶段工程范围包括：26#～32#单元、34#单元北半部、35#～40#单元、42#～52#单元、54#～57#单元，占地约 204 万平方米。项目总投资约 50 000 万元，第一、二阶段的投资分别为 15 000 万元、35 000 万元。第一阶段于 2010 年年底建成，第二阶段于 2014 年竣工。

通过封场覆盖和绿化种植，填埋区恶臭、蚊蝇状况得到了明显改善和治理，使填埋场及周边的空气质量明显提高，尤其是减少了填埋场近处的大气污染，有效地改善了城市环境和居民生活条件，解决老港填埋场的环境污染问题。

2) 老港四期生活垃圾卫生填埋场及沼气发电项目

(1) 四期填埋场。

在保持南北距离不变情况下，四期填埋场工程向东外延 800 m，面积与一、二、三期总面积相等。根据《上海市城市环境卫生建设和管理“十五”规划》，上海市将在相当长的时间内保持老港填埋场近 5 000 t/d 的处理能力。2004 年，老港四期填埋场开始进行试运营作业，占地面积约 361 hm^2，设计处理能力 4 900 t/d，其设计突破了滩涂型填埋场的设计瓶颈，依靠先进的地基加固技术进行挖深、堆高，其极限高度可以达到 45 m。工程总投资 7 亿余元，老港生活垃圾处置场四期工程被列作世界银行可调整计划货款(APL)中国上海城市环境项目。

四期工程以《卫生填埋场技术标准》作为建设和运行的技术要求，对填埋作业区建设 HDPE 膜衬垫的人工防渗系统、雨污水分流系统、渗滤液处理系统；垃圾运输采用集装箱化方式；填埋作业采取分层压实、日覆盖、中间覆盖和堆坡填埋后的终场覆盖工艺；填埋气体收集后用于发电；四期工程区域最终场地利用将规划建设生态型休闲公园。

四期工程采取分层压实、每日填埋作业完成后用可降解塑料膜进行覆盖；单元填埋完毕后，在其上盖土(0.2 m)压实形成中间覆盖层；完成最终堆坡填埋作业后，采取由 0.3 m 压实黏土、0.3 m 表土和植被组成的最终覆盖层，这些措施可较有效地减少作业区臭气的散发。为防止垃圾飘扬，在市区中转站对垃圾进行预压缩、在填埋作业过程中及时覆盖以及作业面设置移动围栏。填埋区甲烷气体采取导排与资源化利用。对垃圾填埋区产生的渗滤液，采取建设人工防渗系统、雨污水分流系统、渗滤液收集及处理系统，防止渗滤液污染地下水，并使渗滤液达标排放。对苍蝇的控制首先是采用压缩化、集装箱化和密封操作，控制运输过程的苍蝇繁育条件及逸散可能，其次是采取垃圾压实、日覆盖塑料膜、及时排出填埋区和非填埋区积水、采用药物灭蝇等措施和方法消灭蚊蝇，降低处置场及周围地区蚊蝇密度。选择速生、常绿、高大乔灌木树种建设绿化隔离带。四期工程采取上述环保措施后，可有效地控制生活垃圾填埋场对环境的污染，改善老港地区的环境质量。

(2) 沼气发电项目。

四期填埋场内同时建有填埋沼气发电项目，主要从上海老港四期填埋场抽取填埋气体，净化处理后，发电上网，实现资源综合利用。该项目采用孤网模式发电供老港生活垃圾填埋场使用。项目装有 12 台 1 250 kW 填埋气体发电机组，共计 15 MW 的发电机装机容量，刚开始只有 2 台 1 250 kW 的发电机组以孤网模式发电供使用。

利用沼气发电，是老港生活垃圾卫生填埋场的“副业”。垃圾发电可分两种，即燃烧和填埋，利用垃圾填埋产生的沼气发电成本最低。过去，垃圾填埋产生的沼气，一直是环境再污染的顽疾，其温室效应是 CO_2 的 21 倍，如果设计管理不当还会引起火灾等事故。老港场四期采用高维填埋技术，将沼气集中收集用于发电，产生附加的经济效益，实现了处置与综合利用相结合的可持续发展。

利用老港填埋场生活垃圾厌氧发酵产生沼气发电是实现老港填埋场资源有效利用的合理方式。垃圾填埋场中的生活垃圾发酵产生的填埋气以 CH_4 和 CO_2 为主。垃圾填埋气体发电本身是解决环境污染的有效途径，消除了本来可能对环境造成的二次污染问题。老港填埋场安装了燃烧多余填埋气的火炬，它可以减少难以利用到的填埋气对于环境的污染，并且延长垃圾填埋库使用寿命，间接改善周边环境。垃圾填埋气发电充分利用生活垃圾中大量的有机物发酵产生的填埋气实施生物发电。热气机发电机组是一种能利用多种热源的热电转换装置，采用气缸外燃烧，具有对可燃气体处理要求低、耐腐蚀性强、维护成本较低等的优点。

3) 综合填埋场

2010 年上海市区大部分、郊区部分垃圾均集中于老港固废综合利用基地处理，考虑老港固废综合利用基地的垃圾填埋负荷日益加重，上海市规划在基地东部围垦的储备用地内建设未来综合填埋场，以保障上海百年固废处置的需求。综合填埋场包括飞灰处理场地、城市剩余污泥应急处理场地和其他垃圾处理场地。

老港固体废弃物综合利用基地，东面至0＃大堤，向西、向北、向南则均在原老港填埋场的西界、北界、南界的基础上各拓展1 km。综合填埋场一期工程位于基地新征地西南角，东邻规划的再生能源利用中心、南靠码头、西邻四期工程、北侧为综合填埋场远期用地。渗滤液处理厂位于基地新征地西北角，监督管理中心位于老港一、二、三期管理区北侧区域，维修中心位于老港一、二、三期填埋场16号单元西南侧区域。

2013年4月，上海老港综合填埋场开始试运行，工程处理对象主要包括生活垃圾、装修垃圾、水面保洁垃圾、老港再生能源利用中心（焚烧厂）残渣、稳定化处理后的飞灰（飞灰）、预处理过的污泥（以下简称污泥）等垃圾。应用高维填埋技术突破了平原型软土地基填埋高度限制；应用最小填埋作业面、全过程臭气生态净化等技术和装备，将每吨生活垃圾填埋面积控制在0.5 m^2，填埋区域臭气削减50%，大大减小了臭气对基地及周边居民的影响。

4.4.3 老港再生能源利用中心(垃圾焚烧发电厂)

1）一期工程的建设和运行现状

老港再生能源利用中心采用垃圾焚烧发电的技术工艺，其投产后产生的电力除厂内自用外，剩余电力采用110 kV电压等级并网外售。

2013年5月底，再生能源利用中心一期工程开始试运行，成为国内单炉规模最大、首个采用“干法＋湿法”焚烧烟气组合节能脱酸工艺的垃圾焚烧项目；正式并网后日处理垃圾3 000 t，每年可发电4.8亿千瓦·时，烟气排放全面满足国际上最严格的欧盟2000/76/EC标准。与此同时，超大规模处理量（6 000 t/d）的二期工程正在稳步推进实施，项目建成后上海将满足清洁焚烧和超净排放技术要求，基本实现原生垃圾“零填埋”目标。

综合填埋场和再生能源利用中心（一期）建成后可处置原生垃圾约7 340 t/d，可以有效地把四期填埋场的运行负荷降至设计规模。利用垃圾焚烧发电上网，炉渣可运至厂外拟综合利用（填埋场覆盖材料、制砖、铺路基等），烟气污染物排放指标严格执行欧盟2000标准。此项目的建成将大大提高生活垃圾的资源化利用率，有效地控制二次污染，减少对周边环境的影响，推动资源循环，改善上海市生态环境，为全面落实上海市节能减排方针、建设“资源节约型”和“环境友好型”社会提供切实保障。

生活垃圾焚烧产生的碳排放为：

$$E_{CO_2}=W\cdot \mathrm{CF}\cdot \mathrm{OF}\cdot \frac{44}{12} \tag{4-1}$$

式中，CF(生活垃圾可燃碳含量)，参考老港四期填埋场垃圾组分含量，计算方法与DOC相似，IPCC同样也给出了垃圾中各成分含量的缺省值。焚烧厂焚烧垃圾的平均CF约为12.13%。OF，氧化因子，综合焚烧厂半年多混合垃圾及焚烧技术水平，取85%。得到：

$$E_{CO_2}=41.83\cdot 12.13\%\cdot 0.85\cdot \frac{44}{12}=15.81\times 10^4(\mathrm{t}) \tag{4-2}$$

生活垃圾焚烧发电量受热值、处理设施、焚烧工况、辅助燃料等因素的影响，老港焚烧厂运行半年共发电109 764 900 kW·h。垃圾焚烧总的碳排放量为：

$$E_{\mathrm{fired}}=158\,100-109\,764\,900\cdot 0.785/1\,000=7.2\times 10^4(\mathrm{t}) \tag{4-3}$$

2) 二期工程的规划设计情况

老港再生能源利用中心二期工程预计2019年建成，设计日焚烧处理生活垃圾6 000 t，年上网电量可达6亿度以上，相当于供给60万户的生活用电。垃圾焚烧厂二期与一期结合将有效缓解土地资源的紧缺问题，建设合理有序、节能环保的全过程、全物流生活垃圾分类收运处置体系，实现生活垃圾源头减量化处置和资源化利用，处置方式从填埋为主向多元处置方式发展。并对焚烧和综合处理的残渣进行利用处理，未来有望实现填埋场原生垃圾零填埋。

3) 垃圾焚烧发电厂

(1) 老港垃圾焚烧发电厂概况。堆肥、填埋和焚烧是处理城市生活垃圾的三种基本方式。填埋处理虽具有操作处理简单、处理量大、经济成本低等优点，但也具有诸多缺点：垃圾填埋需占用很大空间，浪费了很多土地资源；填埋堆场存在诸多安全隐患，需加强防范；填埋场渗滤液的处理收集难度较大，处理成本较高。近年来，相比于填埋处理，垃圾焚烧处理因其优越性得到了越来越广泛的应用。另外，人们生活水平的提高使得生活垃圾的质量，尤其是热值，相比以前更高了，因此垃圾的焚烧能产生更多的能量。

老港垃圾焚烧厂一期工程工作至今日焚烧处理生活垃圾3 000 t，年处理生活垃圾100万吨，同时利用焚烧余热发电，采用四炉两机配置，即4台焚烧炉配合2台汽轮发电机组，年均上网电量约3亿度。

(2) 垃圾焚烧发电工艺。通过垃圾焚烧发电，真正实现了垃圾减量和资源优化的目的。焚烧法可使垃圾减容90%，减量75%，此外，还可以杀死所有的病原微生物和寄生虫卵，产生的热能可以回收利用。由于垃圾焚烧处理可以减少填埋所占用的土地资源，并将生活垃圾当成燃料，燃烧后产生的灰渣还能作为建筑材料。另外，焚烧处理的方式还能大大减少由垃圾造成的污染，所以垃圾焚烧发电对于能源循环利用以及环境保护有着重大的意义。在保持进入老港基地生活垃圾总量不变的前提下，进一步优化生活垃圾处理的结构，实现原生垃圾零填埋的目标，解决生活垃圾量不断增长与处置能力不足之间的矛盾，迫切需要垃圾焚烧的继续落实。

4.4.4　老港渗滤液处理厂

渗滤液是垃圾焚烧和填埋处理过程中产生的垃圾水，由垃圾中所含的有机物在微生物的分解作用下随水分溶出而形成。我国垃圾餐余物多，垃圾含水率较高、热值较低。若采用焚烧处理，必须在垃圾存储坑存储发酵，沥出水分、提高热值后方可进行焚烧；若进行垃圾填埋，则垃圾中所含有机物发酵后随雨水等流出形成渗滤液，因此垃圾焚烧厂和填埋场的垃圾处理过程都会产生大量渗滤液。垃圾渗滤液的浓度是生活污水的10～100倍，渗滤液成分复杂、有着丰富的有机物，且含有大量病毒和致病菌，是一种极易给环境带来二次污染的有害物质。必须对其进行处理，以减少对环境的污染。上海老港渗滤液处理厂接纳来自上海老港焚烧厂、老港一、二、三期填埋场、老港五期综合填埋场的渗滤液。

1）渗滤液特点

（1）填埋场渗滤液的特点。

填埋场渗滤液的物质成分和浓度变化很大，取决于填埋废弃物的种类、性质、填埋方式、污染物的溶出速度和化学作用、降雨状况、填埋场场龄以及填埋场结构等，但主要取决于填埋场的使用年限和填埋场设计构造。

一般认为填埋5年以下为初期填埋场，此时填埋场处于产酸阶段，渗滤液中含有高浓度有机酸，此时生化需氧量(BOD_5)、总有机碳(TOC)、营养物和重金属的含量均很高、氨氮(NH_3-N)浓度相对较低，碳氮比(C/N)协调，可生化性较好，此阶段的渗滤液较易处理。

填埋期5～10年的为成熟填埋场，随着时间的推移，填埋场处于产甲烷阶段，COD_{Cr}和BOD_5值均显著下降，但可生化性(B/C)下降更为明显，可生化性变差，NH_3-N浓度则上升，C/N比相对而言不甚理想，此时期的垃圾渗滤液较难处理。填埋期10年以上的为老龄填埋场，此时COD_{Cr}和BOD_5下降到了一个较低的水平，B/C处于较低的水平，NH_3-N浓度会有所下降，但下降幅度明显小于COD_{Cr}和BOD_5下降幅度，C/N比不协调，虽然此阶段污染程度显著减轻，但远远达不到直接排放的要求，且较难处理。综上所述，垃圾填埋场渗滤液水质具有如下的特点。

污染物成分复杂、水质波动较大。渗滤液的污染物成分包括有机物、无机离子和营养物质，主要是氨氮和各种溶解态的阳离子、重金属、酚类、可溶性脂肪酸及其他有机污染物。水质波动主要受两个因素影响：填埋时间和气候因素。填埋时间是影响渗滤液水质的主要因素之一。填埋初期渗滤液的 B/C 一般在 0.4～0.6。随着填埋时间的增加，垃圾层日趋稳定，垃圾渗滤液中的有机物浓度降低，可生化性差、相对分子质量大的有机化合物占优势，B/C 值降低，即可生化性降低；同时渗滤液中的氨氮浓度在填埋堆体的稳定化过程中逐渐增加，C/N 比下降。即使在同一年内，由于季节和气候的变化也会造成渗滤液水质波动变化较大。因此，要求渗滤液处理系统有很强的抗冲击负荷能力。

有机物浓度高。垃圾渗滤水中的 BOD_5 和 COD_{Cr} 浓度最高可达 10^4 mg/L，但随填埋时间的推延将逐步降低，即使如此，仍然达到 10^3 mg/L，相对其他废水而言仍然较高。渗滤液中含有大量的腐殖酸，采用传统的生化处理工艺，很难将之处理至二级甚至一级标准以下。一般来讲，渗滤液污染物中有将近 500～600 mg/L 的 COD_{Cr} 无法用生物处理的方式处理。对于新填埋场渗滤液来讲，可生化性相对较好。

氨氮浓度高。渗滤液中的氮多以氨氮形式存在，氨氮浓度随填埋时间的增加而增加，在 1 500～2 000 mg/L 之间，也可高达 4 000 mg/L 左右。新产生的渗滤液中氨氮浓度较低，生化性较好，中老龄渗滤液中的氨氮浓度增加较多，造成生化反应单元运行困难。氨氮去除率低，是渗滤液处理中的一大技术难题。

重金属离子浓度和盐分含量高。生活垃圾单独填埋时，重金属含量较低；但与工业废物或污泥混埋时，重金属含量和盐分会很高，如果采用一般的生化处理方式，可能会对微生物产生抑制和毒害作用。

(2) 生活垃圾焚烧发电厂渗滤液的特点。

生活垃圾进入焚烧厂后，一般要在垃圾储存坑内发酵 3～7 d，尽可能多的减少垃圾中的水分。生活垃圾焚烧厂渗滤液的特点如下。

污染物成分复杂多变。焚烧厂渗滤液属于新鲜渗滤液，通过质谱分析，垃圾渗滤液中有机物种类高达百余种，大多为腐殖酸类高分子化合物和中等分子量的灰黄霉酸类物质，还有苯、萘、菲等杂环芳烃化合物，多环芳烃、酚、醇类化合物，苯胺类化合物等难降解有机物。

有机污染物浓度高。垃圾焚烧厂的渗滤液 COD_{Cr} 浓度较高，一般在 40 000～80 000 mg/L，B/C 大于 0.4，可生化性较好，宜先经过厌氧反应过程，降低污染物浓度后再进入好氧反应过程。

氨氮浓度高。垃圾焚烧厂的渗滤液氨氮浓度较高，一般在 1 000～2 000 mg/L，如此高的氨氮浓度也为焚烧厂渗滤液处理带来了难度，要求处理工艺具备较高的脱氮能力。

重金属离子与盐分含量高。由于垃圾中含有厨余类废物和电池等电子类废物，造成渗滤液中的重金属离子与盐分含量较高，渗滤液的电导率高达 30 000～40 000 μs/cm。

pH 较低。由于焚烧厂渗滤液属于原生渗滤液，未经过厌氧发酵、水解、酸化过程，与填埋场渗滤液不同，其内含有大量的有机酸，造成焚烧厂渗滤液 pH 较低，一般在 4～6。

水量波动较大。受垃圾收集、气候、季节变化等因素影响，垃圾焚烧厂渗滤液水量波动较大，特别是季节变化对渗滤液水量变化影响较大，一般夏天渗滤液产量较大，而冬天相对较少。

2) 老港渗滤液处理厂工艺流程

渗滤液处理工艺流程如图 4 - 25 所示，焚烧厂垃圾熟化堆放预处理过程中所产生的渗滤液中有机物的浓度很高，焚烧厂的渗滤液先进入厌氧罐经厌氧反应后才能进入调节池。而填埋场的渗滤液浓度较低，无需经过厌氧反映，直接进入调节池与焚烧厂的渗滤液进行混合，经混合的渗滤液可大大提高后续生化处理工艺的处理效率。这样，焚烧厂浓度较高的水质与填埋场浓度较低的水质混合后，渗滤液的水质浓度得到合理调配。

两种渗滤液在调节池混合后泵入均质池，水质水量经均衡后便完成了渗滤液预处理过程。经预处理的渗滤液进入膜生物反应器(MBR)系统，先后经过厌氧池、好氧池、超滤膜系统完成生化处理，超滤膜系统出水再经过反渗透系统深度处理，进一步去除出水中的残留有害物质，使得出水和浓缩液达标后排放处理。渗滤液处理过程，均质池、好氧池、超滤膜系统等都会产生大量污泥，所产污泥泵入污泥脱水系统进行脱水处理后，可以再进行填埋。渗滤液厌氧反应所产生的大量沼气经除湿、脱硫后用于沼气锅炉供热，多余沼气用于四期填埋场沼气发电或送入沼气压缩提纯站进行处理。

4.4.5　其他部分

1) 老港综合填埋场沼气提纯项目

老港固废基地综合填埋场南侧预留用地项目内容：对综合填埋场填埋气和渗滤液处理厂沼气进行收集、提纯净化和加压销售。本项目规划对厌氧系统产生的沼气经预处理后(符合沼气发电要求)，一部分作为蒸汽锅炉的燃料，另一部分送入四期沼气发电系统。为消耗过剩沼气，防止沼气直接排入大气造成污染，设置一套燃烧火炬系统。项目自 2013 年运行以来，目前只有约 20%的沼气进行锅炉燃烧做蒸汽保温，其余 80%沼气都是直接通过火炬燃烧掉，燃烧 1 m^3 沼气可产生 0.975 m^3 二氧化碳。因此，

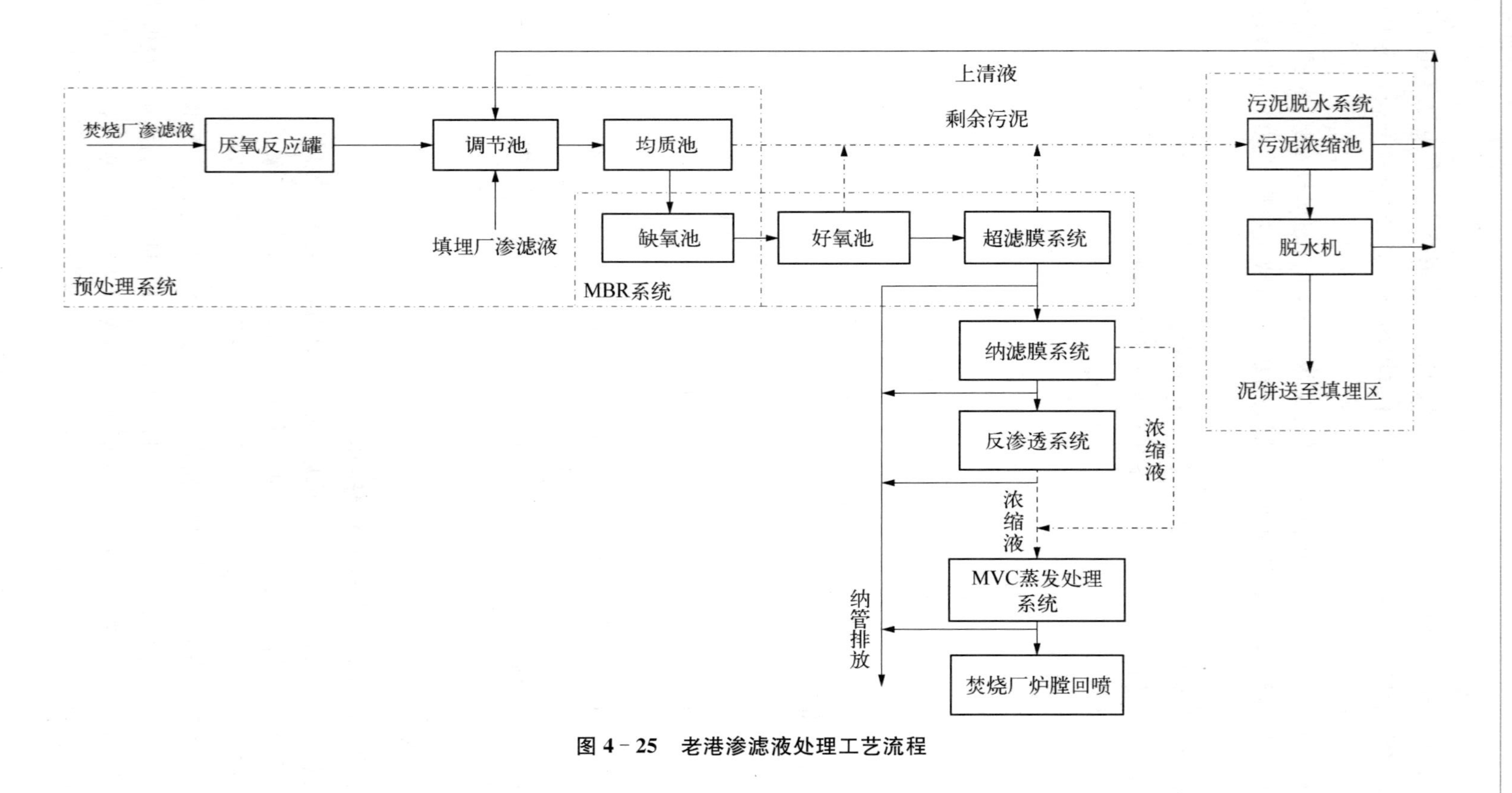

图 4-25　老港渗滤液处理工艺流程

$$E_{\mathrm{p}}=2\,100\cdot 24\cdot 365\cdot 0.8\cdot 1.96=28\,844\,928(\mathrm{kg})=2.88\times 10^{4}(\mathrm{t}) \tag{4-4}$$

$$E_{\mathrm{j}}=2\,100\cdot 24\cdot 365\cdot 0.716\cdot 0.2\cdot 21=5.53\times 10^{4}(\mathrm{t}) \tag{4-5}$$

$$E_{seep}=E_{\mathrm{p}}-E_{\mathrm{j}}=2.88-5.53=-2.65\times 10^{4}(\mathrm{t}) \tag{4-6}$$

2）风电场

上海老港风电场是亚洲第一个也是唯一一个建于垃圾填埋场上的风电场，是上海市政府重点打造的新能源基地之一。作为国内首个建立在垃圾堆上的风电场，上海老港风电场一期工程安装单机容量 1.5 MW 风机 13 台，总装机容量 19.5 MW，平均年上网发电量约为 3 805.1 万千瓦・时，该项目预计年减排量为 3.5 万吨 CO_2。首台风机于 2013 年 6 月 11 日上调试完毕，成功并网发电。运行至今，该项目 CO_2减排量约为 6 万吨。

3）上海内河集装化转运系统

上海市市区生活垃圾内河集装化转运系统（以下简称“集运系统”）是一种高标准、环保型内河转运系统，该系统利用已有航道（蕰藻浜、黄浦江、大治河、老港环卫河等），建设集装化运输码头（虎林码头、徐浦码头和老港码头）和垃圾中转站，选用符合国际通用货运外形（6 058 mm）和起重运输要求规格的垃圾专用集装箱，在市区码头（徐浦和蕰藻浜）和中转站将垃圾压缩装箱后经船、车联运至老港垃圾填埋场，从而构建一个高效、环保的固体废物转运系统。如图 4－26 所示，集运系统的工艺流程为：散装车进站卸料→垃圾压缩装箱→转运至码头→集装箱装船→运至老港码头→集装箱卸船装车→运至填埋场卸料。

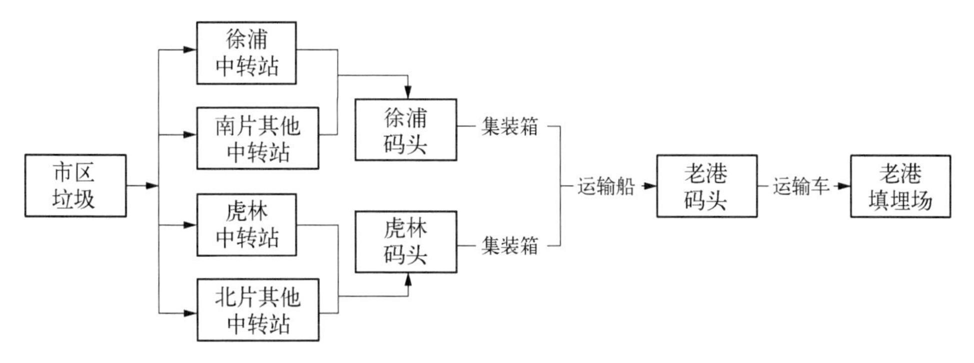

图 4－26　老港集运系统运输流程

4）老港建筑垃圾处置厂

老港建筑垃圾资源化处理设施的设计规模为 200 万吨/年，用地面积约 210 亩。规划湿垃圾资源化利用设施位于拱极东路南、老港渗滤液处理厂东，设施规模

1 000 t/d,用地面积约 127 亩。规划垃圾应急处置设施位于现综合填埋场北,总占地约 1 039 亩,其中设计库容 1 514 万 m^3,用地面积约 975 亩;配套渗滤液处理设施,用地面积约 64 亩。

4.5 国内固废综合处置园区发展面临的问题及未来方向

4.5.1 国内固废综合处置园区面临的问题

虽然国内许多地区已经建设了固废综合处置园区,但想要进一步发展还面临着许多问题。主要体现在以下几个方面。

无序竞争限制了国内固废综合处置园区的发展。目前国内对循环经济产业(静脉产业)的理解还存在一定的偏差,只注重资源化过程,而忽视了循环经济产业(静脉产业)的前提——保障环境安全。因此国内的资源化利用企业往往打着循环经济的名义,片面追求资源化利用,抛弃了环境安全,废弃的污染物没有得到最终处置和消纳。这是有悖于科学发展观和循环经济的,没有真正理解其实质内涵。

不规范的二手市场,制约了国内循环经济产业的发展。由于我国国情与发达国家不同,存在广阔的二手市场等流通渠道。这样的现实情况为目前社会上存在的不正规废物回收处理企业提供了生存环境,而且通常这些不正规企业以危害环境的代价换取低处理成本。在群众普遍环保意识比较差的情况下,正规企业无力与之竞争,造成真正的循环经济产业(静脉产业)回收量过低,不利于企业的发展。

规划不够科学,导致实际建设困难。在我国积极倡导建设"资源节约型"和"环境友好型"社会的环境下,各处政府部门积极组织环保行业专家和城市规划专家进行城市战略规划调整,划拨了大片的土地用于环保生态园、静脉生态园或循环经济产业园建设。但是,一些政府决策部门和领导人片面追求政绩,一味强调速度和规模,并没有科学评估本地的废物产量、经济实力、产业结构、拆迁征地、道路水电等因素,不能及时引入配套企业,导致很多园区在名义上是生态产业园、静脉产业园,实际上其园区内部并没有实现物料循环,能量循环,各废物处理企业联系不够紧密,没有实现废物处理的生态化、低碳化运行。

园区发展的配套政策和标准不够完善。目前,指导我国进行固废处理园区进行生态化建设的标准只有 2006 年国家环保部发布的《静脉产业类生态工业园标准(试行)》(HJ/T 275—2006)。该标准适用于静脉产业类生态工业园区的建设、管理和验收,规定了静脉产业类生态工业园区验收的基本条件和指标。由于缺乏静脉产业类工业园区建设经验,该标准制定过于统一,没有考虑我国地域和空间差异性,缺乏标准等级和时段,而且指标也相对较少,缺乏风险防范等指标,也没有提出园区低碳化发展的相关指标，不能有效地指导园区建设和验收工作。固废园区建设的标准体系需要进一步完善。

缺乏资金支持，财务盈利能力弱。现在已经建成和在建的固废产业园，是由大型企业进行开发，一般采用 BOT 等融资方式，企业需要垫付大量投资资金，对企业的正常运行带来财政负担。如果由国家和地方政府给予财政支持，可缓解企业压力，使企业集中精力解决工艺和技术问题。现有的固废资源化企业产品附加值较低，仅通过政府补贴处理费盈利，而没有对拆解或分类后的垃圾进行资源化深度开发，产品利润较低。

缺乏核心技术和设备。我国以生活垃圾焚烧为主的大型固废处理设备，大多是引进的日本、比利时等国家的先进技术，缺乏拥有自主知识产权的技术和设备制造能力。在园区的企业布局和技术升级方面，受到技术、人才、设备等方面的制约。

4.5.2　未来发展方向

生活垃圾综合处理园区已成为近年热点，今后仍有较大发展空间。固废综合处理园区可以实现生活垃圾预处理、原生垃圾零填埋、资源利用最大化、污染影响最小化和土地占用最小化，实现土地的集约化使用、物质和能量循环利用，同时便于设施的统一管理，减少设施的征地拆迁难度，为城市固体废物处理设施的可持续发展提供可能。

建设运行大型、超大型垃圾焚烧处理设施，有利于减少垃圾处理用地总量和被影响的设施周边居民数量和土地面积，降低垃圾处理设施建设规划压力、环评压力、征地压力、迁赔压力及运行期间的群体性事件隐患，保障、稳定垃圾焚烧处理设施建设和运行的社会环境；将有利于采用先进的垃圾处理工艺、技术、设备和管理，保障设施运作的安全性、可靠性和环保性能。当前趋向于把生活垃圾、餐厨垃圾、建筑垃圾等多种类型垃圾处理设施建在一个园区内，可便于污染综合控制、能源集成利用、废物多级调度。

就我国生活垃圾处理行业发展而言，存在土地和资金两大瓶颈。生活垃圾综合处理园区（静脉产业园区）可以较好地化解这两大难题，通过规划静脉产业园区一揽子解决项目征地问题，通过特许经营、招投标等方式引入社会资金进入，可解决资金问题。

（1）法律政策。应在《循环经济促进法》的基础上，加快《资源综合利用法》等相关法律法规的立法进程，制订回收从业准入、市场准入标准，规范回收市场以增加园区输入端流量。在《静脉产业类生态工业园区标准》的基础上，制定静脉产业相关法律法规，以法律形式明确生产者、废物排放者、收集者和处理者各方的义务和责任。适时修订《政府采购法》，将绿色采购纳入其中，不断扩大资源再生产品的销售量，以增加园区输出端流量。通过依法行政、科学行政，大力推进静脉产业的规范化和法制化建设，使静脉产业的发展有法可依，并成为发展循环经济、建设资源节约型、环境友好型社会的有效手段。

(2) 废物回收系统。在专项法规中对企业和公众在废物回收处理过程中的义务做出详细规定，推行延伸生产者责任制度。引导废物收集正规化，建立完善的废物分类回收系统，提高废物分类回收率，将有条件的、素质较高的社会废旧物资回收个体纳入正规的回收队伍中，并对其进行专业知识和从业道德培训。建立以社区回收网点为基础的点多面广、服务功能齐全的回收网络和设施先进、管理手段现代化的再生资源交易市场。

(3) 技术进步。将高新技术与自主创新相结合，自主研发适合我国国情的、高技术含量的深加工技术和环保高效的加工设备，包括废物分类回收和综合利用新技术、废物减量化技术、最终排放废物的安全处置技术等，提高技术及其转化产品的科技含量和附加值。积极引导企业、高校和科研部门开展废物循环利用新技术的研发。依靠科技进步，扩大再生资源的开发范围、提高资源利用率，减少资源浪费和避免二次污染。

(4) 宣传教育。应积极发挥大众媒体和民间环保社团的宣传作用，加强对再生产品安全性、环保性等方面的宣传，提高全民环境保护意识，形成全社会保护环境、支持静脉产业发展的良好氛围。进一步扩大政府绿色采购的范围，增加再生产品在绿色采购清单中所占的比例，引导市场的再生产品需求。此外，静脉产业园还应建立信息平台，定期公布产品信息，构建再生资源和再生产品的消费市场。

(5) 环境安全。为保障环境安全，固废综合处置基地应将不可再生利用废物的最终处置作为着重考虑的问题之一。固废综合处置基地应尽可能靠近填埋场建设，以便使最终处置废物可以及时得到安全处置。另外，应针对固体废物不同的特性，建立正确的固体废物最终处理处置体系，对危险废物及一般固体废物的最终处置应遵循减量化、无害化原则。如需进行废物运输，则应当采取严格的监督措施，如我国的“五联单”制度，保障运输安全。

参考文献

[1] 张芳，于淼.天津市固废综合处理园区建设构想[J].环境卫生工程，2013，21(3)：47-49.
[2] 徐长勇，陈昊，段怡彤，等.循环经济在城市固废处理园区中的应用研究[J].环境卫生工程，2014，22(4)：78-80.
[3] 岳思羽，王军，刘赞，等.北九州生态园对我国静脉产业园建设的启示[J].环境科技，2009

(5)：71－74.
[4] 徐丹.低碳时代城市固废综合处置基地规划初探[J].转型与重构——2011中国城市规划年会论文集，2011.
[5] 戴丽.朝阳循环经济产业园巧妙利用“垃圾”[J].节能与环保，2013(8)：36－37.
[6] 朱琳.打造循环经济的前沿阵地——访北京市朝阳区循环经济产业园管理中心党支部书记郭团会[J].中国科技投资，2012(34)：42－46.
[7] 高芳.探秘北京最大的垃圾处理厂——鲁家山垃圾焚烧厂[J].世界环境，2016(04)：80－81.
[8] 胡啸.生态文明视角下的静脉产业园生态效率研究[D].青岛：青岛理工大学，2015.
[9] 林星，童玲方.层次分析法在固废处置中心候选场址中的应用研究[J].资源节约与环保，2016，(08)：142－144.
[10] 邱旻昊.静脉产业园建设水平及环境效果评价研究[D].苏州：苏州科技学院，2015.
[11] 谢瑞林.物联网技术在城市生活固废处置监管中的应用分析[J].资源节约与环保，2014，(08)：90－91.
[12] 张宝兵.我国城市静脉产业体系构建研究[D].北京：首都经济贸易大学，2013.
[13] 邵启超.中国静脉产业园区发展模式研究[D].北京：清华大学，2012.
[14] 李辰琦，崔旻夫，陈嗣明.静脉产业园区及其规划策略浅析[J].工业建筑，2011，41(02)：1－6.
[15] 刘勇，冯其林，刘磊，等.固废处置过程中的生态屏障系统应用技术研究[J].环境卫生工程，2010，18(06)：21－25.
[16] 欧阳朝斌，万年青，乔琦，等.静脉产业类生态工业示范园区建设规划研究[J].环境保护与循环经济，2010，30(01)：37－39.
[17] 于文良.城市静脉产业发展模式及其资源效益和环境效益估算方法研究[D].西安：西北大学，2009.
[18] 王军，岳思羽，乔琦，等.静脉产业类生态工业园区标准的研究[J].环境科学研究，2008，21(02)：175－179.
[19] 朱守先，张雷.静脉产业发展模式探讨[J].生态经济，2007，(11)：105－107.
[20] 徐波，吕颖.日本发展静脉产业的措施及启示[J].现代日本经济，2007，2007(02)：6－10.
[21] 段振亚，苏海涛，王凤阳，等.重庆市垃圾焚烧厂汞的分布特征与大气汞排放因子研究[J].环境科学，2016，37(02)：459－465.
[22] 赵曦，黄艺，李娟，等.大型垃圾焚烧厂周边土壤重金属含量水平、空间分布、来源及潜在生态风险评价[J].生态环境学报，2015，24(06)：1013－1021.
[23] 侯璐璐，刘云刚.公共设施选址的邻避效应及其公众参与模式研究——以广州市番禺区垃圾焚烧厂选址事件为例[J].城市规划学刊，2014，(05)：112－118.
[24] 冯经昆，钟山，孙立文，等.重庆某垃圾焚烧厂周边土壤重金属污染分布特征及来源解析[J].环境化学，2014，33(06)：969－975.
[25] 李建龙.带有补偿机制的垃圾焚烧厂选址问题研究[D].北京：北京物资学院，2014.
[26] 钟山，高慧，张漓衫，等.平原典型垃圾焚烧厂周边土壤重金属分布特征及污染评价[J].生态环境学报，2014，23(01)：164－169.
[27] 张振全，张漫雯，赵保卫，等.生活垃圾焚烧厂周边环境空气中PCDD/Fs含量及分布特征[J].中国环境科学，2013，33(07)：1207－1214.

[28] 刘红梅.城市生活垃圾焚烧厂周围环境介质中二噁英分布规律及健康风险评估研究[D].杭州：浙江大学，2013.

[29] 郭巍青，陈晓运.风险社会的环境异议——以广州市民反对垃圾焚烧厂建设为例[J].公共行政评论，2011，4(01)：95－121.

[30] 王俊坚，赵宏伟，钟秀萍，等.垃圾焚烧厂周边土壤重金属浓度水平及空间分布[J].环境科学，2011，32(01)：298－304.

[31] 张芝兰，朱陵富.赴韩国，新加坡垃圾焚烧厂的考察报告[J].环境卫生工程，1997(2)：32－40.

[32] 陈亮，黄怡.垃圾填埋场用地的规划修复与再生——基于慢发性技术灾害视角的欧美案例研究[J].上海城市规划，2016，(01)：32－40.

[33] 张昊旻.废弃生活垃圾填埋场土地再利用研究[D].重庆：西南大学，2015.

[34] 郭湧.北京市周边非正规垃圾填埋场景观改造设计研究[D].北京：清华大学，2012.

[35] Walls M，Palmer K. Upstream pollution，downstream waste disposal，and the design of comprehensive environmental policies[J]. Journal of Environmental Economics and Management，2001，41(1)：94－108.

[36] Jain S，Jain S，Wolf I T，et al. A comprehensive review on operating parameters and different pretreatment methodologies for anaerobic digestion of municipal solid waste[J]. Renewable and Sustainable Energy Reviews，2015，52：142－154.

[37] Abrate G，Erbetta F，Fraquelli G，et al. The costs of disposal and recycling：an application to Italian municipal solid waste services[J]. Regional Studies，2014，48(5)：896－909.

[38] Mir M A，Ghazvinei P T，Sulaiman N M N，et al. Application of TOPSIS and VIKOR improved versions in a multi criteria decision analysis to develop an optimized municipal solid waste management model[J]. Journal of Environmental Management，2016，166：109－115.

[39] Sun T Y，Gottschalk F，Hungerbühler K，et al. Comprehensive probabilistic modelling of environmental emissions of engineered nanomaterials[J]. Environmental Pollution，2014，185：69－76.

[40] Allesch A，Brunner P H. Assessment methods for solid waste management：a literature review[J]. Waste Management & Research，2014，32(6)：461－473.

[41] Wu J，Zhang W，Xu J，et al. A quantitative analysis of municipal solid waste disposal charges in China[J]. Environmental Monitoring and Assessment，2015，187(3)：60.

[42] Pariatamby A，Tanaka M. Municipal solid waste management in Asia and the Pacific Islands[M]. Singapore：Environmental Science，Springer，2014.

[43] Moh Y C，Manaf L A. Overview of household solid waste recycling policy status and challenges in Malaysia[J]. Resources，Conservation and Recycling，2014，82：50－61.

[44] Grazhdani D. Assessing the variables affecting on the rate of solid waste generation and recycling：an empirical analysis in Prespa Park[J]. Waste Management，2016，48：3－13.

[45] Yu F，Han F，Cui Z. Evolution of industrial symbiosis in an eco-industrial park in China [J]. Journal of Cleaner Production，2015，87：339－347.

[46] Li Y，Ma C. Circular economy of a papermaking park in China：a case study[J]. Journal of

Cleaner Production，2015，92：65-74.
[47] Parkes O，Lettieri P，Bogle I D L. Life cycle assessment of integrated waste management systems for alternative legacy scenarios of the London Olympic Park [J]. Waste Management，2015，40：157-166.

第 5 章　固废基地能源互联的需求分析和园区规划

城市固废处置基地中存在着多种类型和形式的能源，包括热电、沼气、余热、分布式新能源等。现有的能源处理和利用方式存在较大的问题，不同能源之间联系弱，利用方式单一，能源浪费情况严重，利用效率低。在固废处置园区中，电能一般产自于垃圾焚烧以及沼气燃烧发电，可用于渗滤液处理，办公用电以及工业操作过程用电。沼气一般产自垃圾填埋场和渗滤液处理中心，但是现有的垃圾处理园区内沼气的利用显然不足，除了部分沼气用于发电或者园区环卫车，大量沼气被直接燃烧或者排放。固废基地中的热能产自垃圾焚烧厂、沼气发电过程以及渗滤液处理过程，其现有的利用方式仅限于污泥干化、垃圾处理生化过程加热以及园区供热，缺乏科学的规划利用。除了热电、沼气和产热等传统能源形势外，为了充分利用垃圾处理园区内的空间资源，现有的许多固废处置园区内还布置了风力发电等分布式新能源发电，用于补充园区内的工作用电。

另一方面，固废基地中能源需求种类丰富多样，涵盖了电负荷、气负荷、热负荷等多种负荷，并且还存在多种复合型的负荷类型。固废综合基地中产能系统和用能系统分布在同一个园区内，具备典型的能源互联网建设基础。电负荷有办公区域、作业区域以及渗滤液处理厂；气负荷有环卫车(船)，直接燃气负荷以及沼气/填埋气发电；热负荷有污泥干化，厌氧产沼工序以及园区供热。其中渗滤液厂既是电负荷又是产气源；沼气发电既是耗气负荷又是电、热源；直接燃烧产热既是耗气负荷又是热源；厌氧产沼系统既是热负荷又是气源和热源。

5.1　固废基地产能分析

固废基地中的主要产能环节包括产电、产热和产气三个环节，每个产能环节涉及多个作业区域，并且每个单独作业区域也可能涉及多个产能环节。因此为了科学地评估和分析固废基地的产能情况，需要单独对每个产能环节进行研究。

5.1.1　固废基地发电环节

总体来看，固废处置基地的各个厂区中，垃圾焚烧厂、沼气发电厂和风力发电场等扩建的新能源发电系统是主要的发电单元。垃圾焚烧厂利用生活垃圾为原料，在处理垃圾的同时发电，填埋气发电厂利用填埋场填埋堆体所产生的大量填埋气进行发电，风力发电是可再生能源发电单元。整个基地各发电单元所产电能不仅可以自给自足，多余电能还可以出售给电力公司，实现余电上网，给固废处置基地带来额外的收益。

1）垃圾焚烧发电

关于固废处理基地中的垃圾焚烧电厂，对已建工程实测数据进行分析研究。老港基地已建工程实测数据变化曲线如图 5－1～图 5－3 所示。焚烧发电消耗的垃圾量，每日记录一次数据，垃圾量的多少直接决定了焚烧发电过程蒸汽量与发电量。由数据变化曲线可知，蒸汽量及发电量的波动与垃圾量的波动是吻合的。

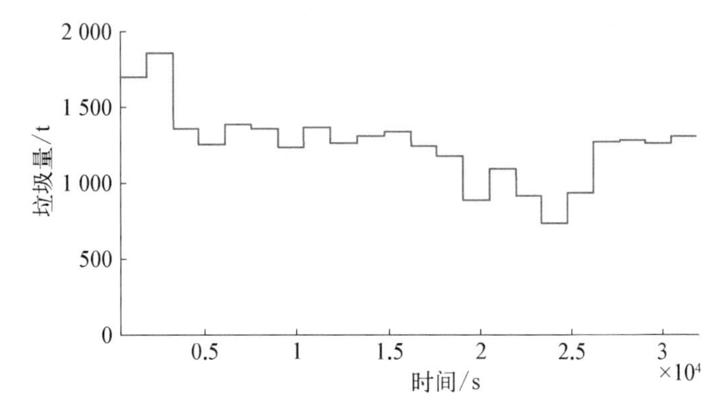

图 5－1　老港基地某月份焚烧发电消耗的垃圾量变化曲线

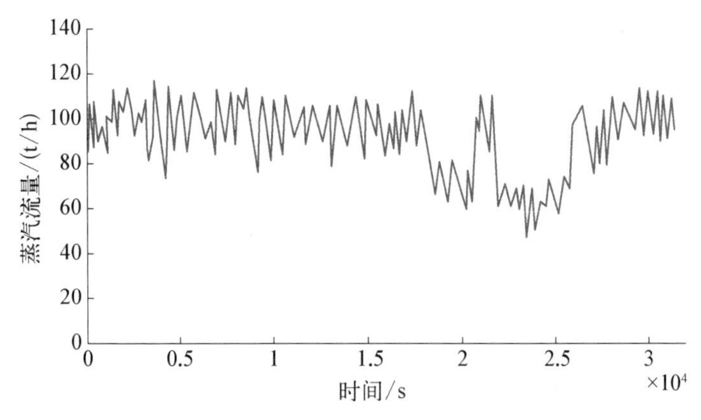

图 5－2　老港基地某月份焚烧发电蒸汽流量

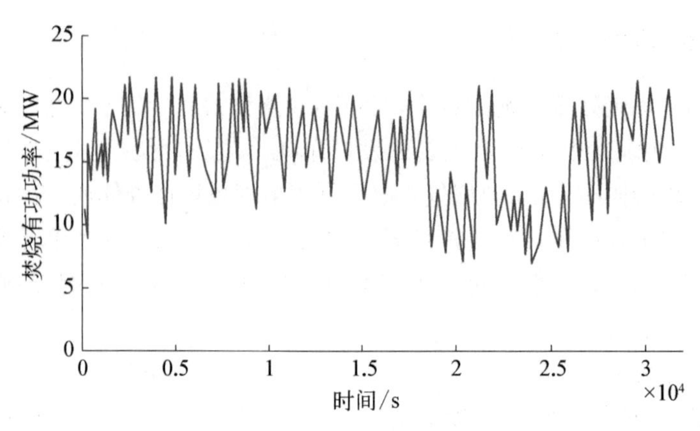

图 5-3　老港基地某月份焚烧发电功率

随着垃圾分类投放、分类处理的规范化和国产化焚烧炉技术水平的提高，垃圾焚烧的安全性将不断提高，焚烧发电的投资运营成本将进一步降低，焚烧发电效率也有较大提升空间，客观上为垃圾焚烧发电产业的发展奠定了坚实基础。加之国家政策的良好引导和大力支持，我国的垃圾焚烧发电产业将会有更加广阔的发展空间。

2）沼气/垃圾填埋气发电

与风力发电相比，沼气/垃圾填埋气发电可控性好一些。垃圾填埋量等相关参数也比较容易获取。通过储备沼气，调度平台会根据风电的波动，来控制沼气发电功率，以平抑风电对电力系统的不利影响，从而保障区域电网的平稳运行。沼气从填埋场到内燃发电机组要经过脱硫净化和预处理两个系统，如图 5-4 所示。

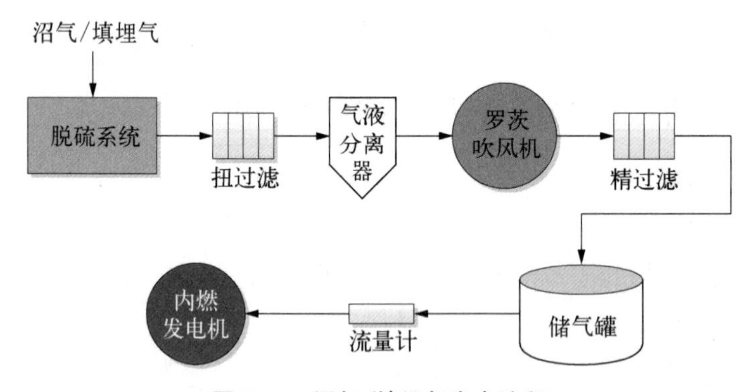

图 5-4　沼气/填埋气发电流程

首先，从填埋场收集到的沼气经过过滤栅将其中的大颗粒杂质去除，然后进入脱硫净化系统（因为气体中硫化氢的存在会对发电机组及整个系统的正常运行构成威胁），经脱硫的气体中硫化氢的含量小于 50 mg/kg。脱硫净化后的气体通过预处理系统的粗过滤，将气体中最大粉尘粒径减小到 30 μm 以下，再经过气液分离器和精过滤，最后得到最大粉尘粒径小于3 μm、含水率小于80%的气体，经储气缓冲罐输送到内燃机发电机组，由热能产生机械能，最后转化为电能，并入电网。

对老港基地垃圾处理园区内的填埋气发电站运行数据进行分析，该填埋气发电站的运行数据主要包含甲烷体积流量、实际发电量、填埋气累计总流量、燃气内燃机消耗的填埋气累计流量、累计发电电量、累计自用电量、电厂运行时间、累计CO_2减排量等各项数据(见图5-5～图5-7)。

图5-5是沼气发电机组消耗的填埋气流量曲线图，具有波动性和均值性的特点，在(500±100)m^3/h的范围内波动。图中有个别流量极小点，需要在建模分析过程中予以剔除。

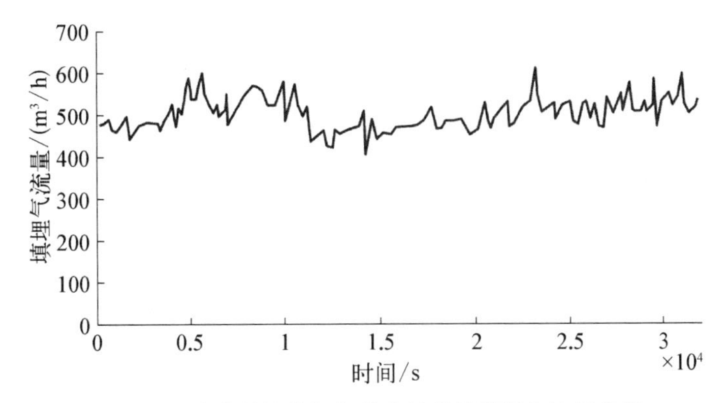

图5-5　老港基地填埋气发电某月份填埋气流量曲线

图5-6是填埋气中甲烷体积浓度的变化曲线图。垃圾厌氧发酵过程中，甲烷浓度波动较大，在(40±10)%的范围内波动。

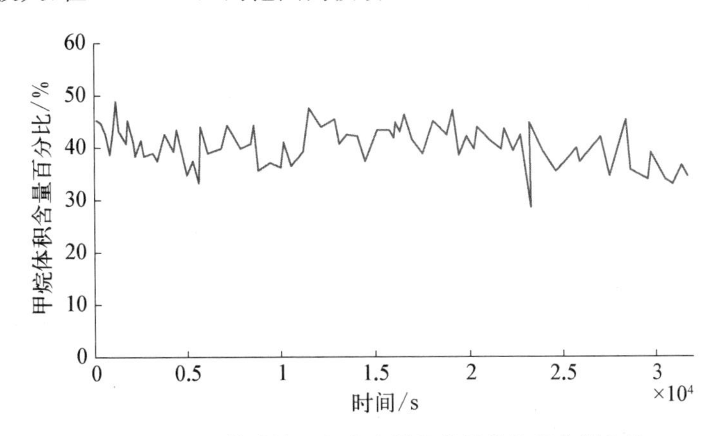

图5-6　老港基地填埋气发电某月份甲烷体积含量曲线

图5-7是一个月内填埋气发电量日累计曲线，每日向电网输送的电量基本保持稳定，填埋气发电系统运行平稳。

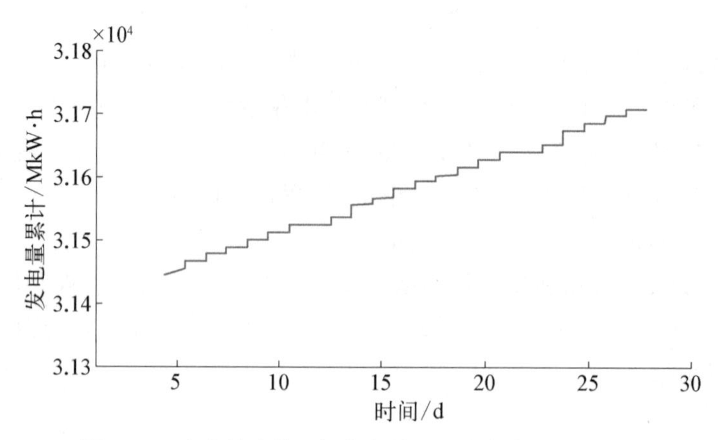

图 5-7　老港基地填埋气发电某月份输出电量累计曲线

3）风力发电

风力发电是把风的动能转变成机械动能，再把机械能转化为电力动能。风力发电的原理，是利用风力带动风车叶片旋转，再透过增速机将旋转的速度提升，来促使发电机发电。依据目前的风车技术，大约 3 m/s 的微风速度(微风的程度)，便可以开始发电。风力发电正在世界范围内形成一股热潮，因为风力发电不需要使用燃料，也不会产生辐射或空气污染。

关于城市固废垃圾处理厂，对于已经封存完毕的垃圾填埋区域，为了充分利用现有的地理空间，许多固废处理园区考虑引入新能源发电技术来对园区内的设施进行供电。风力发电技术就是常用的发电技术。

图 5-8 是某一固废处理园区内单台风电机组的出力变化情况，间隔 10 min 采集一次数据，31 天共 4 464 组数据。风速和风机出力一一对应。从图示波形可以看出风电机组出力的变化滞后于风速的变化，大约滞后 2 min。

风电出力随机性强、间歇性明显、波动幅度大。风电的这些特性给电网的安全运行带来了很大影响。研究表明只有提前通过预测风功率，并优化调度其他发电单元的发电计划，才有可能将风电功率波动对电网造成的冲击减为最小，实现可再生能源利用率和经济收益最大化。

在仿真建模过程中，风速的波动性与随机性最大，为使仿真及预测结果获得较高的精度，需要大量的风速数据进行全面分析。我们以实时采集的风速数据为基础，建立通用仿真模型，并对模型精度进行分析。将固废处置基地中采集到的风速数据代入通用模型，即可得到较为准确的仿真结果。研究过程中共采得某基地从 2011 年 11 月 9 日到 2012 年 8 月 7 日前的风速数据，选取 1 月份的数据如图 5-9 所示。

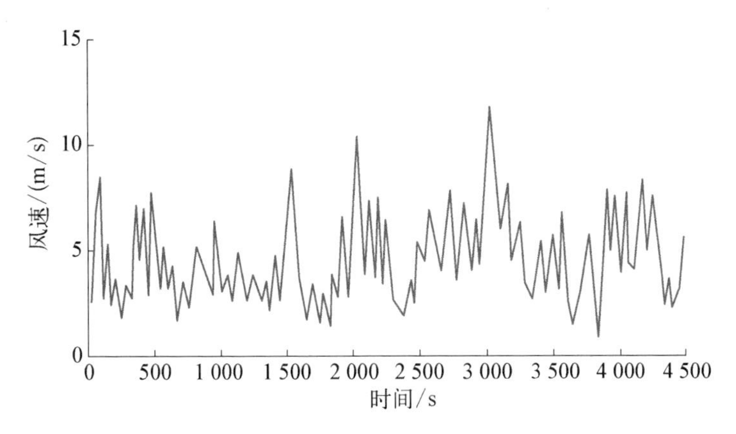

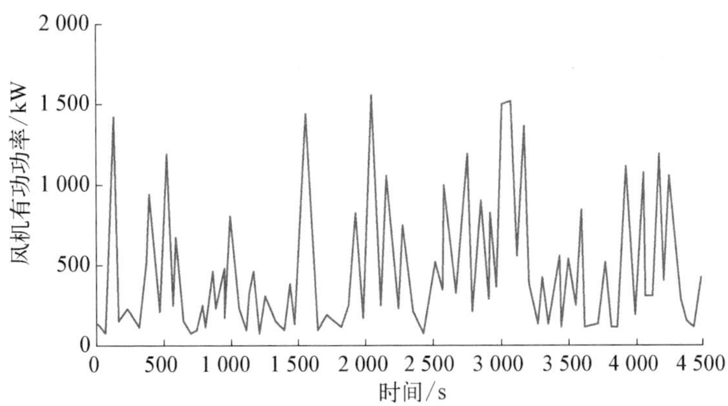

图 5－8　某固废处置基地风电场某月份风速和风机出力曲线

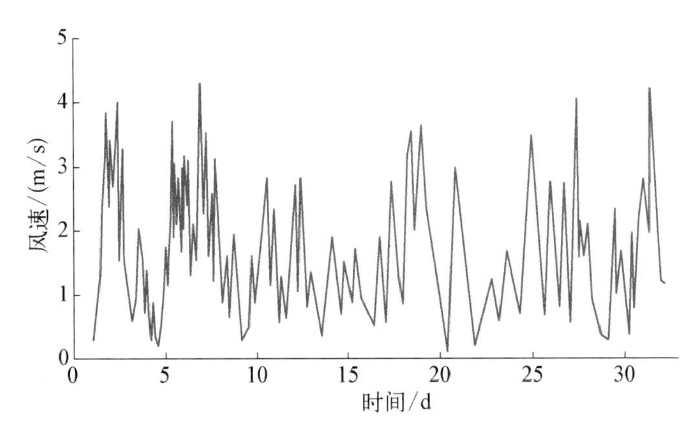

图 5－9　仿真模型中使用的 1 月份风速数据

对比图 5－8 和图 5－9 可知，通用模型中 1 月份风速比风电场中的原始数据小，这是因为模型依赖的风速数据是 10 m 低空采集的风速。风速沿高度的变化可用指数法则计算，工程上使用的指数法则公式如下：

$$v=v_1\left(\frac{h}{h_1}\right)^{\alpha} \tag{5-1}$$

式中，h、h_1分别是计算点和测试点离地面的高度；v_1是相对地面高度为h_1的测试点风速；v是相对地面高度为h的计算点风速；α，地面粗糙度指数。

5.1.2 固废基地产热环节

城市固废处置基地内垃圾焚烧发电、沼气发电在发电的同时产生大量热，是重要的产热单元。渗滤液厂的厌氧发酵产沼过程也会产生大量的热，渗滤液处理厂内厌氧与好氧工艺之间还有热能的循环利用。具体原理为：进入厂区的渗滤液先经厌氧池进行沉淀分离，后进入增氧池进行生化反应。由于增氧池中有机物和氧气反应会产生大量的热，而厌氧池中的温度依室温而定，为维持沼气池温度，保证好氧菌、厌氧菌都处在高活性状态，温度要适宜，不能过高或过低，可通过厌氧池与增氧池间的循环换热装置来实现这一目的。在这一过程中，增氧池是产热点，厌氧池是用热点，循环换热装置完成的就是热网中热量的交换，实现能量的综合利用。在满足整个园区作业、办公需求之后，多余的热能还可以通过相关的热力管道售卖给其他的用户。

1）垃圾焚烧产热

垃圾焚烧后产生了大量的高温烟气，后阶段烟气处理的除尘设备的入口温度有一定的限制，如袋式除尘器的入口温度一般为160℃左右，这就有必要将烟气温度降低到一定的水平，烟气冷却方法很多，最主要的一种办法就是配置余热锅炉将焚烧炉中的高温烟气的热量回收，以获得一定压力和温度的热水或蒸汽，用于供热或发电。余热锅炉主要有烟道式余热锅炉和炉锅一体式余热锅炉。

炉锅一体式余热锅炉是垃圾焚烧炉和余热锅炉自然地连接在一起的，一种以垃圾为燃料的锅炉。这种炉锅一体式余热炉与通常工业、发电用炉排锅炉相似。但是它的炉膛、燃炉室、炉墙、炉排、配风、进推料系统燃烧控制系统等必须针对各类垃圾的燃烧物性进行特殊的设计。所选用的过量空气系数比其他燃料要高，过量空气系数对垃圾燃烧状况影响很大，增大过量空气系数，可以提供过量的氧气，有利于燃烧。但过大的过量空气系数可能使炉内的温度降低，给燃烧带来副作用，因此一般过量空气系数取1.7～2.2为宜。另外，要采用特殊的二次风设计使燃烧尽可能充分，且满足炉膛出口处CO含量不超过60 mg/m^3。

城市垃圾采用焚烧技术进行处理的可行性取决于城市垃圾的发热量，要使垃圾维持燃烧，就要求城市垃圾燃烧释放出来的热量满足入炉的城市垃圾达到燃烧温度所需要的热量和发生燃烧反应所必需的活化能，否则，就需要添加辅助燃料才能维持燃烧。发热量有两种表示法，高位发热量和低位发热量，高位发热量是指废物在一定温度下反应达到最终产物的焓的变化，低位发热量同高位发热量含义相同，只不过低位发热量的最终产物中水以气态形式存在，而高位发热量最终产物中水以液态形式存在，高位发热量和低位发热量之间的差值即为水的气化潜热，低位发热量和高位发热量关系如下：

$$Q_{\alpha} = Q_{g} - 6 \times [9\omega(H) + W] \tag{5-2}$$

式中，Q_{α}为低位发热量，Q_{g}为高位发热量，$\omega(H)$为垃圾中氢的质量分数，W为垃圾含水量。

根据经验，垃圾的低位发热量大于 4 180 kJ/kg 时，燃烧过程无需添加辅助燃料，可实现自燃烧。

城市垃圾发热量计算最常用的方法就是先测定出城市垃圾中各组成成分的比例，再通过测定各组成物质的发热量，按比例求和法算出城市垃圾的发热量。

如果知道城市垃圾的组成物质及其组成物质的构成比例，则城市垃圾的低位发热量可近似算出，首先通过 Dulong 方程式算出各组分的低位发热量：

$$Q_{d} = 2.32\left\{14\,000\omega(\mathrm{C}) + 45\,000\omega(\mathrm{H}) - \frac{1}{3}\omega(\mathrm{O}) - 760\omega(\mathrm{Cl}) + 4\,500\omega(\mathrm{S})\right\} \tag{5-3}$$

式中，$\omega(\mathrm{C})$、$\omega(\mathrm{H})$、$\omega(\mathrm{O})$、$\omega(\mathrm{Cl})$和$\omega(\mathrm{S})$分别代表碳、氢、氧、氯和硫的质量分数。

再根据城市垃圾各组成的比例计算出城市垃圾的低位发热量：

$$\text{城市垃圾发热量} = \frac{\sum(\text{各组成物质低位发热量} \times \text{各组成物质量})}{\text{城市垃圾总质量}} \tag{5-4}$$

城市垃圾组成不同，其发热量也不同。全由废塑料构成的城市垃圾低位发热量可达 32 527 kJ/kg，全由废木料构成的城市垃圾低位发热量可达 18 610 kJ/kg，但由碎玻璃构成的城市垃圾发热量可能只有 140 kJ/kg。人们生活水平及城市产业构成不同，导致城市垃圾发热量不同。随着工业的发展和人民生活水平的提高，我国城市垃圾成分也发生了很大的变化：一方面，因为能源逐渐以煤制气、液化石油气和电能为主，城市垃圾成分中炉灰大量减少；另一方面，城市垃圾中包装和轻工业生产所废弃的纸、布、竹、木、塑料、橡胶等大量增多，使得我国垃圾发热量提高。

2）*沼气发电产热*

沼气发电机的余热利用分为两部分：一是排烟的余热利用，二是发电机自身冷却热量的利用。目前，国内的发电机不提供机组自身冷却热量的利用，只有排烟的余热可用。国外机组，例如 GE Jenbacher 的内燃机，可以提供上述两部分的余热利用。常见的余热利用方案有四种。

(1) 热水型,利用发电机的余热可以产生 90℃甚至更高温度的热水。这种形式在需要供暖的北方地区可以使用。

(2) 烟气型,利用烟气的余热配合吸收式制冷机组,可以提供冷源负荷。

(3) 蒸汽型,利用烟气的余热可以产生饱和蒸汽或者过热蒸汽,但是沼气发电机组的容量较小,蒸汽的产量较小。例如,1 台 1 MW 的沼气发电机组,可以产生 1.0 t 左右的饱和蒸汽(蒸汽压力为 0.6 MPa),作为供汽负荷使用。

(4) 发电型,利用发电机的余热,配合螺杆膨胀动力机发电。1 台 1 MW 的沼气发电机组,利用排烟余热,可以配置 1 台 70 kW 的螺杆膨胀动力机发电。

燃气内燃机通常机械效率达 40%,热效率达 50%,总效率达 90%。通常在 5% O_2含量的情况下,燃烧后的排放 NO_x 含量≤500 mg/m^3,完全可以满足环保要求。因此,燃气内燃机对沼气的利用是一种非常理想的途径。同时将近 600℃的排气余热用换热器回收起来可用于冬天的原料加温,所产热水也可用来取暖和洗澡,节约煤炭。此外,设计、制造、安装了发电机组尾气余热利用系统,将发电机所发电力输送到各用电点。发电机组的余热回收系统如图 5-10 所示。

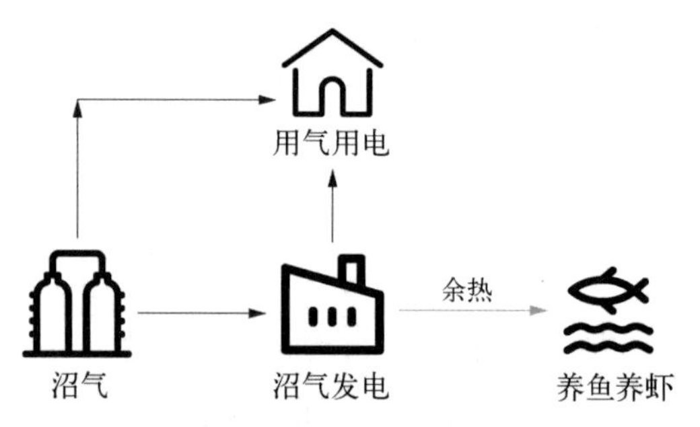

图 5-10　沼气焚烧发电机组余热回收系统

5.1.3　固废基地产气环节

固废基地产气点包括已经封场的填埋场(填埋气产量较少)和正在使用中的填埋场以及综合填埋场,各填埋场有自然生成的大量填埋气。渗滤液处理工艺过程中厌氧发酵过程同样会产生不少沼气。

1) 垃圾填埋产气

填埋气体的产生是个非常复杂的过程,其生物化学原理至今尚未完全阐明。但究其本质,就是有机物的厌氧消化,即在无氧条件下,有机物在厌氧菌作用下转化为 CH_4和 CO_2的生物化学过程,这点已经为世界认同。综合国内外研究可将填埋场释放气体的产生过程分为下述五个阶段。

(1) 好氧分解阶段(初始调整阶段)。废物一进入填埋场,好氧阶段就开始进行,原因是有一定数量的空气随废物夹带进入填埋场内。复杂的有机物通过微生物的胞外酶分解成简单有机物,简单有机物通过好氧分解成小分子或者 CO_2,好氧阶段通常在较短的时间内就能完成。这时填埋场中氧气几乎被耗尽,好氧阶段微生物进行好氧呼吸,释放出较大能量。

(2) 水解消化阶段(过渡阶段)。氧气被完全耗尽,厌氧环境开始形成并发展。复杂有机物如多糖、蛋白质等在微生物作用或化学作用下水解、发酵,由不溶性物质变为可溶性物质,并迅速生成挥发性脂肪酸、CO_2 和少量 H_2。由于水解作用在整个阶段中占主导地位,也将此阶段称为液化阶段。水解速率受接种物、微生物浓度、温度和 pH 限制。

(3) 产氢、产乙酸阶段。微生物将第二阶段累积的溶于水的产物转化成为 1～5 个碳原子的酸(大部分为乙酸)和醇及 CO_2、H_2,可作为甲烷细菌的底物而转化为 CH_4 和 CO_2。

(4) 产甲烷阶段。前几个阶段的产物如 CH_3COOH(乙酸)、H_2 在产甲烷菌的作用下,转化为 CH_4 和 CO_2,其中乙酸是生成 CH_4 的重要因素。产甲烷菌在转化为挥发性有机酸的过程中消耗酸和 CO_2,从而使得系统的 pH 稳定在一个适宜范围。产甲烷菌的活性受 pH、温度以及一些微量元素影响,如硫元素和重金属。该阶段是能源回收的黄金时期。

(5) 填埋场稳定阶段。当废物中大部分可降解有机物转化成 CH_4 和 CO_2 后,剩余的部分可生化有机物在填埋体内仍被转化,但填埋场释放气体的产生率显著减少。此时,填埋场处于稳定阶段或成熟阶段。

上述五个阶段并不是绝对孤立的,它们互相衔接,互相保持动态平衡。各个阶段的持续时间,则根据不同的废物、填埋场条件而有所不同。因为填埋场中垃圾是在不同的时期进行填埋的,所以在填埋场的不同部位,各个阶段的反应都在同时进行。

2) 渗滤液厌氧产沼

垃圾渗滤液(简称渗滤液)是成分复杂的高浓度有机废水。渗滤液组成物质种类多,含多种有毒有害污染物及环境优先控制污染物,如果不经处理直接排入水体对生态环境和人体健康会造成巨大危害。

厌氧生物处理工艺处理渗滤液的过程中,厌氧产甲烷菌在特定的条件下将渗滤液中可生物降解的有机污染物分解为 CH_4 和 CO_2,CH_4 经提纯处理后可作为燃气或用于发电。

渗滤液汇集进入调节池,用泵送至本渗滤液处理系统。垃圾渗滤液处理包括预处理系统、厌氧处理系统、好氧处理系统、深度处理系统及污泥处理及沼气利用系统。

包含上述5个处理系统的渗滤液产气工艺流程如图5-11所示。

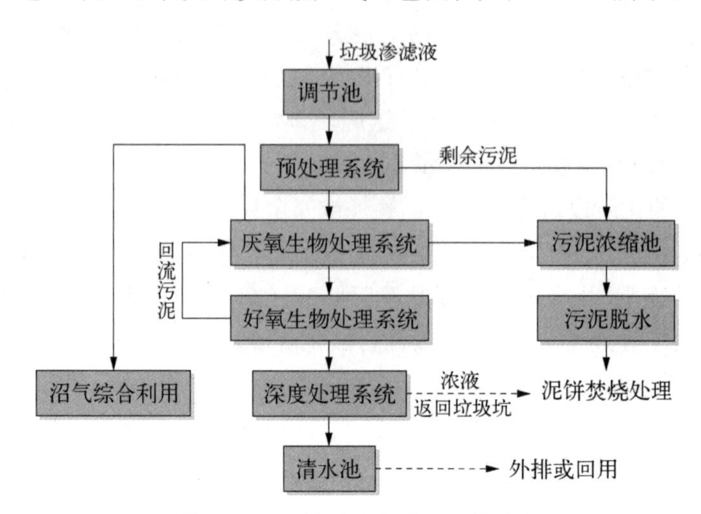

图5-11　渗滤液产气处理工艺流程

5.2　固废基地用能分析

城市固废处置基地中不仅有各种类型的大量发电、产热、产气单元，还有诸多的用能单元。对应产能环节，固废基地中常见的用能环节也可以分为三类，分别为用电环节、用热环节和用气环节。整个园区内的生产生活过程均需要消耗大量的能源，主要的用能区域为渗滤液处理厂、垃圾填埋场、垃圾焚烧发电厂等作业区域以及办公区域用能，多余的电、热、气能源还可以售入电网或者卖给园区外的其他用户。

针对电、热、气三种不同的能源形式，下面对固废基地的用能情况和特点进行讨论和分析。

5.2.1　固废基地用电分析

整个园区内部生产生活都需要消耗大量电能。渗滤液处理厂是最大的用电单元，它通过消耗电能对污染物进行处理，是最主要的用电点。各个生产处理工艺过程大多需消耗电能，如：生产处理工艺过程中的各大型设备均需耗电，包括调节泵、鼓风机、膜处理系统等。除此之外，垃圾码头的垃圾吊在进行垃圾预处理的过程中也需要消耗大量电能，同时，可再生能源管理中心需保证日常生活用电。电力网中多余电量通过协议价格与电力公司进行交易。固废基地的电能利用网络如图5-12所示。

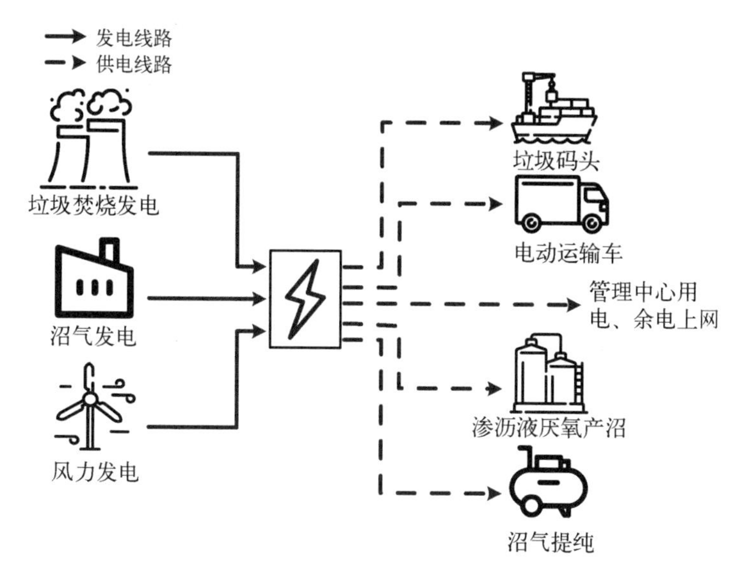

图5－12　固废基地电能利用网络

5.2.2　固废基地用热分析

污泥干化厂可对垃圾焚烧发电或沼气发电过程中所产热能加以利用，用于对渗滤液处理过程中所产生的污泥进行干化。经干化的污泥又可作为焚烧厂的原料，干化后的污泥更易于焚烧。产热用于湿泥干化，不仅加快了垃圾处理和降解的速度，还使得沼气发电产生的热量被更多的消纳，且经干化后的污泥作为垃圾焚烧发电厂的原料，可增加发电量，提高经济效益。所产热能还可用于整个园区的生活用热，多余热能可售卖给附近居民，真正实现整个基地能源资源的循环利用。

在垃圾的干化处理过程中，需要大量的热量，可以将其作为一个热负荷；而在其焚烧过程中，又将产生更多的热，又成为一个热源。因此，垃圾焚烧发电是将热力网和电网联系起来的重要纽带。固废基地的热能利用网络如图5－13所示。

固废基地中主要的产热单元为垃圾焚烧厂和沼气发电过程的余热，主要的用热单元为厌氧产沼工艺用热、污泥干化工艺用热和管理中心用热。除了保证满足厂区内的正常用热需求，多余的热能还可以通过热力管道出售给周边的居民用热。

5.2.3　固废基地用气分析

基地内建有沼气压缩提纯站，可对所产气体进行收集压缩提纯并加以利用，为友好消纳新能源打下基础，可实现固废处置基地能源利用的多元化和资源循环配置的综合化。

沼气储气罐作为储能的一部分，使得建设沼气发电站成为可能，储气罐的存

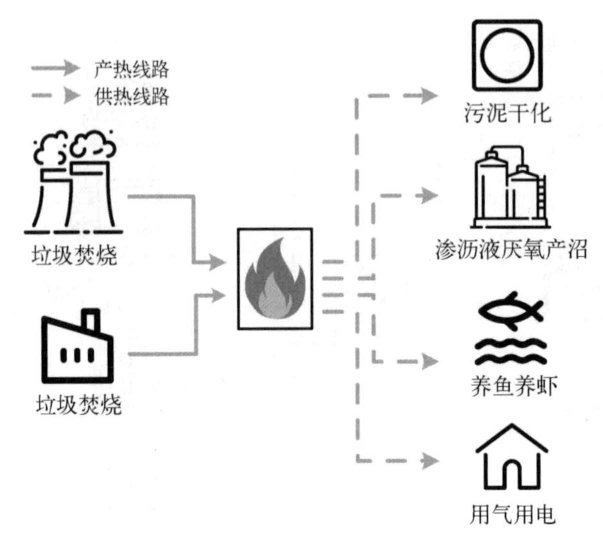

图 5-13 固废基地热能利用网络

在,使得沼气发电成为一个可随时调控的电源。同时沼气储气罐有利于提高固废处置基地电网对于周边风电场的消纳作用,气体储能装置的建设,使得电能可通过电转气技术(power to gas,P2G)以沼气的形式实现大规模存储,从而提高基地内可再生能源风电的渗透率。

基地内有大量的气负荷,所产沼气可经过沼气压缩提纯站提纯处理后作为锅炉用燃料。燃气锅炉在消耗沼气的同时产生热能,为厂区提供必要的热能(见图 5-14),同时取代了传统燃煤锅炉,减少了对于环境的污染,在合理配置厂区内资源的同时,达到节能环保的目的。

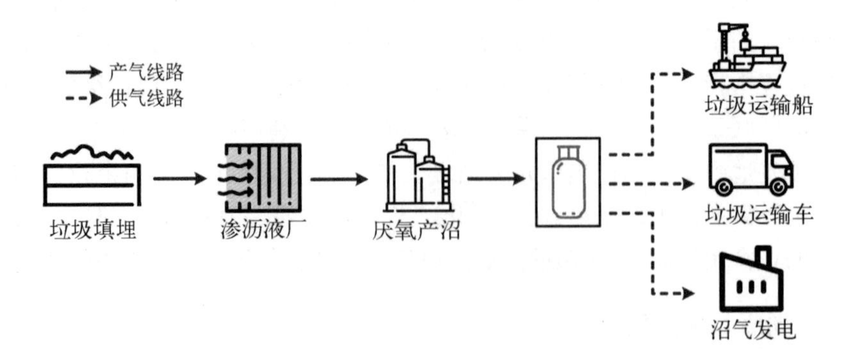

图 5-14 固废基地沼气利用网络

经提纯后的沼气同样可用于厂区内垃圾运输车、垃圾运输船的燃料,改变传统车/船燃油的现状,大大减少了有害气体的排放。作为清洁能源,燃气车/船的推广被称为绿色革命,是能源互联网中交通网的发展方向。

5.3　固废基地的混合能源网络

图5－15为老港固废处理基地厂区组成，该固废处理厂区主要由垃圾焚烧厂、填埋气发电厂、渗滤液处理厂以及风电场组成。固废基地对进入厂区的生活垃圾进行综合处理处置，各厂区布局较为紧凑，且相互间联系较为密切。同时为优化整个固废处理系统的运行，还需要考虑厂区的规划建设。由于垃圾焚烧处理可实现垃圾的减量化、资源化与无害化处理，因而愈加成为固废处理的主要方式，未来将逐渐减少填埋量，扩大焚烧量。因此，在现有运行条件下，规划建设垃圾焚烧厂（二期）和垃圾填埋场上的光伏电站。

基地固废利用结构如图5－15所示，由于垃圾焚烧发电可最大限度实现垃圾的减量、资源利用、无害处理，同时对环境的影响较小，因此，现有的固废处置基地的垃圾处置方式以焚烧处理为主。垃圾焚烧处理这一过程可以产生大量电能，是固废垃圾处置基地重要的产电单元，同时发电的过程中伴随着大量热能的产生。

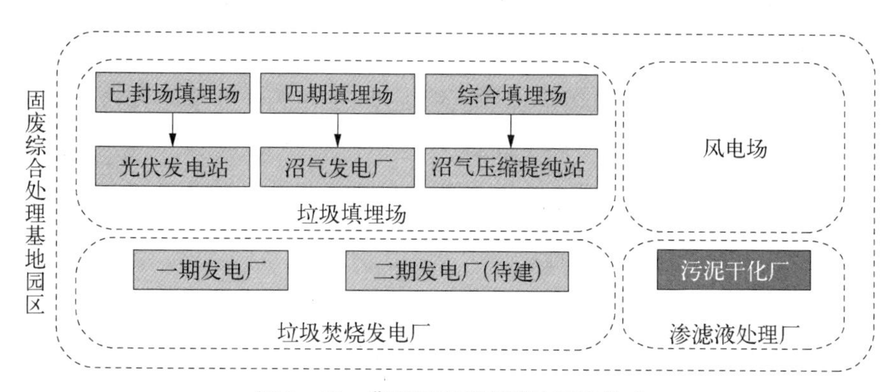

图5－15　典型固废处理基地厂区构成

部分燃烧过程会产生大量污染物的垃圾，不宜进行焚烧处理，应采用填埋的方式，送往垃圾填埋场进行填埋。经填埋的垃圾产生大量填埋气，可作为一个气体产生源。

不论是焚烧处理还是填埋处理，垃圾中都会有大量渗滤液产生。渗滤液是一种高浓度废水，需对其进行处理，达标后才可排放。渗滤液处理过程中，有机物发酵会产生沼气，处理过后会产生污泥和中水。

基于固废综合处置基地的优化运行需求，考虑到5.1节和5.2节中的固废基地产能和用能的多类型、多层次、多耦合特性，可以建设固废处置基地的混合能源网络，实现固废基地中电、热、气多能源的统筹优化利用。基于现有固废基地中垃圾处理相关工序的产能、用能情况，可以得出其总体用能网络如图5－16所示。

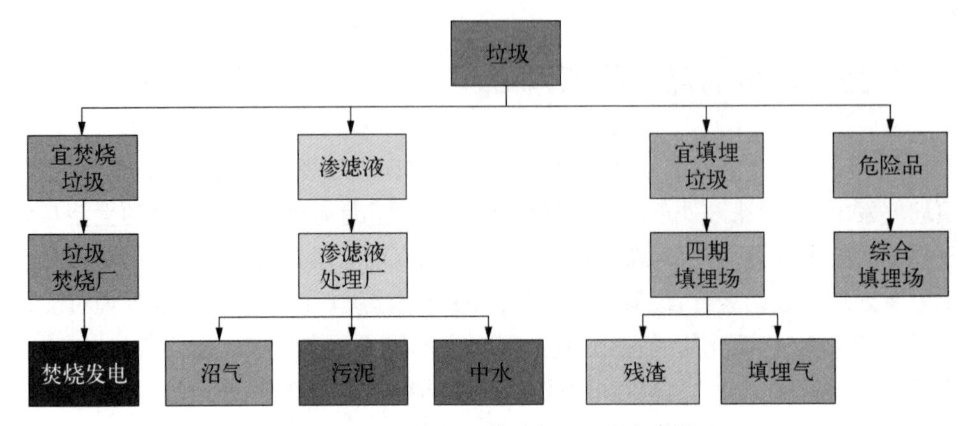

图 5-16　固废处理基地各厂区固废利用

5.3.1　城市固废基地能流网络结构

固废基地涵盖了包含以电、热、气为主体的多种能源类型，其网络结构如图 5-17 所示，运往基地的固废垃圾分为两大部分，其中热值较高的可燃性垃圾(W_1)将作为原料供给垃圾焚烧发电厂产生电能(P_{g1})和热能(H_{g1})；而另一部分热值较低的垃圾(W_2)会被运往垃圾填埋场，产生一部分的填埋气(G_{g0})以及渗滤液(可产生沼气)。渗滤液厂产生的沼气(G_{g1})一部分直接燃烧产生热能(H_{g2})，

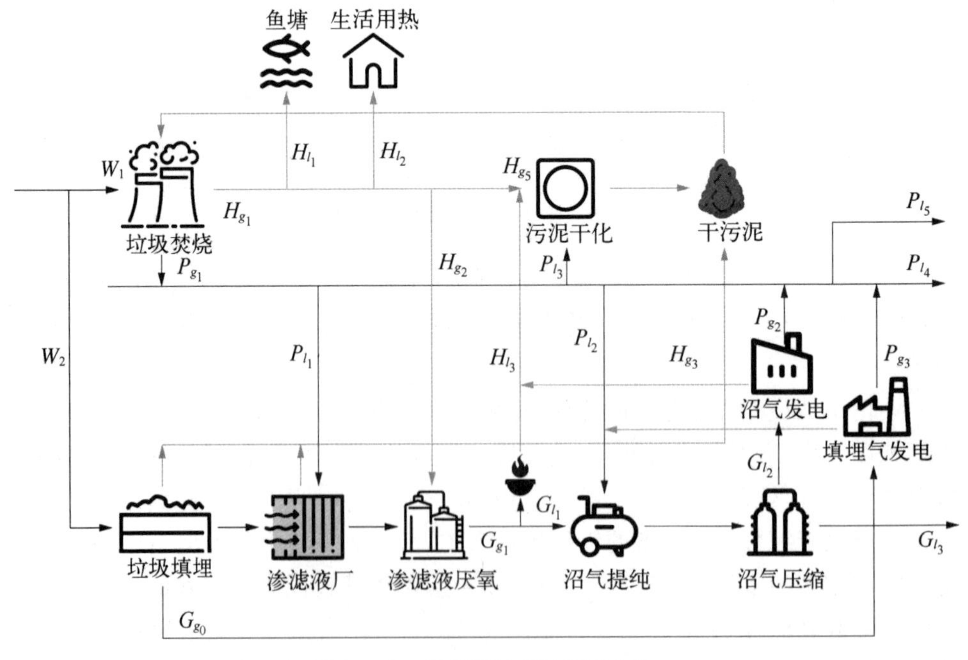

图 5-17　固废基地能流网络结构

另一部分经过脱硫、压缩等工艺后再进行沼气燃烧发电，产生电能和热能。

整个基地产生的电能汇总后将分别用于园内最大的用电点渗滤液厂(P_{l_1})、沼气提纯压缩站(P_{l_2})、污泥干化场(P_{l_3})、员工工作生活用电(P_{l_4})以及剩余上网电量(P_{l_5})。与电能不同，为了获得尽可能高的利用率，热能需要在基地内部就消耗完全。热能主要用于基地附近的鱼塘养殖(H_{l_1})、员工生活供热(H_{l_2})以及渗滤液厌氧反应所需热量(H_{l_3})、污泥干化(H_{l_4})等。垃圾填埋场及渗滤液厂经干化后的污泥将同样被投入垃圾焚烧厂进行燃烧产能。基地内部的沼气能则主要用于火炬燃烧(G_{l_1})、燃烧发电(G_{l_2})，剩余沼气(G_{l_3})可向市政部门出售。

基于该能流网络结构，通过各个节点及线路约束条件将其不同种类能流或是同类能流的不同部分用数学形式表达并约束起来，便能在一定范围内确定满足既定目标(能源最高利用率或是最高经济型等)的最优能流规划方案，图 5－17 中各部分能流表示内容如表 5－1 所示。

表 5－1　固废基地能流变量说明

能源类型	变　量	表　示　内　容
生活垃圾	W_1	运入基地的生活垃圾中热值高通过垃圾焚烧处理的部分
	W_2	运入基地的生活垃圾中通过垃圾填埋处理的部分
电　能	P_{g1}	垃圾焚烧发电量
	P_{g2}	沼气燃烧发电量
	P_{l_1}	渗滤液厂主体用电量
	P_{l_2}	沼气压缩及液化用电量
	P_{l_3}	污泥干化用电量
	P_{l_4}	园区内员工工作生活用电量
	P_{l_5}	剩余上网电量
热　能	H_{g1}	垃圾焚烧发热量
	H_{g2}	渗滤液厂部分未处理沼气燃烧产生热量
	H_{g3}	脱硫压缩后沼气燃烧发热量
	H_{l_1}	基地附近鱼虾养殖所用热量
	H_{l_2}	园区内生活供暖
	H_{l_3}	渗滤液厂厌氧反应所需热量供给
	H_{l_4}	污泥干化用热量
气　能	G_{g0}	垃圾填埋场直接产生的填埋气量
	G_{g1}	渗滤液厂的生成的沼气量
	G_{l_1}	渗滤液厂直接用于燃烧的沼气
	G_{l_2}	处理后沼气燃烧发电所用沼气量
	G_{l_3}	与市政部门交易的沼气量

5.3.2 固废处置基地电力网络

电力网中各发电单元都是以固废处置基地的固废资源或可再生能源为主的清洁发电系统，以垃圾焚烧发电、沼气发电等发电系统为主，辅以周边风电场和光伏电站，共同构成了固废处置基地电力网中的发电单元，各发电单元相互间联系较为密切。渗滤液处理厂的各个处理工艺过程、沼气压缩提纯站、垃圾码头、基地厂区内部的生活用电单位等都是固废基地电力网络中较大的用电负荷点位。通过电力网的连接，使得整个基地所产电能不仅可以供给内部自用电，同时多余电量还可售卖给电网。

垃圾焚烧发电是固废处置基地发电单元的一大代表，可使生活垃圾变废为宝，将散发恶臭的垃圾变身为电能供给千家万户。表 5－2 为某一固废处理基地发电单元的基本情况，焚烧发电厂年发电量可达 3 亿千瓦・时，未来规划建设二期工程，届时可达 9 亿千瓦・时。沼气发电厂即垃圾填埋气发电厂，作为主要的发电单元之一，同样可发出很多电能。风电场则为固废处置基地周边的风电场，规模也较大。这些单元共同构成能源互联网中电力网的产能单元。

表 5－2 某固废处置基地发电单元基础数据一览

序　号	发电单元	装机容量/MW	年发电量/(亿千瓦・时)
1	垃圾焚烧发电厂	30	3
2	沼气发电	15	1.1
3	风力发电	67.5	1.05

现有的城市固废处置基地不光有大量发电单元，同样有诸多用电单元。如前所述，渗滤液处理厂是固废处置基地最为重要的用电单元之一。填埋气发电厂中用于沼气压缩提纯预处理的沼气压缩提纯站是另一个重要用电单元，承担着沼气的提纯、压缩、净化处理。垃圾码头是对垃圾运输车、垃圾运输船运送至基地的垃圾进行装卸的点位，这一过程同样会耗费大量电能。除此以外，用电单元还包括厂区内部管理楼的日常用电。

固废处置基地所产电能不仅能实现内部供电需求，实现基地内部电能自发自用，其多余电能还可通过电网售卖给电力公司。电力网的建设，是固废处置基地能源互联网建设的关键所在，也是气、热能源进行转换、传输、存储的纽带。

5.3.3 固废处置基地沼气网络

随着 P2G 技术的发展，使得电力这一无法大规模存储的能源，通过转换成为沼气，实现存储与灵活使用，也使得沼气成为能源消费使用的合理替代品。同样条件下，用能方式更为多源，将不单局限于电力使用。沼气同时也具有诸多优点：安全、环保、经济，凭借其优越性终将进入千家万户。固废处置基地的主要产气点包括垃圾填埋场和渗滤液处理厂厌氧产沼两大单元，其产气经压缩提纯可作为垃圾运输车、垃圾运输船以及沼气发电厂的原料。

1）产气单元

固废处置基地中的垃圾填埋场与渗滤液处理厂为两大主要产气单元，表 5 - 3 为某一固废处置基地中各部分产气量一览表。填埋场中的Ⅰ～Ⅲ期填埋场已经完成填埋封场，所产填埋气量极少，正在使用中的Ⅳ期填埋场与综合填埋场为基地主要产气点，Ⅳ期填埋场产生的填埋气收集后经净化提纯可用于填埋气发电。渗滤液处理厂中的厌氧发酵产沼受到季节和环境的影响，夏天多冬天少，但总体平均产沼量也相当可观，经收集使用可产生相当大的气量。对产气量的监测有利于沼气网建设的精确性，同时可对气体的发电量进行预测规划，合理调配能源网中气网的运行。

表 5 - 3　某一固废处置基地产气基础数据一览

厂　区	名　称	产 气 量
垃圾填埋场	Ⅰ～Ⅲ期填埋场 Ⅳ期填埋场 综合填埋场	24 709 706 m^3/a
渗滤液处理厂	厌氧池	65 700 m^3/a

2）用气单元

沼气压缩提纯站是对基地内获得的沼气进行预处理，对沼气进行过滤、提纯、压缩，进而提供给用气单元使用。沼气压缩纯化是友好消纳新能源的基础，保证了固废处置基地能源互联网中的气网稳健运行。沼气的压缩提纯，也有利于气体的安全使用。

沼气储存设备是气网中重要的储气装置。相比于电力必须即发即用，无法存储，可大规模存储是沼气的一大特点。沼气储存装置，使得固废处置基地气网的运行方式更为灵活，产气单元产生的气体（填埋气、沼气）可通过储存装置加以存储。若基地内部电力网存在电力无法消纳的问题，可通过 P2G 技术，将电力转化成气体进行存储，实现电力调峰。沼气存储装置的存在，有利于固废处理基地可再生能源的消纳。

沼气发电厂是固废处置基地中的主要用气单元，在用气的同时产电，是能源互联网中连接气网与电力网的重要纽带。发电原料以填埋场所产生的填埋气为主，填埋气是一种易燃易爆的危险品，存在安全隐患，不易长期存放，又有重污染。填埋气发电合理解决了这一矛盾，将垃圾中的填埋气转变为资源加以利用。填埋气发电是生物质能发电项目，应当得到更为广泛的使用。

垃圾运输车、垃圾运输船是厂内固废运送的运输工具。将垃圾运输车/船改为用燃气工具，合理利用厂区所产沼气；运送的垃圾在处理的过程中又会产生大量沼气，从而实现基地内部沼气生产与使用的循环。

5.3.4 固废处置基地热力网络

构成固废处置基地能源互联网的另一重要部分为热力网络，在各单元的生产过程中，大都伴随有热能的产生或消耗，因此，热网也是能源互联网中不可或缺的一个重要组成部分。热能的产生较为多元，方式也多种多样，诸多生产工艺过程都伴随有热量的产生。生产过程中产生的热能如不加以利用或存储，就会散发到空气中被消耗掉，造成热能的浪费。但如若加以利用，可为工艺生产和人们的日常生活提供热能供应。固废处置基地热力网络的构建，是热力能源有效利用的一大典范。

1）产热单元

垃圾焚烧厂是固废处置基地重要的产热单元，垃圾焚烧发电利用生活垃圾为原料进行发电的过程，不仅能够产生大量电能，同时还伴随有大量热能的产生，对所产热量进行收集利用，可避免热量散发而造成的热能浪费，同时可大大减少热能排放对环境和气候带来的不利影响。对于整个基地这一最主要的发电方式过程中热能的利用，有助于能源互联热网的资源节约和环境友好，这是其最突出的特点。

沼气发电通过燃气内燃机，利用填埋气这一生物质能实现发电产能，此过程中产生的热能与垃圾焚烧发电产热相同，都是发电过程中所产生的附加能量，对其进行合理利用是实现资源综合利用的关键所在。固废处置基地填埋气发电方式产生的热能，也是能源互联热网中不可或缺的重要组成部分。

2）用热单元

渗滤液厌氧产沼过程中伴随着热能的产生与消耗，整个渗滤液处理工艺过程中，厌氧池与增氧池间有热量的交换。通过循环换热装置，使增氧池中过高的温度与厌氧池中接近于室温的较低温度之间进行热量的交换，可使得两者温度皆达到适宜细菌活性的温度。

污泥干化也需要消耗热能。经干化后的污泥送至垃圾焚烧发电厂进行焚烧发电，使得渗滤液生产处理工艺过程中产生的污染物质作为垃圾焚烧厂的原料得以合理利用，处理污染物的同时也增加了发电量。污泥干化的过程消耗热能，经干化后的污泥焚烧发电又会产生大量电能，连接电网与热力网的同时加快了能量循环流动。

基地产热完全可以满足内部生产生活用热，省去了外购热量的费用，且还会有多余热能。但热能需要及时使用或存储，如不进行合理管理，易造成能量散耗。基地内多余热量可供给周围居民的日常生活用热，供热量与温度有较大关系，固废处置基地多余热量还可以供给周边用户从事鱼虾养殖等农业活动。

综合固废处置基地整体产/用能实际情况，结合电力网、热力网、沼气网等不同能源网络的特殊性，固废处置基地具备热电、沼气、余热等清洁产能单元，同时具有电、热、气等相关复杂负荷。基地内产能、用能系统分布在同一园区，产能形式与负荷形式分布较为集中，整个基地不同厂区之间联系密切，相互之间具有能源的强耦合关系，因此，现有的固废处置基地适宜建成能源互联网。

5.3.5　固废基地能源互联效益

现有的固废处置基地中虽然有着多种类型的产能环节和用能环节，具备电、热、气等多种能源生产优势，但也存在着不同能源之间联系弱、利用方式单一、能源浪费严重、利用率低等问题。建设开放的能源互联网络可以充分调度不同类型的能源，实现多种类型能源的优化互补运行。

固废基地中主要的产能和用能区域为渗滤液处理厂、垃圾焚烧电厂和填埋气站，下面通过研究这三大生产作业区域的能源互联网络建设，来分析固废基地能源互联带来的运行优化效益。

1）渗滤液处理厂能源互联

渗滤液处理过程中的物质流如图 5－18 所示，渗滤液先后经过厌氧池、增氧池和沉淀池，增氧池的混合液会回流到厌氧池中。出水部分污泥上清液回流至厌氧池，剩余污泥可处理再利用，使得渗滤液中污染物的处理更为彻底。整个处理过程需利用鼓风机、水泵、高压泵、压缩机、离心机等耗电设备，可见，渗滤液处理厂为耗电大户，通过消耗电能，对渗滤液中的污染物进行去除。

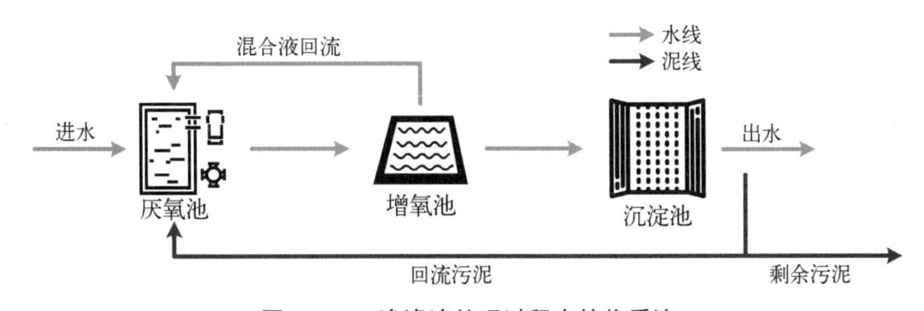

图 5－18　渗滤液处理过程中的物质流

增氧反应需要通过鼓风机向增氧池鼓入空气，使得好氧菌能与氧气进行充分反应，从而对渗滤液中的有机物进行分解，鼓风机的容量都较大，这一过程需要消耗大量电能。为了实现节能目的，使进入厂内的渗滤液先经过厌氧池，经厌氧发酵分离去除渗滤液中的部分有机物，再进入增氧池进行好氧反应，这样可以节省电能。

表5-4为渗滤液处理厂各主要大型电力负荷设备数量及装机容量一览表。渗滤液处理过程中，各物质流相互之间通过鼓风机、水泵等连接，完成渗滤液的处理。单就渗滤液处理厂来说，日用电量达到了11万度。

表5-4 渗滤液处理厂大型电力负荷装机容量一览

电力负荷	名称	数量	总装机容量/kW
电力负荷1	鼓风机	16	3 200
电力负荷2	膜处理系统	9	1 790
电力负荷3	水泵	44	880
电力负荷4	污泥脱水离心机	4	260

渗滤液处理过程中的增氧池会产生大量热能，而厌氧池中渗滤液自然沉淀分离，温度与室温相同。由于有机物反应达到最佳活性所需温度为37℃左右，好氧反应使得温度过高，需要加装散热装置；而厌氧反应温度又较低，需要额外的供热装置。在渗滤液处理厂的增氧池与厌氧池间加装循环换热装置，以水作为热交换介质，对增氧池的热量加以利用，与厌氧池中较低的温度进行换热，使得增氧池与厌氧池的温度均维持于最佳温度，同时省去了好氧池的供热装置以及厌氧池的加热装置，实现循环换热，达到节能目的。

污泥干化厂为另一主要用热点。渗滤液处理过程中会产生大量污泥，对厂区所产热能加以合理利用，对污泥进行干化处理，经干化后的污泥通过焚烧发电，可实现彻底处理，同时又可产生电能，污泥干化过程联系了热力网和电力网。

除此以外，厂区内还包含锅炉等供热负荷，以及其他复杂用热负荷，可保障厂区内部的基本供热、用热。图5-19为渗滤液处理厂热力网络，各产热点、用热点相互之间有着密切联系，实现热力网的复杂耦合。

渗滤液处理过程中厌氧反应会产生大量沼气，是宝贵的资源。沼气的主要成分为甲烷，如不合理利用，需通过点火炬燃烧才可排放，这会造成气体能源的严重浪费，而通过沼气发电，可实现资源的合理利用。

图5-20为固废处置基地渗滤液厂内气、热能源利用示意图。渗滤液厌氧反应过程会产生大量的沼气，若不加以收集利用，不但会对环境造成污染，还会造成能源资源的浪费。对其进行除湿、脱硫处理，可去除有害物质，进行合理利用。

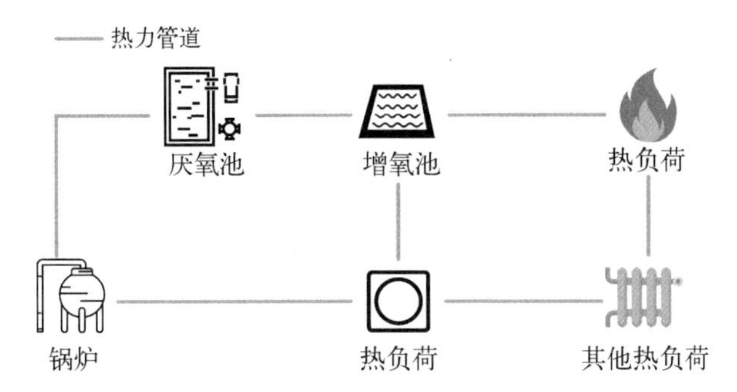

图5-19　渗滤液处理厂热力网络

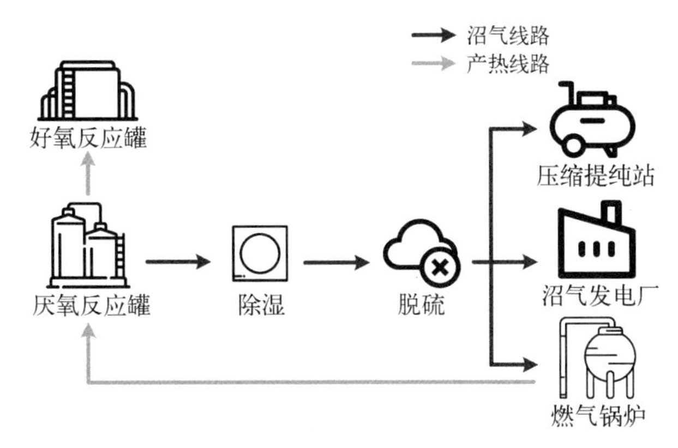

图5-20　渗滤液处理气、热能源利用

沼气发电厂是将沼气作为发电能源，在对沼气资源加以利用的同时进行发电，发电又会产生可利用的热能，使得沼气成为连接能源互联网气网、电网和热力网的纽带。

将沼气作为锅炉燃料，利用沼气的同时可对渗滤液厂厌氧反应罐进行热保温，还可对厂区内部生活用水进行加热，替代传统的电加热，节约电能的同时对厂内产能加以合理利用，燃气锅炉是连接气网、热网的纽带。

未利用的沼气可通过沼气压缩提纯站进行提纯、存储，经存储的气体可作为电力调峰装置。在电力过剩的时候，可将电力转为气体进行存储，实现需即时消耗的电能转变为气能源进行存储，沼气压缩提纯站是能源互联网系统中重要的储能装置。

2）垃圾焚烧发电厂能源互联

垃圾处理方式主要有堆肥处理、填埋处理与焚烧发电处理三种。相比于堆肥、填埋方式，垃圾焚烧发电可最大化处理生活垃圾，且焚烧方式处理垃圾最为彻底。通过焚烧，可实现垃圾中有害资源的最大化处理，焚烧的同时可进行发电，使得为人诟病的生活垃圾变为可利用的重要资源。因此，垃圾焚烧发电是最为合理环保的处置方式。

垃圾焚烧发电的整个过程不仅实现了城市固废污染物的减量化处理,同时通过高温焚烧作用大大抑制了垃圾中的病菌和微生物的污染,焚烧过程中会有大量灰渣产生,所产灰渣可作为城市建筑品的原材料进行再利用。垃圾焚烧发电所具有的减量化、无害化、资源化等诸多优点,使得其处理过程对于能源的可持续利用以及环境的绿色保护都具有重大意义。

垃圾焚烧发电厂作为固废处置基地固废资源处理的重要场所,是固废处置基地能源互联网建设的关键组成部分。从电力网的角度来看,其作为电力网中主要的发电单元,是固废处置基地互联电网的重要组成部分。从热力网的角度来看,垃圾焚烧处理厂是一大重要的产热单元,对其热能的有效分析,有利于对其所产热能的合理利用,加强其作为产热单元的管理,进而推动固废处理基地能源互联热网的建设。

3) 填埋气发电站能源互联

如表 5-5 所示为某一固废处置基地各垃圾填埋场日处理规模一览表,该基地Ⅳ期填埋场为主要填埋基地,设计可填埋高度 45 m,日可处理垃圾 5 000 t。填埋场中可产生大量填埋气,是宝贵的资源,可用于填埋气发电。综合填埋场作为应急填埋场所,主要用来平衡垃圾焚烧厂所产生的残渣与飞灰的填埋需求。

表 5-5　某固废处置基地垃圾填埋场处理规模一览

序 号	名　称	日处理量/(t/d)	处理垃圾类型
1	Ⅰ～Ⅲ期填埋场	停止填埋	已封场
2	Ⅳ期填埋场	5 000	生活垃圾、污泥、飞灰
3	综合填埋场	5 000	应急填埋(平衡Ⅳ期处置量)

经填埋的生活垃圾发酵会产生大量填埋气,其主要成分为 CH_4 和 CO_2,是一种易燃易爆的危险品,但同时又是可被利用的资源。通过垃圾填埋气进行发电,是对其进行合理有效利用的一种途径。垃圾发酵产生的填埋气通过填埋气收集系统加以收集利用,经过滤、提纯可用于填埋气发电机组进行生物质能发电。垃圾填埋气发电,不仅减少了填埋气对于环境的污染,还能实现资源合理利用。

处于运行期间内的填埋场填埋气可进行存储或发电,若将所产填埋气进行发电,则平均每立方米垃圾可产电能 160 度。因此,填埋场所产填埋气也是基地内重要的资源。填埋气发电工艺流程如图 5-21 所示,以垃圾填埋堆体中发酵所产生的填埋气为主要原料,采用热气机发电机组进行生物质能发电。相比于传统的发电机组,热气机发电机组具有对所处理气体要求较低、耐腐蚀性能较强、维护检修

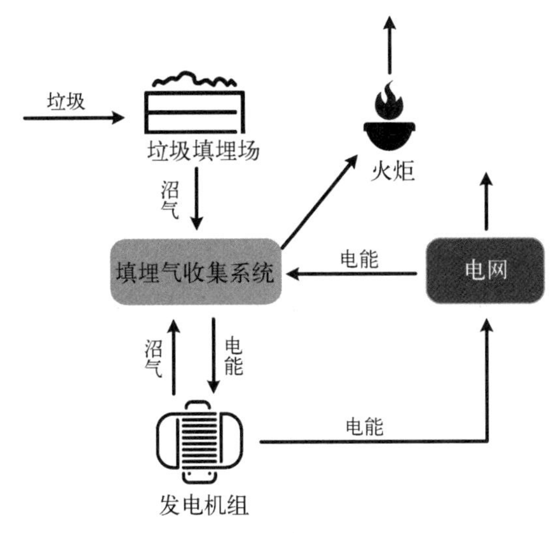

图5-21　填埋气发电

费用较低等诸多优点。

填埋气经收集系统净化提纯的二次过滤作用后，送入热气机发电机组实现生物质能发电，同时填埋气所发电能又作为气体预处理系统电能的供给源，其多余电能并入电网，是固废处理基地能源互联电网的一大重要组成部分。发电的同时伴随有大量热能产生，所产热能作为热力网的主要热源，维持固废处理基地能源互联热网的运行稳定。填埋气收集系统未能处理的气体或含较多杂质的气体，可通过点燃的方式进行燃烧处理，减少了对于空气的污染。填埋气是固废处理基地能源互联气网的主要气源，有助于气网运行的灵活性。

5.4　固废基地能源互联园区规划

城市固废基地中有多种能源形式，为了使得固废基地的能源互联网能够配合垃圾处理园区的规划建设，在满足垃圾无公害处理需求的同时，实现多种能源网络的合理、高效、可靠运行，有必要对固废基地中的电力系统、热力系统和燃气系统进行合理的规划。

在对固废基地的能源互联网进行规划设计时，需要考虑到固废垃圾处理技术和处理设施的发展。一方面我国生活垃圾处理技术趋于多元化，焚烧发电、生物处理、卫生填埋等设施并存；另一方面，餐厨垃圾、粪便粪渣、建筑垃圾、污水污泥等废物的处理设施也正在不断扩建。这些设施的选址和用地是主要问题。为了便于城市固废综合处理园区设施的统一管理，节约建设用地，同时形成循环经济效益，在对电力、热力和燃气系统进行规划的时候需要综合考虑固废基地的设施发展。

5.4.1 垃圾热值分析

固废基地的几乎所有能量都源自运来基地的固废垃圾，而其中的一部分将投入垃圾焚烧厂进行焚烧。通过对其热值的准确评估，可以较好地预测出垃圾焚烧厂可能的发电发热量，为基地能流规划提供有效的参量。

对于垃圾热值的预测主要有两种方式：经典线性模型及神经网络模型。其中的线性模型指的是以垃圾内所包含的各部分元素含量或废弃物种类为参考量来进行垃圾热值预测的多元线性模型。常用的有 Dulong 模型：

$$\mathrm{LHV}=81C+342.5(H-O/8)+22.5S-5.85(9H+W) \tag{5-5}$$

式中，C、H、O、S 分别表示垃圾中所含碳、氢、氧及硫元素质量的百分比；W 表示垃圾中所含水的质量百分比；而 LHV 则表示低位热值。相应的有高位热值 HHV：

$$\mathrm{LHV}=\mathrm{HHV}-5.83(9H+W) \tag{5-6}$$

Dulong 公式计算简单，使用普遍，但是误差可能很大，因此只能用于垃圾热值的粗略估计。实际工业中则常用 Wilson 公式计算固废高位或低位热值：

$$\begin{aligned}\mathrm{HHV}=&7\,831C_1+35\,932(H-O/8)+2\,212S-3\,546C_2\\&+1\,187O-578N-620CL\end{aligned} \tag{5-7}$$

式中，H、O、S、N、CL 分别表示垃圾中所含氢、氧、硫、氮及氯的质量百分比；而 C_1 及 C_2 为有机碳和无机碳的质量百分比。Wilson 模型的预测精度较高，但相对复杂，通过采样的方式仍可以较快地估计垃圾热值。

除了经典公式之外，渐渐地也有学者开始使用神经网络进行热值预测。其实两者的原理类似，均是通过参数的选取，给予每个参量不同的权值，从而逼近真实的结果。不同的是，BP 神经网络模型能通过给定的学习样本不断修正自己得到的结论，从而达到更高的精度。简单来说，目标输出 y_i 由下式决定：

$$\begin{cases}y_i=f(\xi_i)\\ \xi_i=\sum_j w_{ij}y_j\end{cases} \tag{5-8}$$

式中，$f(\xi_i)$ 为传输函数；ξ_i 为第 i 个神经元的输入；而 w_{ij} 为第 i 和第 j 个神经元的关联权重参数。

确定学习目标为误差最小后，通过反向传播算法，即

$$w_{ij}^{(k+1)}=w_{ij}^{(k)}-\lambda\,(\partial E/\partial w_{ij})^{(k)} \tag{5-9}$$

式中，$w_{ij}^{(k+1)}$ 表示 w_{ij} 的更新值；而 E 则为需要最小化的目标函数。一般 E 可取：

$$E=\sum_{i}(y_i-y_{ir})^2/2 \tag{5-10}$$

式中，y_{ir} 表示 y_i 所对应的实际值。

基于神经网络的垃圾预测模型可以选取不同的参量来得到不同的精度。为了得到更加精确的结果可以在实际使用中用新获得的样本数据继续训练，置信度更高。

固废基地中的电力网、热力网及气网形式多样且相互交错，为了完成规划的目的，需要对各个能源网的能流进行分别规划，再通过关联模型将其统一起来，建立起固废基地的能源模型框架。

为了更清楚地反映固废基地能流的参数意义及关系，列出了能流变量说明（详见表5-1）。下面将具体讨论各参量所能建立起的气、热、电关联模型。

5.4.2　气热电关联模型

为了综合观察电、热、气三者之间的关系，将固废基地三大能源网络连接起来，并在约束条件下尽可能地向规划目标靠拢，需要建立电、热、气三大能源网的能流关联模型。其关联模型主函数可由下式表示：

$$F\Big(\underbrace{G_{g_i,\Delta t},G_{l_j,\Delta t}}_{\text{燃气系统}},\underbrace{H_{g_i,\Delta t},H_{l_j,\Delta t},Q_i(t),Q_j(T)}_{\text{热力系统}},\lambda_{1,\Delta t},\lambda_{2,\Delta t},\underbrace{P_{g_i,\Delta t},P_{l_j,\Delta t}}_{\text{电力系统}}\Big)=0 \tag{5-11}$$

式中的各参量为前述参量在规定时间后的控制参数，在进行规划时，需要保持该时空关联模型的等号成立。

约束条件可分为可靠性约束、网络结构约束以及特殊条件三大类。其中，可靠性约束指能量流动时为确保各厂或是线路安全稳定运行所需要遵循的约束条件：

$$C_1(P_i,H_j,G_k)\leqslant\varepsilon_{i,j,k} \tag{5-12}$$

式中，P_i、H_j 和 G_k 分别指电、热、气网中的任意一段或多段能流；$\varepsilon_{i,j,k}$ 表示可靠性约束下可允许的限值。

网络结构约束指的是能量交换点进出的能量将保持平衡以及传输过程中的能量将遵循各自的传输特性：

$$C_2(P_i,H_j,G_k)=\mu(H_j,G_k) \tag{5-13}$$

式中，$C_2(P_i,H_j,G_k)$ 为所选能流间的网络结构关系函数，$\mu(H_j,G_k)$ 则表示传输时的能量流失。

特殊条件的约束指的是其余所有约束条件，如各种能量都需要被完全使用（包括存储），或是大网络中的每个小网络能量必须被明确地使用：

$$C_3(P_i, H_j, G_k) \leqslant 0 \tag{5-14}$$

如图 5-22 所示,通过该关联模型的建立以及约束条件的确定,对固废基地各能源网的建模已经完成,接下来需要综合考虑关联模型以及市场经济条件,从而实现规划期内投资费用最小的目标:

$$\min I(P_i, H_j, G_k) \tag{5-15}$$

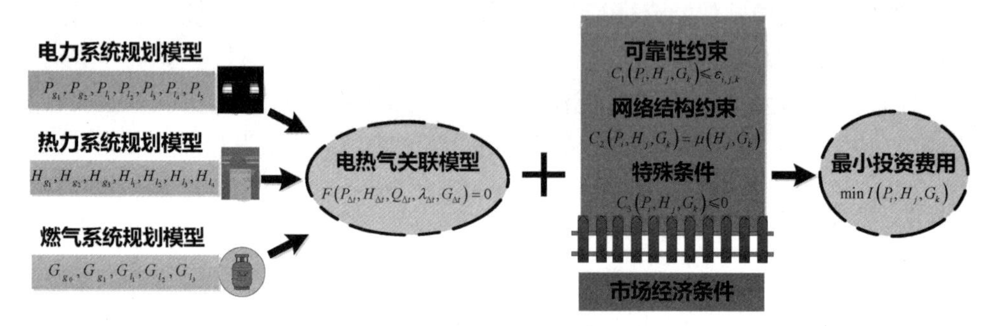

图 5-22 固废基地能源网络建模

在固定投资落实后,固废基地每天的运维费用、设备折旧率、电价气价的波动情况等,均需要纳入目标模型的求解中。

正常运行时,固废基地中员工的薪资、各能源网中设备的维护费用以及部分的意外支出构成了基地的运维费用。因此运维费用可用下式表示:

$$Y = \sum_m \sum_i S_{im} + \sum_d \sum_k \sum_i W_{kid} + \sum_d E_d \tag{5-16}$$

式中,S_{im} 表示第 i 位员工第 m 月份的薪资;W_{kid} 表示第 k 个能源节点的第 i 个设备在第 d 天的维护费用;E_d 表示第 d 天的预期外支出。

长时间的系统运行规划中,设备折旧率是一项必须要考虑的指标。设备的折旧率有 3 种主要的计算方法:年限平均法、工作量法以及双倍余额递减法。年限平均法的计算公式为

$$\eta_y = \frac{C_0 - C_y}{yC_0} \tag{5-17}$$

式中,η_y 为年平均折旧率;C_0 和 C_y 分别为固定资产原始值以及预计使用年限末设备净残值;y 为预计使用年限。据此,也同样可以进一步计算平均每月的设备折旧率。

工作量法较年限平均法更为准确,其计算公式为

$$\begin{cases} \eta_m = G_m \cdot \eta_0 \\ \eta_0 = \dfrac{C_0 - C_y}{yC_0 G_y} \end{cases} \tag{5-18}$$

式中，η_m 表示某月的设备折旧率；G_m 表示该月的实际工作量；η_0 表示单位工作量的设备折旧率；G_y 为预期使用年限中每年的平均工作量。

按照国家的相关规定，也可以采用加速折旧的方法，如双倍余额递减法。该方法的计算公式如下：

$$\eta_y = \begin{cases} \dfrac{2}{y} \cdot 100\% & t \leqslant y-2 \\ \dfrac{C_t - C_y}{2C_t} & t = y-1,\ y \end{cases} \tag{5-19}$$

式中，C_t 为设备折旧年限到期前两年的账面净值，t 指的是计算折旧率所处时间。

对于不同的设备可以相应采取不同方法计算其折旧率，平均年限法虽然简单，但存在一些局限性。一般只有当各期的负荷程度相同，各期应分摊相同的折旧费时，采用平均年限法计算折旧才是合理的。工作量法是根据实际工作量计提折旧额的一种方法，这种方法可以弥补年限法只使用时间，不考虑使用强度的缺点。而双倍余额递减法是在不考虑固定资产残值的情况下，根据每一期期初固定资产账面净值和双倍直线法折旧额计算固定资产折旧的一种方法。

市场经济条件还包括固废基地与外界交易时市场波动导致的交易金额波动，这同样会影响固废基地的规划，比如可能因为电价的波动导致能流的大范围调整。因此固废基地与电力公司及市政燃气部门的交易额也同样是系统规划的一项重要指标。该金额主要有售电、售气以及其他收益构成：

$$L = p_c(t)P_{l_5} + g_c(t)G_{l_3} + \sum_d E'_d \tag{5-20}$$

式中，L 表示交易总金额，$p_c(t)$ 表示电价随时间波动关系，$g_c(t)$ 表示气价随时间波动关系，而 E'_d 则表示每天的其他收益，比如鱼塘的收益等。

为了使得市场经济条件的估计更加精确，时间价值同样可以纳入考虑的范围内，将长时间的资金按照一定的收益率划归到同一个时刻进行比较，才能确实地找出最小投资量。划归方式为：

$$P = \sum_{j=0}^{n} F_j\ (1+i)^{-j} \tag{5-21}$$

式中，P 表示化为当前时间的总资金量，F_j 为第 j 个时间段的资金量，i 为每个时间段的收益率，n 为规划期末时间段总数。

市场经济条件中的各项经济指标能够合理评估产生能量的经济效益，从而指导能流的合理规划，将其与关联模型和约束条件结合，便能得出符合最小投资等规划目标的最优方案。

5.4.3 燃气系统分析

垃圾填埋场的产物有两部分，一部分为可以作为燃料的填埋气，另一部分为投入渗滤液厂进行再生产的渗滤液。两者最终都将转化为包含甲烷气体的燃气，作为固废基地中的第三大能源系统。填埋气的产生量可通过 IPCC 模型求得：

$$\mathrm{ELFG}=\mathrm{MSW}\times\eta_w\times\mathrm{DOC}\times r\times(16/12) \tag{5-22}$$

式中，ELFG 为填埋气中填埋气体产量；MSW 为城市生活垃圾总量；η_w 为填埋垃圾占生活垃圾总量的百分比；DOC 为垃圾中可降解有机碳的含量（IPCC 推荐发展中国家取值为 15%，发达国家为 22%）；r 为垃圾中可降解有机碳的分解百分率（IPCC 推荐值为 77%）；比值 16/12 为甲烷和碳元素的转化系数。

同样也可通过填埋垃圾的 COD 量来估算填埋气产量：1 g COD 有机物能产生 0.35 L 的甲烷。渗滤液厂的沼气产量也可以通过渗滤液中 COD 浓度的变化求得：

$$G_{g1}=\frac{(S_0-S_1)V_s\eta_s}{1\,000} \tag{5-23}$$

式中，S_0 及 S_1 为所选统计时间内开始时 COD 浓度及结束时 COD 浓度；V_s 为调节池内渗滤液体积；η_s 为 COD 转换为沼气的效率。

渗滤液厂产生的沼气还需要通过脱硫、压缩、液化等工艺将沼气提炼并装入燃气瓶中。经过这些工艺流程后，气体中原本包含的甲烷量是基本保持不变的，改变的只是包含各种气体的沼气总体积。因此根据甲烷量守恒有：

$$\beta G_{g1}=\beta G_{l_1}+\alpha(G_{l_2}+G_{l_3}) \tag{5-24}$$

式中，α 和 β 分别为处理后沼气甲烷百分比和处理前沼气甲烷百分比。

通过选择沼气在处理前后的燃烧量以及交易给市政部门的燃气量，便可以调节固废基地内部电热能源网的能流，使其达到平衡。

5.4.4 热力系统分析

1）发热单元

固废基地的热能主要源自垃圾焚烧以及沼气燃烧，这两大产热点同样也是电力系统中的两大产电点。其产热的多少往往与产电量挂钩，描绘这种关联性质的参数为 λ_1 和 λ_2。垃圾焚烧厂产生的热量为

$$H_{g1}=(1-\lambda_1)H_n\cdot\eta_h \tag{5-25}$$

式中，H_n 为垃圾焚烧厂燃料的垃圾及污泥热值，λ_1 表示垃圾焚烧厂热电联产中电

能所占比重，η_h 为垃圾焚烧时热值转换为可利用热能的比率。

而沼气燃烧产生的热量则为

$$H_{g3}=(1-\lambda_2)(\alpha G_{l_2}\cdot q)\cdot\eta_h \tag{5-26}$$

式中，λ_2 为沼气燃烧发电时热电联产中电能所占比重，α 为经脱硫、压缩等处理工艺后的沼气中甲烷含量，q 表示单位体积甲烷完全燃烧时能发出的热量，q 为常量，$q=39\,745.98\ \mathrm{kJ/m^3}$。

填埋气燃烧发电产生的热量与沼气类似，不再赘述。还有一部分可利用的热能源自渗滤液厂直接生成沼气的燃烧。火炬燃烧产生的热量直接来自提供的沼气中甲烷的含量，所以有：

$$H_{g2}=(\beta G_{l_1}\cdot q)\cdot\eta_h \tag{5-27}$$

式中，β 为沼气进行提纯压缩前甲烷的百分比含量。

渗滤液厂直接燃烧低纯度沼气的目的是直接提供渗滤液厂厌氧反应所需热量供给 H_{l_3}，因此，渗滤液厂实际供热并不多。渗滤液厂实际供给基地热力网的热能 $H_{g2}-H_{l_3}$ 为

$$\begin{cases}H_{g2}-H_{l_3}=Q_s\\ Q_s=\int_{t_0}^{t_1}\bar{c}m(T_0-T(t))\mathrm{d}t\end{cases} \tag{5-28}$$

式中，Q_s 为渗滤液厂实际供给基地热力网的热能，$\bar{c}$ 为实际采样测得的渗滤液比热容，m 为渗滤液质量，T_0 为目标渗滤液温度，$T(t)$ 为渗滤液实际温度随时间变化实时关系，t_0 和 t_1 则分别为记录的起始时间和结束时间。

2）用热单元

除了前述的渗滤液厂厌氧反应，固废基地中的热能还将用于基地附近鱼虾养殖、基地内生活用热以及污泥干化用热。这一类的用热单元计算公式如下：

$$\begin{cases}H_{l_1}=Q_1(T)\\ H_{l_2}=Q_2(T)\\ H_{l_4}=Q_4(t)\end{cases} \tag{5-29}$$

式中，$Q_1(T)$、$Q_2(T)$、$Q_4(t)$ 分别为鱼虾养殖、生活用热以及污泥干化用热量随着温度或时间变化所需热量变化的函数。$Q_1(T)$ 及 $Q_2(T)$ 为简单的分段函数，因为对于鱼塘及生活所需供热往往是紧紧贴合季节或气温的变化的，而 $Q_4(t)$ 则取决于定期进行的污泥干化量，往往波动不大，再投入焚烧厂的污泥单位热值一般为一个常数。

除了实际用热量外，热能在传播的过程中不可避免地存在着热耗散的情况。这也是渗滤液厂直接燃烧沼气的原因。因此供热管道的规划也是热力系统规划的重要部分。在稳定运行时，管道中热耗散计算如下：

$$\Delta Q = 0.278 G_s c \Delta T \tag{5-30}$$

式中，ΔQ 为管道全程热损失，G_s 为热水的质量流量，c 为所用热水的比热容，ΔT 为供热系统稳态运行时管道进出口的温降。

在固废基地中，需要尽可能完全地利用热能，因为没有多余的管道来将热能传输给基地外部，这只会徒增麻烦。所以在污泥干化过程中，绝大多部分能量来自热能。

5.4.5 电力系统分析

1）发电单元

垃圾焚烧厂和沼气燃烧发电是固废基地中的两大产电点，其中的垃圾焚烧厂可直接通过燃烧固体废弃物提供电能，为提高能源利用率，焚烧产生的热能往往与电能形成热电联产，这样便能使其综合效率达到70%以上。

垃圾焚烧厂实际的电能出力如下：

$$P_{g1} = \lambda_1 H_n \cdot \eta_h \cdot \eta_{p1} \cdot \eta_{p2} \tag{5-31}$$

式中，η_{p1} 表示热能转换为机械能的效率，η_{p2} 表示机械能转换为电能的效率。

由于垃圾的安全燃烧以及热能转换为机械能时不可避免的热量流失，η_h 以及 η_{p1} 会比较小，因此可能使得垃圾焚烧厂的发电效率较低。

沼气燃烧发电量则主要取决于所用沼气量及沼气中甲烷的含量。故沼气燃烧实际发电量如下：

$$P_{g2} = \lambda_2 (\alpha G_{l_2} \cdot q) \cdot \eta_h \cdot \eta_{p1} \cdot \eta_{p2} \tag{5-32}$$

填埋气发电量计算方法与沼气发电类似，不再赘述。可以看出，无论是焚烧垃圾还是燃烧沼气，产热相比产电减少了两个能量转换效率 η_{p1} 和 η_{p2}，这两个效率值均是小于1的，因此若是能够直接利用热能，省去热能转换为电能的中间环节，能源利用率就能明显提升。

2）用电单元

固废基地中最大的用电单元就是渗滤液厂，其主要的用电设备为鼓风机、MBR生化系统、污泥及沼气处理系统以及超滤系统等。这些设备往往在开关机的时候耗电量有较大波动，而正常工作时波动不大。因此，在进行规划时这一部分可以视为静态值：

$$P_{l_1}=\sum_{j=1}^{m_1}\sum_{i=1}^{n_1}\eta_{ij}^{(1)}P_{ij}^{(1)}\Delta t \tag{5-33}$$

式中，$P_{ij}^{(1)}$ 为渗滤液厂的第 i 个第 j 类用电设备的用电功率，$\eta_{ij}^{(1)}$ 为相应设备的负载率，n_1 表示第 j 类设备的总数，m_1 表示渗滤液厂所用用电设备的种类数，而 Δt 则表示统计时所选的一段时间。

类似地，沼气的压缩液化及基地内的工作生活用电同样可以通过用电设备或变压器额定功率及负载率求得：

$$P_{l_2}=\sum_{j=1}^{m_2}\sum_{i=1}^{n_2}\eta_{ij}^{(2)}P_{ij}^{(2)}\Delta t \tag{5-34}$$

$$P_{l_4}=\sum_{j=1}^{m_4}\sum_{i=1}^{n_4}\eta_{ij}^{(4)}P_{ij}^{(4)}\Delta t \tag{5-35}$$

式中，$P_{ij}^{(2)}$ 及 $P_{ij}^{(4)}$ 为沼气处理及工作生活用电中的第 i 个第 j 类用电设备的用电功率，$\eta_{ij}^{(2)}$ 和 $\eta_{ij}^{(4)}$ 为相应设备的负载率，n_2 和 n_4 分别表示沼气处理及工作生活中第 j 类设备的总数，而 m_2 和 m_4 则分别表示沼气处理及工作生活中用电设备的种类数。

可以看出 P_{l_1}、P_{l_2} 及 P_{l_4} 的形式是一致的，因此这三者能合并为一个公式：

$$P_{l_1}+P_{l_2}+P_{l_4}=\sum_{k=1,2,4}\sum_{j=1}^{m_k}\sum_{i=1}^{n_k}\eta_{ij}^{(k)}P_{ij}^{(k)}\Delta t \tag{5-36}$$

这里另外提供一种沼气压缩能耗的计算方式。通过对于沼气目标压缩体积的确定，可以利用理想气体状态方程 $PV=nRT$，求得压缩过程所消耗的能量，从而进一步计算出消耗的电能为

$$P_{l_2}=\frac{1}{\eta_g}\int_{\frac{V_2}{S}}^{\frac{V_1}{S}}\frac{nRT(l)}{l}\mathrm{d}l \tag{5-37}$$

式中，n 表示气体物质的量，R 为气体常量，$T(l)$ 为气体随着压缩进程的绝对温度，V_1 和 V_2 分别为气体压缩前体积及压缩后体积，η_g 则为压缩机电能转换效率。

污泥干化场的用电量相比 P_{l_1}、P_{l_2} 及 P_{l_4} 比较小，主要用于弥补可能发生的热量供给不足。记 $Q_4(t)$ 为污泥干化场所需要的实时热量，则污泥干化物的用电量为

$$P_{l_3}=Q_4(t)-H_{l_4} \tag{5-38}$$

固废基地内部用电由 P_{l_1}、P_{l_2}、P_{l_3} 及 P_{l_4} 完全构成，剩余电量将售与大电网供给基地外用户使用。很明显，根据电量实时平衡的关系，可得剩余电能：

$$P_{l_5}=P_{g1}+P_{g2}-P_{l_1}-P_{l_2}-P_{l_3}-P_{l_4} \tag{5-39}$$

上网电能的具体售价可与电力公司协议。

5.4.6 规划结果求解

图 5-23 为规划结果的计算方法流程，采用对控制参量遍历的方法求解满足约束条件的所有可能规划方案，选出其中满足规划目标函数的规划方案作为输出结果。此结果就是我们需要的规划方案。

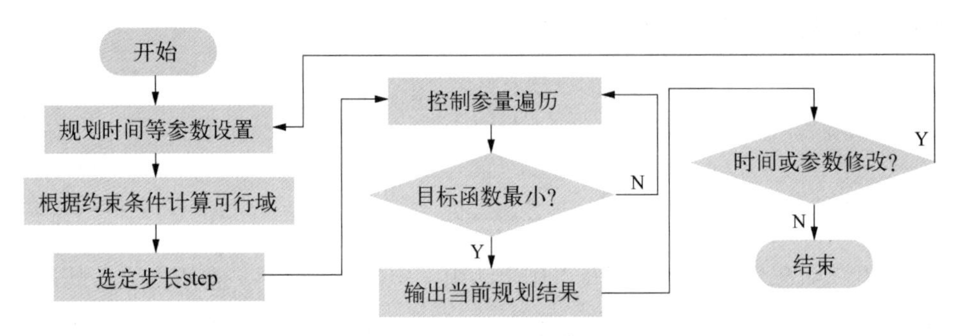

图 5-23 关联模型求解算法流程

在进行流程主体算法之前，首先需要确定规划周期及不同时间尺度的参数，据此完成可行域的计算。可行域指的是在具体时间尺度下，满足能源网运行的所有约束条件的能流及相应参数的可能取值范围。对于可行域内的规划方案进行遍历，即可求出最佳规划方案。

事实上，对于具体时间尺度及规定参数，存在对于最佳规划方案的加速算法，即通过对于某些条件的强化，先一步确定部分的控制参量，便能大大加快算法的速度。除此以外，当某一时间尺度的规划方案被求解出来之后，更改约束条件后寻找新规划方案时只需要更改部分控制参量即可，运算量比较小。

通过构建随机概率模型，可以将电、热、气三大能源网的产能及用能关系绘制成如图 5-24 所示结果，该图将通过下式把电能、热能和气能统一化为电能单位 kW·h：

$$W = Q/3.6 \tag{5-40}$$

式中，Q 为热能或气能中的热量(MJ)；而 W 为电量(kW·h)。

预期规划结果图中的虚线分别代表了基地内电能的最大出力与最小负荷，将每种能源的产出以及使用累加，便能得到总的能源产出与使用曲线。由于其单位已经统一处理，所以这样的累加是可行的。总最大出力曲线与总最小负荷曲线间所覆盖的区域即为固废基地规划的在正常运行中能流可能的运行方式。再加上约束条件的限制，便能够框定固废基地规划实际的可行域。

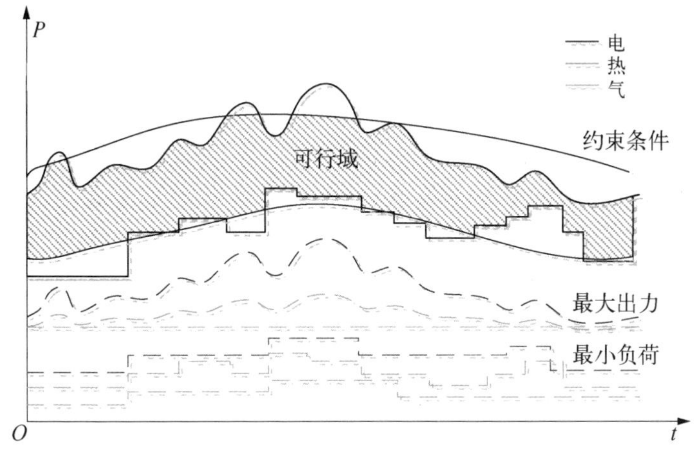

图 5-24 预期规划结果

通过对不断变化的市场经济条件在某一时刻的确定，或是其他满足规划目标的条件，便能在可行域中找到最符合规划目标的点作为规划结果。这样的结果实际上并不是简单的宏观调控，而是落实到关联模型中的每一个变量，通过校正它们各自在能源网中所占的比重，从而达到求解的结果，实现规划目标。

在实际求解过程中，出力以及负荷的曲线需要通过一定量的各能源点实际工作时的数据支撑，通过各种各样的方式进行数据挖掘或预测，给出具有说服力的能量曲线。

5.4.7 规划效果评估

为了综合全面地评判固废基地园区规划的效果，需要建立一套完整的规划效果评估体系。该体系将由可靠性指标、经济性指标以及互动性指标三大部分构成。

其中占有相对较大权重的可靠性指标包含电、热、气三大能源的供能不足概率以及供能不足期望。供能不足概率表示供能系统裕度小于零的概率，而功能不足期望表示在研究周期内由于供电不足造成用户停电所损失电量的期望值。可靠性指标是保证固废基地能源网稳定运行的前提条件，是规划结果中首先要保证的指标。

其次，用户最为关心的经济性指标包含规划成本折现值（CPV）、网损率以及互补盈余。规划成本折现值表示将规划资金折算为当前时刻的等效金额，网损率表示在能量传输过程中损耗的量占总能量的百分值，而互补盈余则是电、热、气三大能源网在基地中联合运行时比单独运行时增加的利润。经济性指标可以说是规划的目标，因此也同样需要较高的权重。

最后，互动性指标包含范围很广，有弃热率、弃气率、能流波动敏感度、调峰能力提升率、能源综合利用率等。弃热率和弃气率表示在运行中弃热、弃气量与总产热、产气量的比值，能流波动敏感度指的是单能源的预测偏差与总能源出力调整量的关系，调峰能力提升率指的是能源联合运行相比单独运行时提升的百分值，能源综合利用率指的是总能源用量与垃圾初始热值的比值。互动性指标主要指能源间互动的密切程度所带来的收益，是能源联合运行必需考量的指标。

上述具体指标内容如表 5-6 所示。

表 5-6　规划效果评估指标

指标类型	指标名称	内　　容
可靠性指标	供能不足概率 供能不足期望	供能系统裕度小于零的概率 由于供电不足造成用户停电所损失电量的期望值
经济性指标	规划成本折现值 网损率 互补盈余	规划资金折算为当前时刻的等效金额 在能量传输过程中所损耗的量占总能量的百分值 联合运行时比单独运行时增加的利润
互动性指标	弃热率、弃气率 能流波动敏感度 调峰能力提升率 能源综合利用率	运行中弃热、弃气量与总产热、产气量的比值 单能源的预测偏差与总能源出力调整量的关系 能源联合运行相比单独运行时提升的百分值 总能源用量与垃圾初始热值的比值

将这些指标通过层次分析法进行加权评估，即将与决策总是有关的元素分解成目标、准则、方案等层次，在此基础之上进行定性和定量分析，便能形成评估电、热、气固废基地规划方案的指标体系。

这些考核指标可以单独作为评估系统规划成效的准则，以确定系统各运行状态下的经济性、可靠性、互动性特征。更多情况下，需要将绝大多数或是全部的规划效果评估指标纳入统一的评估体系，因此权重的恰当选取十分重要，可以将综合评价体系的规划效果评估量化为具体数值。

指标对于最终综合评估的重要程度将通过层次分析法求得。该方法通过将复杂的分体划分为若干层次的逐渐具体的指标，再对每一层指标之间的重要程度进行比较，建立判断矩阵，通过计算该矩阵的最大特征值及相应的特征向量，得出不同指标的权重，从而为系统规划的评估提供重要的依据。记某一层的指标为 z_1，z_2，…，z_n，则其判断矩阵为

$$\mathbf{A}=\begin{pmatrix} a_{11} & a_{12} & \cdots & a_{1n} \\ a_{21} & a_{22} & \cdots & a_{2n} \\ \vdots & \vdots & \ddots & \vdots \\ a_{n1} & a_{n1} & \cdots & a_{nn} \end{pmatrix} \tag{5-41}$$

式中，a_{ij} 表示 z_i 与 z_j 对于上一层指标相对的重要程度，当 $i > j$ 时，z_i 与 z_j 重要程度差距越大，则 a_{ij} 的值越大，a_{ij} 可以表示为

$$a_{ij} = \begin{cases} \dfrac{z_i}{z_j}, & j \leqslant i \\ \dfrac{1}{a_{ji}}, & j > i \end{cases} \tag{5-42}$$

因此判断矩阵对角线上元素均为1。矩阵构造完之后，计算其最大特征值及其相应的特征向量，通过归一化以及一致性检验，便能得到所选层次指标的排序权值。将其应用于每一层次，便能获得底层指标对于总目标重要程度的排序权重，从而完成考核指标的权重选取。

5.5　具备的优势和需要克服的问题

通过城市固废垃圾处置基地的能源互联网建设，可以实现园区内电热气多种形式能源的广泛开放和协调互联，增强不同能源之间的联系和互动。多种能源形式互联的系统有助于推动园区内能源利用的高效、便捷、经济、绿色发展。虽然城市固废基地的能源互联发展有着较为清晰明朗的应用前景，但是从现有的技术和规划管理角度来看，仍存在一些问题需要克服。下面从城市固废基地能源互联网建设所具备的优势和需要克服的问题两个方面来展开叙述。

5.5.1　固废基地能源互联网具备的优势

1）提高能效

通过多种形式能源互联和阶梯级利用的方式，可以提高固废处置园区内能源综合利用的效率。并且根据园区内不同用能负荷的非同时性，互补特性，可以实现能源的高效合理利用。

2）便捷可靠

固废基地内互补的能源结构辅以合理的储能系统，可以提供园区内稳定的供电水平，保证供电质量。整个系统将成为一个稳定友好的电源，由于有一定的规模甚至对电网有一定的调频调幅以及黑启动等支撑作用。在外部电网有调峰、调频以及紧急支援需求的时候，还可以通过电能交易的形式对电网进行支撑。

3）经济、社会效益提升

园区内布置有多种形式的能源以及储能系统，可以大幅提升风电、光伏的出力，从而推动风电、光伏的建设，带动相关新能源行业的发展。另一方面，固废处置

园区的能源互联网建设可以形成良好的商业模式，促进规模化推广，带动环保、电力、金融等相关产业的发展。

4）绿色环保

固废处置园区可以保障可再生能源的出力，大幅提升其接入比例，提高社会整体对于可再生能源的消费能力，减少化石能源的利用，实现环保可持续发展。通过能源互联网的建设，固废处置园区内可以实现高效安全的垃圾处理，有效改善城市清洁环境，并且还可以充分利用回收资源，获得整体良好的经济回报，促进环保产业的发展。

5.5.2　需要克服的问题

对于城市固废基地能源互联网的建设，主要存在三个方面的问题，分别是多能互联网络建设问题、多种能源互联的经济调度问题和能源互联网接口标准问题。

1）多能源互联网络建设问题

对于能源互联网的这个崭新概念，将电能网络作为互联网的主干网络是基本的思路，然而这一思路的合理性需要进行充足的理论论证。不同能源网络之间的互联存在能源转换效率的问题，这是选择能源接口的重要参考因素，也是研究能源互联网经济性的重要基础。能源网络互联节点位置的选择是能源互联网改造工程设计及实施过程中存在的实际问题，需要考虑现实可操作性、安全性、经济性及美观性等多个方面的因素。能源转换点的安全问题，关系到能源互联网能否长期可持续运行，是关键问题。

2）多种能源互联的经济调度问题

各能源的传输成本是决定能源传输方式的重要因素，对比不同能源传输成本的差异可以选择采用能源直接传输或者经转换后间接传输。与电能不同，气、热等其他能源的传输速率没有快到可以忽略传输时间，因此能源的传输速度问题是能源调度时必须要考虑的问题。能源不同传输方式的经济性对比研究将在能源传输成本的研究基础上进行，这将为能源传输方式的选择及调度方案的制定提供参考。多种能源的协同调度方案的确定需要综合考虑各种因素，调度方案的研究将在其他调度经济性研究的基础上进行。

3）能源互联网接口标准问题

同种能源网络接口的研究，是将点对点的能源传输转化为多点互联的能源流动网络的基础技术。对于同种能源的接口，主要存在有电力网电压等级以及变电标准问题、气网汇集点问题和热力网汇集点问题。对不同能源网络接口的研究，有助于实现单一能源网络到能源互联网的转化，接口标准的形成将标志着能源互联网走向成熟。对于不同能源的接口，主要存在有电、气接口标准问题，电、热接口标准问题，气、热接口标准问题和风光等新能源发电并网接口问题。

参考文献

[1] 黄亚玲，张鸿郭，周少奇.城市垃圾焚烧及其余热利用[J].环境卫生工程，2005，13(5)：37-40.

[2] 方源圆，周守航，阎丽娟.中国城市垃圾焚烧发电技术与应用[J].节能技术，2010，28(1)：76-80.

[3] 陈泽智.生物质沼气发电技术[J].环境保护，2000(10)：41-42.

[4] 孙静静，徐吉磊，辛静.沼气发电技术工艺及余热利用技术[J].工业 b，2015(44)：100.

[5] 迟永宁，刘燕华，王伟胜，等.风电接入对电力系统的影响[J].电网技术，2007，31(3)：77-81.

[6] 王长贵，王斯成.太阳能光伏发电实用技术[M].北京：化学工业出版社，2009.

[7] 冯志兵，崔平.联合循环中的余热锅炉[J].燃气轮机技术，2003，16(3)：26-33.

[8] 穆林，赵亮，尹洪超.废液焚烧余热锅炉内气固两相流动与飞灰沉积的数值模拟[J].中国电机工程学报，2012，32(29)：30-37.

[9] 高春梅.沼气发电与余热利用[J].城市管理与科技，2005，7(5)：217-219.

[10] 焦学军，邵军，杨承休.城市生活垃圾填埋产气规律研究[J].上海环境科学，1996(9)：30-33.

[11] 李晓文.城市生活垃圾填埋产气变化规律[J].中国化工贸易，2011，03(7)：237-238.

[12] 黎青松，梁顺文.城市生活垃圾填埋场产气规律研究[J].上海环境科学，1999(6)：270-272.

[13] 浦燕新，乐晨.垃圾焚烧厂渗滤液厌氧处理产沼发电研究[J].广东化工，2016，43(8)：144-145.

[14] 郑伟俊，姜伟立，朱卫兵，等.湿法脱硫工艺在渗滤液厌氧产沼气净化中的应用[J].污染防治技术，2014(4)：36-38.

[15] Mohajeri S, Aziz H A, Isa M H, et al. Statistical optimization of process parameters for landfill leachate treatment using electro-Fenton technique[J]. Journal of Hazardous Materials, 2010, 176(1-3): 749.

[16] Nyns E J, Gendebien A. Landfill gas — from environment to energy[J]. Waterence & Technology, 2011, 27(2): 253-259.

[17] Kamalan H, Sabour M, Shariatmadari N. A Review on available landfill gas models[J]. Journal of Environmental Science & Technology, 2011, 4(2): 79-92.

[18] Gewald D, Siokos K, Karellas S, et al. Waste heat recovery from a landfill gas-fired power plant[J]. Renewable & Sustainable Energy Reviews, 2012, 16(4): 1779-1789.

[19] Maciel F J, Jucá J F. Evaluation of landfill gas production and emissions in a MSW large-scale Experimental Cell in Brazil[J]. Waste Management, 2011, 31(5): 966.

[20] Olsommer B, Favrat D, Comte B. Time-dependent thermo economic optimization of the future waste incineration power plant in posieux, Switzerland[C]. Toronto: 5th World Congress on Integrated Resources Managment, 2000.

[21] Tsai W T, Kuo K C. An analysis of power generation from municipal solid waste (MSW)

incineration plants in Taiwan[J]. Energy, 2010, 35(12): 4824 - 4830.
[22] Wang F C, Tian X S. Application of refuse incineration-power generation technology in China[J]. Electric Power, 2002.
[23] 杜军,王怀彬,金霄.城市垃圾焚烧发电现状概述[J].节能技术,2003,21(05): 25 - 26.
[24] 王丰春,田新珊.垃圾焚烧发电技术在我国的应用[J].中国电力,2002,35(06): 36 - 38.
[25] Johari A, Ahmed S I, Hashim H, et al. Economic and environmental benefits of landfill gas from municipal solid waste in Malaysia[J]. Renewable & Sustainable Energy Reviews, 2012, 16(5): 2907 - 2912.
[26] 张相锋,肖学智,何毅,等.我国垃圾填埋气发电项目利用清洁发展机制的可行性研究[J].太阳能学报,2007,28(9): 1045 - 1048.
[27] 马晓鹏,马玉清.垃圾填埋气发电项目的经济评价及其政策建议[J].可再生能源,2005(3): 79 - 81.
[28] 康英伟,曹广益,屠恒勇,等.固体氧化物燃料电池微型热电联供系统的动态建模与仿真[J].中国电机工程学报,2010,30(14): 121 - 128.
[29] 吴雄,王秀丽,别朝红,等.含热电联供系统的微网经济运行[J].电力自动化设备,2013,33(08): 1 - 6.
[30] 胡嘉灏,罗向龙,陈颖,等.天然气热电联供系统改造及(火用)经济分析[J].热能动力工程,2013,28(06): 573 - 579.
[31] 王亚琢,袁浩然,鲁涛,等.基于经济发展水平的生活垃圾热值分析与预测[J].武汉大学学报(工学版),2012,45(06): 721 - 723.
[32] 李华,赵由才,王罗春.垃圾堆酵对焚烧厂垃圾热值的影响[J].上海环境科学,2000(02): 89 - 91.
[33] 马晓茜,谢泽琼.基于 BP 神经网络的垃圾热值预测模型[J].科技导报,2012,30(23): 46 - 50.
[34] 马长永.垃圾热值及成分变化对焚烧炉的影响[J].环境工程,2009,27(06): 102 - 104.
[35] 蔡博峰,刘建国,曾宪委,等.基于排放源的中国城市垃圾填埋场甲烷排放研究[J].气候变化研究进展,2013,9(06): 406 - 413.
[36] 郑戈,张全国.沼气提纯生物天然气技术研究进展[J].农业工程学报,2013,29(17): 1 - 8.
[37] 宫徽,徐恒,左剑恶,等.沼气精制技术的发展与应用[J].可再生能源,2013,31(05): 103 - 108.
[38] 赵云飞,刘晓玲,李十中,等.餐厨垃圾与污泥高固体联合厌氧产沼气的特性[J].农业工程学报,2011,27(10): 255 - 260.
[39] 杨小彬,李和明,尹忠东,等.基于层次分析法的配电网能效指标体系[J].电力系统自动化,2013,37(21): 146 - 150.
[40] 郭金玉,张忠彬,孙庆云.层次分析法的研究与应用[J].中国安全科学学报,2008(05): 148 - 153.
[41] 邓雪,李家铭,曾浩健,等.层次分析法权重计算方法分析及其应用研究[J].数学的实践与认识,2012,42(07): 93 - 100.
[42] 吴志锋,舒杰,崔琼.多能互补微电网系统组网及控制策略研究[J].可再生能源,2014,32(01): 44 - 48.

[43] 马溪原，郭晓斌，雷金勇.面向多能互补的分布式光伏与气电混合容量规划方法[J].电力系统自动化，2018(4)：55－63.
[44] 王哲，杨鹏，刘思源，等.考虑需求响应和多能互补的虚拟电厂协调优化策略[J].电力建设，2017，38(09)：60－66.
[45] 姜子卿，郝然，艾芊.基于冷热电多能互补的工业园区互动机制研究[J].电力自动化设备，2017，37(06)：260－267.
[46] 马喜平，谢永涛，董开松，等.多能互补微电网的能量管理研究[J].高压电器，2015，51(06)：108－114.
[47] 吴聪，唐巍，白牧可，等.基于能源路由器的用户侧能源互联网规划[J].电力系统自动化，2017，41(04)：20－28.
[48] 白学祥，曾鸣，李源非，等.区域能源供给网络热电协同规划模型与算法[J].电力系统保护与控制，2017，45(05)：65－72.
[49] 曾鸣，白学祥，李源非，等.基于 Benders 分解优化算法的区域能源供给服务网络系统规划方法研究[J].华北电力大学学报(自然科学版)，2017，44(01)：89－96.
[50] 程林，张靖，黄仁乐，等.基于多能互补的综合能源系统多场景规划案例分析[J].电力自动化设备，2017，37(06)：282－287.

第6章　固废基地能源互联网的数据集成及云平台建设

老港混合能源互联系统是以电力网为核心，热力网和气网共存的产用能综合系统。各能源网相互之间的耦合以及不同能量形式的自由传输，使得基地内部各个产、用能之间形成互联互通、相互交互的关系，增强了能源利用形式的稳定性以及整体用能情况的经济性。各个产、用能点位加装的智能监测装置实时获取的能源动态产、用量情况，为能源综合利用的效率和资源在网络中的合理配置提供数据分析基础。通过对于实时数据的分析，提高整个基地固废资源处理能力的同时，尽可能减少能量的损耗，整体提高能源利用效率以及能源利用的经济性。

老港基地能源形式的互联，使得能源的利用具有可替代性，增强了能源网络运行的稳定性。假若能源利用环节中的某一种能量形式出现问题，则可通过能源形式间的相互转换，使用另一可用能源来达到相同的效果，是能源互联网稳定性的体现。老港基地能源互联网的建设，充分利用了能量形式的多元性，即消耗一种能量，又会产生另一种能量。很好地利用这一特性，有利于能源网的良好稳定运行。

可见，老港地区建设能源互联网不仅有效地解决了不同形式能源的互联问题，为区域内用能负荷提供可靠的能源，还有利于增强可再生能源的消纳能力，提高绿色能源的占比，对解决能源短缺问题和环境污染问题（雾霾、CO_2排放等）具有重要意义。能源互联网的建成，有利于降低污染物排放总量、提高可再生能源电能质量、实现基地资源和能源的综合利用，有效提高多元可再生能源的利用效率，形成适合于老港固废处置基地特点的资源能源耦合梯度利用模式，降低焚烧烟气污染排放，达到多元可再生能源综合利用的效果。老港基地电网、热网、气网耦合关系更为密切，可作为能源互联网应用的典型示范基地，对于同类型的综合园区具有先进创新示范作用。

本章将从固废基地的能源互联网信息采集与数据集成、多级云平台建设及融合了数据挖掘算法的数据处理技术这三个方面来介绍固废基地能源互联网的结构。

6.1　固废基地能源互联网信息采集及数据集成

6.1.1　固废基地能源互联网网络架构

老港基地包含热电、沼气、余热、风电、光电等多种能源形式和电、天然气、热等复杂负荷，产能和用能系统分布在同一个园区内。不同能源之间联系弱，利用方式单一，能源浪费现象突出。在老港基地建设能源互联网，可以实现不同能源形式之间的开放互联和能量在网络中的自由传输，实现能源的充分利用，保障节能环保的可持续发展模式。

图6－1为老港能源互联网总体架构图，老港基地各厂区分布较为集中，且同一厂区同时具备电、热、气等多种能源和负荷，能源利用形式具有可替代性，消耗一种能源的同时会产生另一种能源，各能源利用形式较为密切。如渗滤液厂是一个大的耗电点，主要通过消耗电能对污染物进行处理，但其处理过程中会产生大量沼气，总体来看，渗滤液厂既是电负荷又是气源，密切联系电网和气网。填埋气发电既是耗气负荷，又是电、热源，可通过消耗填埋气进行发电、产热。在垃圾的干化处理过程中，需要大量的热量，可以将其作为一个热负荷；而在其焚烧过程中，又将产生更多的热，又成为一个热源。因此，垃圾焚烧发电将热力网和电网联系起来。

电力网是能源互联网建设的核心骨架。总体来看，老港基地各厂区中，垃圾焚烧厂、沼气发电厂、风力发电场以及规划建设的光伏发电系统是主要的发电单元。垃圾焚烧厂利用生活垃圾为原料，在处理垃圾的同时发电，填埋气发电厂利用填埋场填埋堆体所产生的大量填埋气进行发电，风力发电和光伏发电是可再生能源发电单元。整个基地各发电单元所产电能不仅可以自给自足，多余电能还可实现余电上网。

整个园区内部生产生活都需要消耗大量电能。渗滤液处理厂通过消耗电能对污染物进行处理，是最大的用电单元。各个生产处理工艺过程大多需消耗电能，如：生产处理工艺过程中的各大型设备均需耗电，包括调节泵、鼓风机、膜处理系统等。除此之外，垃圾码头的垃圾吊在进行垃圾预处理的过程中也需要消耗大量电能，可再生能源管理中心需保证日常生活用电。电力网中多余电量通过协议价格与上海电力公司进行交易。

园区内部同时具有热源和热负荷。基地内垃圾焚烧发电、沼气发电在发电的同时产生大量热，是重要的产热单元。渗滤液厂的厌氧发酵产沼过程也会产生大量的热，厌氧与好氧工艺之间还有热能的循环利用。污泥干化厂可对垃圾焚烧发电

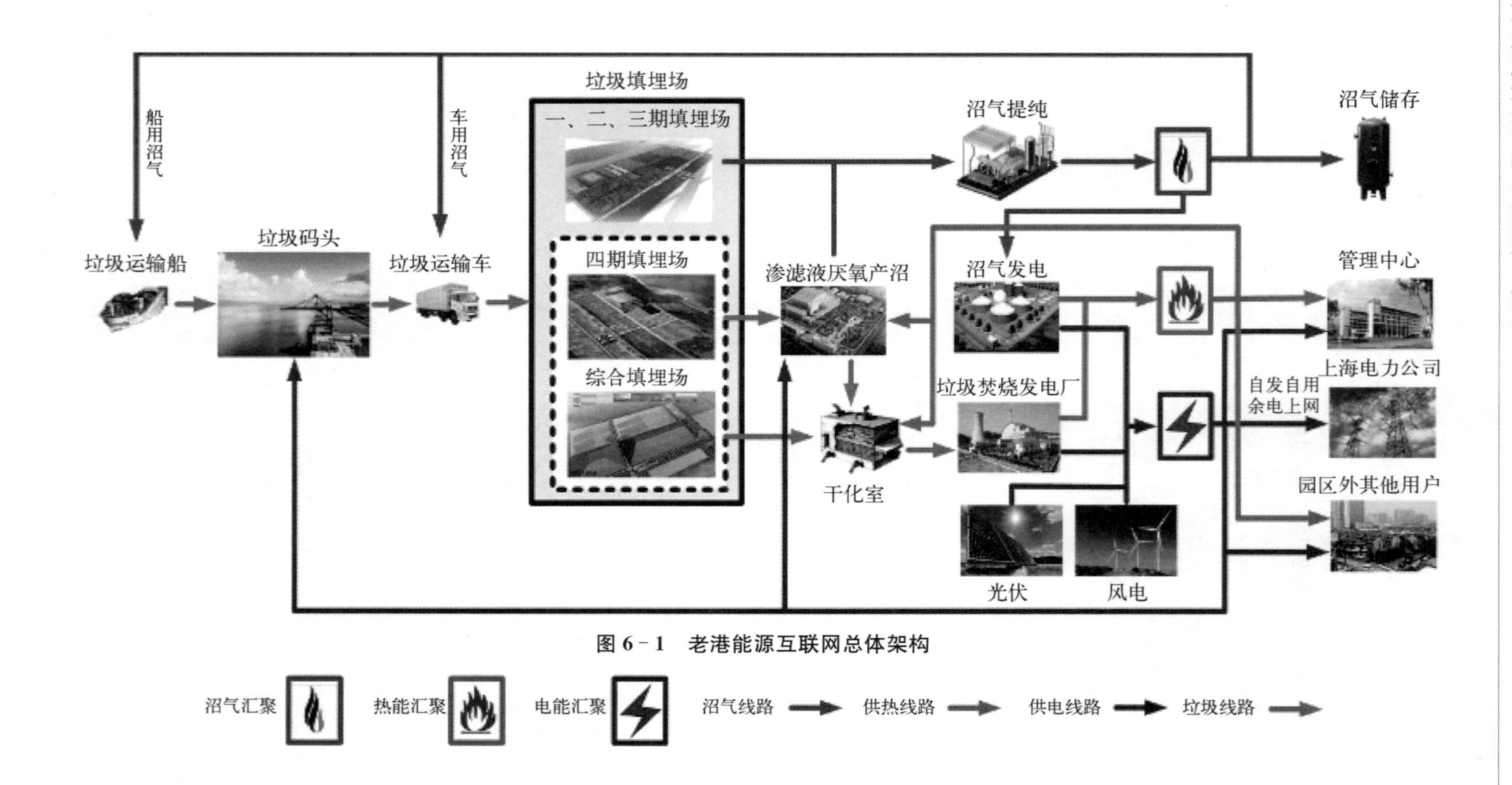

图 6－1　老港能源互联网总体架构

或沼气发电过程中所产热能加以利用，用于对渗滤液处理过程中所产生的污泥进行干化。经干化的污泥又可作为焚烧厂的原料，产热用于湿泥干化，不仅加快了垃圾处理和降解的速度，还使得沼气发电产生的热量被更多的消纳，而经干化后的污泥作为垃圾焚烧发电厂的原料，可增加更多的发电量，经济效益将大大增加。其所产热能还可用于整个园区的生活用热，多余热能可售卖给附近老港镇居民，真正实现整个基地能源资源的循环利用。

老港基地各厂区生产过程会产生大量沼气、填埋气等，对所产气体加以利用，便能合理地配置资源，提高其利用率。整个基地产气点包括已经封场的一、二、三期填埋场（填埋气产量较少）和正在使用中的四期填埋场以及综合填埋场，都有自然生成的大量填埋气。渗滤液处理工艺过程中厌氧发酵过程同样会产生不少沼气。此外，基地内建设有沼气压缩提纯站，可对所产气体进行收集压缩提纯并加以利用，为友好消纳新能源打下基础，从而实现老港基地能源利用的多元化和资源循环配置的综合化。沼气储气罐可作为储能的一部分，使得沼气发电成为一个可随时调控的电源，同时利于提高老港基地电网对于周边风电场的消纳作用。

基地内有大量的气负荷，所产沼气可经过沼气压缩提纯站提纯处理后作为锅炉用燃料，燃气锅炉在消耗沼气的同时产生热能，为厂区提供必要的热能。同时取代了传统燃煤锅炉，减少环境污染，在合理配置厂区内资源的同时，达到节能环保的目的。经提纯后的沼气同样可用作厂区内垃圾运输车、垃圾运输船的燃料，改变传统车/船燃油的现状，大大减少了有害气体的排放。

老港基地可再生能源呈现出品种多、规模大的特性，分布式能源占有相对较高的比例，如垃圾焚烧发电、填埋气发电、风力发电、光伏发电、沼气发电、潮汐发电和微型燃气轮机发电等，可产生电能、填埋气、热能，而所产生的能源又具有相应的用能负荷。基地内各厂区包含各种能源形式的负荷，基地内部用能负荷也较为多样，包括电力负荷、热负荷和天然气负荷，各能源利用形式之间具有强耦合关系。老港基地同时具有多种产能和用能系统，拥有能建设成能源互联网的先决条件。老港基地建成能源互联网，有助于能源的综合利用，减少能源的浪费。

6.1.2　固废基地能源互联网数据采集

老港基地包含热电、沼气、余热、风电、光电等多种能源形式和电、天然气、热等复杂负荷，产能和用能系统分布在同一个园区内。由于能源系统的复杂多变，其具体细致的信息采集需要对于老港各厂实地踩点并因地制宜地安装前端信息采集装置，并能可靠地上传至云平台供分析及有效控制。图 6-2 中，整个基地各个部分的信息采集装置的功能和位置已经详细标出。

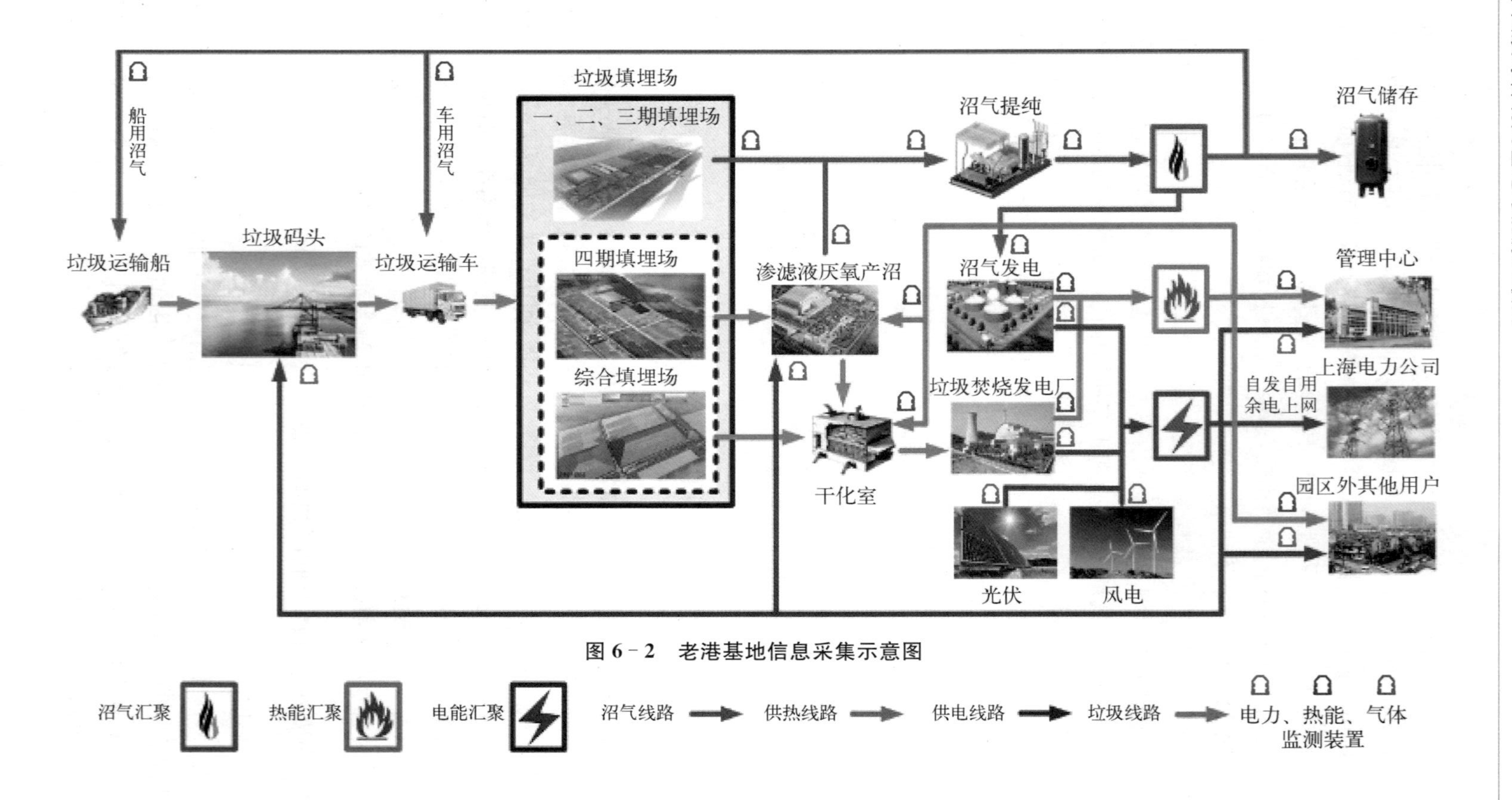

图 6-2 老港基地信息采集示意图

1）电力网数据采集

电力网是能源互联网建设的核心，对于能源互联网中电量的监测尤为重要，通过对各电力设备安装监测装置，实时采集电力相关的量，如：电压、电流等，通过计算获得电量相关参量：有功功率、无功功率、频率、谐波及用电量等，根据电量监测数据可得出厂区生产的实时情况，做出安排和规划。如表6-1所示，通过对老港能源互联网各电力实时数据的精确采集，可拓展和深化老港能源互联网大数据分析应用，研究老港基地能源互联网的结构优化与规划原理。

表6-1　电气量基础监测内容

监测点类型	序号	监测点位置	监　测　量
发电单元	1	垃圾焚烧发电厂	三相电压、电流、功率、频率、谐波
	2	沼气发电厂	三相电压、电流、功率、频率、谐波
	3	风电厂	三相电压、电流、功率、频率、谐波
	4	光伏发电系统	三相电压、电流、功率、频率、谐波
用电单元	1	渗滤液处理厂	三相电压、电流、功率、频率、谐波
	2	垃圾码头	三相电压、电流、功率、频率、谐波
	3	污泥干化厂	三相电压、电流、功率、频率、谐波
	4	管理中心	三相电压、电流、功率、频率、谐波
	5	上网电量	三相电压、电流、功率、频率、谐波

（1）电流、电压的监测。

安装于老港现场设备点位的智能监测装置采样芯片（AD7606）是8路采集通道、16位同步采样AD芯片，通过电平切换实现等间隔地回收实际的现场数据。一个完整的采样和计算周期为200 ms。其中20 ms采样，剩余为计算时间。20 ms周期内设备执行采样、存储和转化数据操作256次。30 s内，采样和计算次数为145次，达到145次后，选择等待工控机的指令，停止进行下一次采样和计算。工控机每间隔30 s通过CANET向下设设备传达上传数据的指令，加载当前时刻的数据，发送数据。如果中断发生在采样的周期内，则执行完中断程序后，剔除中断前采集的数据，重新执行采样的程序。

待测交流电有效值是与其同样时间下通过同样电阻产生相同热量的直流电的大小。实际采集数据为离散量，以A相为例，电流有效值 $I_{A(j)}$ 和电压有效值 $U_{A(j)}$ 分别如式（6-1）和式（6-2）所示。

$$I_{A(j)}=\sqrt{\frac{1}{T}\sum_{i=1}^{N}I_{a(i)}^{2}\times\Delta t} \tag{6-1}$$

$$U_{A(j)} = \sqrt{\frac{1}{T}\sum_{i=1}^{N} U_{a(i)}^{2} \times \Delta t} \tag{6-2}$$

式中，T 为一个采样周期的时间长度，Δt 为两次采样的时间间隔，N 为一个采样周期内的采样次数。

由于工频 50 Hz 限定了电网电流电压的周期在 20 ms 附近，所以安装在老港的 AD 采样芯片也同样以 20 ms 为一个采样周期，采集 256 组数据，将采样和计算周期设为 200 ms，为计算可能出现的问题预留较多的时间。设定每 30 s 上传一次数据，目的是方便统计，过快则运算量会增大，而过慢则达不到实时监测的效果。原本 30 s 内应有 150 个采样与计算周期，同样考虑到计算以及其他问题而预留出 5 个周期的时间，可避免出现程序失步等情况，提高稳定性。因为每次采样都是在 0.02 s(即 20 ms)中进行的，所以将 256 次采样值代入公式即可得到计算一个采样周期内的电流有效值，再对 145 次采样周期进行求和取平均值便可以得到 30 s 内的电流有效值，如式(6－3)和式(6－4)所示。

$$I_{A} = \frac{\sum_{j=1}^{145} I_{A(j)}}{145} \tag{6-3}$$

$$U_{A} = \frac{\sum_{j=1}^{145} U_{A(j)}}{145} \tag{6-4}$$

三相电压与三相电流是电力分析中最基本的采样监测量，凭借这 6 组数据就可以进行接下来功率、谐波等的具体计算，从而更深入地分析老港电力网各设备的运行情况。

(2) 功率的监测。

在电网中，电源既供给有功功率，也提供无功功率给各用电设备。有功功率是使用电设备运行的有用功的功率，可以将电能转换为其他形式能量。无功功率是指各种依照电磁感应原理工作的用电设备，如变压器、发电机等，为了建立磁场而需要的电功率。视在功率也被称为容量，为正弦电路中电压与电流有效值的乘积，电流符号用 S 表示。在没有谐波的情况下，三相电路中有功功率 P、无功功率 Q、视在功率 S 三者的向量能够构成一个直角三角形，且三者之间满足关系式 $P^2 + Q^2 = S^2$。正弦交流电路中由于线路并非纯阻性，有功功率在绝大多数情况下比视在功率小，视在功率乘以一个小于 1 的系数才能等于有功功率，这个系数被称为功率因数，也就是 $\cos\varphi$。

通过三个功率表测量三相瞬时功率的方法，被称为三功率表法，其使用没有任何条件限制，只要测得三相的功率，其和必然是三相总功率。将功率转换为电压电流的乘积：

$$P = U_a I_a + U_b I_b + U_c I_c \tag{6-5}$$

这种方法最为简单明了，将每相的瞬时功率求和便得到三相总的瞬时功率。当要求取三相平均功率时，同样也是将三相各自的平均功率相加即可。与三功率表法相对应的还有一功率表法以及二功率表法。其中，一功率表法要求三相严格对称，将单相测得的平均功率作为每一相的平均功率。但一功率表法在实际中只能作为一种估计手段来使用，因为三相很难严格对称。二功率表法还可使用在三相三线制接线中，此时三相平均功率为

$$P_{av} = P_1 + P_2 = U_{ac} \times I_a + U_{bc} \times I_b \tag{6-6}$$

式中，P_1 和 P_2 分别为两个功率表测出的平均功率，两者的计算与一般接在地线上的功率表不同，所测电压为线电压。

2）气网数据采集

对于老港基地能源互联网中的产、用气量，通过采用气体质量流量计进行测量。由于不同温度、压力下管道中通过的气体量是不同的，为直接获得气体的质量、流量，在管道出口加装气体质量流量计，通过感热式测量，在气体温度以及压力变化时能同样准确地测出集体流量。质量流量计是通过气体质量变化进行测量的流量测量仪表，具有耐高温、防爆等优点。不仅可对管道中进/出气量的质量、流量实现高准确度的直接测量，同时还可直接测量气体温度、密度等相关参量。

老港基地能源互联网中气体质量、流量的实时监测，为能源互联网的建设提供了基础数据，有利于精确建设能源互联网，表 6-2 为气能源网中气量基础监测内容。

表 6-2 气量基础监测内容

监测点类型	序号	监测点位置	监 测 量
产气点	1	一、二、三期填埋场，综合填埋场	气体压力、温度、流量、纯度
	2	沼气压缩提纯站	气体压力、温度、流量、纯度
	3	渗滤液厂	气体压力、温度、流量、纯度
用气点	1	垃圾运输车、船	气体压力、温度、流量、纯度
	2	沼气发电厂	气体压力、温度、流量、纯度
	3	锅炉燃烧	气体压力、温度、流量、纯度
	4	沼气储存罐	气体压力、温度、流量、纯度

对于四期填埋场所产填埋气的监测，可计量填埋气的产量，对填埋气发电厂的发电量进行预测，对气体的收集处理提出改进意见建议。对已封场的一、二、三期填埋场和综合填埋场所产填埋气进行测量，有利于做好填埋气的收集工作，对于气体纯度的监测，可预防填埋堆体爆炸事故的发生。对沼气压缩提纯站内沼气的计量，可测算沼气的储备量。对渗滤液厂厌氧罐所产沼气的监测，可分析得出所产沼气的气量和品质。质量流量计可用于各种密度流体介质的测量，对于所产的纯度不高的沼气渗滤液厂气体测量亦可适用。通过加装气体质量流量计，对渗滤液厂厌氧发酵具体所产沼气的量进行测量，有助于对目前火炬直接燃烧的气体处理方式提出改进性的意见建议。

3）热网数据采集

表 6－3 为老港基地热量基础监测内容，通过在测点安装热量监测装置，采集热量有关的温度、流量等参量，计算得到进行热交换的量，为基地内部供热、用热提供意见建议。供热量大小受气温变化影响相对比较大，老港基地多余热量可供给附近鱼虾水塘，用以换热并维持虾塘水温。

表 6－3　热量基础监测内容

监测点类型	序号	监测点位置	监　测　量
产热点	1	垃圾焚烧厂	温度、热交换介质的流量
	2	沼气发电厂	温度、热交换介质的流量
	3	渗滤液厂（循环换热）	温度、热交换介质的流量
用热点	1	渗滤液厂（循环换热）	温度、热交换介质的流量
	2	污泥干化厂	温度、热交换介质的流量
	3	管理中心	温度、热交换介质的流量
	4	园区外用户	温度、热交换介质的流量

除了电量，对非电量指标的监测也非常重要。比如温度和湿度就对用户用能的预测很有帮助，而且老港能源互联网中的能源不仅仅是电能，还有热能与沼气能，两者的生产或多或少受到气候条件的影响。而产、用气量以及热能的监测也就相当于电能的监测一样，分清楚产生的能量与能量的消费情况，才能更好地调度能源，实现能源互联网的作用。

开关量在维护能源供给侧或是需求侧正常工作的同时，确定用电设备的情况，从而进行电能的分析与分配。用电设备的准确连接与断开，是需求侧管理的重要环节。

4）污染物监测

污染物监测系统（见图 6－3）包括连续测定颗粒物和/或气态污染物浓度和排

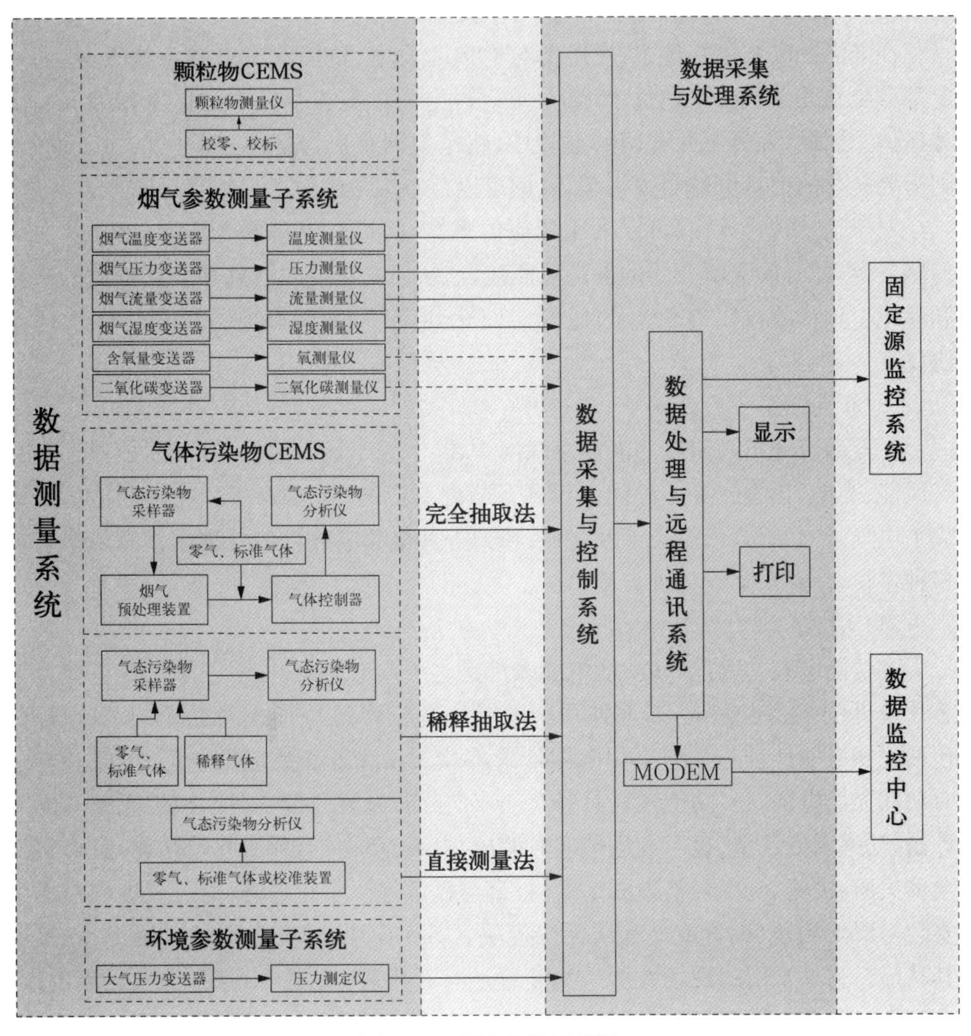

图6-3　污染物监测系统

放率所需要的全部设备，一般由采样、测试、数据采集和处理三个子系统组成的监测体系。

5）通信协议

通信协议是指双方实体完成通信或服务所必须遵循的规则和约定。协议定义了数据单元使用的格式，信息单元应该包含的信息与含义、连接方式、信息发送和接收的时序，从而确保网络中数据顺利地传送到确定的地方。

在计算机通信中，通信协议用于实现计算机与网络连接之间的标准，网络如果没有统一的通信协议，电脑之间的信息传递就无法识别。通信协议是指通信各方事前约定的通信规则，可以简单地理解为各计算机之间进行相互会话所使用的共同语言。两台计算机在进行通信时,必须使用通信协议。

在老港固废利用基地中,发电部分有风光发电、填埋气发电和燃烧发电,而用电部分更是几乎遍布基地每个地方,可以说电力供需在基地中占据着相当大一部分比例。因此,在能源互联网的搭建中,将电力网络作为能源互联网的主干网络,则需要转化的信息量就会少很多,这就可以节省大量的设备成本。

对于信息转化方面,可以采用相应传感器,如热量传感器、流量传感器及压力传感器等,配合前文所介绍的前端监测装置,从而实现气体信息和热能信息的采集和转化。这样就可以在信息的通信层面达到统一,采用以电力信息为主的通信协议。

6) 采集设备

在充斥着分布式能源的能源互联网中,除了居于核心地位的电能,依然还存在着风能、光能、化学能等多种能源形式。与之对应的是,能源互联网中的信息采集除了电气量的参与,依然会涉及光照、风力等其他非电气量的处理。信息采集方式多种多样,信息采集设备种类繁多。

(1) 电表。

多功能电表。目前,多功能电能表都是电子式电能表,一般使用一块电能计量芯片及外围电路来完成,普遍使用的电能计量芯片有美国 ADI 公司的 AD 系列,包括三相电能计量芯片和单相电能计量芯片。其计量参数包括电压、电流、频率、有功和无功电能。多功能电表具备有功双向分时电能计量、需量计量、正弦式无功计量、功率因数计量、显示和远传实时电压、电流、功率、负载曲线等功能,且可实现全部失压、失流、电压合格率的记录、报警与显示等。除此之外,也可根据用户需求安装 GPRS 模块(内置或外配)、无线模块、GSM 模块,解决远程抄表通道,以扩展其功能。另外常用的现场数据采集装置还有万用表,可用于测量交流、直流电压、电流等。万用表的型号很多,但基本使用方法是相同的。

智能电表是以微处理器应用和网络通信技术为核心的智能化仪表,具有自动计量/测量、数据处理、双向通信和功能扩展等能力,能够实现双向计量、远程/本地通信、实时数据交互、多种电价计费、远程断供电、电能质量监测、水气热表抄读、与用户互动等功能。智能电表量测数据及采集系统呈现出规模大、采集频率高、数据存储时间长,数据多样化及测量点分布密集 5 个主要特征。与传统抄表系统相比,智能电表数据采集间隔一般为 15 min,对于重点用户,采集频率可能会更高。数据存储时间长,从数据分析的视角来说,原始累计数据越丰富、数据的时间尺度越长,对分析结果越有利。数据种类多样化:包含电量类数据,如总电能示值、各费率电能示值、最大需量等;负荷类数据,如电压、电流、有功功率、无功功率、功率因数等;事件类数据,如终端和电表的各种事件和报警;工况数据,如采集终端及计量设备的工况信息;电能质量类数据,如功率、电压、谐波等。

(2) 传感器。

传感器是根据一些敏感材料和元器件的物理、化学及生物特性或某些特殊效应设计加工制造出来的。一般来讲,传感器由敏感器件、转换器件和其他辅助部件组成。传感器也是能源互联网中信息获取的重要途径与手段之一,输入量是被测量的,可以是化学量、生物量、物理量等,输出量则一般为可传输、转换、处理、显示的气、光、电等物理量,但主要是电学量。传感器的工作原理如图 6-4 所示。

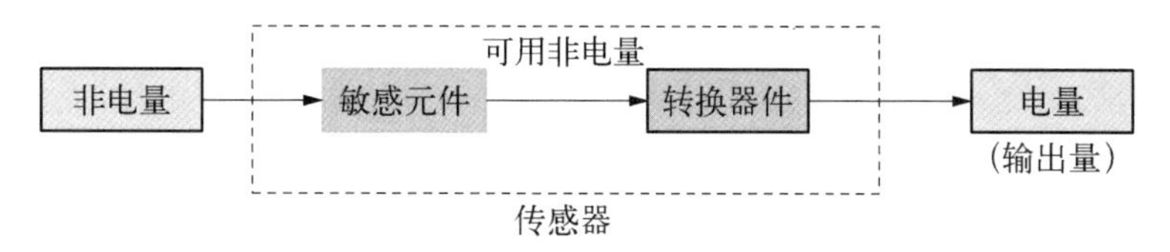

图 6-4　传感器的工作模式原理框图

当被测量转化为电气量后,配置合适的检测电路,然后对电气量进行测量、存储。常见的方式分为两种,一种方式是直接选用合适的电能表进行测量、存储,另一种就是开发合适的数据采集装置,将检测结果存入芯片中。后期的数据分析中,可将存储的结果转化为原始数据。

温度传感器。温度传感器是工业生产中最常见的一种传感器,可以主要分为三大类,即分立式温度传感器、集成式温度传感器和智能型传感器。分立式温度传感器以热电偶、热敏电阻等元件作为温度感应部分。随着研究的深入,人们不断开发出新材料以及薄膜来制备这些温度感应元件以改良温度传感器的性能。集成传感器是采用硅半导体集成工艺而制成的温度传感器,其优点包括测量误差小、体积小、微功耗等,适合远距离测量、控制,不需要进行非线性校准,外围电路简单。智能型温度传感器采用芯片技术,里面装有多位模数信号转换器,测量精度更高,可实现多种测量模式之间切换。

在实际的应用中,用于监测现场温度变化的温度传感器有两类常见的应用方式:一是将待测对象的温度转换为与之成正相关或者负相关的电压(或电流)模拟量;二是首先将待测温度转换为时间信息,然后对所得时间进行量化,并根据该时间的长短转换输出对应的数字码。对于第一种类型,传感器输出的数字化温度信息既可交予数字处理器进行处理,也可通过编码等操作处理为能够直接读取的信息形式。对于第二种类型,时间-数字信号转换器根据给定的参考时钟对温度感应电路输出的脉冲宽度进行量化,并将量化结果编码后输出,由此得到数字化的温度信息。

除此以外,垃圾焚烧厂以及热电厂也同样需要通过获取的温度信息来计算热

量,热量的计算公式为

$$Q=C\cdot m\cdot \Delta T \tag{6-7}$$

式中,C 为比热容,表示单位质量物质的热容量。一般采用水作为热交换的介质,水的比热容为 4 200 J · kg/℃。m 表示循环介质的质量,ΔT 表示其温度差。热量也是一个监测重点。其他电厂及用电区域多加装温度传感器,将温度作为用电情况分析的一部分,有助于评估及预测负荷变化情况。

湿度传感器。湿度表示空气中水蒸气含量,即大气干燥程度的物理量。通常所说的湿度是指气体湿度,即大气中水蒸气的含量。对于湿度的测量,先后出现了很多种方法,并且一步一步在改进,如毛发湿度计、干湿球湿度计、露点湿度计、电阻式、电容式和阻抗式湿度计等。其中,电阻式、电容式或阻抗式湿度计是根据湿度敏感材料的电阻、电容或阻抗值的变化而测定湿度的一种湿度计,可以将湿度转换为电信号,是目前广泛采用的方法。

湿度传感器是根据湿度敏感材料能发生与湿度有关的物理效应或化学反应制造而成的,其具有可将湿度物理量转换成电信号的功能。这些功能可以通过与湿度相关的长度或体积的膨胀、电阻或电容的变化以及结型器件或 MOS 器件的某些电量参数的变化来实现。从不同角度看,湿度传感器有不同的分类方法,从实现功能可分为绝对湿度型、相对湿度型、结露型和多功能型 4 种;按输出电学量可分为电阻式、电容式及频率式等;按敏感材料可分为电解质式、陶瓷式、半导体式及有机高分子式等。

湿度变量有绝对湿度、相对湿度、露点与霜点等,其中相对湿度是实际中最常用的。相对湿度是指在相同压力和温度条件下,待测环境中水分子的物质的量与饱和水分子的物质的量的比值,也就是被测环境中水蒸气分压与相同条件下的饱和水蒸气压的比值。定义式为

$$H_r=(P_W/P_N)_t\times 100\% \tag{6-8}$$

式中,t 为温度,P_N 为该温度下的饱和水蒸气压,P_W 为待测空气的水蒸气分压。通常情况下,相对湿度作为衡量湿度大小的物理量,用%RH 表示。

流量传感器是一种用于检测液体、气体等介质的流量参数并将其转换为其他形式的信号进行输出的一种检测用仪器仪表。常见的流量传感器可分为水流量传感器、插入式流量传感器、叶片式空气流量传感器、涡街式流量传感器、卡门涡旋式空气流量传感器、热线式空气流量传感器、热式气体流量计等。

流量传感器具有多种不同的表现形式,不同的流量传感器的工作原理也大不相同。水流量传感器主要由铜阀体、水流转子组件、稳流组件和霍尔元件组成。主要装在热水器的进水端用于测量进水流量,当水流过转子组件时,磁性转子转动,

并且转速随着流量成线性变化。热式气体流量计主要利用热扩散原理。热扩散原理的物理条件主要由两个对温度敏感的热电阻构成，其中一个用作速度传感器，另一个用作温度传感器以实现对气体温度变化的自动补偿功能。当物理条件得到满足后，热式气体流量计便处于正常工作状态下，一旦有气体流过，温度传感器将进行其温度的升高或降低来维持气体流量的恒定，因此可通过对电路中电流的测量对气体的流速作出判断。

在能源互联网中，气体流量传感器主要应用于风电厂风量的测量以及沼气的测量。而液体流量传感器主要用于渗滤液的监测。流量的实时监测是相关新能源设备实时工作情况的反应，从中可以看出风电设备效率的高低，实时产能的多少或是渗滤液的生产效率等信息。

气敏传感器。气敏传感器可用来测量气体的类型、浓度和成分，其将气体种类及其与浓度有关的信息转换成电信号，然后根据这些电信号的强弱就可以获得与待测气体在环境中的存在情况有关的信息。气敏传感器主要包括半导体气敏传感器、接触燃烧式气敏传感器和电化学气敏传感器等，其中半导体气敏传感器在工程实际中应用最多。

一般来说，声波器件表面的波速和频率会随外界环境的变化而发生漂移。气敏传感器就是利用这种性能，在压电晶体表面涂覆一层选择性吸附的气敏薄膜，当该气敏薄膜与待测气体相互作用，使得气敏薄膜的膜层质量和导电率发生变化时，引起压电晶体的声表面波频率发生漂移；气体浓度不同，膜层质量和导电率变化程度亦不同，即引起声表面波频率的变化也不同。通过测量声表面波频率的变化就可以获得准确的反应气体浓度的变化值。

气敏传感器主要用于监测沼气中各种特定气体的含量以及沼气的浓度。这种测量主要是为了保证沼气的质量，以便于燃烧或是压缩储存操作。除了生产需要，焚烧厂的废气排放处必须监测废气的成分，若是有超标的污染物或是有害气体则必须经过进一步的处理才能排放。

光照度传感器利用热电效应原理，感应元件采用绕线电镀式多接点热电堆，其表面涂有高吸收率的黑色涂层。热接点在感应面上，而冷结点则位于机体内，冷热接点产生温差电势。在线性范围内，输出信号和太阳辐照度成正比。目前商业应用的光照度传感器主要采用光敏探测器。

(3) 沼气成分分析仪。

红外沼气成分分析仪可以广泛应用于垃圾填埋场、污水处理厂、沼气炉等环境产生的大量 CH_4、CO_2 和 O_2 的检测分析，仪器可以便携测量并通过 PDA 数据采集软件实时保存测量数据。其具有如下特点：① 红外多气体同时测量技术；② 可测量垃圾填埋场，污水处理场，发酵等过程中 CH_4、CO_2、H_2S、O_2 等浓度；③ 可以内置气泵进行采样分析；④ 配备数字串行通信接口；⑤ 具备数据大量存储和传输功能。

6.1.3 固废基地的信息源级数据集成

能源互联网中信息的分布式和多样性特征必然带来海量数据的结果。除了具有传统电网的运行和管理数据以外，能源互联网由于新能源的接入，如风能、光伏等能源，必须依据大量气象背景数据进行电能输出的预测。同时，新能源汽车也将是能源互联网中的重要组成部分，对庞大数量的充电汽车的有序充电或放电，必须依赖于海量的汽车运行数据和充放电历史信息的准确预测分析。海量数据的整合依赖于数据集成技术的发展。

数据集成是指将不同应用系统、不同数据形式，在原应用系统不做任何改变的条件下，进行数据采集、转换和存储的数据整合过程。由于能源互联网数据类型呈现多样性，所采用的数据管理系统也大不相同，从简单的文件数据库到复杂的关系型数据库，在进行数据集成时，主要面对以下几个方面的问题：① 异构性，数据源所依赖的应用系统、数据库管理系统乃至操作系统之间的不同构成了系统异构，数据源在存储模式上的不同构成了模式异构；② 完整性，为了满足各种应用处理数据的条件，集成后的数据必须保证完整性；③ 性能，系统具有可以快速适应数据源改变和低投入的特性；④ 语义不一致，信息资源之间存在着语义上的区别，语义不一致会带来数据集成结果的冗余，干扰数据处理、发布和交换；⑤ 权限问题，数据库资源可能归属不同的部门，所以如何在访问异构数据源数据基础上保障原有数据库的权限不被侵犯，实现对原有数据源访问权限的隔离和控制，成为连接异构数据资源库必须解决的问题；⑥ 集成内容限定，多个数据源之间的数据集成，并不是要将所有的数据进行集成，那么如何定义要集成的范围，就构成了集成内容的限定问题；⑦ 数据量和高速率的矛盾，大量数据的抽取、转换、加载、清洗、修正、分析需满足时间限制，这给传统数据库软件提出了新要求；⑧ 数据量和高价值的冲突，数据对象不确定，要求先将数据源映射到统一数据模式，再发掘数据价值的传统做法将不再适用。

1) 数据集成模式

多系统间的数据集成常见有两种集成模式：网状数据集成模式和星型数据集成模式。

(1) 点对点网状数据集成模式。

点对点模式，指在需要共享数据的应用系统之间直接建立接口，以实现数据共享的目的，如图 6-5(a)所示。当需要交换数据的系统比较少的时候，点对点模型实现起来具有快速简便的特点。但当系统规模不断扩大，需要交换数据的节点越来越多以后，点对点模型扩展性差的缺点就不可避免的暴露出来了。

在点对点模式中，不但需要维护的连接数目庞大，而且访问难度大。异构平台

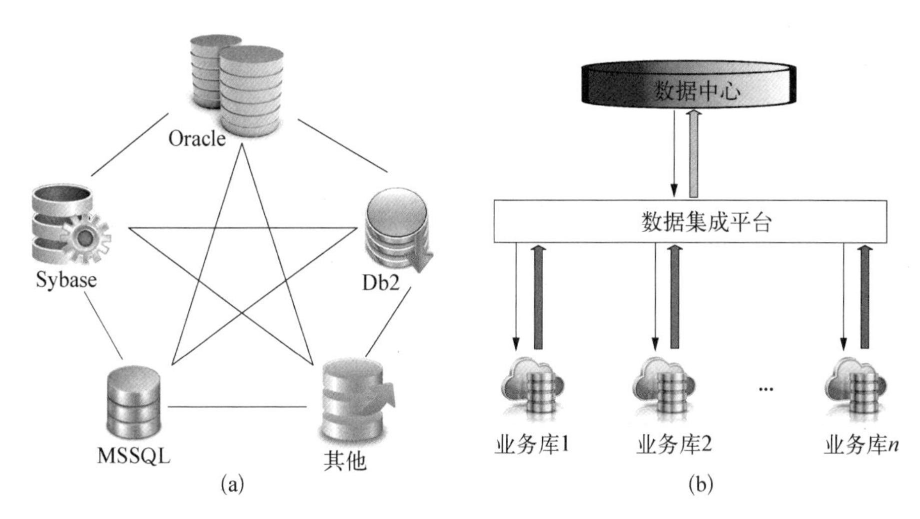

图6-5　多系统间的数据集成

(a) 网状数据集成模式；(b) 星型数据集成模式

(包括硬件异构平台和软件异构平台)广泛存在于现在的网络环境中，如果系统需要访问不同平台上的数据，必须为不同的系统开发不同的网关接口程序，依靠网关进行协议转换工作，这就需要数据集成者对不同系统都有深入的了解，从而加大了数据集成的难度。当有新系统加入到数据交换集合中后，局面更加复杂，已经进行过数据集成的系统必须为新加入的系统开发新的网关接口程序。网状集成模式的缺点总结如下：首先，业务数据的安全性降低，应用系统之间数据相互授权，权限没有统一管理，容易造成权限不当，直接影响业务数据的安全；其次，网状结构难以保证交换数据的一致性，同样一份数据可能存在多个出口或入口；第三，交换数据分布比较杂乱，管理困难；第四，网状结构使应用系统之间的耦合度增加，局部的问题容易影响全局，影响信息服务的质量和效率。

(2) 星型数据集成模式。

企业的信息化建设有其阶段性建设的特点，所以总体上各应用系统松散耦合、相对独立，业务数据可以根据大块应用系统进行划分，并分布在相应的业务数据库中；而应用系统之间的交换数据可以集中存储、集中管理，形成一个统一的共享数据库。因此，为了避免网状模式中的问题，可以设计一个中心节点，应用系统之间数据交换关系由原来的网状结构变成星型结构，如图6-5(b)所示。

星型结构数据集成模式的特点如下：① 集成数据集中存储、集中管理，而且共享数据有统一的入口和出口，共享数据比较完备，并能保证数据的一致性；② 应用系统之间无直接数据联系，各应用系统耦合度降低；③ 星型结构使各应用系统数据库的安全性增强，各应用系统之间的数据关系非常清晰，且方便集中管理。星型结构数据集成同时也需要解决一些新的问题,如集成数据库的规模不断扩大,容易在数据中心产生性能瓶颈,因此在设计数据集成应用平台时必须充分考虑效率问题。

2) 数据集成技术

目前有多种技术可以实现多源数据的无缝集成。在实际数据集成应用中,不同数据集成技术的侧重点(执行效率、实时一致性等)有所不同,常见的数据集成技术包括联邦数据库技术、数据中间件技术、数据仓库技术、模式集成方法等。

(1) 联邦数据库技术。

当前,信息处理方式由集中式变为分布式,人们常常需要从相互独立运行的大型数据库中获取信息而不是像从前一样仅仅从集中式时的单一数据源获取信息。由于数据呈现分布式特性,在研究时不同的单位和组织需要使用不同数据库管理系统来存储和管理相关的重要数据,这同时也加剧了信息的分布性。但是,各个数据库中包含的信息可能只是研究所需的某一部分,随着信息量的不断增加,每个数据库都不能包含所有数据,甚至有时需要将各个分布系统中的信息有机合成才能得到这些系统所包含数据的整体信息。联邦数据库可以针对各种关系型和非关系型数据源进行集成,把分布式系统的信息组合起来,使用户能访问分布式数据。

联邦数据库采用模式集成的方法集成数据。联邦数据库系统(federated database system,FDBS)是由相互协作却又相互独立的源数据库组成的集合体,各个源数据库之间存在相互关联的关系。联邦数据库系统将独立源数据库系统按不同需求进行集成,利用联邦数据库管理系统控制组成系统的各个源数据库协同操作,并对其进行管理以提高系统整体操作性能。一个源数据库可以加入若干个联邦系统,每个独立源数据库系统的数据库管理系统可以是独立,可采用集中式或者是分布式;也可以是联邦式的,即其他的联邦数据库管理系统直接充当源数据库管理系统,各数据源之间共享自己的一部分数据模式,形成一个联邦模式。

典型的联邦数据库如图 6-6 所示。联邦数据库最重要的特征:参与联邦的源数据库系统具有相对独立性,可以同时进行本地操作和联邦数据库系统内的活动。源数据库系统的集成可以由联邦数据库系统的管理系统管理,也可以由联邦系统的管理程序和源数据库系统的管理程序共同管理。系统整体集成的程度取决于联邦数据库系统用户的要求,并且满足加入联邦数据库系统的源数据库管理系统的要求。

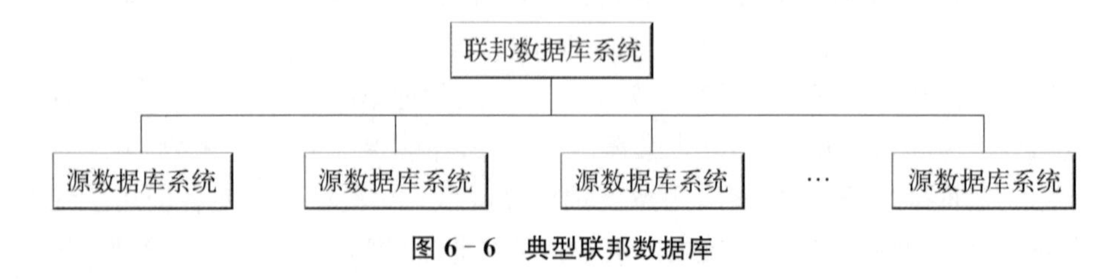

图 6-6 典型联邦数据库

(2) 数据中间件技术。

中间件技术是一门解决各类分布系统异构问题的专业技术。中间件技术的基本思想是在传统系统层次架构的应用程序与操作系统之间,添加的一层基础软件平台,如图6-7所示。该层平台能够屏蔽操作系统及硬件的差异,并根据系统部署的实际环境,提供符合规范的数据传输接口和通信协议,从而保证多个应用系统间、应用程序与数据层间的良好沟通。中间件技术能让开发人员解除网络协议、操作系统和数据传输接口标准的束缚,快速地实现跨平台应用。

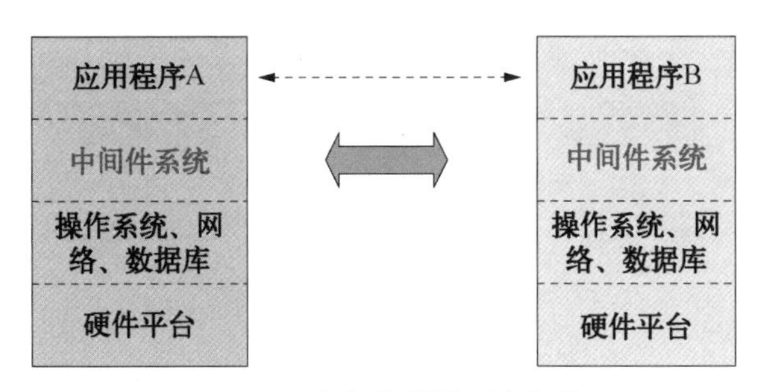

图6-7　中间件所属层次架构

中间件分担了部分应用层和网络层的功能,其技术特点主要包括:能满足大量应用需求、兼容多种硬件及操作系统平台、支持分布式计算、支持标准接口和通信协议、灵活的工作模式。目前,中间件技术有以下一些主流标准:基于MicrosoftCOM/DCOM的COM+、Java的JavaBeans/EJB以及OMG组织的CORBA等。

从其应用层次分类,中间件有底层中间件和高层中间件两种。底层中间件往往用于支撑单个应用系统,功能特性较单一。而高层中间件,则在底层中间件基础上工作,一般会与多个应用系统交互,常应用于若干系统的集成。按其功能属性,中间件主要分为数据访问中间件(UDA)、远程过程调用中间件(RPC)、消息中间件(MOM)、交易中间件(TPM)和对象中间件5类。它们分别在分布式数据交互、远程调用、消息传递、事务处理和对象控制方面发挥作用。下面以消息中间件为例介绍中间件的工作原理。

(3) 数据仓库技术。

数据仓库技术将各个异构数据源的数据按照全局模式的要求复制到数据仓库,而用户则通过访问数据仓库来直接获取所需的数据。由于数据仓库位于本地,因此采用该方法的数据集成系统具有较高的执行效率和较弱的网络依赖性,但数据仓库中的数据和数据源中的数据不能保持实时一致。

数据仓库是一个包含了大量的来自各种不同的数据源并且在数据类型、格式、精度、编码等方式上存在很大差异的、复杂数据的、用于支持组织的决策分析处理的、面向主题的、集成的、稳定的、时变的数据集合体。应用数据仓库处理数据的优势在于分析决策功能,可以帮助使用者更好更快地进行决策。因此,数据仓库本质上是网络数据库的管理系统及其应用系统。一个典型的数据仓库由源数据、源数据库和映射复制规则组成。源数据分别由它们各自的事务性数据库管理,数据仓库为用户提供交互服务,使用户无缝透明地使用数据。根据用户需求,数据仓库将来自各个事务性数据库的数据按照相应规则进行集成和存储,供用户进行数据分析。

随着C/S(客户机/服务器)技术和并行数据库技术的发展,数据仓库技术不断进步。应用数据仓库技术对数据进行集成操作是对源数据进行抽取、净化、转换的过程而不是多个数据库的简单堆砌。一个典型的数据仓库如图6-8所示。

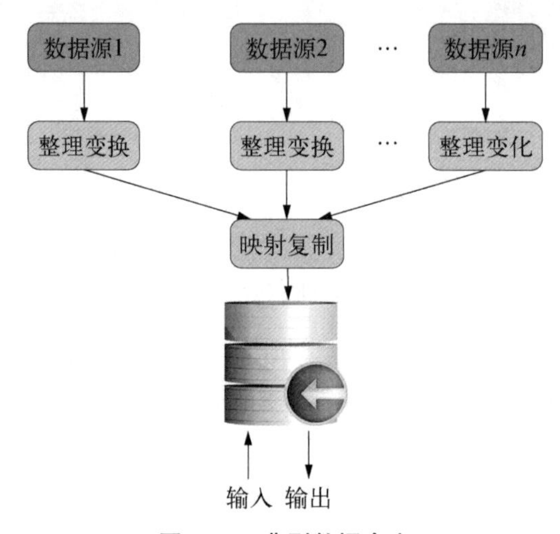

图6-8　典型数据仓库

数据仓库不完全等同于数据库,数据仓库是集成的数据库,或者说高级的数据库系统。数据仓库主要存储历史的、综合的、稳定的数据集合,用于数据立方体的构建。数据仓库中的数据常常通过模型化转换变为多维数据,以适应数据立方体的分析需求。数据仓库的主要特点:其可以根据用户需求组织和提供面向主题的数据,为数据提供聚集操作服务,并以易于用户理解的方式表示出来,对通过网络链接的分散的不同源数据库提供管理功能,对从存储格式不同、版本不同、数据语义不同的源数据库中取得的数据具有集成和关联作用。

(4) 模式集成方法。

模式集成方法不需要把异构数据源复制到本地数据库,数据的访问仍然在原有的远程数据源中进行,因此对网络的依赖性较强,但各数据源的自治性强、数据的实时一致性好。

3) 固废基地数据集成

老港固废能源基地满足上海市生活垃圾处理处置需求,分类回收其他建筑垃圾、处理危险废物、工业固废和污泥等。目前而言，老港固废能源基地包含渗滤液处理厂、填埋气发电站、垃圾焚烧厂、风电场以及规划建设的太阳能光伏电站、污泥干化厂等多个能源生产部门，所涉及的设施、设备及终端类型多、数量大。

老港固废基地是由气、热、电等多种分布式能源生产形式构成的能源互联网系统，同时内部包含大量自治能力强、异构的能源局域网系统，并具有系统规模十分庞大、网络拓扑动态变化、局部能量供需不均、能量水平随机演变、能量管控异常复杂等特点。与之相对应，老港固废基地产生的多源数据呈现出数据体量巨大、结构复杂、种类繁多、实时性高且增长快。在当前的环境下，由于数据源提供数据的质量不同，多个数据源提供的数据之间可能会存在数据不一致性的问题，这使得数据集成系统对现实世界的同一对象产生不同的描述数据，并且它们之间往往是相互独立的。此类异源、异构的数据缺乏有效的数据集成，将无法适应能源互联网的发展需求，且也不利于在信息层面实现价值融合和价值增值。

为了便于实现资源共享，并提高能源互联网系统具备较强的分布式协同控制能力，亟需对老港固废基地的信息源级数据进行数据集成研究。数据集成对各种分布式异构数据源的数据提供统一的表示、存储和管理，以跨时间、空间的透明的方式对数据源进行无缝整合，屏蔽了各种数据源之间物理和逻辑方面的差异，通过数据集成平台对分布式环境中数据源的数据进行统一的处理。

老港固废基地的结构化数据是进行老港能源互联网数据集成建设所必需的研究基础。基于现阶段的分析可知，固废基地的信息源可主要分为业主信息、建设图纸信息、产能数据、负荷数据、网络数据和信息管理数据等。上述数据对未来固废基地的能源互联网的建设规划、能源环境信息互联方式、商业运行模式研究均良好的指导意义和直接的决定作用。

老港固废基地结构化数据的具体划分如下：

（1）业主信息。风电场、垃圾焚烧电厂、填埋气发电厂、沼气发电厂的业主名称、性质、所属机构等。

（2）建设图纸信息。风电场、垃圾焚烧电厂、填埋气发电厂、沼气发电厂、太阳能光伏电站等各个产能点的具体位置以及图纸的相对距离。管理中心、厌氧罐、湿泥干化区、脱硫处理区、垃圾脱水、码头装卸区、其他负荷区的各个负荷点的具体位置以及图纸的相对距离。

（3）产能数据。风电场、垃圾焚烧电厂、填埋气发电厂、沼气发电厂、太阳能光伏电站的装机容量、出力曲线；发电特性、填埋气、渗滤液沼气的一次能源基础产量；风电场、垃圾焚烧电厂、填埋气发电厂、沼气发电厂、太阳能光伏电站的建设投资；风电场、垃圾焚烧电厂、填埋气发电厂、沼气发电厂、太阳能光伏电站的发电成本和上网电价；填埋气、沼气或天然气、热水、蒸汽的一次能源价格，垃圾焚烧发电、沼气发电、最优热电比的机组效率。

(4) 负荷数据。管理中心、厌氧罐、湿泥干化区、脱硫处理区、垃圾脱水、码头装卸区、其他负荷区的一般电力负荷水平、负荷特点、典型出力曲线;厌氧罐、湿泥干化区、垃圾运输船、新能源汽车的一般热力负荷水平、一次能源需求水平;电负荷的基础购电价格、天然气负荷的基础购气价格、热力负荷的基础用热价格。

(5) 网络数据。电网的一次接线图、线路及变压器数据,天然气网络图、热力网络图数据等。

(6) 信息管理数据。现场检测数据,包括环境数据种类、电气数据监测、累计发电量、一次能源监测、累计产气量、热力负荷监测数据等。

6.2 固废基地能源互联网多级云平台建设

现有数据中心无法满足能源互联网对海量数据存储和处理的需求,同时能源互联网要求数据中心必须存储各个分布系统所需的数据和提供更丰富的信息服务,并为数据挖掘与辅助决策提供高性能的分布式计算环境。能源互联网多级云平台旨在借助云计算的高并发性、高可靠性、高扩展性、低成本等特点构建一个便捷、高效的信息收集、处理、分析和展示平台。本节首先介绍云平台的基本组成,在此基础上结合老港能云网的架构和建设进行实例分析。云平台建设的目标是以低成本的方式提供高可靠、高可用、规模可伸缩的个性化服务。为了达到这个目标,需要虚拟化技术、分布式计算技术、并行计算技术、大数据技术、大规模存储技术等关键技术加以支持,其中大数据技术将在6.3节进行详细介绍。

6.2.1 能源互联网云平台关键技术

1) 云平台的形式

在云的环境下,网络、计算、存储和数据等资源都可以包装成服务的方式,进而进行资源和服务的集成,在一些简单、基础的服务上构建出复杂、高级的服务。根据云平台的服务对象进行划分,云计算架构的模型可以分为私有云、公有云、社区云和混合云。

公有云是在互联网开放,并允许公共使用的云服务平台。在公有云环境中,用户不再拥有基础设施的硬件资源,软件都运行在云中,业务数据也存储在云中。例如Amazon AWS,Microsoft Azure,阿里云等商业云服务都是以公有云的形式对外服务。用户在向云平台服务商要求租赁服务的时候需要支付一定的费用。公有云的优势在于服务和功能都比较完善,由专业的云服务商保障服务质量。而且由于大公司对资源的整合和优化,服务费用相对低廉。不过由于公有云是建立在一个复杂的、非信任的互联网络之上，如何保障数据的安全也是云服务商必须面对的问题。

私有云是根据企业或单位的自身需求进行独立构建，服务于单一组织内部的云平台设施。由于云平台仅向组织内部网络提供服务，因此可以对数据，信息安全以及服务质量进行有效的把握和控制。对于涉及重要或者机密数据的国家机关单位、企业高校，把数据交给第三方公有云进行托管并不适合，因此此类场景比较适合用私有云来开展业务。对比公有云，私有云的部署和架设需要建立在物理的基础设施资源之上，而且在部署、实施和维护上需要由专业的技术人员来完成，因此会产生一些开销。不过从长远看来，基于私有云的服务能够最大程度上整合和利用物理的设施资源，按需分配，满足企业单位内部复杂多变的需求。目前也有很多第三方公司专门负责私有云的部署、开发和维护工作。例如华为的基于 Open Stack 的私有云解决方案，通过与政府、国企深度合作的方式，推动了私有云市场的发展，极大程度上减轻了云计算在国有企事业单位推广和实施中的难题。

社区云与私有云、公共云相比模式上复杂一些，社区云是由多个组织共同构建的，同时也是被若干个特定的社区组织所共享的云基础设施。通常来讲，这些组织拥有相似的需求，例如安全、规范、司法等。组织内部的成员能够共享云端服务。这也是一种整合利用计算资源的有效手段。社区云的用户特点是不仅包括一般的最终用户，还包括具有应用开发或二次开发能力的开发者用户。

混合云是两个或者多个云(包括私有云、公有云、混合云)结合在一起的一种形式。它包含多种云服务模型，能够同时拥有不通部署模式下云服务的优势。例如企业可以对外提供公有云服务，对内则提供私有云，既能拥有公有云面向公众的优点，又可以保证企业内部的数据处于一个相对更加安全的环境中，而当私有云在遇到突发的性能需求时，也可以临时征用公有云的部分资源以保证负载。当然，混合云的部署会增加云平台部署的难度，对企业的技术能力也是极大的挑战。

2) 云平台的架构

云平台可以按需提供弹性资源，其表现形式是一系列服务的集合。结合当前云平台的应用与研究，其体系架构可分为核心服务、服务管理、用户访问接口层，如图 6－9 所示。核心服务层将硬件基础设施、软件运行环境、应用程序抽象成服务，这些服务具有可靠性强、可用性高、规模可伸缩等特点，满足多样化的应用需求。服务管理层为核心服务提供支持，进一步确保核心服务的可靠性、可用性与安全性。用户访问接口层实现端到云的访问。

云平台核心服务通常可以分为 3 个子层：基础设施即服务层(infrastructure as a service，IaaS)、平台即服务层(platform as a service，PaaS)、软件即服务层

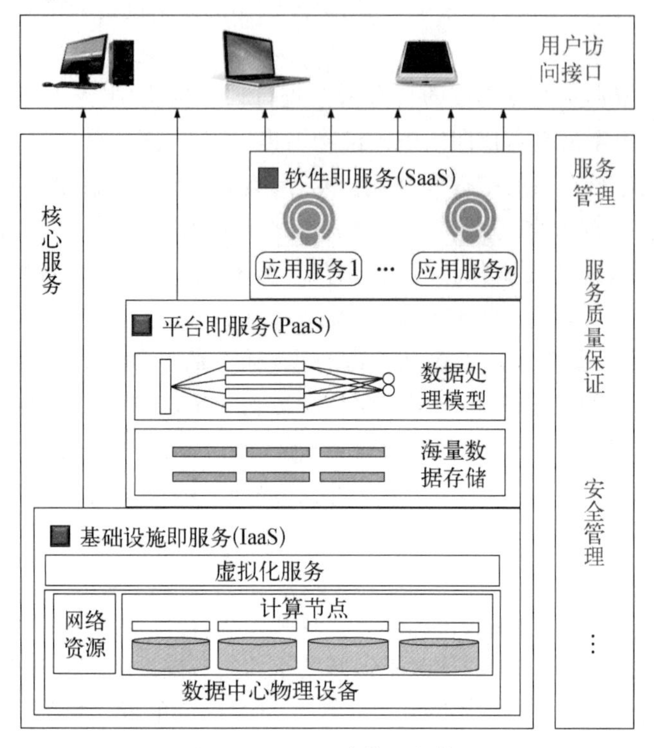

图 6-9　云平台体系架构

(software as a service，SaaS)，统称 XaaS。

IaaS 提供硬件基础设施部署服务，为用户按需提供实体或虚拟的计算、存储和网络等资源。在使用 IaaS 层服务的过程中，用户需要向 IaaS 层服务提供商提供基础设施的配置信息、运行于基础设施的程序代码以及相关的用户数据。由于数据中心是 IaaS 层的基础，因此数据中心的管理和优化问题近年来成为研究热点。另外，为了优化硬件资源的分配，IaaS 层引入了虚拟化技术。借助于 Xen、KVM、VMware 等虚拟化工具，可以提供可靠性高、可定制性强、规模可扩展的 IaaS 层服务。在国外，典型的 Iaa S 服务如 Amazon 云计算(Amazon web services，AWS)的弹性计算云(elastic computing cloud，EC2)和简单存储服务(simple storage service，S3)。国内则有盛大、华为、浪潮等公司，分别提供云主机、云存储、云服务器等 IaaS 服务。

PaaS 是云计算应用程序运行环境，提供应用程序部署与管理服务。通过 PaaS 层的软件工具和开发语言，应用程序开发者只需上传程序代码和数据即可使用服务，而不必关注底层的网络、存储、操作系统的管理问题。由于目前互联网应用平台(Facebook、Google、淘宝等)的数据量日趋庞大，PaaS 层应当充分考虑对海量数据的存储与处理能力，并利用有效的资源管理与调度策略提高处理效率。国外典型的 PaaS 服务有 Google 公司的 GAE(Google app engine)。

SaaS 是基于云计算基础平台所开发的应用程序。企业可以通过租用 SaaS 层服务解决企业信息化问题,如企业通过 GMail 建立属于该企业的电子邮件服务,该服务托管于 Google 的数据中心,企业不必考虑服务器的管理、维护问题。对于普通用户来讲,SaaS 层服务将桌面应用程序迁移到互联网,可实现应用程序的泛在访问。在国外,软件即服务的代表有 Salesforce 公司的在线客户关系管理(client relationship management,CRM)服务。目前,中国的 SaaS 服务提供厂商有欧乐软件、快记网、八百客、天天进账网、中企开源、CSIP、阿里软件、友商网、伟库网、金算盘、CDP、百会创造者、奥斯在线等。

表 6-4 对 3 层服务的特点进行了比较。

表 6-4 IaaS、PaaS、SaaS 的比较

	服务内容	服务对象	使用方式	关键技术	系统实例
IaaS	提供基础设施部署服务	需要硬件资源的用户	使用者上传数据、程序代码、环境设置	数据中心管理技术、虚拟化技术等	Amazon EC2、Eucalyptus 等
PaaS	提供应用程序部署与管理服务	程序开发者	使用者上传数据、程序代码	大数据处理技术、资源管理与调度技术等	Google App Engine、Microsoft Azure、Hadoop 等
SaaS	提供基于互联网的应用程序服务	企业和需要软件应用的用户	使用者上传数据	Web 服务技术、互联网应用开发技术等	Google Apps、Salesforce CRM 等

3) 虚拟化技术

虚拟化技术在计算机的发展历史中发挥着至关重要的作用,计算机虚拟化是指将应用软件或者系统从真实可见的物理环境迁移至利用特定软件模拟出来的虚拟环境中运行,其设计思想就是针对上层应用对底层设备进行透明化处理,从而提供统一的硬件资源。图 6-10 表示虚拟化的两种常见场景。

(1) 虚拟化技术的分类。

计算机的体系结构自下至上被规划为多个层次,包括处于底层的硬件设备、中间层的操作系统、上层的驱动程序和各种应用程序。虚拟化技术位于各层之间,它可以模仿下层的功能,以便处于其上层的软件能够顺畅地运行在虚拟化层之上。即使虚拟化层会损失掉部分性能,但却换来了上下两层之间的解耦,为软件的运行环境兼容性带来质的改变。根据所在的层次差异,虚拟化技术被分别定义成软件虚拟化技术、系统虚拟化技术以及基础设施虚拟化技术等。

软件虚拟化。软件虚拟化技术提供的运行及编译环境为编程语言的跨平台化

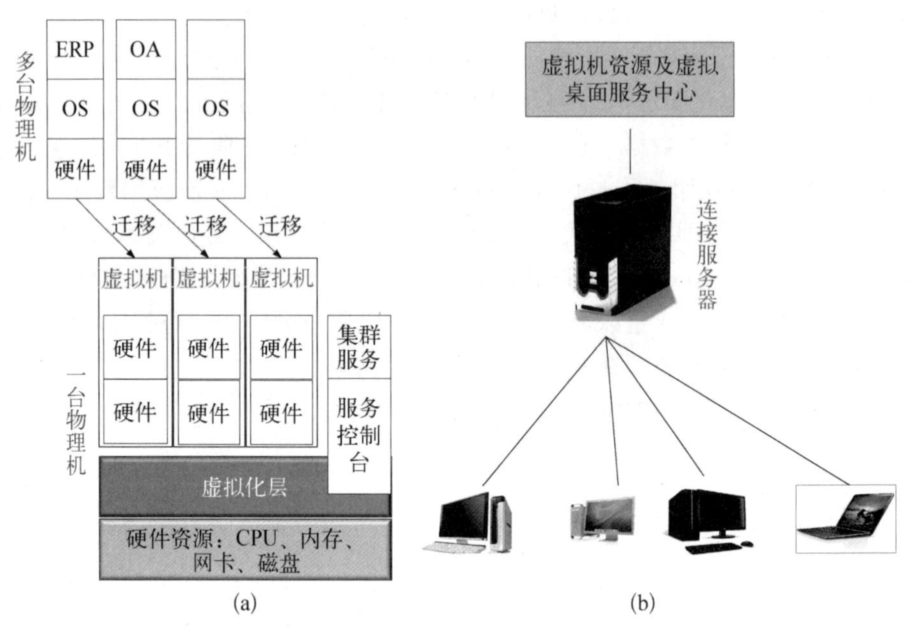

图 6-10　虚拟化的两种常见场景

(a) 服务器合并；(b) 虚拟桌面应用

提供了完美的解决方案，它弥补了一些编程语言的先天不足。软件虚拟化的经典应用就是Java虚拟机技术，它切断了操作系统与运行于上层的Java源码之间的联系，帮助其实现了跨平台运行。

系统虚拟化。系统虚拟化可以实现一台主机为多操作系统共用的运行模式。系统虚拟化做到了操作系统和物理设备的分离，提高了物理机资源的复用率。使系统虚拟化技术发扬光大的当属服务器虚拟化，也被称为服务器虚拟化技术。通常情况下，出于可靠性和安全因素的考虑，一台服务器只能部署一个应用，但是这样的部署方式会降低资源利用率。若可以在一台物理服务器上创建出多台虚拟化，然后将应用程序部署于这些虚拟机之上，既保证了应用的安全性和可靠性，又能提升服务器资源的利用率，有效控制运营成本。

基础设施虚拟化。基础设施虚拟化技术包括存储虚拟化和网络虚拟化。其中，网络虚拟化又被划分为局域网虚拟化与广域网虚拟化：局域网虚拟化能够做到多个子网络的合并，或者从逻辑上将某个局域网划分成很多网段，提高网络资源的利用效率；虚拟专用网(virtual private network，VPN)是广域网虚拟化技术的代表，它将网络连接抽象化，使用户可以在异地安全访问局域网资源。

(2) 服务器虚拟化技术。

服务器虚拟化技术与云计算密不可分，利用服务器虚拟化技术可非常显著地改善数据中的资源利用效率，目前包括 VirualBox、VMvare 和 Xen 在内的虚拟化产品均已获得市场的认可。

利用服务器虚拟化技术，企业能够从冗杂的维护工作中脱离出来，从而将更多的精力投向应用的管理。封装和隔离的特性将底层服务器与上层应用平台有效地隔离开，开发者无需针对底层服务器环境的变化而不断地对应用进行调整，极大地增强了应用的兼容性。如图 6-11 所示，与使用物理服务器的方式相比，利用服务器虚拟化技术，多个应用程序或系统能够安全可靠地共用物理服务器的资源。

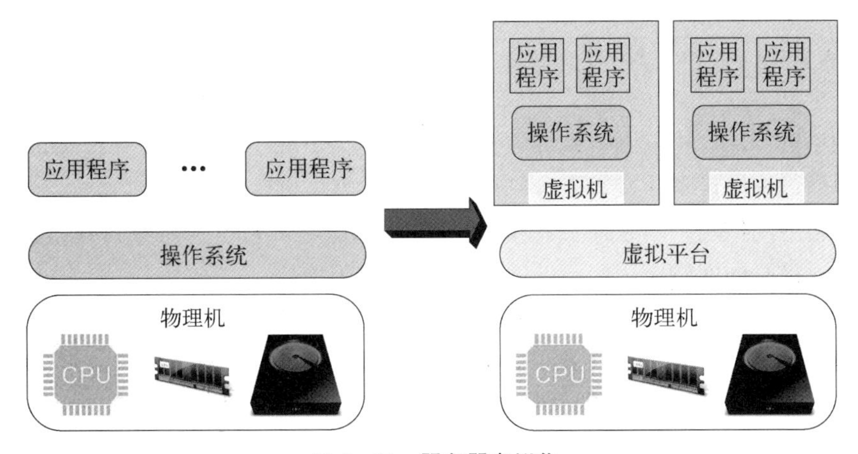

图 6-11　服务器虚拟化

4) 分布式计算技术

分布式计算是将需要进行大量计算的项目数据分割成小块，由多台计算机分别计算，再上传运算结果后统一合并得出数据结论。在分布式系统上运行的计算机程序称为分布式计算程序，分布式编程就是编写上述程序的过程。分布式计算技术包括中间件技术、网格技术、移动 Agent 技术、P2P 技术、Web Service 技术等，其中最常见的分布式计算技术应该是中间件技术和 Web Service 技术，或者是两种技术的结合。

(1) 中间件技术。

中间件作为构建，是分布式系统中介于应用层和网络层的一个功能层次，它能够屏蔽操作系统(或网络协议)的差异，实现分布式异构系统之间的互通或互操作。分布式应用软件借助中间件技术在不同的域之间共享资源。中间件位于客户机服务器的操作系统之上，管理计算资源和网络通信，它扩展了 C/S 结构，形成了一个包括客户端、中间件和服务器的多层结构。基于中间件的分布式计算技术以中间件为桥梁，通过把数据转移到计算之处的计算方式，把网络系统的所有组件集成为一个连贯的可操作的异构系统，从而达到网络“透明”的目的。

(2) 网格技术。

网格技术通过 Internet 把分散在各处的硬件、软件、信息资源连结成为一个巨大的整体,从而使得人们能够利用地理上分散于各处的资源完成各种大规模的、复杂的计算和数据处理的任务。网格技术建立了一种新型的 Internet 基础支撑结构,目标是将与 Internet 互联的计算机设施社会化。

网格的体系结构是有效进行网格计算的重要基础,到目前为止比较重要的网格体系结构有两个:一个是以 Globus 项目为代表的 5 层沙漏结构,它是一个以协议为中心的框架;另一个是与 Web 服务相融合的开放网格服务结构(open grid services architecture,OGSA),它与 Web 服务一样都是以服务为中心。网格系统都有一个基本的、公共的体系结构:资源层、中间件层和应用层。

网格资源层。构成网格系统的硬件基础,包括 Internet 各种计算资源,这些计算资源通过网络设备连接起来。

网格中间件层。一系列工具和协议软件,功能是屏蔽资源层中计算资源的分布、异构特性,向网格应用层提供透明、一致的使用接口。

网格应用层。用户需求的具体体现,在网格操作系统的支持下,提供系统能接受的语言、Web 服务接口、二次开发环境和工具,并可配置支持工程应用、数据库访问的软件等。

(3) 移动 Agent 技术。

移动 Agent 是一类特殊的软件 Agent,可以看成是软件 Agent 技术与分布式计算技术相结合的产物,它除了具有软件 Agent 的基本特性(自治性、响应性、主动性和推理性)外,还具有移动性,即它可以在网络上从一台主机自主地移动到另一台主机,代表用户完成指定的任务。由于移动 Agent 可以在异构的软、硬件网络环境中自由移动,因此这种新的计算模式能有效地降低分布式计算中的网络负载、提高通信效率、动态适应变化的网络环境,并具有很好的安全性和容错能力。

(4) P2P 技术。

P2P 系统由若干互联协作的计算机构成,是 Internet 上实施分布式计算的新模式。它把 C/S 与 B/S 系统中的角色一体化,引导网络计算模式从集中式向分布式偏移,也就是说,网络应用的核心从中央服务器向网络边缘的终端设备扩散,通过服务器与服务器、服务器与 PC 机、PC 机与 PC 机、PC 机与 WAP 手机等两者之间的直接交换而达成计算机资源与信息共享。

此外一个 P2P 系统至少应具有如下特征之一:① 系统依存于边缘化(非中央式服务器)设备的主动协作,每个成员直接从其他成员而不是从服务器的参与中受益;② 系统中成员同时扮演服务器与客户端的角色;③ 系统应用的用户能够意识到彼此的存在,构成一个虚拟或实际的群体。P2P 技术已发展为一种重要的分布式计算技术，典型代表就是 Napster。

(5) Web Service 技术。

Web Service 技术是对传统 Web 应用的功能性方面的一种延伸和辐射，为不同系统或者系统和终端之间提供服务。Web Service 结合了以组件为基础的开发模式以及 Web 的出色性能。一方面，Web Service 和组件一样，具有黑匣子的功能，可以在不关心功能如何实现的情况下重用；同时，与传统的组件技术不同，Web Service 可以把不同平台开发的不同类型的功能块集成在一起，提供相互之间的互操作。

Web Service 技术是以 Internet 为载体，通过将紧密连接的、高效的 n 层计算技术与面向消息、松散联接的 Web 概念相结合来实现的。Web 服务是一种构建在简单对象访问协议(SOAP)之上的分布式应用程序，其实质是由 XML 通过 HTTP 协议来调度的远过程调用。

Web Service 技术是新一代的分布式计算和处理技术。Web Service 技术是跨平台的，联接非常松散，采用的是性能稳定的、基于消息的异步技术，在改变任何一端接口的情况下，应用程序仍可以不受影响地工作。Web Service 技术为集成分布式应用中的中间件及其他组件提供了一个公共的框架，无须再考虑每一个组件的具体实现方式。

5) 并行计算技术

并行计算的实现层次有两种，分别为由单机和多机参与。

单机(单个节点)内部的多个 CPU、多个核并行计算，虽然单节点内部的并行计算不是实施云计算的主流，但目前多 CPU、多核已经成为主机提高性能的一个非常重要的方面。

集群内部节点间的并行计算。对于云计算来说，更加强调的是集群节点间的并行。目前，集群中的节点一般是通过 IP 网络连接，在带宽足够的前提下，各节点不受地域、空间限制。所以，云计算中的并行计算在很多时候被称作分布式并行计算。不过，多 CPU、多核是主机的发展趋势，所以在一个集群内，一般 2 个级别的并行都要求存在，集群内多节点之间并行，节点内部多处理器、多核并行。节点间的并行计算，和虚拟化产品不同，并行计算没有成熟的产品，只有相对成熟的工具。并行计算的实现，依赖于开发者和用户对业务的熟悉，对并行工具正确、熟练地使用。

6) 大规模存储技术

大数据存储技术把采集到的数据存储起来，并建立相应的数据库，以便管理和调用。由于从多渠道获得的原始数据常常缺乏一致性，这导致标准处理和存储技术失去可行性。并且数据不断增长造成单机系统的性能不断下降，即使不断提升硬件配置也难以跟上数据增长的速度。常见的大数据存储和管理数据库系统包括分布式文件存储、NoSQL数据库、NewSQL数据库。

（1）大数据存储和管理数据库系统。

① 分布式文件存储。分布式文件系统能够支持多台主机通过网络同时访问、共享文件和存储目录，大部分采用了关系数据模型并且支持SQL语句查询。系统中采用了两个关键技术：关系表的水平划分和SQL查询的分区执行。水平划分的主要思想是根据某种策略将关系表中的元组分布到集群中的不同节点，由于这些节点上的表结构是一致的，因此便可以对元组并行处理。在分区存储关系表中处理SQL查询需要使用基于分区的执行策略。分布式文件系统可通过多个节点并行执行数据库任务，提高整个数据库系统的性能和可用性。其主要缺点为缺乏较好的弹性，并且容错性较差。

② NoSQL数据库。传统关系型数据库在数据密集型应用方面显得力不从心，主要表现在灵活性差、扩展性差、性能差等方面。而NoSQL摒弃了传统关系型数据库管理系统的设计思想，采用了不同的解决方案来满足扩展性方面的需求。由于它没有固定的数据模式并且可以水平扩展，因而能够很好地应对海量数据的挑战。相对于关系型数据库而言，NoSQL最大的不同是不使用SQL作为查询语言。NoSQL数据库主要优势：避免不必要的复杂性、高吞吐量、高水平扩展能力和低端硬件集群、避免了昂贵的对象-关系映射。

③ NewSQL数据库。NewSQL数据库采用了不同的设计，它取消了耗费资源的缓冲池，摒弃了单线程服务的锁机制，通过使用冗余机器来实现复制和故障恢复，取代原有的昂贵的恢复操作。这种可扩展、高性能的SQL数据库被称为NewSQL，其中“New”用来表明与传统关系型数据库系统的区别。NewSQL能够提供SQL数据库的质量保证，也能提供NoSQL数据库的可扩展性。

（2）大数据存储技术路线。

① 大规模并行处理(MPP)架构的新型数据库集群。采用MPP架构的新型数据库集群，重点面向行业大数据，采用Shared Nothing架构，通过列存储、粗粒度索引等多项大数据处理技术，再结合MPP架构高效的分布式计算模式，完成对分析类应用的支撑。其运行环境多为低成本PC Server，具有高性能和高扩展性的特点，在企业分析类应用领域获得极广泛的应用。这类MPP产品可以有效支撑PB级别的结构化数据分析，是传统数据库技术无法胜任的。对于企业新一代的数据仓库和结构化数据分析，目前的最佳选择是MPP数据库。

② 基于Hadoop的技术扩展和封装。基于Hadoop的技术扩展和封装，围绕Hadoop衍生出相关的大数据技术，可应对传统关系型数据库较难处理的数据和场景，例如针对非结构化数据的存储和计算等。其充分利用Hadoop开源的优势，伴

随相关技术的不断进步，其应用场景也将逐步扩大，目前最为典型的应用场景就是通过扩展和封装 Hadoop 来实现对互联网大数据存储、分析的支撑。这里面有几十种 NoSQL 技术，也在进一步的细分。应对非结构、半结构化数据处理、复杂的 ETL 流程、复杂的数据挖掘和计算模型，Hadoop 平台更擅长。

③ 大数据一体机。这是一种专为大数据的分析处理而设计的软、硬件结合的产品，由一组集成的服务器、存储设备、操作系统、数据库管理系统以及为数据查询、处理、分析用途而预先安装及优化的软件组成，高性能大数据一体机具有良好的稳定性和纵向扩展性。

6.2.2　固废基地云平台架构

1）基本原则

老港能源互联网需对电力网、热力网、沼气网等各能源网络的实时产/用能数据进行监测采集，所获取的海量数据信息是老港能源互联网系统分析的基础。为满足能源互联网数据处理海量、异构的特点，需借助于云计算手段对系统的大量实时、历史数据加以运算处理，进而对能源互联网系统的最优运行做出指导。

在老港固废基地构建一套云平台系统，首先是建立基础设施云平台，部署好低成本、低能耗、高可靠性的一体化计算资源平台，实现统一的资源管理、智能的资源调度和自助式集群远程服务。其次，针对老港基地的多样化的数据源，负责对各种数据进行采集，需要专业的数据归档，有效的数据质量管理。数据源层负责异构数据的采集，数据的格式和形式需要进行专业数据归档和数据质量管理。数据源层对不同接口、不同项目研究提供数据资源和应用支持，并作为数据源向上层云数据库提供原始数据来源。再者，建立云数据库能够有效对各种异构数据进行存储，还能满足不断变化的业务需求，方便更好地对数据进行扩展和更新。云数据库能够有效对各种异构数据进行存储，还能满足不断变化的业务需求，方便更好地对数据进行扩展和更新。最后，分析处理数据，挖掘出有价值的信息，并且建立一套供用户数据共享的大数据云平台的数据应用与管理平台，能够为终端设备用户按需提供计算资源，实现一体化资源共享。

应用于老港能源互联网的云平台需适应其系统特点，首先需满足老港基地所监测到的海量基础数据的存储处理以及分析应用；其次要保证数据处理的准确性和实用性；最后要能对系统运行工况做出合理分析指导。老港能源互联网的云平台需具备如下特点。

稳定性。系统稳定性是所要具备的基础条件。老港能源互联网的数据量极为庞大，对于系统稳定性的要求很高。需设计可稳定运行的云平台，避免系统崩溃带来的损失。

实时性。老港基地能源互联网包含电力网、热力网、天然气网等各能源网络，各能源网络又具有海量的实时产/用能数据，各生产点位数据每 30 s 更新一次。老港云平台应根据用户的实时状况对系统进行分析，并可作出相应响应。

集成性。系统可实现与用能负荷实时数据监测、故障诊断、用户用能报告以及系统能效分析等功能子系统的密切结合，各部分间可进行信息实时交互。

可扩展性。作为一个基础示范平台，老港云平台同样可应用于其他同类型的系统中。只有具备了可扩展性，才能灵活应对系统接入对象变化所带来的改变。

用户友好性。老港云平台旨在为用户提供便捷的管理服务，所设计的操作功能应尽可能简单明了、操作界面友好，且分析功能需方便可读。

2）功能设计

云的架构并不是统一的，是按照业务特点，结合数据需求搭建的。另外，老港云平台应支持全分布，理论上节点可以无限扩展。老港云平台系统的总体目标是能源互联网运行的安全可靠性、稳定性、经济性。并可为系统提供最优用能调度方案，对用户的用能行为进行指导，使得整个能源系统达到实时最优运行状态。同时可为用户提供方便的信息推送服务功能、指导用户完成实时的用能调整、优化用能方案。云平台系统搭建首先需明确整体的需求与功能，依据老港能源互联网需处理海量数据的特征和直接面向用户的业务特点进行构建。

老港云平台最终需构建出各个功能模型，满足系统整体用能行为特性的分析，开发老港能源互联网能源管理的信息化管理系统。实现用户可通过浏览器、手机 APP、微信公众号等途径观测到产/用能点的各项数据，实现能源互联网系统的实时最优运行调整。

云平台是将可配置的共享计算机资源，包括服务器、网络、存储、数据和应用等通过互联网这一无处不在的共享资源以服务的形式提供给用户，且用户无需与服务商进行交互即可以最小的开销获取这些共享的资源，进而满足系统的业务需求特点。

这种进行统一集成和服务化的方式，对于业主和用户都是极为便利的。对于业主来说，无需耗费资金投资于系统软件、硬件上，且节约的资源可用于数据中心的维护和信息管理的提升。对于用户来说，通过便捷的软件工具，即可随时随地方便地获取所需实时信息，并可完成信息的实时交互。由此可见，云计算是通过对于“云”的处理能力的提高，进而减少用户端的开销，以享受“云”所提供的强大的服务资源。

依据老港云平台的设计目标与设计原则，系统云平台功能设计如图 6－12 所示，从下到上为三层：物理资源、管理资源、服务资源。硬件存储资源的计算以虚拟技术及分布式存储技术作为支撑，是物理资源层建设的基础和关键。管理资源

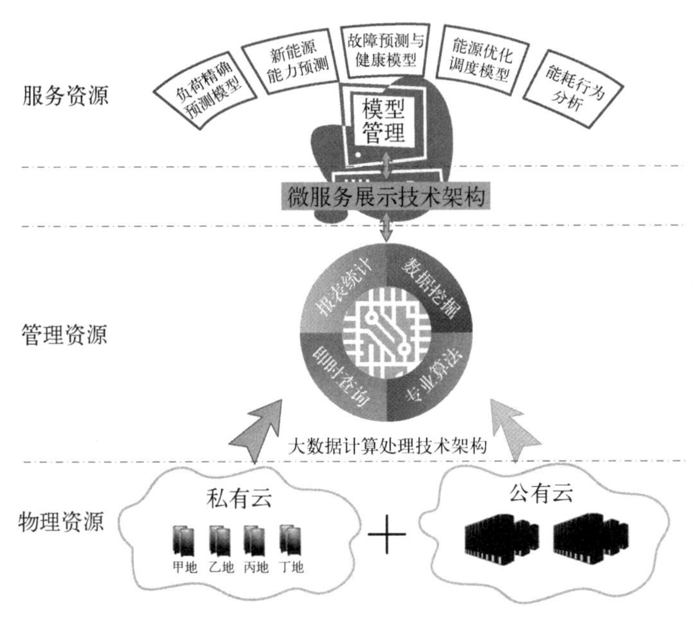

图 6-12　老港云平台功能设计

层以实时计算引擎、数据梳理、指标方案配置、历史数据转储与应用、数据质量管理等基础产品作为支撑，其核心是系统的综合管理功能。服务资源层以角色与权限、功能框架配置、日志跟踪、统一认证等基础产品支撑为支撑，更加注重综合服务及其与用户的交互性。

老港云计算数据功能如图 6-13 所示，老港云数据具有“一个中心，N 种服务”的特点。一个中心，即老港能源互联网数据研究中心，为老港基地中能源的综合利用调度及数据的处理分析提供基础依据，包括数据存储、数据处理、数据应用分析等功能。N 种服务，是通过老港云平台，可实现多种分析服务功能，包括决策支持、管理支持、业务支持等功能支持，具体包含系统性能的分析，能源综合利用的分析，能源转换调度利用分析等多维分析层面。

3）分层架构

基于云计算理论体系及老港能源互联网特性，构建如图 6-14 所示的老港能源互联网云体系架构，下面就各层架构设计展开详细讨论。

（1）混合云端设计。

根据老港能源互联网中数据量大、数据异构、数据安全性和可靠性要求较高等特点，老港云平台借助公有云服务商提供的云服务资源，搭建混合云平台。通过云计算管理平台实现对所有计算资源与云用户的集中调度和管理，建设效率高、成本低、灵活可用的云平台，使资源和应用得到最大程度共享。

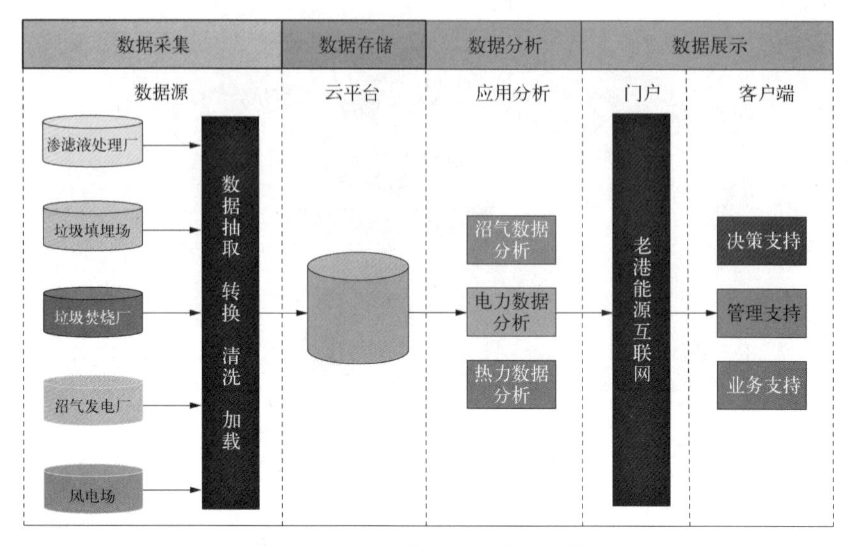

图 6－13　老港云计算数据功能

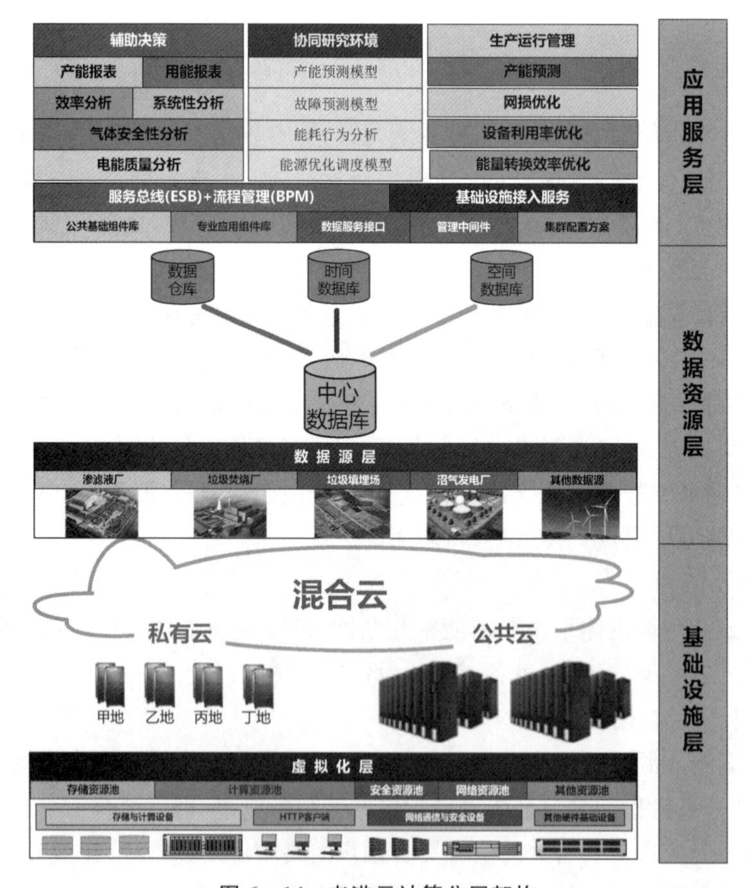

图 6－14　老港云计算分层架构

老港云端分布部署架构如图6-15所示，老港私有云中，不同厂区服务器均为双机集群模式，即采用两台服务器同时运行，起到负载均衡作用，当其中任一服务器出问题，另一服务器仍可保障平台正常运行。利用虚拟技术来保障每个用户拥有独立数据库和应用，各厂区服务器分布式部署，所有服务器间可形成容灾与数据热备份。即使其中某一地服务器出现问题，可立即切换到其他服务器运行，保障系统服务器运行的稳定性，使得数据处理更为稳定，各厂区不同服务器间可完成数据的在线备份。此外，在一处部署两套云展示系统，一套专门做测试用，保障新开发的业务功能都先经测试再发布，降低新业务对于平台正常运行的干预风险。

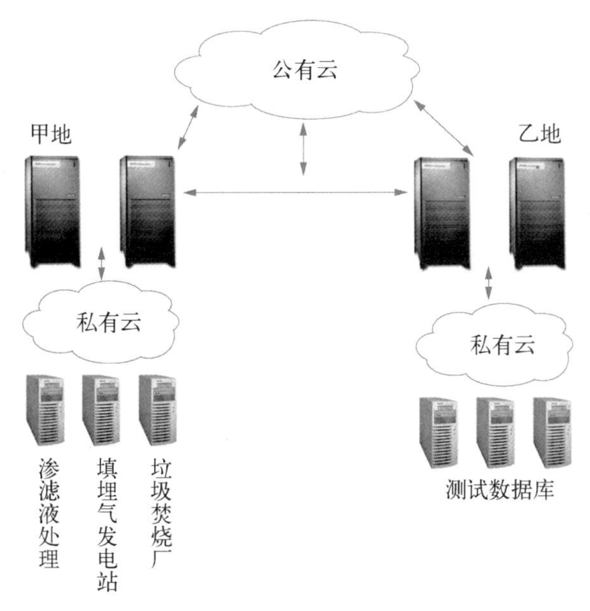

图6-15　老港混合云架构

老港公有云部分通过租赁公有云(阿里云)，空间部署域名服务器和域名代理软件，主要起到域名代理的作用，负责根据业务需要进行切换。可以实时判断老港云当前所应访问的服务器，应以其中一台服务器为主，使得数据处理更为便捷可靠。同时可根据域名代理服务器指定，向当前的主数据库服务器上传数据。

(2) 云平台数据功能设计。

老港能源互联网的数据服务平台依据老港能源互联网的具体业务特点，建设适用于老港能源互联网分析的数据平台，旨在加强信息化对于老港能源互联网的业务支持。图6-16为所设计的老港云数据功能特点。毫无疑问，云数据服务平台的主角是数据，需要完成最基本的数据储存、管理功能，其次要将数据作为服务提供给上层系统做进一步处理，最后还需确保数据处理的准确性。对于不同的能源网络，数据的时间尺度不同，云平台将采用不同的数据处理方法。

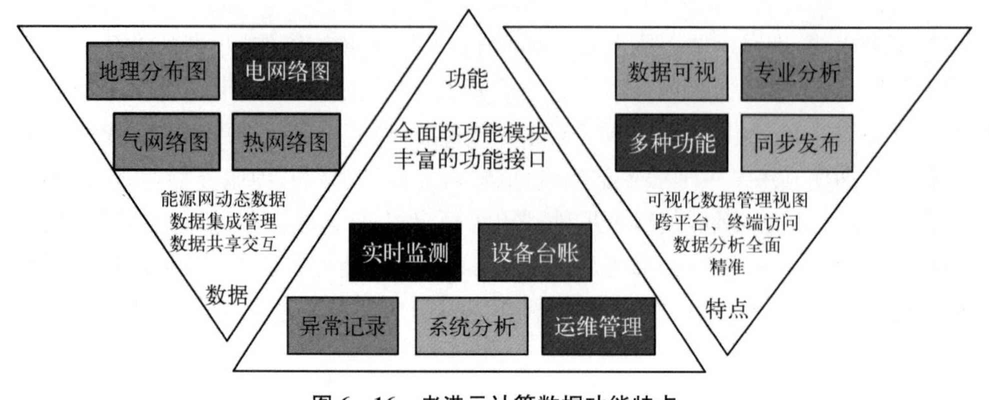

图 6 - 16　老港云计算数据功能特点

老港数据处理是大数据处理的一种应用,云计算中心可满足内部数据处理工作需求,是大数据处理的核心平台。在确保计算力分享和协同工作的基础上,云计算中心更注重数据存储、数据管理以及数据应用的支持。

(3) 云平台数据处理总体架构设计。

老港能源互联网信息处理的数据流包括产/用能系统中的基础数据。用能数据主要为固废处理数据,如:垃圾、渗滤液等的处理量。产能数据主要为处理过程所产生的能源的量,如:处理固废所产生的电力、热力、气能源的量,亦即能源互联网中电力网数据、热力网、天然气网等的数据。

依据老港能源互联网数据处理的业务和需求特点,设计适用于老港业务特点的数据处理架构。数据资源层以数据处理为主要研究对象,应用面向能源互联网的云数据处理体系架构,主要分三个层次:数据源层、中心主库层和业务子库,中心主库层是核心。数据源层与中心主库层间通过数据集成总线连接,中心主库层与业务子库层之间数据的连接使得数据处理更为准确可靠,两个子功能系统为基础业务应用层和数据管理应用层。

云计算数据处理流程如图 6 - 17 所示,老港云平台数据处理过程中,底层数据源层通过多种设备和传感器,运用数据采集程序实现。通过安装于现场的采集装置上传的数据,便能在云平台上计算展示电压、电流、功率、谐波、气流量、热交换介质温度和压力等实时数据,从而实现实时监测的功能。数据处理层面已实现数据维护配置、数据审核清理、数据性能优化、数据统计计算、专业算法执行、实时数据修补处理(缺值、缺点、缺采集数据)等各项工作,保证了数据采集处理的准确性和实时可靠性。

为便于分布计算,老港云平台数据库分为中心数据库和业务数据库。每个厂区配置有一个业务数据库,主要用来存储各厂区业务数据,各业务数据库间通过负

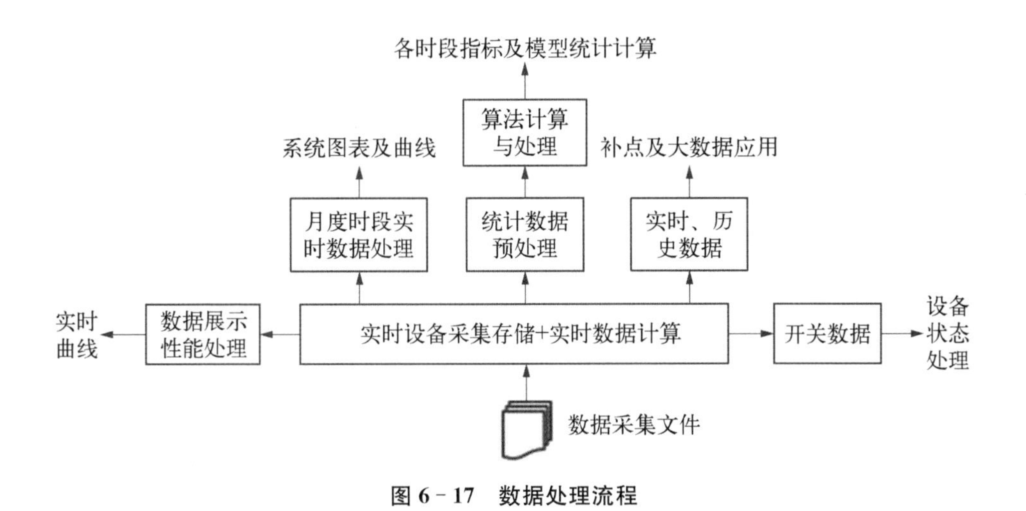

图6-17　数据处理流程

载均衡和域名代理来获得高可靠性，中心数据库负责老港基地各个厂区所有基础数据与实时数据的处理。各数据库间始终保持同步复制，保障数据的安全性和可靠性，实现数据管理层面的质量管理、标准管理、模型管理、数据管理、数据服务和运维辅助等功能。

(4) 云计算算法设计。

老港云计算数据处理架构基于大数据技术的发展，处理流程如图6-18所示，主要包括数据源层、数据集成处理层和数据管理层三个层次。数据来源包括人资、物资、财务、规划、运检、运行、营销等业务方面，分为结构化数据中心、非结构化数据中心、海量/实时数据中心、空间数据中心4大数据中心，有海量的实时数据、非实时数据，共同为数据集成处理层和数据管理层提供统一的数据服务。

老港云计算具体数据分析处理过程为：云平台的非实时指标数据采用结构化数据抽取(Kettle＋Sqoop)的数据整合方法，整合后的数据可通过postgre SQL进行关系型存储，进而计算。另一部分需要通过数据分析平台，运用数据挖掘工具，进行分析后存储、计算。云平台的非实时明细数据/历史数据同样经结构化数据抽取，分布式文件存储(Hdfs)实现流式数据存储，经离线计算后同样进行分析和关系型存储。非结构化数据的与历史数据处理方法的区别在于数据整合方法的不同，其采用非结构化数据抽取(Flume)的方法实现数据整合。实时数据运用分布式消息队列(Kafka)的数据整合方法，通过实时计算，最终进行非关系型存储(Hbase)。

(5) 应用服务层设计。

老港云平台功能结构如图6-19所示，对整个系统起到承接作用，负责下层云平台的基础设施层和数据资源层的管理，同时对上层功能应用起到支撑作用。老港

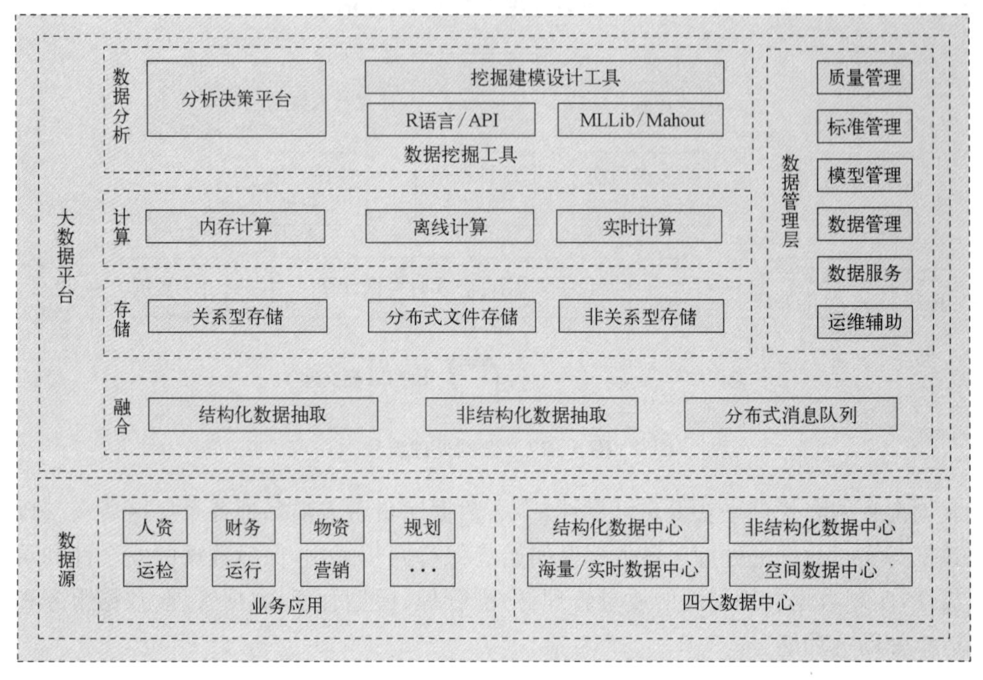

图 6－18　云计算数据处理流程

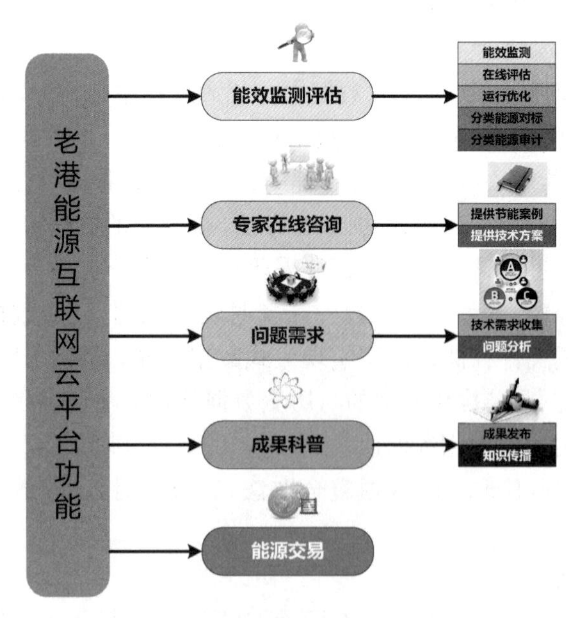

图 6－19　老港云平台功能结构

能源互联网云平台是基于实时计算引擎、数据梳理、指标方案配置、历史数据转储与应用、数据质量管理等基础产品支撑，提供包括报表统计、即时查询、专业算法和数据挖掘等具体功能。

提供直接面向客户终端的服务，只需通过网络资源登录进入能源互联网云平台，即可享受相关业务服务，而无需重新配置部署其余硬件、软件和数据等资源，老港能源互联网的业务应用系统包括负荷精确预测、新能源能力预测、故障预测及健康管理、能源优化调度和能耗行为分析等模型管理应用。

老港云平台可提供多种方式支撑，重点是各层面采用生态技术体系建设。所谓生态技术，核心是成体系、可分布、可调整、可扩展、方便运维管理，以及通过硬件和集成技术层面(虚拟技术)获得的高效性能保证，全力满足用户需求的变化与扩展，从而获得用户体验感的提升，总的技术趋势可以简单概括为更灵活便捷、更安全可靠、更适宜变化发展。

用户直接接入云平台的具体方式，包括网络页面、手机APP、微信公众号等多种方式。老港能源互联网云平台可通过Windows系统的谷歌、火狐等浏览器实现方便接入，通过系统配置，用户无需安装任何操作软件即可实现便捷地登录和访问，且无需存储数据，所有的应用软件运行和数据存储处理都在公共服务器上完成，大大节约了系统软件维护的工作量。应用软件和海量数据的集中储存和处理，不但节省了软件存储资源，且可保障数据处理的安全性。

6.2.3　固废基地云平台基础建设

1) 云平台环境配置

结合上两节云平台计算架构的分析，表6-5给出了老港云平台基础架构环境配置。老港云平台的建设通过配置适当的硬件操作环境，包括操作系统配置、数据库配置等，进而良好应用云服务功能，适应云计算能力。

表6-5　老港云平台基础架构环境配置

序　号	名　称	开 源 工 具
1	操作系统	Linux centos6.5
2	容　器	Docker1.7
3	数据库	MySQL5.5

表6-6为老港云平台数据处理与存储的应用工具，突破了传统数据库手段，数据处理的方式更为多元，数据处理效果更佳。

表 6-6 云计算数据处理工具使用情况

序 号	名 称	开 源 工 具
1	分布式处理软件框架	Hadoop
2	内存计算工具	Spark
3	分布式实时计算工具	Storm
4	数据接入工具	Sqoop
5	数据仓库工具	Hive
6	键值对存储系统	Redis
7	数据挖掘语言	R 语言
8	实时数据采集	Kettle 4.1

2) 云平台接口配置

老港云平台具有统一的标准,开放的接口。采用生态技术,即成体系、可分布、可调整。通过端口对各功能模块的开放连接,保证云平台功能的多样性。老港云平台接口如图 6-20 所示,下面详细介绍各接口的作用。

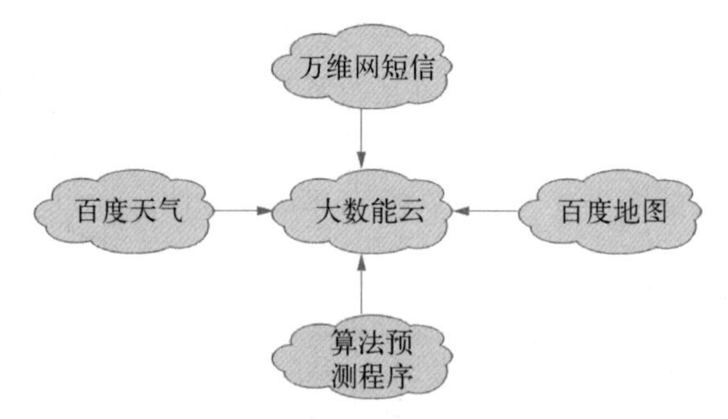

图 6-20 老港云平台开放接口

百度地图。能云平台通过嵌入百度地图,加强了地理信息标注能力。通过多层地理信息标注,实现地理信息层面的电力网、热力网、天然气网的分布展示。地理信息图与各能源网通过不同颜色可实现分层展示。百度地图清晰地展现出各厂区地理分布信息,实现整个老港厂区分布以及设备点位布局概貌的地理信息直观展示。

百度天气。能云平台嵌入百度天气,使得与能源网相关的气象因素可被纳入系统分析因素中进行考虑。电力网的运行与气象因素息息相关,通常将两者进行对比分析,从而为电力网的运行以及系统预测调度提出指导意见。热力网中热量同样与天气因素有关,不同温度所产生、消耗的热量会有所不同。天然气网的产/用能也与气象因素息息相关。

万维网短信。接入万维网短信接口,开放的接口使得系统实时分析得到的结果可通过短信告知用户，使得老港系统电、热、气各能源网相关数据及系统运行优化方案可通过短信形式实时通知用户，指导用户合理用能。

算法预测程序。算法程序是对实时采集获得的数据进行计算分析的程序，对实时采集到的数据计算分析，得出反应系统总体效能的参量。以电力网为例，通过采集所得到的电压、电流数据，可计算得出电量、有功功率、无功功率、视在功率、功率因数、频率、谐波等电力量。热力网中，通过采集温度、流量等值，计算可得到热量数据。天然气网，通过采集气体流量、流速，可计算得到气体质量。通过相应算法，可对各能源网实时运行状况进行分析，实现能云平台对于能源网系统运行的分析，具体分析计算过程见 6.3 节。

3）云平台的运维管理

EAM(enterprise asset management)即企业资产管理，是面向资产密集型企业的企业信息化解决方案的总称。它以提高资产可利用率、降低企业运行维护成本为目标，以优化企业维修资源为核心，通过信息化手段，合理安排维修计划及相关资源与活动。通过提高设备可利用率来增加收益，通过优化安排维修资源来降低成本，从而提高企业的经济效益和企业的市场竞争力。

EAM 系统是电力企业的集成管理平台，对系统的开发和使用综合运用了多个学科领域的知识技术和研究成果，例如计算机程序设计、网络工程、数据库、人工智能、企业管理、项目管理和电力设备维护等。该系统功能强大，包括了多个模块组件，将电力企业的设备管理、采购管理、库存管理、维护管理等进行了协调和统一，紧密围绕企业的实际业务流程来进行系统架构设计，为电力企业管理决策提供流程分析、权限控制、安全保障、数据统计和日志记录等多种辅助参考，从而科学高效地进行企业管理。

根据缩小版 EAM 软件要点要求，老港固废基地扩展了定期工作和自动排班功能，扩展了工单新增工作资料包管理功能，还可与两票管理系统进行整合。

6.2.4　大数据网络安全问题

1）信息处理技术中存在的问题

网络中存在的问题。在计算机网络中，信息收集与整理变得极其便捷，所以很复杂的问题也能方便地解决。另一方面，在大数据时代，网络上有很多信息，信息之间的关联性很强，这就要求人们一定要掌握有关数据的知识，在庞杂的信息库中找到自己真正需要的知识。

数据与信息安全中的问题。信息化数据应用越来越广泛，一些问题就不可避免地滋生出来。如计算系统中的安全漏洞、出现黑客入侵的情况，给数据安全带来隐患。若数据安全性得不到保证，那么就可能会出现修改数据、数据泄漏的情况。

信息处理中有漏洞。在计算机进行数据处理的时候,往往也存在着一些技术漏洞,使得信息泄露的可能性增大。网站的防御性能不够好,使得遭受到破坏的可能性变大,一方面会造成用户的经济受到损失,另一方面甚至可能使用户的人身安全受到威胁。

2) 在计算机处理过程中出现问题的对策

提高计算机处理水平。将信息库中的信息在被用户注意到之前先进行筛选,并且自动运行安全控制程序。不仅可以解决上述的信息庞杂、用户难以挑选的问题,同时还可以解决在计算机信息处理过程中出现的信息泄露问题。

采用身份认证等手段。在计算机系统中应用身份认证或者指纹认证技术,可以有效地提高计算机用户在应用过程中的安全性与可靠性。还可以在网络环境中使用计算机病毒防控技术,提前对病毒进行预防,保证完全安全稳定的计算机信息处理环境。

加强用户安全防范意识。在计算机信息处理的过程中,想要提高其安全性,提高用户的安全意识很必要。只有用户明白在计算机处理信息过程中有可能遇到的问题与危害,才能调动用户的主观能动性和积极性。

6.3 基于大数据技术的固废基地能源信息处理及可视化实现

根据前面的介绍,老港固废基地的能源互联网可采集的数据量可观,利用云平台技术,可以实现大数据的快速处理,将传统的电力、热力和气力数据分析方法与数据挖掘技术结合,从而实现能源互联网信息的可视化分析和潜在信息的挖掘。本节首先对大数据时代数据处理的流程和数据挖掘方法进行介绍,然后结合老港云平台的具体实现,对固废基地能源网的信息处理及可视化实现进行具体分析。

6.3.1 大数据概念及其关键技术

大数据,指数据的容量、数据的获取速度或者数据的表示限制了使用传统关系方法对数据的分析处理能力,需要使用水平扩展的机制以提高处理效率。大数据技术描述了一个技术和体系的新时代,从大规模多样化的数据中通过高速捕获、发现和分析技术提取数据的价值。这个定义刻画了大数据的 4 个显著特点,即大容量(volume)、多样性(variety)、速度快(velocity)和价值高(value),称为“4V”特征,如图 6-21 所示。

面对具有 4V 特征的大数据,数据处理方法在传统处理技术上有了革命性的改变,体现在大数据采集、分析、数据挖掘和可视化等数据处理的方方面面。在云

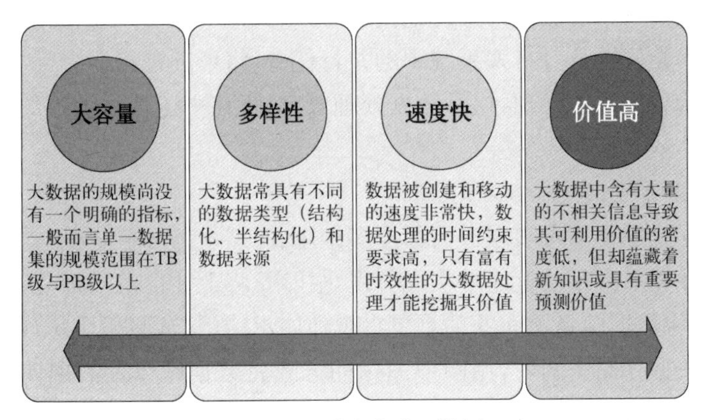

图6-21　大数据“4V”特征

计算背景下，大数据管理方式得到了改变与创新，侧重点放在数据的分析和潜在信息的挖掘上，为相关人员决策和解决问题提供了依据和新思路。

1）大数据采集技术

根据采集形式的不同，可将大数据采集分为两类，集中式采集与分布式采集。在大数据采集过程中，对于企业内部采用集中采集模式，而企业之间采用分布式采集模式。在每一个企业内部设置多个中心服务器，将企业共享的信息数据进行存储。对于中心服务器间的组织则采用分布式数据采集模式。根据结构类型的不同，可将大数据分为结构化数据、半结构大数据及非结构化数据。在数据采集过程中，应该先对数据类型进行分析，根据不同类型，通过云计算的扩展、容错等优势，实现对数据的同构化，实现各结构数据对接。

2）大数据联机分析技术

联机分析处理技术是大数据仓库系统中的关键内容，复杂的数据分析过程，其重点在决策性分析，为用户提供实际结果。采用联机分析手段，从综合数据分析出发，建立多维模型，可得到全面的数据分析结果，为决策者提供参考依据。联机分析处理的一个特点就是数据分析，将数据仓库与联机分析技术相结合，不仅能够计算海量数据，还能够分析数据。

3）大数据挖掘技术

采用联机分析技术，往往只能够获取表层的知识信息，但对于数据信息潜在的联系却知之甚少。但在云计算背景下，利用数据挖掘技术能够获悉数据本身，并将数据之间潜在的联系弄明白，利用概念、规律或模式等将其表示出来。目前，大数据挖掘技术主要为并行模式，在大规模数据处理中具有较大优势。以往串行数据挖掘处理的数据规模较小、花费时间较长，而采用分布式并行数据挖掘技术，利用分布式系统，采用集群、拆分等多种方式，可提升数据计算的效率。此外，云计算背景下的数据挖掘技术能够发挥并行挖掘优势，与其他串行方式相比，并行挖掘技术能够通过机器集群拆分分布式系统中的并行任务，将任务进行拆分后再处理，由更多的机器进行分任务的处理，提升数据处理效率，可在一定程度上节约数据处理的成本。

4）大数据可视化技术

通过数据挖掘技术可实现对大数据多维度、深层次的分析，便于获取更多有效信息。在云计算平台基础上能够实现可视化技术，将上述信息具体化，使其更形象地展示出来，将数据信息之间的关系更直观地展示给用户，便于用户理解。可视化技术是指在数据存储空间中，用图形图像的方式将数据库以及数据库中的相关数据表示出来，同时，在展示过程中利用某些手段，将图像中蕴藏的相关隐藏信息挖掘出来。传统的数据处理过程仅仅基于数据本身，对数据中的信息进行观察与分析。但借助云计算可视化技术，不仅能够实现对非空间数据多维度图像的显示，同时还能在图形显示过程中直接实现检索过程，帮助用户更好地挖掘数据信息、理解数据信息，提升信息检索效率。

6.3.2 数据挖掘算法

数据挖掘的主要任务是挖掘大量数据集中潜在信息，不同于以往的建模研究，这种挖掘的驱动力来自数据。目前数据挖掘所解决的问题包括分类分析、聚类分析、关联分析等。

1）分类分析算法

分类分析算法是应用最广泛的数据挖掘方法。输入数据由数据库记录组成，也称为训练集，每一条记录包含若干个属性，可用向量表示。训练集的每条记录还有一个特定的类标签与之对应。该类标签是系统的输入，通常是以往的一些经验数据。分类的过程可描述为，通过输入数据的特性，为每一类找到一种准确的描述。由此生成的类描述可以用来对未来未知类标签的测试数据进行分类。这里介绍经典的C4.5算法、朴素贝叶斯算法、支持向量机(SVM)算法和K最近邻(KNN)算法。

(1) C4.5算法。

在众多的分类模型中，决策树模型和朴素贝叶斯模型是应用最为广泛的两种。C4.5是决策树算法的一种。决策树算法作为一种分类算法，目标就是将具有 p 维特征的 n 个样本分到 c 个类别中去，将样本经过一种变换赋予一种类别标签。决策树的诱导方法大体上遵循同一种递归模式。首先，用根节点表示一个给定的数据集，然后从根节点开始在每个节点上测试一个特定的属性，将节点数据划分为更小的子集，并以“子树”的形式表示，直到子集中的所有样本属于同一类别，表示分类完成。C4.5 支持的数据类型包括布尔型数据、数值型数据乃至混合型数据，大大扩展了适用范围，其具体步骤如下。

计算类别信息熵：类别信息熵表示的是所有样本中各种类别出现的不确定性之和，熵越大，不确定性就越大，把事情搞清楚所需要的信息量就越多。

计算每个属性的信息熵：每个属性的信息熵相当于一种条件熵，表示在某种属性的条件下，各种类别出现的不确定性之和。属性的信息熵越大，表示这个属性中拥有的样本类别越不“纯”。

计算信息增益（信息增益＝类别信息熵－属性信息熵）：表示信息不确定性减少的程度。一个属性的信息增益越大，表示用这个属性进行样本划分可以更好地减少划分后样本的不确定性，选择该属性就可以更快更好地完成分类目标。

计算属性分裂信息度量：用分裂信息度量来考虑某种属性进行分裂时分支的数量信息和尺寸信息，我们把这些信息称为属性的内在信息。信息增益率＝信息增益/内在信息，会导致属性的重要性随着内在信息的增大而减小。

计算信息增益率。重复这五个步骤，直到节点由“不纯”变为“纯”时，将当前节点设置为叶子节点。

（2）朴素贝叶斯算法。

贝叶斯分类法（Naive Beyers）是统计学的分类方法，基于贝叶斯定理，有着坚实的数学基础，以及稳定的分类效率。它可以预测类隶属关系的概率，如一个给定的元组属于一个特定类的概率。但朴素贝叶斯模型需估计的参数很少，对缺失数据不太敏感，算法也比较简单。在属性个数比较多或者属性之间相关性较大时，朴素贝叶斯模型的分类效率比不上决策树模型。而在属性相关性较小时，朴素贝叶斯模型的性能最为良好。

$P(\mathrm{A}|\mathrm{B})$为事件 B 发生条件下事件 A 的条件概率，求解公式为

$$P(\mathrm{A} \mid \mathrm{B}) = \frac{P(\mathrm{AB})}{P(\mathrm{B})} \tag{6-9}$$

贝叶斯定理给出了反推 $P(\mathrm{B}|\mathrm{A})$的方法，即

$$P(\mathrm{B} \mid \mathrm{A}) = \frac{P(\mathrm{A} \mid \mathrm{B})P(\mathrm{B})}{P(\mathrm{A})} \tag{6-10}$$

朴素贝叶斯分类的步骤为：

① 设 $x=\{a_1, a_2, \cdots, a_m\}$ 为一个待分类项，a_i 为 x 的一个特征属性；

② 有类别集合 $C=\{y_1, y_2, \cdots, y_m\}$；

③ 计算 $P(y_1 \mid x), P(y_2 \mid x), \cdots, P(y_n \mid x)$：找到一个已知分类的待分类项集合，统计得到在各类别下各个特征属性的条件概率估计，即

$P(a_1 \mid y_1)$, $P(a_2 \mid y_1)$, …, $P(a_m \mid y_1)$; $P(a_1 \mid y_2)$, $P(a_2 \mid y_2)$, …, $P(a_m \mid y_2)$; …; $P(a_1 \mid y_n)$, $P(a_2 \mid y_n)$, …, $P(a_m \mid y_n)$

如果各个特征属性是条件独立的，根据贝叶斯定理，有

$$P(y_i \mid x)=\frac{P(x \mid y_i)P(y_i)}{P(x)}=\frac{P(y_i)\prod_{j=1}^{m}P(a_j \mid y_i)}{P(x)} \tag{6-11}$$

④ 如果 $P(y_k \mid x)=\max\{P(y_1 \mid x), P(y_2 \mid x), \cdots, P(y_n \mid x)\}$，则 $x \in y_k$。

朴素贝叶斯分类的流程如图 6-22 所示。

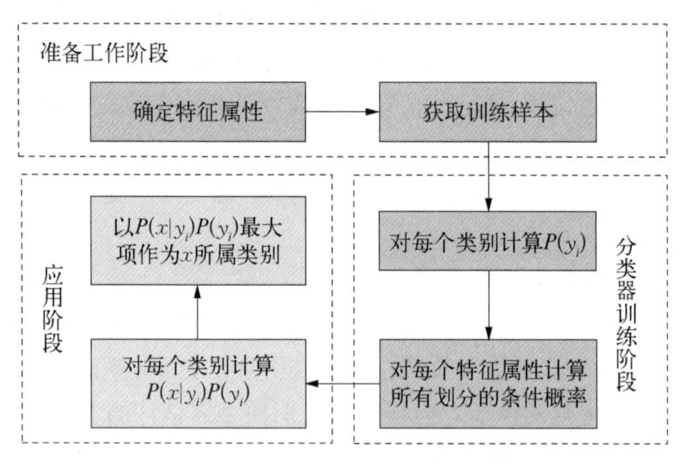

图 6-22　朴素贝叶斯分类的流程

朴素贝叶斯分类包括准备工作阶段、分类器训练阶段和应用阶段三个阶段。准备工作阶段的输入是所有待分类数据，输出是特征属性和训练样本。分类器训练阶段的任务是生成分类器，其输入是特征属性和训练样本，输出是分类器。应用阶段的任务是使用分类器对待分类项进行分类，其输入是分类器和待分类项，输出是待分类项与类别的映射关系。

(3) SVM 算法。

支持向量机(support vector machine，SVM)，是一种有监督学习的方法，广泛应用于统计分类以及回归分析中，其回归分析算法也称为 SVR。SVM 将向量映射到一个更高维的空间里，在这个空间里建立有一个最大间隔超平面。在分开数据的超平面的两边建有两个互相平行的超平面。最优化目标就是分隔超平面使两个平行超平面的距离最大化。平行超平面间的距离或差距越大，分类器的总误差越小。

令 $\boldsymbol{w}$ 和 b 分别表示权重向量和最优超平面偏移，相应的超平面为

$$\boldsymbol{w}^{\mathrm{T}}\boldsymbol{x}+b=0 \tag{6-12}$$

样本 $\boldsymbol{x}$ 到超平面的几何距离为

$$r=\frac{g(\boldsymbol{x})}{\|\boldsymbol{w}\|} \tag{6-13}$$

式中 $g(\boldsymbol{x})=\boldsymbol{w}^{\mathrm{T}}\boldsymbol{x}+b$ 是超平面确定的判别函数。支持向量机分类就是要寻找最优超平面的参数值 $\boldsymbol{w}$ 和 b，以最大化两个类间的分离间隔：

$$\rho=2r^{*}=\frac{2}{\|\boldsymbol{w}\|} \tag{6-14}$$

等价于一个最优化问题：

$$\begin{cases}\min\dfrac{1}{2}\|\boldsymbol{w}\|^{2}\\ y_i(\boldsymbol{w}^{\mathrm{T}}\boldsymbol{x}_i+b)\geqslant 1\quad(i=1,\cdots,n)\end{cases} \tag{6-15}$$

接下来就是要用拉格朗日乘子法求解该式。目标函数为

$$L(\boldsymbol{w},b,\alpha)=\frac{1}{2}\boldsymbol{w}^{\mathrm{T}}\boldsymbol{w}-\sum_{i=1}^{n}\alpha_i[y_i(\boldsymbol{w}^{\mathrm{T}}\boldsymbol{x}_i+b)-1] \tag{6-16}$$

最优化条件为

$$\begin{cases}\dfrac{\partial L(\boldsymbol{w},b,\alpha)}{\partial\boldsymbol{w}}=0\\ \dfrac{\partial L(\boldsymbol{w},b,\alpha)}{\partial b}=0\end{cases}$$

从而得到相应的对偶问题及卡罗需-库恩-塔克(KKT)条件，最优化求解函数为

$$\begin{cases}\max W(\alpha)=\displaystyle\sum_{i=1}^{n}\alpha_i-\frac{1}{2}\sum_{i=1}^{n}\sum_{j=1}^{n}\alpha_i\alpha_j y_i y_j\boldsymbol{x}_i^{\mathrm{T}}\boldsymbol{x}_j\\ \displaystyle\sum_{i=1}^{n}\alpha_i y_i=0\\ \alpha_i\geqslant 0,\quad(i=1,\cdots,n)\\ \alpha_i[y_i(\boldsymbol{w}^{\mathrm{T}}\boldsymbol{x}_i+b)-1]=0,\quad(i=1,\cdots,n)\end{cases} \tag{6-17}$$

该对偶问题是典型的凸二次规划问题。这里的分类只能用于线性问题，对于非线性可分情况，可采用软间隔进行优化或者采用核技巧将非线性问题线性化，基本的 SVM 思想不变。

(4) KNN 算法。

初级分类器是记录全部的训练数据所对应的类别，对于测试对象，若其属性与

某个训练对象的属性完全匹配时，便可以对其进行分类。但实际中一个测试对象往往同时与多个训练对象匹配，K 最近邻(k-nearest neighbor，KNN)分类算法应运而生。KNN 是一个理论较成熟的方法，通过测量不同特征值之间的距离对测试数据集进行分类。其基本思想：当一个样本在特征空间中的 K 个最相似(即特征空间中最邻近)的样本中的大多数属于某一个类别，则该样本也属于这个类别，K 通常是不大于 20 的整数。

KNN 算法的结果很大程度取决于 K 的选择。以如图 6-23 所示为例，中心的圆形色块要被决定赋予哪个类，属于三角形类还是四方形类取决于 K 的个数。如果 $K=3$，由于三角形所占比例为 2/3，圆形色块将被赋予三角形那个类，如果 $K=6$，由于四方形所占比例为 2/3，因此圆形色块被赋予四方形类。

KNN 优势在于，它计算对象间的欧氏距离或曼哈顿距离来作为各个对象之间的非相似性指标，避免了对象之间的匹配问题。同时，它的分类决策依据 K 个对象中占优的类别，而不是单一的对象。

为 KNN 算法的流程如图 6-24 所示，在训练集中数据和标签已知的情况下，输入测试数据，将测试数据的特征与训练集中对应的特征进行相互比较，找到训练集中与之最为相似的前 K 个数据，则该测试数据对应的类别就是 K 个数据中出现次数最多的那个分类。

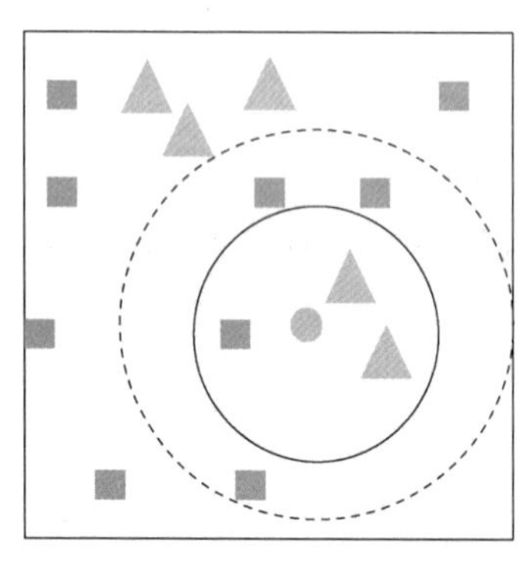

图 6-23　KNN 算法示例

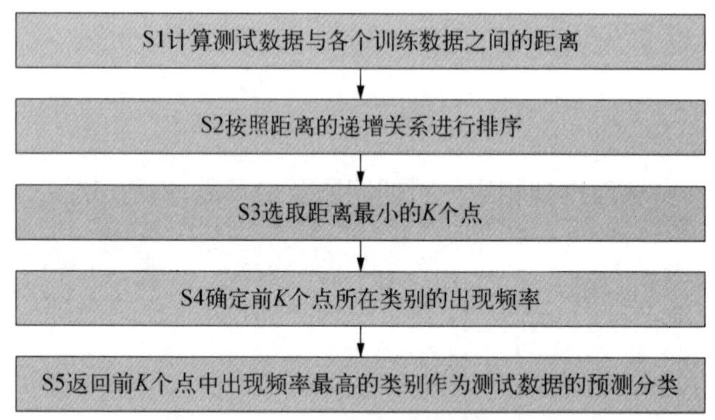

图 6-24　KNN 算法流程

2) 聚类分析算法

聚类类似于分类，但与分类的目的不同，聚类是对给定的一个对象的集合，将这个对象划分为多个组或者“聚簇”，从而使得属于同一类别的数据间的相似性很大，但不同类别之间数据的相似性很小，跨类的数据关联性很低。聚类分析指将物理或抽象对象的集合分组成为由类似的对象组成的多个类的分析过程。聚类分析是一种探索性的分析，在分类的过程中，不必事先给出一个分类的标准，聚类分析能够从样本数据出发，自动进行分类。聚类分析所使用方法的不同，常常会得到不同的结论。不同研究者对于同一组数据进行聚类分析，所得到的聚类数未必一致。

（1）k－means算法。

k－means算法是一种迭代型聚类算法，将给定的数据集分为指定的k个聚簇。其输入对象是d维向量空间的点集，输出是将每个点分配到相应的聚簇中。在k－means算法中，每个聚簇都用d维向量空间的一个点来表示，则整个分析对象就可以用集合C来表示，C可以写成：

$$C=\{c_j \mid j=1, \cdots, k\} \tag{6-18}$$

聚类算法通常基于"紧密度"或"相似度"等概念对点集进行分组，在k－means算法中默认的紧密度度量工具是欧几里得距离。两个n维向量$\boldsymbol{a}(x_{11}, x_{12}, \cdots, x_{1n})$与$\boldsymbol{b}(x_{21}, x_{22}, \cdots, x_{2n})$间的欧氏距离为

$$d_{12}=\sqrt{\sum_{k=1}^{n}(x_{1k}-x_{2k})^2} \tag{6-19}$$

k－means算法实际上是最小化的非负代价函数：

$$C_{ost}=\sum_{i=1}^{N}(\arg\min_j \| x_i-c_j \|_2^2) \tag{6-20}$$

k－means算法流程如图6－25所示。首先，选择k个数据对象作为初始的聚类分析中心，再将其他对象按照它们与中心对象的欧氏距离，分别分配给相似度最高的中心对象代表的聚类；然后按照每个聚类所有的均值为标准，重新计算获得新的聚类的中心对象；如此不断地重复，直到相应的目标函数收敛为止，一般选取均方差作为标准的测度函数。

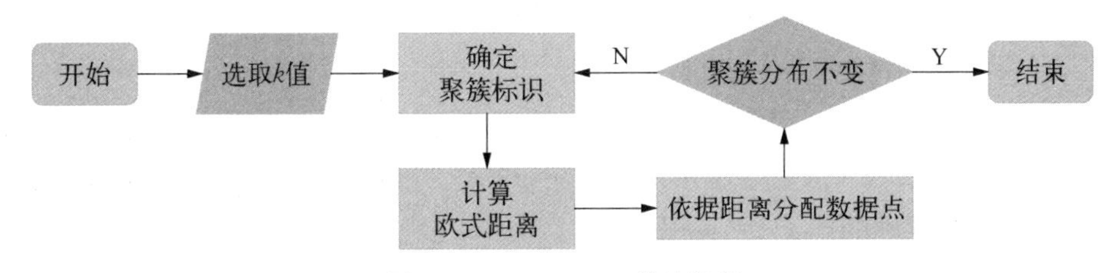

图6－25　k－means算法流程

（2）期望最大化(EM)算法。

在统计计算中，期望最大化(expectation-maximization，EM)算法是在概率模型中寻找参数最大似然估计的算法，其概率模型依赖于无法观测的隐藏变量。EM算法是一种迭代算法，源于对经典混合模型的极大似然(ML)拟合问题的研究，并将其抽象为更具一般性的不完整数据的最大似然估计问题。

假设观测数据 $\boldsymbol{y}_1$，…，$\boldsymbol{y}_n$（假设互相独立），其维数是 p，观测数据来自一个含有 g 个分量的混合分布，g 为已知参数，分量的权重未知，记为 π_1，…，π_g，和为 1。那么观测数据的混合密度为

$$f(\boldsymbol{y}_j;\ \Psi)=\sum_{i=1}^{g}\pi_i f_i(\boldsymbol{y}_i;\ \theta_i)\quad(j=1,\ \cdots,\ n)\tag{6-21}$$

式中，π_i 和 θ_i 为未知参数，记 $\Psi=(\pi_1,\ \cdots,\ \pi_{g-1},\ \theta_1,\ \cdots,\ \theta_g)^{\mathrm{T}}$，问题归结于求 Ψ 的估计值 $\widehat{\Psi}$。这里借助极大似然估计，求其对数似然度一阶导方程的根，满足：

$$\begin{cases}\partial \lg L(\Psi)/\partial\Psi=0\\ \lg L(\Psi)=\sum_{j=1}^{n}\lg f(\boldsymbol{y}_j;\ \Psi)\end{cases}\tag{6-22}$$

对于每一个 n，ML 都能确定一个估计 $\widehat{\Psi}$，只需要满足适当的规则条件，就可以得到渐近有效的根序列，趋近于 1 的概率对应于参数空间内的局部极大值。当每一个 n 的估计都能使 $L(\widehat{\Psi})$ 取得全局最大值，就求出了参数的极大似然估计。

EM 算法的迭代由两部分构成，分别是期望步骤（E - Step）和最大化步骤（M - Step）。记观测数据向量为 $\boldsymbol{y}=(\boldsymbol{y}_1^{\mathrm{T}},\ \cdots,\ \boldsymbol{y}_n^{\mathrm{T}})^{\mathrm{T}}$，确实数据向量记为 $\boldsymbol{z}$，那么完整数据向量为 $\boldsymbol{x}=(\boldsymbol{y}^{\mathrm{T}},\ \boldsymbol{z}^{\mathrm{T}})^{\mathrm{T}}$。将 ML 中的 $\lg L(\Psi)$ 用 Q 函数替代，E - Step 的目标是实现 Q 取得最大值，迭代式为

$$Q(\Psi;\ \Psi^{(k)})=E_{\Psi^{(k)}}\{\lg L(\Psi)/\boldsymbol{y}\}\tag{6-23}$$

$E_{\Psi^{(k)}}$ 表示第 k 次迭代 $\Psi^{(k)}$ 的期望。M - Step 步骤负责更新 Ψ 的估计值 $\Psi^{(k+1)}$。执行这两步循环直到对数似然度的变换小于某些设定的阈值。循环结束，观测量被分到相应的聚簇中，并符合该聚簇的分布情况。

3）*关联规则算法*

关联规则分析可以用来挖掘大量数据项集之间的关联关系。其问题描述如下：设 $I=\{i_1,\ i_2,\ \cdots,\ i_m\}$ 表示一个项集，D 表示事物集，其中每一个事务 t 是一个项集。关联规则的形式为 $A\rightarrow B$，其中，A、B 均为 I 中的一个元素，且 A、B 的交集不为空集。

关联规则问题中的两个重要概念是支持度和置信度。支持度 support($A\rightarrow B$) 为 AB 同时发生的事务占全体事务的百分比，如式（6 - 24）所示；置信度 confidence ($A\rightarrow B$)表示所有 A 发生的事务中，B 同时发生的事务的占比，如式（6 - 25）所示。

$$\mathrm{support}(A\rightarrow B)=\frac{\mathrm{count}(A\cap B)}{\mathrm{count}(D)}\tag{6-24}$$

$$\text{confidence}(A \to B) = \frac{\text{support}(A \cup B)}{\text{support}(A)} \tag{6-25}$$

关联规则就是挖掘在事务集 D 中，满足设定的最小支持度 $\min sup$ 和最小置信度 $\min conf$ 的关联规则，同时满足用户给定阈值的规则即为强规则。

关联规则按处理变量的类别，可以分为布尔型和数值型。布尔型面向离散化、种类化的数据；数值型面向定量数据。常常是将数据划分为区间，从而可以转换为布尔型，利用布尔型算法进行分析。

Apriori 算法是一种分层算法，按包含项目数从小到大的顺序寻找频繁项目集。其算法可以分为两步，第一步是以最小支持度为标准产生频繁项目集，第二步是以最小置信度为标准产生关联规则。

第一步采用层次顺序搜索的循环方法，用频繁 k 项探索产生频繁$(k+1)$项。首先找出长度为 1 的频繁 1 项集合 L_1，基于 L_1产生频繁 2 项集合，如此循环，直到不能找到新的频繁集。产生频繁 k 项集合的过程，Apriori 主要完成两个任务，连接和剪枝。连接过程是 L_{k-1} 与 L_{k-1} 连接产生候选集，剪枝过程是依据最小支持度阈值非频繁候选项，从而得到频繁 k 集。

第二步是在挖掘了所有的频繁项集之后，对每个频繁项集 p，产生 p 的所有非空子集 q，在频繁集 p 中，按式(6-26)筛选，当不等式成立时，就可以输出规则为“$p \to q$”。

$$\frac{\text{support}(q)}{\text{support}(p)} \geqslant \min conf \tag{6-26}$$

对于含有大量候选集的数据库，扫描一次投入的时间成本很大，于是在 Apriori 的基础上，新的算法不断被开发利用以减少扫描次数和读取数据库的 I/O 次数。关联规则分析可以用来挖掘大量数据项集之间的关联关系。该问题从 1993 年提出并用于商业指导以来，不断优化，并逐渐被用在教育、科研、医学等领域。

6.3.3　大数据分析流程

与传统的数据处理步骤一样，对于海量数据的处理，同样包括了收集、预处理、存储、分析四部分。

1）数据收集

数据采集部分的研究包括各种传感器的选型、信号的调理（完成传感器信号到标准信号的转换）及数据采集设备的选择与研制。作为数据采集系统，它可根据需要组态，对信号进行采集、处理、调理、存储、判断并处理报警数据以及向其他系统传送数据（详见 6.1 节）。采集到的原始数据种类多样，格式、位置、存储、时效性等迥异。数据收集从异构数据源中收集数据并转换成相应的格式方便处理，从而实现数据集成（见 6.1.2 节）。

2）数据预处理

固废基地每时每刻会产生海量数据，而这些数据除了涵盖能源网内部的运行参量，也包含了其他的相关变量的信息。对于这些数据，其来源的能源种类不一，而且更重要的是来自不同能源且均有各自不同的数据形式，这对后期的数据统一解析带来了难以估计的工作量与难度。上述这些因素给固废基地的数据管理工作带来了巨大的困难。

一般而言，固废基地采集到的海量数据是不便于直接进行分析的。首先，原始数据是不完整的，不能包含有价值的属性信息，且存在相当数量的重复数据。其次，原始数据之间会存在不一致的情况，矛盾性、不相容性会造成数据价值的流失。再者，原始数据的维度高，造成分析的数据量也成倍增加。最后，原始数据中存在一定分量的噪声，同时错误或异常（偏离期望值）的数据也会误导研究工作的正确性。大数据的分析或决策是建立在高质量的基础分析数据上的，没有高质量的数据就没有科学的挖掘结果。

面向固废基地的大数据的预处理方法主要分为 3 个步骤，即数据清洗、数据变换、数据标准化，其一般流程如图 6-26 所示。

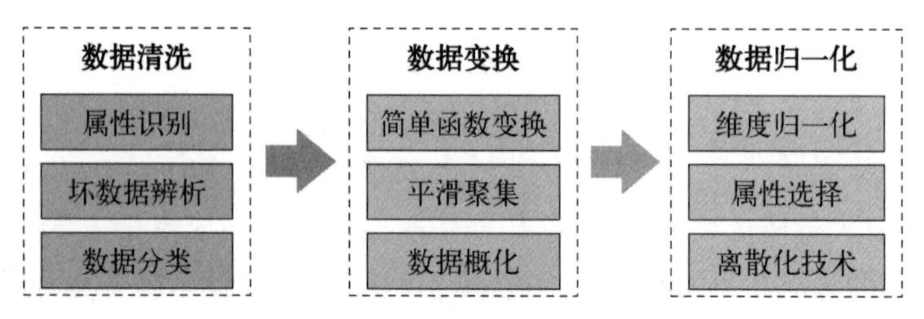

图 6-26　固废基地大数据预处理过程

（1）数据清洗。

数据清洗首先是对原始数据进行一个初步的遴选，包括识别不同数据的属性、辨析原始数据中的坏数据；然后对原始数据中的非正常数据和无关、重复的数据进行剔除，同时去除唯一属性、重复属性和可忽略关键字，并对原始数据中存在的噪声进行过滤；最后，将原始数据按照意义以及研究的需求进行合理、有效地分类。

（2）数据变换。

数据变换可以将数据转化为适合进行数据挖掘的形式。面向不同类型的数据与处理需求时，可以选择不同的数据变换方法，常见的方法为简单函数变换、平滑聚集和数据概化三部分内容。在平滑处理时，可采用拟合、拟合后的差值、外推和积分等后处理的方式。

(3) 数据归一化。

当数据包含不同量纲的多种变量时,数据间的差别很大。数据归一化可以将数据限定在0~1的区间内,数据归一化可以消除不同数据量纲的影响。只有标准化的数据,且针对同一套标准时,才真正意义上具备了可比性。适应于不同的需求,一般采用的方法分为维度归一化、属性选择和离散化技术等。常用的归一化方法为极差归一化法,设原始数据的矩阵为 $\boldsymbol{X}$,计算方程为

$$\boldsymbol{X}_{ij}^{Y}=\frac{\boldsymbol{X}_{ij}-\min\limits_{1\leqslant i\leqslant n}\boldsymbol{X}_{ij}}{\max\limits_{1\leqslant i\leqslant n}\boldsymbol{X}_{ij}-\min\limits_{1\leqslant i\leqslant n}\boldsymbol{X}_{ij}} \tag{6-27}$$

式中,$\boldsymbol{X}^{Y}$ 表示极差归一化后的结果矩阵,其每个元素的取值均介于0~1之间。

3) 数据存储

对于海量数据,存在着数据不断更新录入和历史数据的存储问题。基于云平台技术,可以轻松实现数据的存储。

常规的数据存储通常使用Oracle、Sybase、SQLServer等形式。在设计数据模型的时候,需要考虑以下几点:首先要降低数据冗余,其次要确保数据的完整性与一致性,此外还要提高数据开发与访问能力。常用的数据库包括NoSQL数据库、NewSQL数据库等,除了可对大数据进行处理之外,还可用在大数据的分类研究、特性分析与比较等多种复杂的应用场景中。

NoSQL数据库作为非关系型的数据管理系统集合,愈来愈受到研究者的关注。NoSQL数据库并非主要建立在表上,而且实际中一般也不使用SQL进行数据操作,常用非SQL语言和机制来与数据进行交互,同时支持多种活动,包括探索性和预测性分析等。另外,NoSQL数据库的分布式设计思想完美契合大规模的数据存储和大规模并行数据处理的内容,同时存储系统支持后续的扩展使用。对于一个不需要用关系模型表示的海量数据组,NoSQL数据库管理系统能完美地进行数据处理的任务。代表NoSQL数据库应用的有谷歌的BigTable和亚马逊的Dynamo等。

与NoSQL技术相比,NewSQL数据库则选择了不同的设计:取消耗费资源的缓冲池。NewSQL是一类现代的关系型数据库管理系统(RDBMS),能提供像NoSQL一样灵活的联机处理读写工作负载的事务,同时保证像传统数据库系统那样正确执行所有的操作。这些系统通过使用NoSQL样式的特性来突破传统的RDBMS性能限制,例如以列为导向的数据存储和分布式架构,或者采用内存处理、对称多处理等技术,又或者大规模并行处理和集成NoSQL或搜索组件。这种设计能用来处理体量大、种类复杂、速度快、变异性强的大数据。另外,NewSQL数据库能很方便地解决水平方向上的扩展问题。

4）数据分析

大数据处理理念的三大转变：要全体不要抽样，要效率不要绝对精确，要相关不要因果。除了传统的统计和分析方法，云平台也提供了云计算技术来实现海量数据的信息挖掘。与统计和分析过程不同的是，数据挖掘一般没有预先设定好的主题，主要是在现有数据上面进行基于各种算法的计算，从而实现预测、状态评估及一些高级别数据分析的需求。数据挖掘的特点和挑战主要是算法复杂，计算涉及的数据量和计算量都很大。

表 6-7 为大数据应用数据处理与存储部分主流工具，这些工具突破了传统数据库手段，增加更多数据处理的方式，以获取大数据应用更好的效果。

表 6-7　大数据应用数据处理与存储主流工具一览

序号	名称	说明	备注
1	Hadoop	分布式处理的软件框架	Hadoop 的框架最核心的设计就是 HDFS 和 Map / Reduce，HDFS 为海量的数据提供了存储，Map /Reduce 为海量的数据提供了计算
2	Spark	内存计算工具	立足于内存计算，从多迭代批量处理出发，同时具备数据仓库、流处理和图计算等多种计算范式
3	Storm	分布式实时计算工具	STORM 可以可靠地处理大量的数据流，实时处理 Hadoop 的批任务
4	Sqoop	数据接入工具	主要用于在 HADOOP(Hive)与传统的数据库(MySQL、postgresql 等)间进行数据的传递
5	Hive	数据仓库工具	是基于 Hadoop 的一个数据仓库工具，可以将结构化的数据文件映射为一张数据库表，并提供完整的 sql 查询功能，可以将 sql 语句转换为 Map/Reduce 任务进行运行
6	Redis	键值对存储系统	是一个开源的、基于内存也可持久化的日志型键值对数据库
7	R 语言	数据挖掘语言	是一套由数据操作、计算和图形展现功能整合而成的开源套件

6.3.4　算例分析(基于改进 Apriori 算法的风电状态评估)

本算例针对老港基地风电项目，基于风电机组采样频率为 4 000 Hz 的实时运行数据，将聚类和关联分析结合，对风电机组的运行状态进行评估分析。在关联分析中用到了小信号建模的分析结果，因此首先介绍基于模型的风电机组状态评估。

1）基于模型的风电状态分析

双馈型风力发电机(DFIG)组并网系统的详细结构如图 6-27 所示。

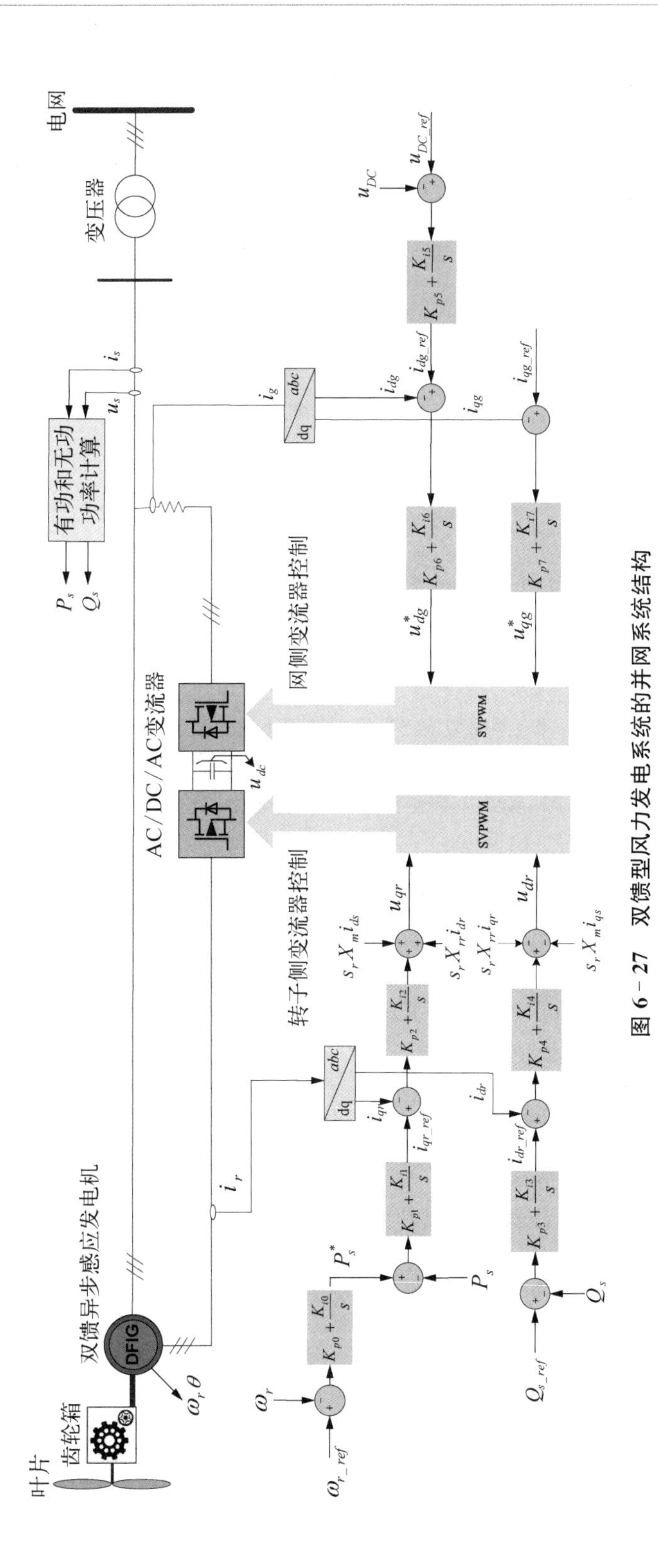

图 6－27　双馈型风力发电系统的并网系统结构

这里采用更适合于动态分析的三质量块模型，双馈型风电机组的机械旋转系统可分为叶片、低速轴和高速轴三部分。其中，低速轴将叶片与齿轮箱连接起来，而高速轴将齿轮箱与感应发电机组连接起来。另外，风电机组的转子回路的输出经由变流器装置进入电网，定子回路直接与外界的电网结构相连。推导各部分方程，并联立、消除中间变量，可以求得双馈型风电机组并网系统的小信号模型方程为

$$\Delta\dot{\boldsymbol{X}} = A\Delta\boldsymbol{X} + B\Delta\boldsymbol{u} \tag{6-28}$$

式中，

$$\begin{aligned}\Delta\boldsymbol{X} &= [\Delta\boldsymbol{X}_M \quad \Delta\boldsymbol{X}_G \quad \Delta\boldsymbol{X}_{RSR} \quad \Delta\boldsymbol{X}_{DC} \quad \Delta\boldsymbol{X}_{GSI} \quad \Delta\boldsymbol{X}_{RL} \quad \Delta\boldsymbol{X}_{PC} \quad \Delta\boldsymbol{X}_{TL}]^{\mathrm{T}} \\ &= [\Delta\theta_{turb},\ \Delta\theta_{gear},\ \Delta\theta_r,\ \Delta\omega_{turb},\ \Delta\omega_{gear},\ \Delta\omega_r,\ \Delta\psi_{qs},\Delta\psi_{ds},\ \Delta\psi_{qr}, \\ &\quad \Delta\psi_{dr},\ \Delta x_0,\ \Delta x_1,\ \Delta x_2,\ \Delta x_3,\ \Delta x_4,\ \Delta V_{DC},\ \Delta x_5,\ \Delta x_6,\ \Delta x_7, \\ &\quad \Delta i_{gx},\ \Delta i_{gy},\ \Delta u_{pc,x},\ \Delta u_{pc,y},\ \Delta i_{Lx},\ \Delta i_{Ly},\ \Delta u_{sc,x},\ \Delta u_{sc,y}]^{\mathrm{T}}\end{aligned}$$

$\Delta\boldsymbol{u} = [\Delta T_w \quad \Delta\omega_{r\_ref} \quad \Delta Q_{s\_ref} \quad \Delta V_{DC\_ref} \quad \Delta i_{qg\_ref} \quad \Delta U_b]^{\mathrm{T}}$。

利用小信号模型，可以分析系统的特征值分布以及数值情况。这里重点研究特征频率值介于 0～100 Hz 之间的振荡模态，对与非振荡形式和高频电气谐振频率对应的特征值进行了剔除，处理后的结果如表 6-8 所示。

表 6-8　并网型双馈型风电机组小信号模型特征值

编　号	特 征 值	模态频率/Hz	阻 尼 比
$\lambda_{6,7}$	−23.63±498i	79.25	0.047 4
$\lambda_{8,9}$	−51.17±285.1i	45.37	0.176 7
$\lambda_{10,11}$	−16.75±147i	23.40	0.113 2
$\lambda_{13,14}$	−1.477±77.97i	12.41	0.018 9
$\lambda_{15,16}$	−8.91±27.45i	4.37	0.308 7
$\lambda_{17,18}$	−11.72±12.08i	1.92	0.696 3
$\lambda_{19,20}$	−0.319±3.177i	0.51	0.1

2) Prony 算法

Prony 算法是一种信号分解方法，对于等间隔采样生成的时间序列，Prony 算法常用指数项的线性组合来进行拟合，其离散化的表达式为

$$\hat{x}(n) = \sum_{i=1}^{p} b_i z_i^n = \sum_{i=1}^{p} A_i \exp(\alpha_i n)\sin(2\pi f_i n + \varphi_i) \tag{6-29}$$

式中，

$$\begin{cases} b_i = A_i \exp(\mathrm{j}\varphi_i) \\ z_i = \exp[(\alpha_i + \mathrm{j}2\pi f_i)\Delta t] \end{cases} \tag{6-30}$$

A_i、α_i、f_i、φ_i（$i=1, 2, \cdots, n$）分别表示第 i 个分量的幅值、衰减因子、频率、初

始相角。

针对风速变化的情况，选择不同风速下的双馈风电机组的运行数据进行 Prony 分析，其结果如表 6－9 所示。

表 6－9　双馈型风电机组振荡模态与风速的关系

风速/(m/s)	项　目	SSO		SSR	SSCI	低频振荡
1.79	频率/Hz	11.127	2.069	23.499	5.573	1.389
	幅值/W	18 246	14 668	11 829	88 369	28 743
	阻尼比/%	0.327	5.738	1.335	28.813	22.840
2.19	频率/Hz	12.614		23.697	/	1.421
	幅值/W	6 465		11 506	/	10 690
	阻尼比/%	0.920		2.743	/	16.497
3.69	频率/Hz	11.905		23.928	/	0.879
	幅值/W	14 005		40 504	/	16 237
	阻尼比/%	0.957		4.483	/	28.671
4.09	频率/Hz	11.751	2.730	/	5.716	1.252
	幅值/W	61 213	44 624	/	1 094 863	216 136
	阻尼比/%	2.580	8.954 2	/	59.713	74.124

在所选取的时间段中，对于低频振荡，风速增大的过程中，阻尼呈现变大的趋势。对于 SSCI，风速增大的过程中，振荡模态会先消失，然后再出现。对于 SSR，随着风速增大，阻尼比逐步增大，3.69 m/s 的风速时，模态消失。对于 SSO，风速增大的过程中，较低的模态会先消失，再出现，阻尼比呈现增大的趋势。由上述风速 Prony 分析可见，风速与风机振荡模态之间存在着极大的关联性，下面将利用 Apriori 算法，考虑电压波动，进一步探讨这种关联性。

3）*改进 Apriori 算法*

在数据变换部分，考虑的影响因素包括风速和三相电压波动，为了探究这些因素共同作用时对振荡模态的影响，可以将这些因素先进行聚类，同一聚簇的影响因素组合具有相同的特征。设 D 表示风电数据事物集，是关联分析的输入数据。若存在关联规则“Cluster1→SSTI”，其含义是当影响因素在聚簇 1 中时，很有可能导致输出功率振荡模态中含有 SSTI 分量。这里“Cluster1”和“SSTI”都是风电数据项集，该项集还可能是“Cluster1 & Cluster2”等不同的聚簇组合及“SSR”等不同的振荡类型。

由于关联规则的前项和后项是被限制的，据此可以减少扫描的时间成本。前项是聚簇项集，后项为振荡模态项集。第一步采用 Apriori 算法中层次顺序搜索的循环方法，不同的是频繁 1 项取振荡模态项集，从频繁 2 项开始，搜索范围缩小，变为聚簇项集。接着用频繁 k 项探索产生频繁$(k+1)$项，如此循环，直到不能找到新的频繁集。在产生频繁 k 项集合的过程，Apriori 主要完成两个任务，连接和剪枝。连接过程 L_{k-1} 与 L_{k-1} 连接产生候选集，剪枝过程依据最小支持度阈值去除非频繁候选项，从而得到频繁 k 集。

由于第一步中的限制，频繁项集中只含有一个振荡模态，且作为后项，记为 q_i。第二步是在挖掘了所有的频繁项集之后，对每个频繁前项项集 $p_j(j=1, 2, \cdots, m)$ 的不含 q 子集 $p_i(i=1, 2, \cdots, n)$，对应不同的后项 q_j 生成关联规则，按置信度筛选，就可以输出规则为“$p_{ji} \rightarrow q_i$”。

改进 Apriori 算法流程如图 6-28 所示。

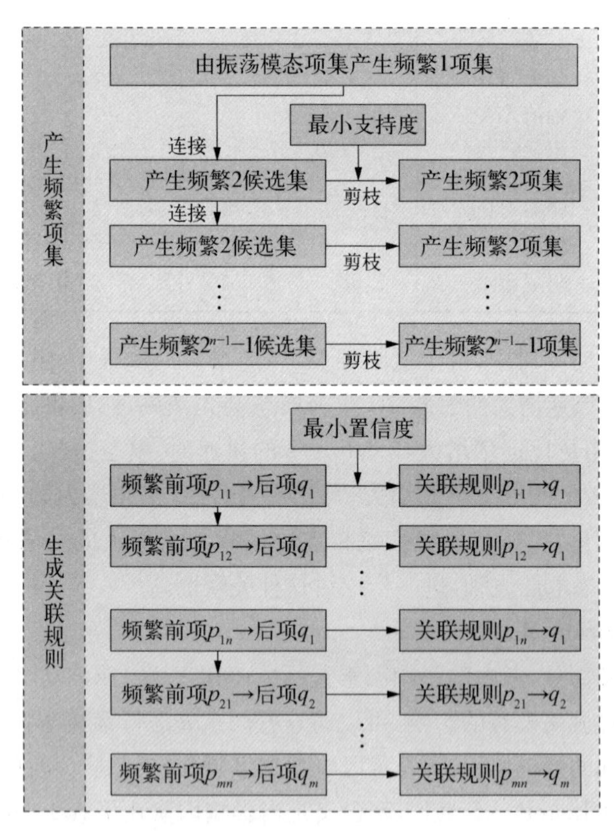

图 6-28　改进 Apriori 算法流程

4）关联分析建模

基于上述算法，对风速/电压波动与振荡模态的关联分析进行建模，建模流程如图 6-29 所示。

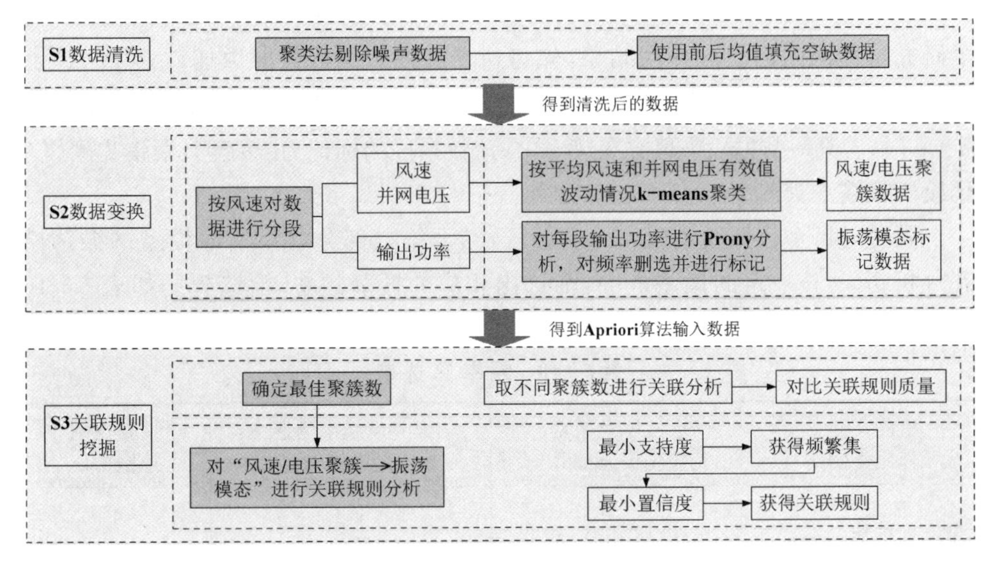

图6-29　关联分析建模流程

这里风电机组的数据基于4 000 Hz的采样频率，包含了风速、风电机组并网电压和电流信息。首先对原始数据进行清洗，利用k-means聚类算法对原始数据进行聚类，找出噪声数据并进行剔除，再使用前后数据的均值来填充空缺数据。

为了研究风速和电压对风电机组振荡模态的影响，首先将原始数据按风速对数据进行分段，分段流程为：按采样时序读取原始数据的风速值，并写入一个数据段，当风速变化超过0.05 m/s时，新建一个数据段存储原始数据，如此循环，直到得到最后一个数据段。每个数据段的采样点基本在4 000个左右。在同一个数据段对采样数据进行分析，每个数据段按时序提取，出一条记录，作为关联规则分析的输入。在风速分段之后，取每段风速的平均值作为本条记录的风速值。

依据滑动窗口原理计算出电压的有效值，由于想要观测电压波动对功率振荡模态分量的影响，在每个数据段，对a、b、c三相分别取电压有效值的最大值和最小值之差作为电压波动的指标量，如式(6-31)所示，总电压波动ΔV取三相波动的平均值，如式(6-32)所示。

$$\begin{cases}\Delta V_a = V_{arms\max} - V_{arms\min} \\ \Delta V_b = V_{brms\max} - V_{brms\min} \\ \Delta V_c = V_{crms\max} - V_{crms\min}\end{cases} \tag{6-31}$$

$$\Delta V = (\Delta V_a + \Delta V_b + \Delta V_c)/3 \tag{6-32}$$

这样，每个数据段存储一个风速值、三相电压的波动值和总的电压波动值。为了研究这些因素的共同作用结果，先将所研究的数据段按照风速、ΔV_a、ΔV_b、ΔV_c 和 ΔV 聚类，并将聚类结果以标记的形式放在相应数据段的记录中。例如，当 $k=6$ 时，若某一数据段被聚类在簇 1 中，该数据段的标记为[聚簇 1 聚簇 2 聚簇 3 聚簇 4 聚簇 5 聚簇 6]=[1 0 0 0 0 0]。

同时对每个数据段进行 Prony 分析，结合第二部分节小信号模型的振荡模态分析结果，按一定的误差范围，筛选出相应的振荡频率，筛选规则如表 6－10 所示。

表 6－10 频率筛选表

机网相互作用类别	由小信号模型得到振荡模态/Hz	Prony 结果删选范围/Hz	关联规则挖掘标记
低频	0.1～1.8	[0.1,1.8] 其他	1 0
SSCI	4.37	[4.17,4.57] 其他	1 0
	45.37	[44.57,46.17] 其他	1 0
SSO	12.41	[11.91,12.91] 其他	1 0
	1.92	[1.82,2.02] 其他	1 0
SSR	79	[77.5,80.5] 其他	1 0
	23	[22.4,23.6] 其他	1 0

汇总振荡模态的标记数据和风速/电压的聚簇标记数据，得到相应的关联规则输入数据。进而可以进行关联规则分析，得到关联规则。

5）聚簇数的确定

取 800 个数据段，分别按聚簇数 $k=6$，$k=8$，$k=10$ 得到如图 6－30 所示的聚类结果。

$k=6$ 时，由图 6－30(a)可知，这 800 个 5 维数据点集被分成了 6 个聚簇，聚簇 1 具有风速为 3～5 m/s、电压波动为 1.7～2.5 V 的特点；聚簇 2 具有风速为大于 3.5 m/s，电压波动为 0～0.8 V 的特点；聚簇 3 具有风速大于 5 m/s 且电压波

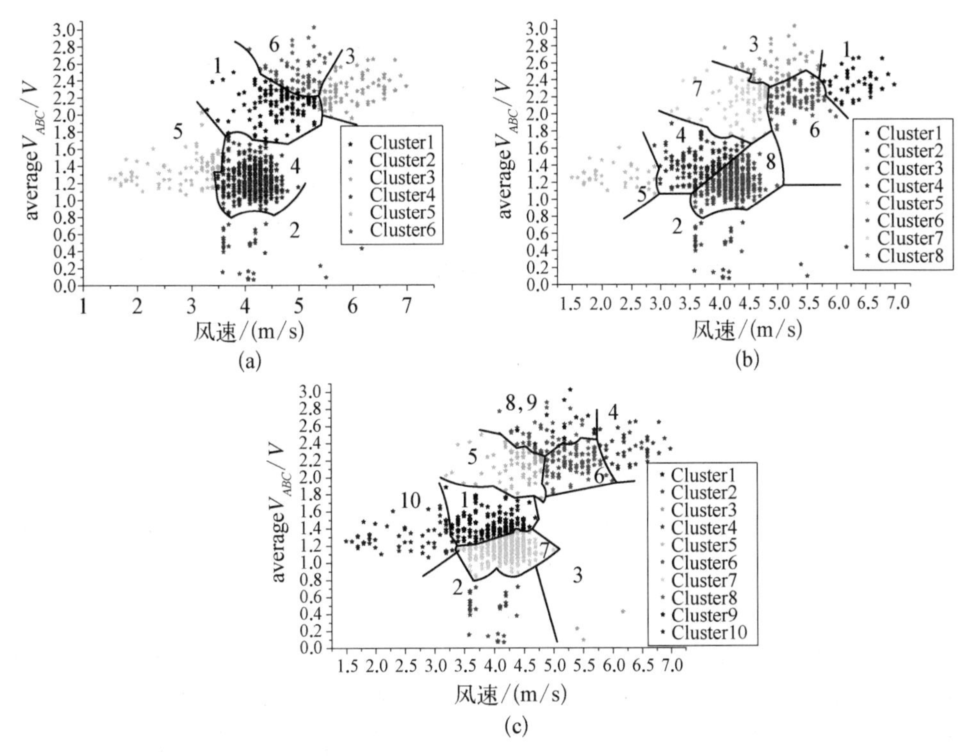

图 6-30　不同聚簇数下的 k-means 聚类结果

(a) $k=6$; (b) $k=8$; (c) $k=10$

动大于 2 V 的特点；聚簇 4 是数量最多的一个聚簇，此聚簇风速为 3.5～4.5 m/s，电压波动正常，为 1～1.7 V，是最多的一种状态；聚簇 5 具有风速小于 3.5 m/s、电压波动为 1～1.7 V 的特点；聚簇 6 具有电压波动大于 2.2 V、风速为 4～5.5 m/s 的特点。可见经过聚类，具有相同风速和电压波动特征的数据点被分在了同一聚簇中。

$k=8$ 时，如图 6-30(b)所示，图(a)中的聚簇 1,3,6 被细分为 4 个聚簇，图(a)中的聚簇 4,5 被细分为 3 个聚簇。而 $k=10$，如图 6-30(c)所示，则将图(b)中的聚簇 2 进一步细分为 2 个聚簇，分别是图 6-30(c)中的聚簇 2 和聚簇 3，其中聚簇 3 只有三个点，电压波动小于 0.4 V，可认为是数据异常点，这些点被筛选了出来，在后续的关联分析中会受最小支持度的限制而被忽略。而图 6-30(b)中的聚簇 3 进一步细分成了(c)中的聚簇 8 和 9，聚簇 8 和 9 的范围是有交叉的，由于聚类时考虑了风速、三相电压波动和总电压波动，但就总的电压波动和风速影响来看，这个细分是没有必要的。所以仅从聚类的结果来看 $k=9$ 个聚簇是最好的选择，于是进一步取 $k=9$，得到如图 6-31 所示的聚类结果。

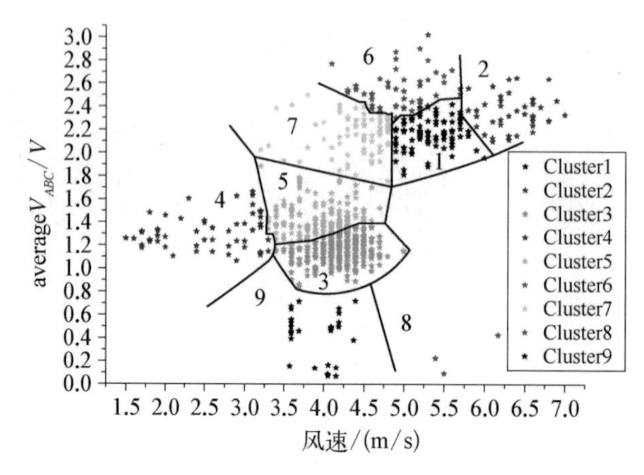

图 6-31　$k=9$ 聚类结果

为了进一步确定最佳聚簇数，将 $k=8$，$k=9$ 和 $k=10$ 这三个聚类结果进行关联规则分析。

研究风速和电压波动对振荡频率的影响时，将聚簇标记栏作为输入，振荡模态栏作为目标，在不同的聚类数即 $k=8$，$k=9$ 和 $k=10$ 下分别得到如表 6-11 所示的关联规则。调整阈值，使得输出的关联规则具有较高的置信度和支持度，支持度设定不宜过大，否则会导致部分强关联规则遗漏。故先设定较小的支持度阈值，将输出规则按置信度大小排序，取置信度较大的规则，并取其支持度的最小值作为支持度阈值，置信度可设置为其中的最小值。经调试，置信度设定 min sup 为 4，min $conf$ 为 30。

表 6-11　关 联 规 则

聚簇数	序号	后　项	前　项	支持度百分比	置信度百分比
$k=8$	1	0.1～1.8 Hz	聚簇 3	6.195 8	42.000 0
	2	23 Hz	聚簇 4	18.091 7	41.095 9
	3	45.37 Hz	聚簇 7	9.789 3	39.240 5
	4	12.41 Hz	聚簇 3	6.195 8	38.000 0
	5	45.37 Hz	聚簇 1	4.956 6	37.500 0
	6	23 Hz	聚簇 8	42.255 3	36.950 1
	7	45.37 Hz	聚簇 8	42.255 3	36.656 9
	8	23 Hz	聚簇 3	6.195 8	36.000 0
	9	0.1～1.8 Hz	聚簇 4	18.091 7	34.931 5
	10	23 Hz	聚簇 7	9.789 3	34.177 2
	11	0.1～1.8 Hz	聚簇 5	4.213 1	32.352 9
	12	45.37 Hz	聚簇 5	4.213 1	32.352 9

（续表）

聚簇数	序 号	后 项	前 项	支持度百分比	置信度百分比
$k=9$	1	0.1～1.8 Hz	聚簇 6	6.071 9	42.857 1
	2	23 Hz	聚簇 5	20.446 1	41.818 2
	3	45.37 Hz	聚簇 7	9.417 6	40.789 5
	4	12.41 Hz	聚簇 6	6.071 9	38.775 5
	5	45.37 Hz	聚簇 2	4.956 6	37.500 0
	6	23 Hz	聚簇 7	9.417 6	36.842 1
	7	45.37 Hz	聚簇 3	37.670 4	35.855 3
	8	23 Hz	聚簇 3	37.670 4	35.855 3
	9	23 Hz	聚簇 6	6.071 9	34.693 9
	10	0.1～1.8 Hz	聚簇 5	20.446 1	34.545 5
	11	45.37 Hz	聚簇 4	6.939 3	33.928 6
	12	23 Hz	聚簇 4	6.939 3	30.357 1
$k=10$	1	45.37 Hz	聚簇 5	8.426 3	42.647 1
	2	23 Hz	聚簇 1	20.446 1	41.818 2
	3	45.37 Hz	聚簇 4	4.956 6	37.500 0
	4	23 Hz	聚簇 5	8.426 3	36.764 7
	5	0.1～1.8 Hz	聚簇 1	20.446 1	34.545 5

为了便于比较，表 6－12 给出了三种聚簇数的主要关联规则参数，包括规则数、有效事务数、最小支持度、最大支持度、支持度百分比均值、支持度百分比标准差、最小置信度、最大置信度、置信度百分比均值和置信度百分比标准差。

表 6－12　不同聚簇数关联规则统计量比较

比 较 项	$k=8$	$k=9$	$k=10$
规则数	12	12	5
最小支持度	4.213%	4.957%	4.957%
最大支持度	42.255%	37.67%	20.446%
支持度百分比均值	14.353 6	14.343 2	12.540 3
支持度百分比标准差	13.883 4	12.114 3	7.354 7
支持度百分比中值	7.992 6	8.178 4	8.426 3
最小置信度	32.353%	30.357%	34.545%
最大置信度	42.0%	42.857%	42.647%
置信度百分比均值	36.771 5	36.984 8	38.655 1
置信度百分比标准差	3.074 5	3.603 4	3.454 6
置信度百分比中值	36.803 5	36.348 7	37.500 0

从规则数来看，$k=8$ 和 $k=9$ 时都能产生 12 条规则，规则涉及多个频率分量与风速和电压的关系；而聚簇数为 10 时，只有 5 条规则，且这 5 条规则只涉及 3 个频率分量，故先排除 $k=10$。下面比较 $k=8$ 和 $k=9$。从支持度来看，两者的统计指标很接近，同时标准差都较大、数据不集中，不能区分两者优劣。从置信度来看，相比 $k=8$，$k=9$ 时的最小置信度较小，最大置信度基本一致，且标准差较大，说明在置信度较高的部分，$k=9$ 比 $k=8$ 具有更高的置信度，因此取 $k=9$，可以给出质量更高的关联规则。

6）风电状态评估

取 1 500 个数据段进行进一步分析风速/电压聚簇与风电机组振荡模态的关联规则，取 $k=9$。得到聚类结果如图 6－32 所示。

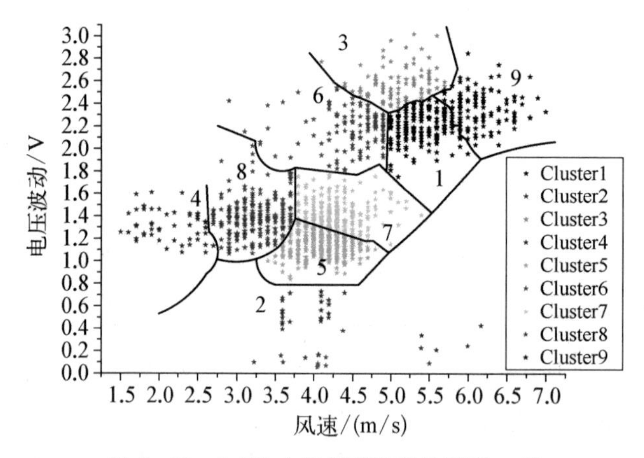

图 6－32　1 500 个数据段聚类结果($k=9$)

可见聚类结果与 800 个点基本一致。对聚类结果进行标记化转换，得到最终的关联输入数据，经过 Apriori 关联分析，得到如表 6－13 所示的关联规则。

表 6－13　1 500 个数据段关联规则结果

序号	后　项	前　项	支持度百分比	置信度百分比
1	45.37 Hz	聚簇 9	8.114 2	41.666 7
2	12.41 Hz	聚簇 3	6.761 8	41.111 1
3	45.37 Hz	聚簇 8	15.927 9	40.094 3
4	0.1～1.8 Hz	聚簇 3	6.761 8	36.666 7
5	23 Hz	聚簇 7	15.777 6	35.714 3
6	45.37 Hz	聚簇 5	24.117 2	35.202 5
7	23 Hz	聚簇 5	24.117 2	34.579 4
8	23 Hz	聚簇 3	6.761 8	34.444 4

（续表）

序 号	后 项	前 项	支持度百分比	置信度百分比
9	23 Hz	聚簇 6	8.640 1	33.913 0
10	45.37 Hz	聚簇 6	8.640 1	33.043 5
11	45.37 Hz	聚簇 1	13.749 1	32.240 4
12	23 Hz	聚簇 1	13.749 1	30.601 1
13	23 Hz	聚簇 9	8.114 2	30.555 6
14	45.37 Hz	聚簇 7	15.777 6	30.476 2

由表6-13可知，关联规则主要集中在45.37 Hz、23 Hz和12.41 Hz这三种模态中，关联分析结果中没有出现后项为1.92 Hz、79 Hz和4.37 Hz的关联规则，说明在风电机组的输出功率中，这三种频率的振荡分量较少。

在14条关联规则中，规则“聚簇 9→45.37 Hz”的置信度最高，是41.67%，结合聚类结果可知前项“聚簇 9”具有风速为5～5.75 m/s、同时电压波动为1.8～2.4 V的特点，该规则说明该风速和电压波动聚簇会迅速引起45.37 Hz的频率分量，且出现的概率达到40%以上。规则“聚簇 3→12.41 Hz”的置信度次之，是41.11%，结合聚类结果可知前项“聚簇 3”具有电压波动大、风速为4～5.75 m/s的特点，该规则说明这样的组合会迅速引起12.41 Hz的频率分量，且出现的概率也达到40%以上。规则“聚簇 8→45.37 Hz”的置信度也达到了40%以上，结合聚类结果可知前项“聚簇 8”具有电压波动为1～1.8 m/s且风速为2.5～3.5 m/s的特点，该规则说明这样的组合会迅速引起45.37 Hz的频率分量，且出现的概率达到40%。同时以“聚簇 4”作为前项的规则没有出现，该聚簇具有风速小于2.5 m/s、电压波动为1～1.6 m/s的特点，说明风速很低时不会引起输出功率中出现振荡模态。

6.3.5 固废基地多能源信息处理技术及可视化实现

老港固废基地能源系统包括电、气、热三大网络，根据不同对象的不同能源互联特征，云平台采用不同的可视化实现形式。焚烧厂涉及电网络和气网络的实时监测数据和历史数据，利用云计算分析数据可以得到电力网络分析结果和热网络能源运行特征，分为“实时监测”、“电力网络分析”和“热网络分析”三个模块展示，实时监测部分包括能源网络结构图和能流图；而渗滤液厂能源网络涉及电力网络、沼气网络和热力网络，与焚烧厂相比多了对气网络的分析。

1）*老港基地能源网络结构*

能源网络结构刻画了不同能源的流通网络，并能直观地给出网络之间的耦合关系，是能源互联网的一种简化清晰的展示方式。老港固废基地的能源网络结构如图 6 - 33 所示。在老港地区的地图上，实线表示的是固废基地的电网络，虚线表示的是气网络，点划线表示的是热网络。渗滤液厂和垃圾焚烧厂分别标出了边框线。左击各厂区内部会可以进入该厂的展示界面。

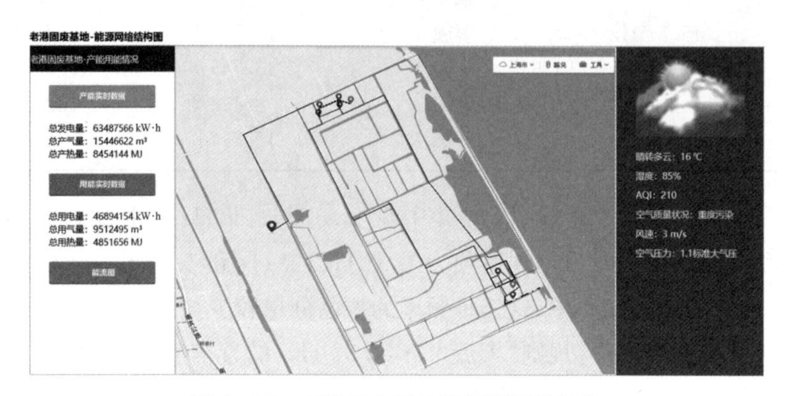

图 6 - 33　老港固废基地的能源网络结构

老港固废基地的能量信息包括了产能和用能两部分。云平台在能源网络结构图左侧给出了“产能用能情况一览”，包括了“产能实时数据”、“用能实时数据”、“能流图”三个模块。“产能实时数据”模块给出了总发电量(kW・h)、总产气量(m^3)和总产热量(MJ)的前一天的 24 小时统计数据，弹出界面显示产能实时监测的曲线图，如图 6 - 34 所示。弹出页面中展示有前一天发电、产气、产热的 24 小时变化曲线分别如图 6 - 34(a)、(b)、(c)所示，可方便了解三种能源的产量在一天内的变化趋势，初步判断产能情况是否稳定；并给出了三种能源的合计统计表和占比如图 6 - 34(d)所示，饼图使三种能量的产出百分比更直观。

“用能实时数据”模块给出了总用电量(kW・h)、总用气量(m^3)和总用热量(MJ)的前一天的 24 小时统计数据，弹出界面上是用能实时监测的曲线图。与产能实时监测曲线一样，弹出页面中展示有前一天用电、用气、用热的 24 小时变化曲线，并给出了三种能源的用能合计统计表和占比饼图。

“能流图”弹出界面给出了老港基地的能量流动桑基图，表示了老港基地热能、电能和沼气能的流动状况，将能量的转换过程用线条分支流动的形式展现出来，各分支的粗细代表了能量的大小。来源于固废垃圾的能量转化为电能、热能和气能，除满足园区内部的用热、用电需求，多余的热能外送，气能都在园区内部消耗完全。其中，高热值的垃圾被直接用于焚烧，转化为电能；低热值的垃圾部分被直接填埋，产生填埋气，部分进一步处理得到的沼气。此过程中能量部分直接转化为热能用于污泥干化、养鱼养虾、生活用热等，部分用于燃烧发电，转化为热能后继续转化为电能，如图 6 - 35 所示。

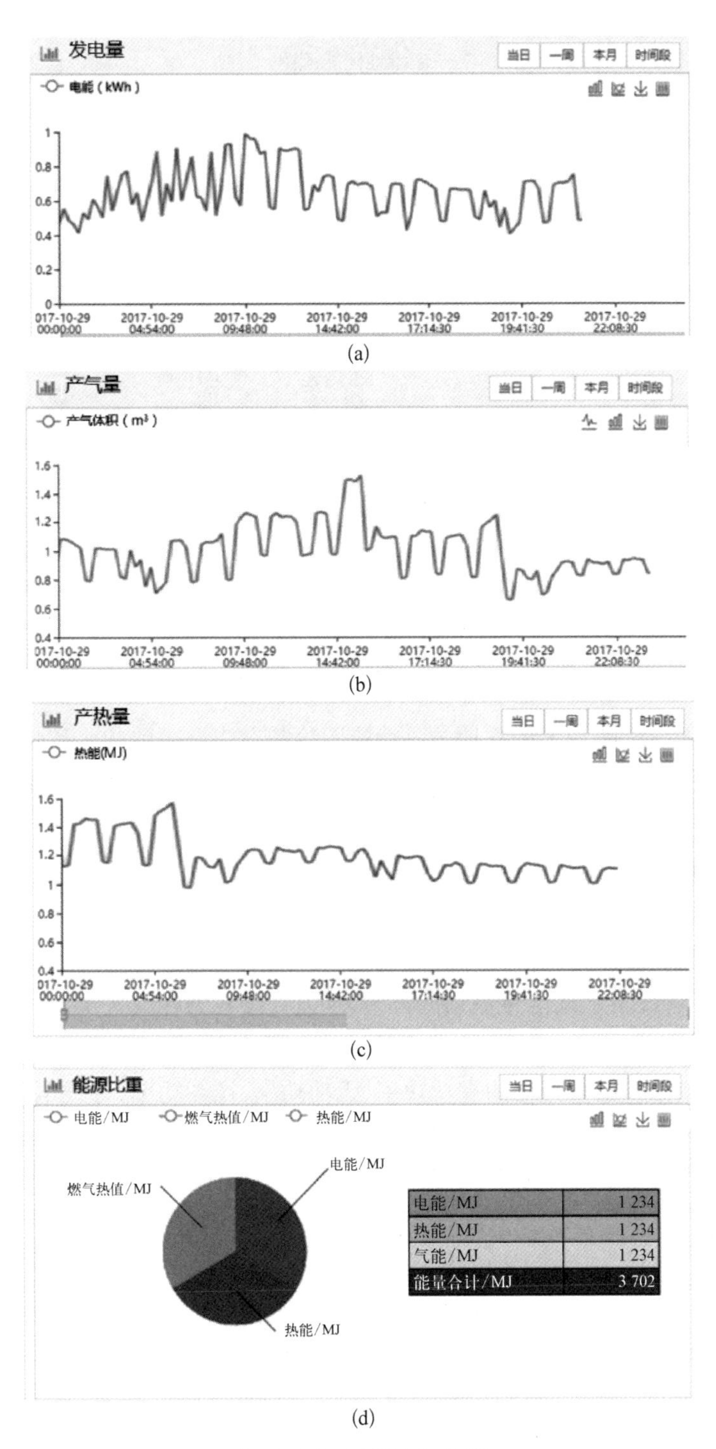

电能/MJ	1 234
热能/MJ	1 234
气能/MJ	1 234
能量合计/MJ	3 702

图6－34　产能实时监测

(a) 发电量实时监测曲线；(b) 产气量实时监测曲线；(c) 产热量实时监测曲线；(d) 产能比重

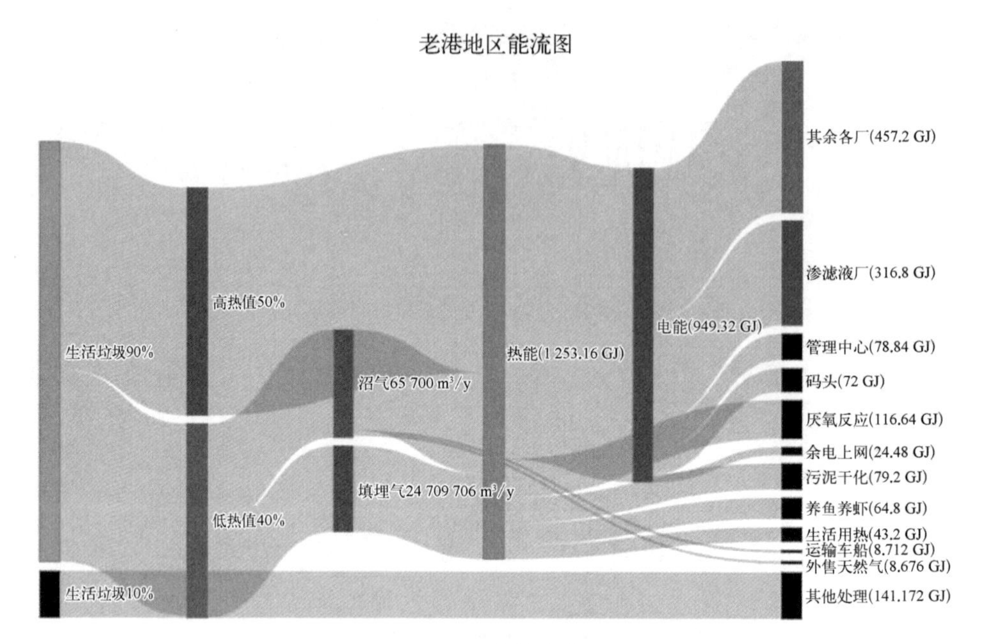

图 6－35　固废基地能流图

各厂区的能流图与老港基地的总能流图绘制方式是一致的。焚烧厂的能量来源于高热值固废垃圾，和渗滤液厂的沼气，最终转换为电能和热能输出。渗滤液厂的能量来源于低热值的垃圾，最终转化为沼气作为焚烧厂的原料，以及直接输出的热能用于养鱼养虾、污泥干化、生活用热等。

2）各厂区实时监测部分

各厂的实时监测包括结构图和能流图两种呈现形式。结构图展示了网络的构成，也反映了各设备之间能量流动的方向，可以直接看到各设备主要检测量的实时值，数据每 30 s 更新一次。

实时监测量包括电网络的有功功率、无功功率、视在功率、母线电压、变压器温度等，气网络的气流量、温度、压力累计流量，热网络的温度等。实时监测量的数据以指标树的形式显示，可进行勾选查看如图 6－36 所示，以汇总表和实时曲线图的形式加以呈现。

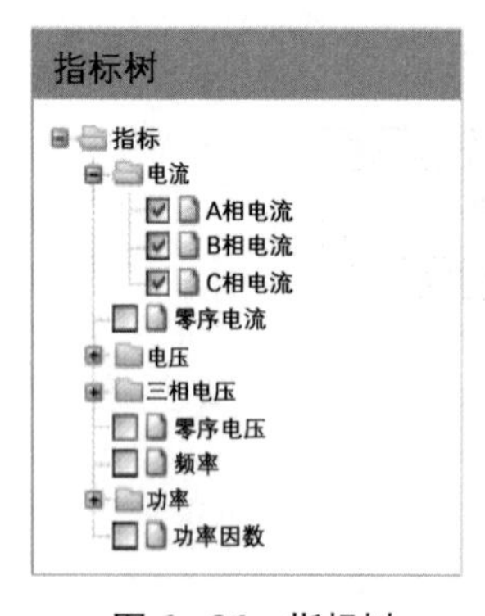

图 6－36　指标树

实时指标监测表如图 6－37 所示。表中记录着各相电流、电压、功率等各种实时电力指标，各个指标均每 30 s 刷新一次。

实时曲线如图 6－38 所示。实时曲线图可以选择不同的监测量数据，也可以选择不同的时间段，以及柱状图

指标	数值	指标	数值	指标	数值	指标	数值
A相电流(A)	156.01	B相电流(A)	139.89	C相电流(A)	140.62	零序电流(A)	32.23
A相电压(kV)	223.24	B相电压(kV)	222.17	C相电压(kV)	220.92	AB相电压(kV)	385.96
BC相电压(kV)	383.36	CA相电压(kV)	384.83	零序电压(V)	-	频率(Hz)	49.98
有功功率(kW)	88.62	无功功率(kVar)	29.30	视在功率(kVA)	96.68	功率因数(NA)	0.91

电度(kWh) 88.62　无功功率(kVarh) 29.30

图 6-37　实时指标监测表

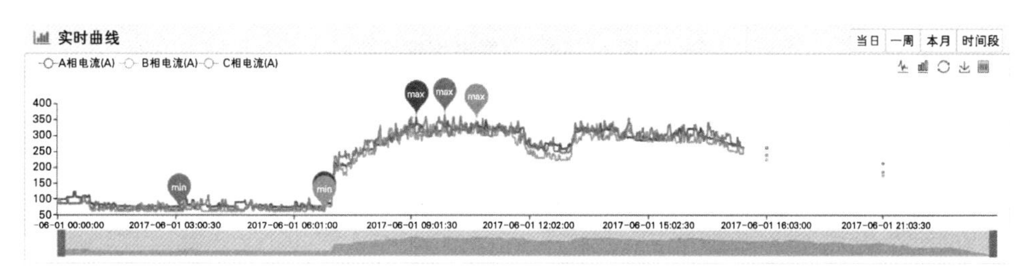

图 6-38　实时曲线

或数据视图的形式来表示。在曲线图下方有一条灰色的时间轴，调整其长度可以直接改变曲线图上数据的时间范围，从而观察不同时间内相应电量的变化情况。鼠标移至曲线上可以显示任一点的数值，每条曲线的最大最小值也均会标出。

3）电力网分析

老港基地电力网信息处理技术的应用主要分为发电报表管理、功率分析、网损分析、电能质量分析四个模块。

(1) 发电量报表。

发电量衡量一个发电厂的最基础的数据。当然，仅仅知道发电量的数值是远远不够的，电厂还关心发电量的变化趋势、无功发电量及相应的功率因数情况，来对发电量做出一个合理的评估。发电量报表可以分别按年、季、月、日来统计。以月为例，发电报表涵盖月用电情况表、月用电量统计图和历史数据对比图。

发电情况表如图 6-39 所示，其中包含有“发电量”、“无功电量”以及同比、环比增长率。综合性数据包含有“平均功率因数”“最小功率因数”“平均日发电量”“最大日发电量”等值，同时可显示最大日发电量包络线。单击“年最大日发电量包络线”按钮，可显示“最大日发电量曲线图”和“气象情况曲线图”(包括温度、湿度)。

采集设备每 30 s 上传一次数据到云平台上，其中，将计算得到一个功率数据作为 30 s 内的平均功率，该有功(或无功)功率乘以 30 s 即为该 30 s 内的有功(或无功)发电量。同理，不断累计便可得出每日、每月、每年发电量或是无功电量的数据。

同比增长率表示某月发电量与去年同期发电量相比较的电量增长率，其计算

年度		用电量	无功电量	综合性数据			
	对比项			对比项		对比项	
2017	当年	786	314	平均功率因数	0.582		
	同期	-	-	最小功率因数	0.004	年最大日用电量	28.27
	增长率	-	-	年平均日用电量	15.93		
总计		786	314				

图 6－39　月发电情况表

公式如下：

$$\mu_t = \frac{W_m - W_{ym}}{W_{ym}} \times 100\% \tag{6-33}$$

式中，μ_t 表示同比增长率，W_m 表示所选月份的发电量，W_{ym} 表示去年同月的发电量。而环比增长率则表示某月与上个月发电量数据相比较的电量增长率，其计算公式如下：

$$\mu_h = \frac{W_m - W_{lm}}{W_{lm}} \times 100\% \tag{6-34}$$

式中，μ_h 表示环比增长率，W_m 表示所选月份的发电量，W_{lm} 表示上一个月的发电量。

同比增长率与环比增长率的区别：同比为与历史同时期比较，而环比则为与上一统计段比较。同比增长率可以消除季节等因素的影响，直接反应两年同月的发电情况，而环比增长率则可以表明发电量逐月的变动程度。

发电情况统计如图 6－40 所示，为“无功电量(浅色)”“发电量(深色)”的柱状图。将几个月的有功、无功发电量绘制成柱状图，可以清晰地反映出每月间有功、无功发电量的比较关系，从而可以得出每个月发电量的数量关系和大致趋势。

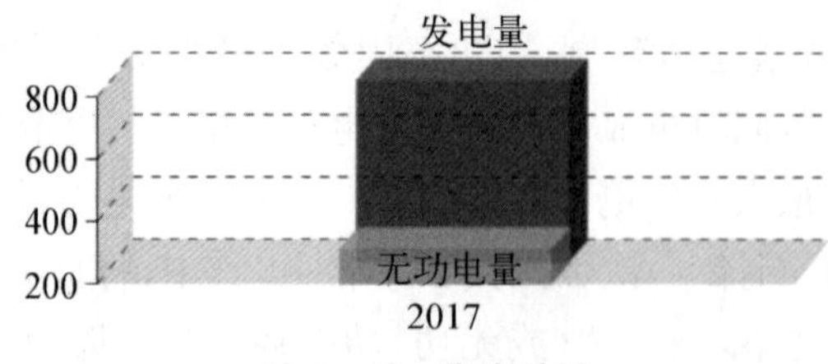

图 6－40　发电统计

历史数据对比图是将每月发电的趋势做比较，如图 6－41 所示。可以观察每月间相应日发电量的关系。图中的每个点都是计算得出的当日的发电量。

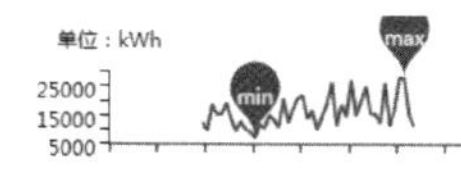

图 6－41　发电峰值曲线

另外，为了探究外部因素对焚烧厂发电量的影响，将发电量与气象情况对照，如图 6－42 所示。

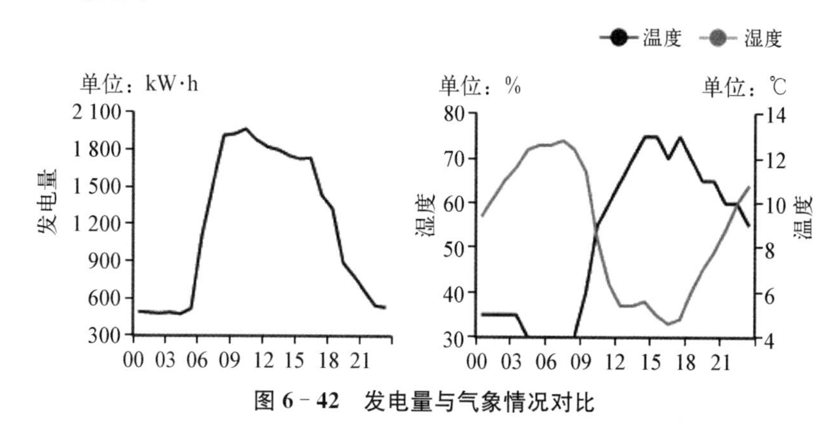

图 6－42　发电量与气象情况对比

(2) 功率分析。

功率分析分为有功分析和无功分析。无功分析基本项与有功一致，这里以有功分析为例。

云平台将获取的有功功率值记录下来并绘制成曲线图。最高有功功率、最低有功功率是将当年或当月的有功功率最大值及最小值抽取出来，可以直观地看出有功功率的最大波动范围。日平均有功功率也是一个均值的概念，是衡量不同时间段内有功功率实际使用多少的一个数据。功率分析也包括了“有功功率情况表”“最大有功功率曲线”“气象情况”以及“有功功率峰值曲线”，如图 6－43 所示。

有功功率情况表对采集计算得出的有功部分进行进一步分析，包含有当年每月的有功功率以及其同比、环比增长率。综合性数据包含有最高有功功率、最低有功功率以及日平均有功功率；每个月份对应该月的“有功功率峰值曲线”；对比项中的最高或最低有功功率对应最高或最低的“有功功率曲线”；“数据分布”可展示有功功率柱状图。

有功功率曲线与气象情况（温度、湿度等）有着密切的联系，所以此处仍将两者进行对比，分析可得气象情况对有功功率使用的影响，从而通过气象变化预测出电气量的变化。

(3) 网损分析。

网损指的是电能在使用或是输送过程中并非用电设备实际使用，而是以热能

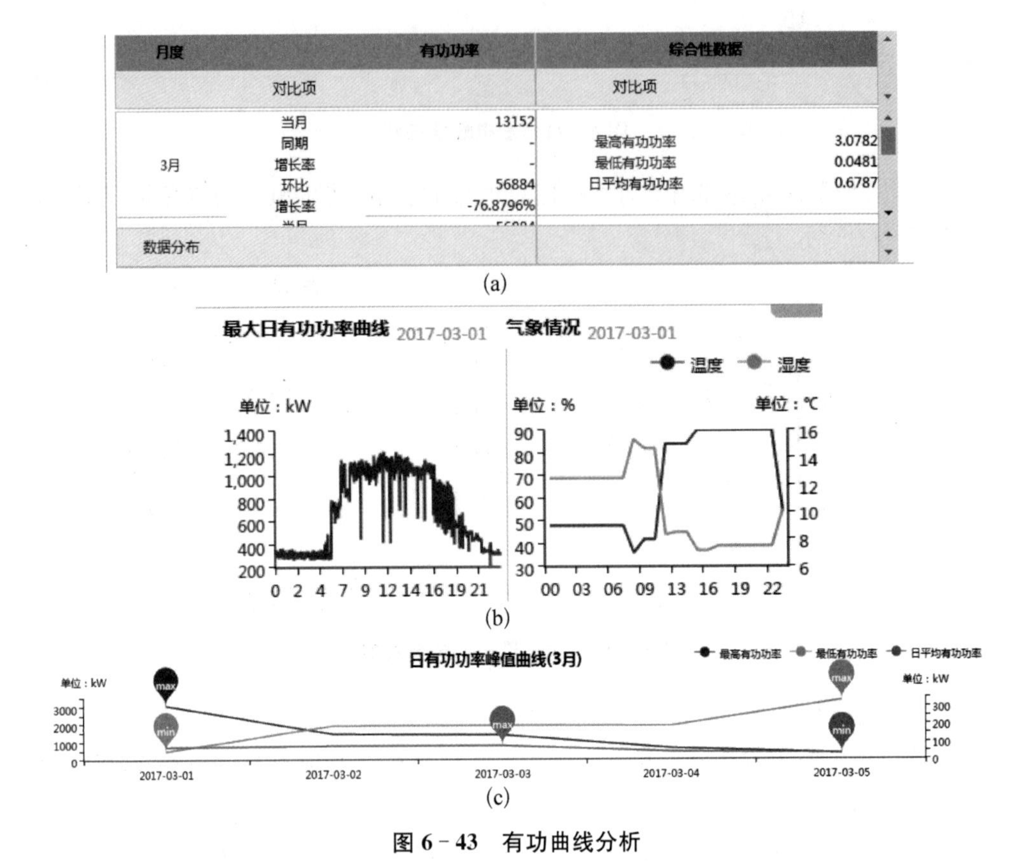

图 6-43　有功曲线分析

(a) 有功功率统计分析表；(b) 气象关联比较图；(c) 峰值分析曲线

的形式散发掉的功率。其实网损是在输电配电过程中不可避免的电能损耗。所以，一定要将网损率控制在一定的范围之内，避免在线路或设备上浪费过多的电能，以达到最大利用效率、节约资源，实现电网电能的最好利用与发展。线路上的损耗难以避免，因此云平台上主要记录的是对变压器等输配电设备的损耗。通过记录每年或每月各设备前端和后端的电量，便能很方便地计算出该设备上的网损以及网损率，计算式为

$$\Delta W = W_i - W_o \tag{6-35}$$

$$\eta = \frac{\Delta W}{W_i} \times 100\% \tag{6-36}$$

式中，ΔW 为设备损耗电量；W_i 为设备入端电量；W_o 为设备出端电量；η 为设备网损率。

网损率是衡量供电企业管理水平的一项重要综合性经济技术指标。设备网损

将占据很多的能源以及发电设备容量，给本就短缺的能源网带来不必要的损失。因此，降低网损是电力企业乃至用户都迫切需要不断推进的一项任务。在云平台上网损分析的实现如图6－44所示。

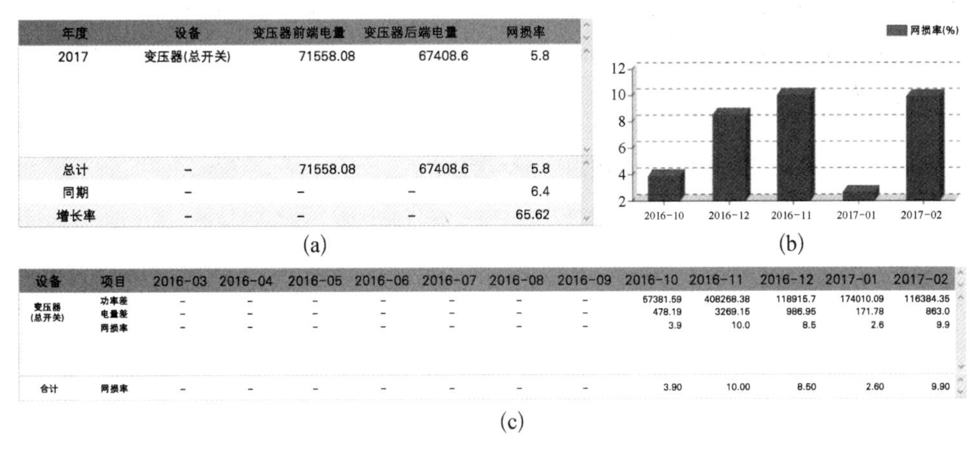

年度	设备	变压器前端电量	变压器后端电量	网损率
2017	变压器(总开关)	71558.08	67408.6	5.8
总计	–	71558.08	67408.6	5.8
同期	–	–	–	6.4
增长率	–	–	–	65.62

(a)

(b)

设备	项目	2016-03	2016-04	2016-05	2016-06	2016-07	2016-08	2016-09	2016-10	2016-11	2016-12	2017-01	2017-02
变压器(总开关)	功率差	–	–	–	–	–	–	–	57381.59	408268.38	118915.7	174010.09	116384.35
	电量差	–	–	–	–	–	–	–	478.19	3269.15	986.95	171.78	863.0
	网损率	–	–	–	–	–	–	–	3.9	10.0	8.5	2.6	9.9
合计	网损率	–	–	–	–	–	–	–	3.90	10.00	8.50	2.60	9.90

(c)

图6－44　网损分析界面

(a) 网损情况统计表；(b) 网损率统计分析图；(c) 设备损耗表

年度网损情况表[见图6－44(a)]中统计了当前年度各设备前端与后端的电量，利用$(W_i-W_o)/W_i$计算出网损率，并将该用户所有设备的前、后端电量累加起来并求出总网损率计入“总计”一栏。表中还包含“同期”与前一年的比较以及“增长率”监测网损是否增长。

损耗率统计图[见图6－44(b)]展示了近几个月每月的网损率柱状图进行直观比较，可清楚地看出月间网损率的差异，并对过多网损的月份进行总结和评价。网损率与其他月份或其他年同月相差过大的月份可能预示着系统的某些问题或是受到了某些干扰，需要去重点关注。

设备损耗表[见图6－44(c)]包含了所有设备每月的“功率差”“电量差”“网损率”以及其合计，用于评价各个设备的损耗。设备损耗的大小在很大程度上反映了该设备的运行状态是否完备以及其老化程度，所以有必要将损耗控制在一定范围内，及时维护或跟换设备。

(4) 电能质量。

① 无功补偿分析。

无功功率的平衡是影响电网运行电压水平以及维护电力系统稳定的重要因素。老港云平台以设备为单位分析其功率因数与负载率的关系，可判断该设备重载与轻载时对无功功率的影响程度，从而给出一个合适的负载率范围作为其工作范围，并能检验无功补偿措施的实际效果。用户通过无功分析曲线，也能够看出无功补偿的效果，一般来说，功率因数越高，则说明供电效率越高、电能质量越好。若是无功补偿效果不佳，则需要从用户的角度削减负荷了。当投入运行的无功补偿设备正常运作，设备的无功功率变化时，传输给系统的无功不会大幅变化，从而避免了因为无功平衡点的变化导致的电网不稳定现象，提高了电能质量。

云平台上无功补偿分析的界面实现如图 6－45 所示，包括左上方的“无功补偿分析表”、右上方的“无功曲线”以及下方的“无功补偿分析图”。

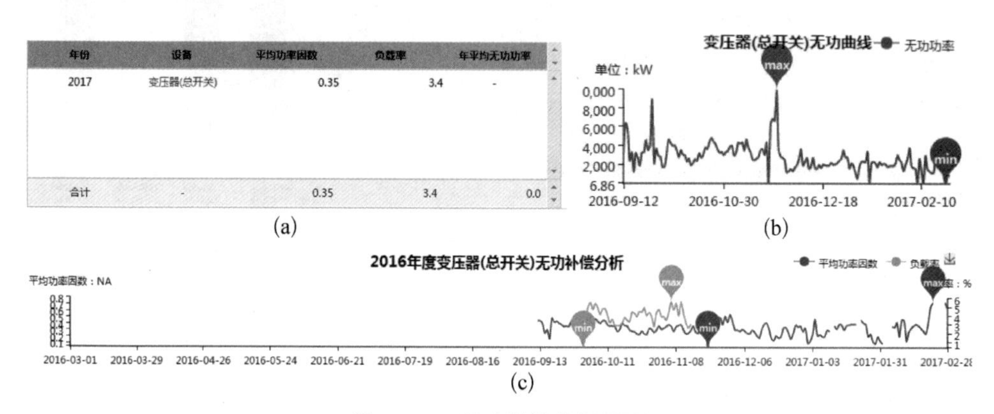

年份	设备	平均功率因数	负载率	年平均无功功率
2017	变压器(总开关)	0.35	3.4	-
合计	-	0.35	3.4	0.0

图 6－45　无功补偿分析界面

(a) 无功统计表；(b) 无功统计分析图；(c) 无功补偿峰谷值分析曲线

年度无功补偿分析表中包含不同设备的平均功率因数、负载率和平均无功功率，以及各项指标合计。对于每个设备的无功情况进行分析，从而决定采用何种手段进行补偿。

无功曲线是设备每日无功用电量曲线图，由图可看出无功电量的波动情况，据此可分析出设备运行所需的无功补偿情况和可能出现的问题，从而做出相应的对策，使无功补偿的效果能与其变化相抵消。

无功补偿分析图包含平均功率因数图和负载率图，根据负载率和功率因数，可以得到负载中作为无功的部分，从而进行补偿分析，决定要采取何种方案进行补偿。

② 谐波分析。

谐波也是电力系统运行中无法避免的一个问题。实际运行时的电压电流波形不可能是理想正弦波，势必可分解为大量频率与工频(50 Hz)不同的其他正弦波分量(一般频率大于工频)，这些分量便是谐波。谐波是污染电网电能质量的一大重要因素，它的存在会降低用电设备的效率、加速其老化，甚至会对通信产生干扰、影响保护设备的动作、引发事故。谐波分析采用总谐波畸变率(THD)以及波形畸变率(VCF)两个指标，能够很明显地将各次谐波的大小表现出来，用户通过这两个数据可以判断谐波是否在允许范围内，若是谐波含量过大，便要采取响应的措施抑制它。

根据采集到的数据，运用傅里叶变换(FFT)可以很容易计算出 2 至 50 次谐波的幅值以及相位，再计算其相应的 THD 及 VCF 值即可。其中，THD 指的是所有谐波分量幅值均方根值与基波幅值的比值，用来表示谐波在电能使用中产生的影响大小。VCF 用于分析电流或电压波形的畸变程度。这两者均越小越好。根据谐波的幅值大小与基波的比值可以绘制出电流或电压的频谱图，频谱图可供用户清晰地看出各次谐波的相对大小及谐波的复杂程度。

如图 6－46 所示，谐波分析包含“谐波分析表”“谐波频谱图”以及“电压电流分析曲线”。

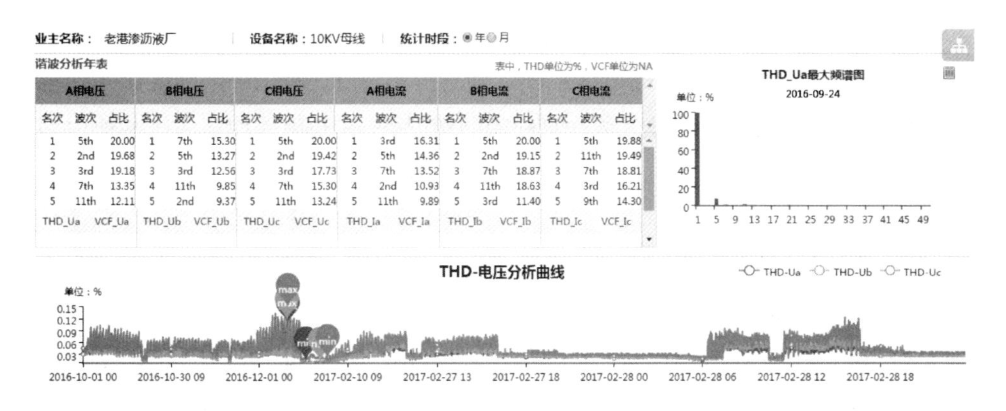

图 6－46　谐波分析界面

谐波分析表包含 a、b、c 三相电压、电流各次谐波所占比重，并从大到小依次排序。单击 THD 和 VCF 按钮，可以显示相应频谱图。

谐波畸变引起的峰值电压上升有可能会导致设备被击穿。电压峰值因数(voltage crest factor，VCF)是谐波分析的一个重要参数，是指所有谐波电压(2～50 次)幅值之和与基波电压幅值之比。

4) 热力网分析

老港能源互联网将渗滤液厌氧反应产热用于渗滤液好氧反应，将垃圾焚烧发电余热、沼气发电余热收集的热能通过热输送管道用于污泥干化、管理中心用热及余热外送。对于热力网的监测主要在于温度和热交换介质的流量分析。热力网主要分为两部分，即产热情况管理和用热情况管理。

产热报表中包含了渗滤液厌氧反应温度数据、垃圾焚烧发电余热温度数据和沼气发电余热温度数据及热交换介质的流量数据。用热报表中包含了各用热点的温度信息和热交换介质流量信息，包括污泥干化厂、管理中心和外送余热热交换介质的流量和温度信息。利用这些数据，依照产热能量的计算，可以获得不同统计时间段的用热量。根据下式计算出各产、用热点的热能值：

$$W_T = CM(T - T_0) \tag{6-37}$$

式中，C 为热交换介质比热；M 为热交换介质质量；T_0为热交换介质初温度；T 为热交换介质末温度。

热能情况表展示了不同产热口当前统计时间段下的最大热能、最小热能、平均热能及总热能，以及实时热交换介质温度和实时热交换介质压力；产、用热情况统计图展示了不同产热口在当前统计时段热能柱状图；历史数据对比图展示了不同产、用热口历史热能趋势图。

5）气网分析

老港能源互联网将厌氧反应所产沼气和垃圾填埋场所产生的填埋气经过提纯工艺，供给锅炉燃烧发电、垃圾运输车(船)动力发电及本身的沼气发电，多余部分存入沼气储气罐装置，以填补气体产量缺额的情况，产气和用气均在固废基地内部完成。气网的监测，主要为沼气和填埋气的流量分析、气体组分和各组分的浓度分析、气体压力分析。

(1) 产、用气报表管理。

老港能源互联网产气报表中包含了安装于已封厂的一、二、三期填埋场的产气出口、四期填埋场和综合填埋场的产气出口，渗滤液厂产气出口的气体流量计测得的数据，也包含了经过提纯的产气数据，展示产气量的具体情况。利用在线型沼气成分分析仪来分析各产气口产气成分和占比。用气报表中包含了各用气点进气口的气流量信息，包括锅炉燃烧、沼气发电、垃圾输运车、垃圾输运船、沼气储气罐监测点的气流量采集信息。

以产气为例，报表可按年、季、月、日调整统计时间段，设置产气流量情况表、产气情况统计图和历史数据对比图来全方位展示产气情况。产气流量情况表展示了不同产气口当前统计时间段下的最大产气量、最小产气量、平均产气量与总产气量及历史累计总产气量的值；产气情况统计图展示了不同产气口在当前统计时段产气量累计产气量柱状图；历史数据对比图展示了不同产气口历史产气趋势图。

此外，还设有实时沼气温度和实时沼气压力栏目，便于工作人员了解沼气的安全性，防止出现安全事故。其界面下方还包括产气气体组分及各组分浓度分析表。对于提纯后的沼气监测口，设有沼气浓度与热值最高沼气浓度的比值栏目，可以清楚地了解沼气的产气质量，便于调整提纯过程参数设计。

(2) 气能转化效率分析。

气能转化效率指的是气体在燃烧或以其他形式的发电过程的能量转化效率。通过气能转化效率的分析，可以考察各气体利用装置的产能效率，为调整利用装置参数提供参考，并且便于园区内更好地进行能量配置。通过记录气体利用设施的

进气口气流量和输出能量(电能、热能),以焦耳为能量单位,该设施的能量损失和能量转化效率计算公式为

$$\Delta W_g = W_i - W_o \tag{6-38}$$

$$\eta = \frac{\Delta W_g}{W_i} \times 100\% \tag{6-39}$$

式中,ΔW_g 为装置损耗能量;W_i 为装置入端进气量;W_o 为装置出端能量;η 为装置气能转化效率。

装置损耗的大小在很大程度上反映了该设备的运行状态是否完备以及其老化程度,所以有必要将损耗控制在一定范围内,及时维护或跟换装置。

(3) 气体安全性分析。

建立单独的气体安全性分析界面,主要数据来源于各监测点气体的温度和压力信息。界面显示为气网图,包含了所有气网监测点。综合压力信息将监测点的沼气工况分为正常状态、不正常状态和危险状态,相应的分别用绿灯、黄灯和红灯表示;当有监测点亮黄灯时,提醒工作人员应该查看该监测点的安全情况,以免发生事故。点击相应的监测点可以弹出该监测点的气体压力和温度变化情况曲线,对于波动较大的监测点,也应当及时查看、排除隐患。

参考文献

[1] 张彦,张涛,孟繁霖,等.基于模型预测控制的能源互联网系统分布式优化调度研究[J].中国电机工程学报,2017,37(23):6829-6845.

[2] 王青,谭良,杨显华.基于 Spark 的 Apriori 并行算法优化实现[J].郑州大学学报(理学版),2016,48(04):60-64.

[3] 熊金波,张媛媛,李凤华,等.云环境中数据安全去重研究进展[J].通信学报,2016,37(11):169-180.

[4] 戴远航,陈磊,张玮灵,等.基于多支持向量机综合的电力系统暂态稳定评估[J].中国电机工程学报,2016,36(05):1173-1180.

[5] 刘世成,张东霞,朱朝阳,等.能源互联网中大数据技术思考[J].电力系统自动化,2016,40(08):14-21+56.

[6] 郭庆来,辛蜀骏,孙宏斌,等.电力系统信息物理融合建模与综合安全评估:驱动力与研究构想[J].中国电机工程学报,2016,36(06):1481-1489.

[7] 谢娟英,高红超,谢维信.K 近邻优化的密度峰值快速搜索聚类算法[J].中国科学:信息科学,2016,46(02):258-280.

[8] 曾鸣,杨雍琦,李源非,等.能源互联网背景下新能源电力系统运营模式及关键技术初探[J].中国电机工程学报,2016,36(03):681-691.

[9] 严太山,程浩忠,曾平良,等.能源互联网体系架构及关键技术[J].电网技术,2016,40(01):

105-113.
[10] 曾鸣,杨雍琦,刘敦楠,等.能源互联网"源-网-荷-储"协调优化运营模式及关键技术[J].电网技术,2016,40(01):114-124.
[11] 王有元,蔡亚楠,王灿,等.基于云平台的变电站设备智能诊断系统[J].高电压技术,2015,41(12):3895-3901.
[12] 孙宏斌,郭庆来,潘昭光,等.能源互联网:驱动力、评述与展望[J].电网技术,2015,39(11):3005-3013.
[13] 马钊,周孝信,尚宇炜,等.能源互联网概念、关键技术及发展模式探索[J].电网技术,2015,39(11):3014-3022.
[14] 梁吉业,冯晨娇,宋鹏.大数据相关分析综述[J].计算机学报,2016,39(01):1-18.
[15] 孙秋野,王冰玉,黄博南,等.狭义能源互联网优化控制框架及实现[J].中国电机工程学报,2015,35(18):4571-4580.
[16] 张斌,庄池杰,胡军,等.结合降维技术的电力负荷曲线集成聚类算法[J].中国电机工程学报,2015,35(15):3741-3749.
[17] 杨方,白翠粉,张义斌.能源互联网的价值与实现架构研究[J].中国电机工程学报,2015,35(14):3495-3502.
[18] 王于丁,杨家海,徐聪,等.云计算访问控制技术研究综述[J].软件学报,2015,26(05):1129-1150.
[19] 彭宇,庞景月,刘大同,等.大数据:内涵、技术体系与展望[J].电子测量与仪器学报,2015,29(04):469-482.
[20] 张东霞,苗新,刘丽平,等.智能电网大数据技术发展研究[J].中国电机工程学报,2015,35(01):2-12.
[21] 彭小圣,邓迪元,程时杰,等.面向智能电网应用的电力大数据关键技术[J].中国电机工程学报,2015,35(03):503-511.
[22] 周发超,王志坚,叶枫,等.关联规则挖掘算法 Apriori 的研究改进[J].计算机科学与探索,2015,9(09):1075-1083.
[23] 徐计,王国胤,于洪.基于粒计算的大数据处理[J].计算机学报,2015,38(08):1497-1517.
[24] 任磊,杜一,马帅,等.大数据可视分析综述[J].软件学报,2014,25(09):1909-1936.
[25] 程学旗,靳小龙,王元卓,等.大数据系统和分析技术综述[J].软件学报,2014,25(09):1889-1908.
[26] 冯朝胜,秦志光,袁丁.云数据安全存储技术[J].计算机学报,2015,38(01):150-163.
[27] 董朝阳,赵俊华,文福拴,等.从智能电网到能源互联网:基本概念与研究框架[J].电力系统自动化,2014,38(15):1-11.
[28] 汪海燕,黎建辉,杨风雷.支持向量机理论及算法研究综述[J].计算机应用研究,2014,31(05):1281-1286.
[29] 林闯,苏文博,孟坤,等.云计算安全:架构、机制与模型评价[J].计算机学报,2013,36(09):1765-1784.
[30] 黄斌,许舒人,蒲卫.基于 MapReduce 的数据挖掘平台设计与实现[J].计算机工程与设计,2013,34(02):495-501.
[31] 贺瑶,王文庆,薛飞.基于云计算的海量数据挖掘研究[J].计算机技术与发展,2013,23(02):

69－72.
[32] 方巍，文学志，潘吴斌，等.云计算：概念、技术及应用研究综述[J].南京信息工程大学学报(自然科学版)，2012，4(04)：351－361.
[33] 罗军舟，金嘉晖，宋爱波，等.云计算：体系架构与关键技术[J].通信学报，2011，32(07)：3－21.
[34] 冯登国，张敏，张妍，等.云计算安全研究[J].软件学报，2011，22(01)：71－83.
[35] 赵俊华，文福拴，薛禹胜，等.云计算：构建未来电力系统的核心计算平台[J].电力系统自动化，2010，34(15)：1－8.

第7章　电热气混合能源互联系统

老港固废处置基地是一个典型的电-热-气混合能源互联系统，其作为三种形态能源的耦合节点，通过沼气发电机和锅炉等设备实现了电-热-气的能源互联，关于基地与各个能源网络之间稳态和暂态分析对混合能源互联网络的调度和控制方面有着重大作用，因此，可以称为能源互联网中的“能源路由器”。本章从典型的电-热-气混合能源互联系统的稳态、暂态及经济调度分析三方面详细介绍了其作为“能源路由器”的潜力所在。

7.1　电-热-气混合能源互联系统稳态分析

电-热-气混合能源互联系统的稳态模型由3个部分组合而成，即电力系统、天然气系统和电气耦合部分，可表述为如下方程组：

$$\begin{cases} f_{\mathrm{E}}(x_e,\ x_g,\ x_{eh})=0 \\ f_{\mathrm{NG}}(x_e,\ x_g,\ x_{eh})=0 \\ f_{\mathrm{EH}}(x_e,\ x_g,\ x_{eh})=0 \end{cases} \tag{7-1}$$

式中，从上至下分别为电力系统部分的方程、天然气系统部分的方程与能源耦合环节的方程。x_e 为功率、相角、电压幅值等电力系统变量；x_g 为压力、流量等天然气系统变量；x_{eh} 为功率转化因子等能源耦合环节变量。能源系统之间的耦合关系，直接表现在上式中某一能源系统的方程中存在着其他系统的运行变量。如电力系统方程 f_{E} 中存在天然气系统变量，则表示电力系统部分因存在燃气轮机、能源集线器等耦合组件，其运行状态受天然气系统的压力、流量等变量影响。下面将分别讲述各部分方程的具体构建与整体模型求解方法，并对混合能源间的交互影响进行分析。

7.1.1 电-热-气混合能源互联系统稳态建模

1）电力系统部分稳态建模

电力系统部分稳态建模已经早有研究，其具体的稳态建模过程在此不予赘述。在电-热-气混合能源系统中，电力系统主要为配电网，其主要特征包括：辐射状运行、支路阻抗比值较大、三相多不平衡、分支多、存在可再生能源接入等。此外，混合能源系统中多种能源之间存在着密切的耦合关系，电力系统的变量不但是其他能源部分的输出对象（如天然气系统通过燃气轮机输出电力系统变量），也是其他能源系统中的输入（如热力系统中的电泵、天然气系统中的电驱动压缩机等，其所需电能来自电力系统部分），这就对混合能源互联系统中电力系统部分的稳态分析提出了新要求，且在求解过程中需考虑与之耦合的其他能源环节的影响。

在单纯的电力系统潮流计算中，其基础是节点电压电流方程 $I = YU$，用功率变量表示后变为

$$\dot{I}_{ab} = \sum_{b=1}^{k} Y_{ab}\dot{U}_{b} = \frac{P_{a} - \mathrm{j}Q_{a}}{\bar{U}_{a}},\ a = 1,\ 2,\ \cdots,\ N \tag{7-2}$$

式中，$\dot{I}_{a}$ 与 $\dot{U}_{b}$ 分别为节点 a 的注入电流和节点 b 的电压，Y_{ab} 为导纳矩阵中的元素，P_{a} 与 Q_{a} 为节点 a 的注入有功功率和无功功率，$\bar{U}_{a}$ 为电压向量的共轭，N 为系统节点数。

2）天然气系统部分稳态建模

从天然气系统（natural gas system，NGS）的稳态建模和潮流分析等方面与电力系统进行比较（见表7-1），可以发现它们之间存在很强的相似性，因此可以在成熟的电力系统稳态分析技术的基础上进行发散思考和借鉴处理，对NGS进行研究。首先，将天然气系统与电力系统的主要差异挖掘出来进行考虑，天然气系统具有大规模存储的特点且对不同气质会有不同的特性，对差异性的分析是提高混合能源系统供能质量的关键。天然气并非纯气体，而是由多种气体成分构成的，如甲烷、和乙烷、丙烷、氮和丁烷。不同的天然气来源有着不同的气质成分，因此系统中的气质会受到新的注气点的影响。此外，由经济调度与需求侧管理等原因导致的天然气系统负荷调节也会引起其系统的稳态改变。对于上述现象，传统的天然气系统分析方法往往难以适用。天然气气质变化、负荷调整以及注气点的引入，都会对天然气系统本身以及与之存在耦合关系的混合能源互联系统其他部分产生一定的影响，而构建适用的天然气系统分析模型与相应的求解方法是关键。

表 7-1　电力系统与天然气系统对比

分　类	电力系统	天然气系统
节　点	平衡节点 PQ 节点 PV 节点	压力已知点 流量已知点 压力、流量均已知点
支　路	含变压器支路 非变压器支路	含压缩机支路 非压缩机支路
网络描述关键要素	节点导纳矩阵	节点-支路关联矩阵
常见潮流求解方法	牛顿法 PQ 分解法	牛顿节点法 牛顿网孔法

在典型的天然气系统中，供气点、输气管道、压缩机、储气点和负荷是主要组成成分。天然气有多个供气点，通过天然气输气管道，经高—中—低压网络传输到储气点、负荷点或通过耦合点与其他能源系统耦合。天然气由于传输以及摩擦阻力等因素，存在压力下降的情况，此时需要合理地布置压缩机使压力得以抬升。

与电力系统相似，可以将天然气系统中的气压等效为电压，流量等效为功率，压缩机等效为变压器，可近似地将天然气系统分为两个关键部分：即节点和支路。如表 7-1 所示，为天然气系统与电力系统的稳态分析关键问题的对比。

天然气系统的节点主要分为两种，一种是压力已知节点，一般为供气点，其压力固定已知，经过该点的流量为待求量，类似于电力系统中的平衡节点；另一种是流量已知节点，一般为负荷节点，其压力为待求量，类似于电力系统中的 PQ 节点，而当节点压力与流量均已知时，可将之类比于电力系统中 PV 节点。

天然气系统的支路可以分为不含压缩机支路与含压缩机支路两种。天然气管道两端存在压力降，管道流量与管道两端压力之间存在一定关系，其流量计算公式与管道压力等级和相应的网络参数也存在一定关联。天然气系统在运行中满足流体力学质量守恒定律与伯努利方程，在一定假设的基础上，不同压力等级的天然气流量式为

$$q_{ij}=\begin{cases}5.72\times10^{-4}\sqrt{\dfrac{(p_i-p_j)D^5}{f\cdot L\cdot\rho_r}}\\[2ex] 7.57\times10^{-4}\dfrac{T_{\mathrm{n}}}{p_{\mathrm{n}}}\sqrt{\dfrac{(p_i^2-p_j^2)D^5}{f\cdot L\cdot\rho_r}}\\[2ex] 7.57\times10^{-4}\dfrac{T_{\mathrm{n}}}{p_{\mathrm{n}}}\sqrt{\dfrac{(p_i^2-p_j^2)D^5}{f\cdot L\cdot T\cdot Z\cdot\rho_r}}\end{cases}\tag{7-3}$$

式中，第 1 种表达适用于 0～75 mbar① 压力范围；第 2 种表达适用于 0.75～7.0 bar 压力范围；第 3 种表达适用于大于 7.0 bar 压力范围的情况；i 与 j 分别为天然气管道首末节点；q_{ij} 为标准状况(standard temperature and pressure，STP)下的管道流量；p_i 与 p_j 代表 i，j 节点的气压；D 与 L 为管道的直径和长度；ρ_s 为相对密度；f 为摩擦系数；Z 为计算常数；T_{n} 与 p_{n} 为标准状况下的温度与压力。在混合能源互联系统中，由于天然气压力等级相对不高，往往需采用第 2、3 种表达式所给的低压场景计算公式。

当支路中含有压缩机时，方程需要改进如下：

$$P_{kij} = B_k f_k \left[\left(\frac{p_j}{p_i}\right)^{Z_k} - 1\right] \tag{7-4}$$

$$R_{kij} = \frac{p_j}{p_i} \tag{7-5}$$

$$D_{\mathrm{g}} = a + b \cdot P_{kij} + c \cdot P_{kij}^2 \tag{7-6}$$

式中，P_{kij} 表示压缩机所需功率；B_k 为与压缩机温度、效率、绝热指数相关的参数；f_k 为流经压缩机管道的流量；R_{kij} 为压缩比；压缩机运行需要额外的功率，当该部分功率由天然气通过燃气轮机提供时，所消耗的天然气流量为 D_{g}；a，b，c 为燃气轮机燃料比率系数。此外，压缩机运行所需功率也可由电网提供。

3）电-热-气耦合环节稳态建模

在电-热-气混合能源互联系统中，能源耦合环节通过能源集线器模型来描述。能源集线器可实现能源的转换、存储、分配等功能，其中电、气、冷、热间的耦合关系可通过该模型进行描述。能源集线器模型通过耦合矩阵 $\boldsymbol{C}$ 将能源输入 $\boldsymbol{P}$ 与输出 $\boldsymbol{L}$ 连接起来，两者关系满足 $\boldsymbol{L} = \boldsymbol{CP}$。本节重点讨论电力系统与天然气系统的耦合关系，因此热力环节仅考虑为适合的热功率负荷。混合能源互联系统中的能源耦合密切且用户能源需求种类多样，本节选取其中 3 种典型能源集线器进行具体。

第一种能源集线器：主要元件为变压器、空调系统以及燃气锅炉；L_{e1} 与 L_{h1} 表示电力与热力需求，L_{h1} 既可由燃气锅炉供应，也可通过空调系统转化而来；P_{e1} 与 P_{g1} 分别表示电力与天然气输入，λ_1 表示分配系数，即 $\lambda_1 P_{\mathrm{e1}}$ 表示电力输入分配给空调系统的功率；η^{T}、η^{AC} 和 η^{GF} 分别表示变压器、空调系统和燃气锅炉的能源转化效率。由此，该能源集线器可写成如下形式：

① 1 mbar=10^{-3} bar，1 bar=10^5 Pa。

$$\begin{bmatrix} L_{e1} \\ L_{h1} \end{bmatrix} = \begin{bmatrix} (1-\lambda_1)\eta^{T} & 0 \\ \lambda_1 \eta^{AC} & \eta^{GF} \end{bmatrix} \begin{bmatrix} P_{e1} \\ P_{g1} \end{bmatrix} \tag{7-7}$$

第二种能源集线器：主要元件包括换热器、压缩机与电加热器，电力系统通过电加热器进行电热转换，并通过压缩机向天然气系统提供能量，该部分所需功率与压缩机压缩比相关。类似地，该能源集线器可写成如下形式：

$$\begin{bmatrix} L_{e2} \\ L_{h2} \end{bmatrix} = \begin{bmatrix} (1-\lambda_2)\eta^{C} & 0 \\ \lambda_2 \eta^{H} & \eta^{HE} \end{bmatrix} \begin{bmatrix} P_{e2} \\ P_{g2} \end{bmatrix} \tag{7-8}$$

式中，L_{e2} 与 L_{h2} 表示电力与热力需求，L_{h2} 既可由电加热器供应，也可通过换热器转化而来；P_{e2} 与 P_{g2} 分别表示电力与天然气输入，λ_2 表示分配系数，即 $\lambda_2 P_{e2}$ 表示电力输入分配给电加热器的功率；η^{H}、η^{C} 和 η^{HE} 分别表示电加热器、压缩机和换热器的能源转化效率。

第三种能源集线器：主要元件为微型燃气轮机与换热器。天然气系统通过燃气轮机向电力系统供能，对其电压水平起支撑作用；同时，燃气轮机也是天然气系统的可变负荷，其出力水平受天然气系统的影响。L_{e3} 与 L_{h3} 表示电力与热力需求，L_{h3} 既可由微型燃气论及供应，也可通过换热器转化而来；P_{h3} 与 P_{g3} 分别表示电力与天然气输入；η_{GE}^{MT} 和 η_{GH}^{MT} 分别表示微型燃气轮机的气转电和气转热的能源转化效率。该能源集线器模型可表示为

$$\begin{bmatrix} L_{e3} \\ L_{h3} \end{bmatrix} = \begin{bmatrix} \eta_{GE}^{MT} & 0 \\ \eta_{GH}^{MT} & \eta^{HE} \end{bmatrix} \begin{bmatrix} P_{g3} \\ P_{h3} \end{bmatrix} \tag{7-9}$$

当上述能源集线器的负荷需求、调度方式或其中组件运行状态发生改变时，与之连接的电力系统与天然气系统均会受影响。

7.1.2 电-热-气混合能源互联系统稳态求解

天然气系统之间的能源传输会引起其气质的改变，同时，随着电力转天然气等技术(power to gas，P2G)的逐步应用，天然气系统与其他能源系统的联系愈发紧密。P2G 产生的氢气的可利用途径主要分为以下 3 种：① 作为燃料送至所需工业部门；② 以一定比例注入天然气系统中；③ 通过甲烷化反应形成可再生甲烷(renewable power methane，RPM)注入天然气系统，其注入量无限制。上述气体往往以分布式注气点(distributed gas supply sources，DGSS)的形式注入天然气系统，引起其气质以及网络结构的改变。此外，天然气系统在不同节点进行负荷调节，产生的效果也往往不同。上述网络状态的改变对天然气系统以及混合能源互

联系统都有较大影响。

1）天然气系统潮流计算

将电力系统与天然气系统进行类比，两者在潮流求解环节的相似性主要体现在两个方面：① 根据质量守恒定律，基尔霍夫第一定律与基尔霍夫第二定律在天然气系统中也同样适用，相应地可以分别形成以关注节点和闭合回路为重点的天然气潮流解法；② 电力系统与天然气系统潮流求解的关键，都是利用高效迭代算法对高维非线性方程组进行求解，由此，以牛顿法为代表的求解方法可推广至天然气系统中。本节采用节点法列解天然气系统的潮流方程，对于 n 节点的天然气系统，当利用牛顿法进行第 k 次迭代求解时，其修正方程式为

$$\begin{cases}\boldsymbol{F}(x_g^{(k)})=\boldsymbol{J}^{(k)}\Delta\boldsymbol{x}_g^{(k)}\\ \boldsymbol{x}_g^{(k+1)}=\boldsymbol{x}_g^{(k)}-\Delta\boldsymbol{x}_g^{(k)}\end{cases}\tag{7-10}$$

式中，

$$\boldsymbol{F}(x_g^{(k)})=\begin{bmatrix}f_{\mathrm{NG1}}[x_{g1}^{(k)},\ x_{g2}^{(k)},\ \cdots,\ x_{gn}^{(k)}]\\ f_{\mathrm{NG2}}[x_{g1}^{(k)},\ x_{g2}^{(k)},\ \cdots,\ x_{gn}^{(k)}]\\ \vdots\\ f_{\mathrm{NG}n}[x_{g1}^{(k)},\ x_{g2}^{(k)},\ \cdots,\ x_{gn}^{(k)}]\end{bmatrix}\tag{7-11}$$

为所求函数的误差向量；$\boldsymbol{J}^{(k)}$ 为此时的雅可比矩阵；$\Delta\boldsymbol{x}_g^{(k)}$ 为此时的修正量向量。通过反复迭代上述式子，所求变量逐渐趋近于系统真实解，直至满足收敛条件，输出结果。通过对初值进行优选，可用较少的迭代次数求得最终结果。

2）气质对天然气系统的影响

天然气系统可以在一定范围内承受其成分的改变，这种改变会影响其节点压力与管道流量。在稳态计算中，经过一定的假设，结合 Darcy 方程，天然气沿管道（长度 d_x，管道内直径 D）的压力降可表述为

$$d_p=-0.5\times\frac{\rho v^2\lambda\times d_x}{D}\tag{7-12}$$

式中，ρ 为天然气在该管道压力和温度条件下的质量密度；v 为天然气流速；λ 为摩擦系数，与流体的雷诺数以及管道粗糙程度相关。在一定温度和压力条件下，若 λ、D、d_x 均为常数，则 d_p 主要与此时天然气的密度与流速相关，对于前者一般用天然气相对密度（specific gravity，SG）描述，它与天然气的气质密切相关；后者可用流量进行表征。

天然气的气质还影响其热值，即单位质量或体积的天然气完全燃烧时释放的热量，可用总热值（gross calorific value，GCV）描述，不同气质的天然气在相同条件

下释放的能量不同。天然气系统网络状态的改变会影响上述变量,进一步,其压力降也会发生变化。

3)天然气系统注气点分析

天然气系统中的DGSS通常出现在天然气低压系统中。与电力系统分布式发电(distributed generation,DG)直接接入电力系统不同,天然气系统DGSS需要安装小口径的配气管道,这意味着天然气局部网络结构会随之改变。与电力系统类似,天然气系统可将注气点视为“负的负荷”,对于注气点i,其注入量与该点所需热量H_i呈如下关系:

$$Q_i = (-1) \times \frac{H_i}{GCV_i} \tag{7-13}$$

为简化分析,天然气注气点的操作压力和引起的温度变化等因素暂不考虑。

4)天然气系统灵敏度分析

在混合能源互联系统中,天然气系统中的负荷变动会对其网络状态产生显著影响,类比于电力系统,采用灵敏度分析方法来研究这种改变所带来的影响。天然气环节方程可用$f(p, t)=0$表示。式中,p表示压力;l表示负荷。设天然气系统稳态运行点为(p_0, l_0),受到扰动后系统的运行点将变为$(p_0+\Delta p, l_0+\Delta l)$。为了求出$p$与$l$变化量之间的关系,在$(p_0, l_0)$处将$f(p, t)=0$按泰勒级数展开,取一次项,得:

$$f(p_0+\Delta p, l_0+\Delta l) = f(p_0, l_0) + \frac{\partial f}{\partial p}\Delta p + \frac{\partial f}{\partial l}\Delta l = 0 \tag{7-14}$$

式中,由于$f(p_0, t_0)=0$,故有

$$\frac{\partial f}{\partial p}\Delta p + \frac{\partial f}{\partial l}\Delta l = 0 \tag{7-15}$$

即

$$\Delta p = -\left(\frac{\partial f}{\partial p}\right)^{-1} \frac{\partial f}{\partial l}\Delta l \tag{7-16}$$

令天然气节点压力-负荷灵敏度矩阵$S=-\left(\frac{\partial f}{\partial p}\right)^{-1} \frac{\partial f}{\partial l}\Delta l$,又由于负荷$l$是定量且通常已知,$\frac{\partial f}{\partial l}=\mathrm{diag}[1\cdots 1]$,则$S=-\left(\frac{\partial f}{\partial p}\right)^{-1}$,即天然气压力-负荷灵敏度矩阵等于天然气系统潮流求解的雅可比矩阵求逆的负数。压力-负荷灵敏度的相关信息,可为天然气系统负荷调节的位置优选提供帮助,也可以为混合能源互联系统

的能源耦合信息调整提供重要依据。

5）混合能源互联系统稳态问题的综合求解

混合能源互联系统的稳态潮流分析，存在统一求解和分立求解两种思路，统一求解法需要构建多种能源网络的统一雅可比矩阵，而分立求解法可以利用不同能源系统业已成熟的分析方法进行求解。同时，在探讨不同能源系统变化对综合能源系统影响时，后者更为灵活和易于扩展。为此，本节分析中采用分立求解方法，如图 7－1 所示。

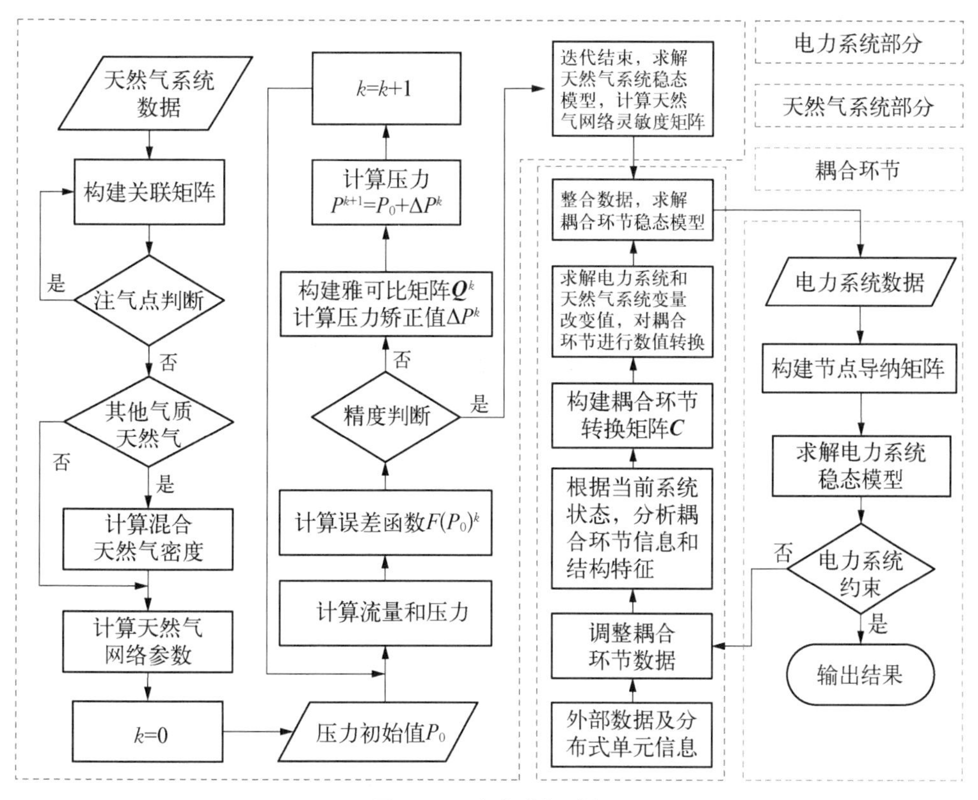

图 7－1　稳态求解过程

基于上述分析，电-热-气混合能源互联系统稳态求解思路主要分成 4 个部分。首先，对天然气系统网络状态变化进行分析，判断是否有注气点或气质的改变，根据其变化调节天然气系统求解模型，并完成天然气系统初始化设置；其次，通过牛顿法对天然气系统潮流方程进行求解，并根据其结果求得天然气灵敏度矩阵；再次，结合天然气系统相关信息，分析能源耦合环节能量交互方式并进行数值求解；最后，将上述信息带入到电力系统计算过程，若电力系统计算结果均在系统的合理运行区间，则计算结束，输出结果；否则，返回能源耦合环节并对其进行调整，通过循环迭代，保证电力系统运行在合理范围之内。进一步，结合综合求解信息，探究天然气系统网络状态的改变对其自身以及与之耦合的电力系统影响。

在上述综合求解过程中，电力系统的迭代求解主要需要能源耦合环节的参与，其实质是由于气质、注气点以及负荷的改变，天然气系统网络状态出现变化（可视为能源系统的一种扰动），电-热-气混合能源系统通过调整达到一种合理的稳态。在此过程中，被调整的主要就是能源耦合环节，而其调节过程（如能源耦合点位置的选取）需用到灵敏度信息。

7.2 电-热-气混合能源互联系统暂态分析

稳态分析只能反映系统一段时间内稳定运行的状态，这就导致了电-热-气混合能源互联系统的稳定分析方法不能针对系统在现实中遇到各种小扰动或故障后的动态响应进行分析，从而无法做到对热电联供系统运行状态的实时控制与调度。因此，分析电-热-气混合能源互联系统的工作原理和动态特性、建立其动态模型，对电-热-气混合能源互联系统的优化调度、利润最大化运行及控制规划等方面有重大意义。

7.2.1 电-热-气混合能源互联系统动态建模

如图 7-2 所示，本节针对一个服务于工业园区的电-热-气混合能源互联系统进行动态建模，系统满足该工业园区的日常用电，系统包含两台 1.5 MW 燃气内燃机、两台余热换热器、两台蒸汽流量 0.9 t/h 的余热锅炉、三台蒸汽流量为 4 t/h 的燃气锅炉以及两个蓄水箱。

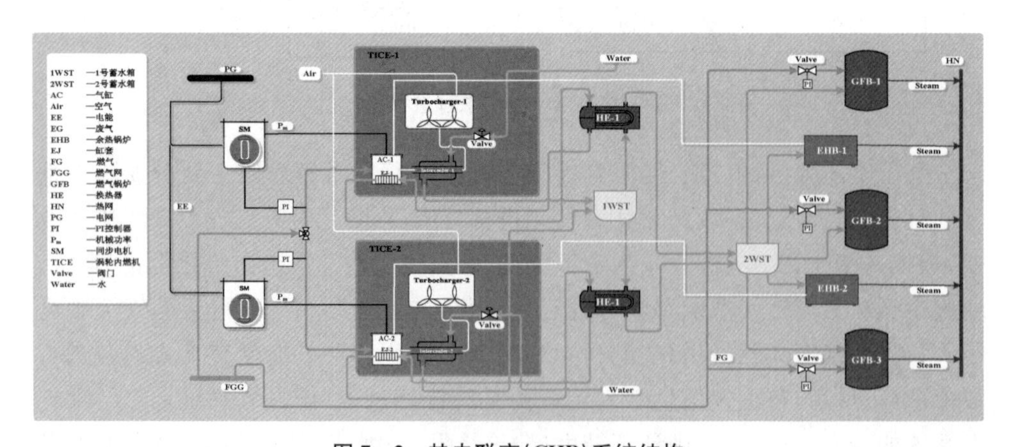

图 7-2 热电联产(CHP)系统结构

1）内燃机建模

内燃机的内部是一个循环过程，燃气与空气在气缸中燃烧后产生的烟气推动涡轮转动，从而带动同轴相连的压气机对吸入的空气进行压缩，经过压缩后升温的空气再通过中冷器冷却后进入气缸与燃气混合燃烧。

本节的模型将内燃机分为压气机、涡轮、涡轮增压器、中冷器、气缸几个物理部分的建模及控制过程建模，模型构建过程中着重关注内燃机的输入输出参数，在忽略内部具体热力学过程的基础上，采用平均值模型建模法来简化系统模型。

平均值模型是基于准稳态模型建立的非线性模型，采用最为精简的一阶微分方程来表示代表性变化过程，并对复杂物理模型运用经验公式表示，着重分析各个变量的平均值随时间变化的过程。

为了方便模型的构建，在保持精度的前提下，引入以下简化：① 忽略空气压力等因素对内燃机性能的影响；② 不考虑各部件间的容积惯性和能量滞后；③ 内燃机内流体假设为一维运动，且气缸内气体瞬间融合并均匀分布；④ 忽略燃烧过程中的热分解和热量损失；⑤ 假设内燃机内工质为理想状态，其比热、比焓和比内能仅受温度和组成成分影响。

最终，可以得到燃气内燃机各部分的结构模型，如图 7－3 所示。

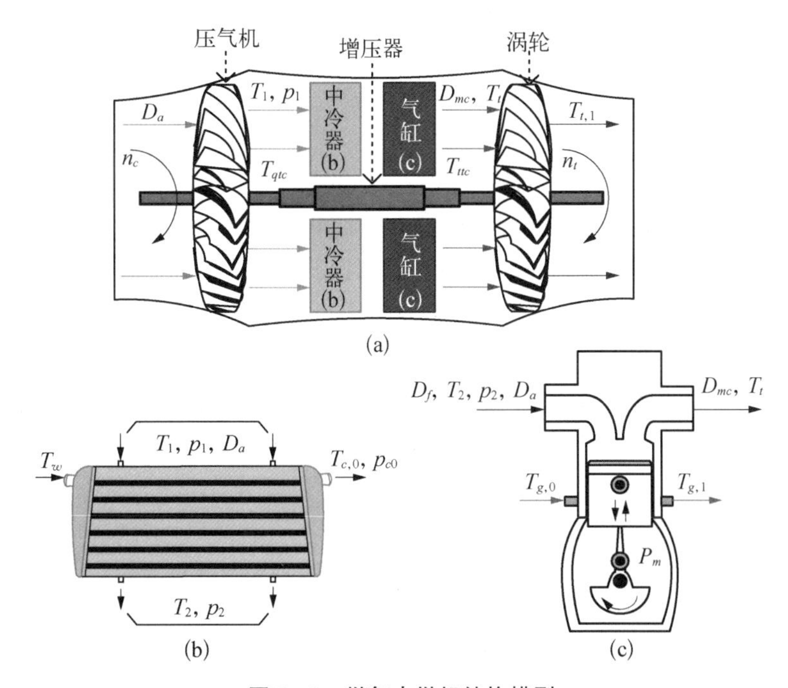

图 7－3　燃气内燃机结构模型

(a) 涡轮压气机；(b) 中冷器；(c) 气缸

(1) 压气机模型。压气机模型的输入参数为压气机的转速 n_c 与进气流量 D_a，输出参数为出口气体温度 T_1 和压力 p_1 与压气机消耗扭矩 T_{qtc}，由温度平衡以及转矩平衡可以得出以下经验公式：

$$T_1 = T_0\left[1 + \frac{1}{\eta_c}\left(\pi_c^{\frac{k-1}{k}} - 1\right)\right] \tag{7-17}$$

$$p_1 = p_0 \pi_c \tag{7-18}$$

$$T_{qtc} = \frac{1}{\eta_c}\ \frac{k}{k-1}\ \frac{30 D_a R T_0 \left(\pi_c^{\frac{k-1}{k}} - 1\right)}{\pi_c n_c} \tag{7-19}$$

式中，T_0 为空气温度；k 为空气绝热指数；π_c 为压气机压比；η_c 为压气机效率；R 为气体常数。

(2) 涡轮模型。涡轮模型的输入参数为涡轮入口烟气温度 T_t，涡轮转速 n_t，涡轮进气量 D_{mc}，输出参数为涡轮出口烟气温度 $T_{t,1}$，涡轮输出扭矩 T_{ttc}，根据热力学定理和刚体旋转过程可以得到以下经验公式：

$$T_{t,1} = T_t\left\{1 - \eta_t\left[1 - \left(\frac{1}{\pi_t}\right)^{\frac{k-1}{k}}\right]\right\} \tag{7-20}$$

$$T_{ttc} = \eta_t\ \frac{k}{k-1}\ \frac{30 D_{mc} R T_t \left[1 - (1 - \pi_t)^{\frac{k-1}{k}}\right]}{\pi_t n_t} \tag{7-21}$$

式中，η_t 为涡轮效率，π_t 为涡轮膨胀比，n_t 为涡轮转速。

(3) 涡轮增压器模型。涡轮增压器在稳定运行时，其压气机消耗扭矩与涡轮输出扭矩是平衡的，此时压气机与涡轮的转速也是相等的。然而在内燃机的启停等不稳定阶段，压气机消耗扭矩与涡轮输出扭矩之间存在的差值与转速之间存在一阶微分的关系。

涡轮增压器的动力学模型的输入参数为压气机消耗扭矩 T_{qtc} 和涡轮输出扭矩 T_{ttc}，输出参数为涡轮转速 n_t，即压气机转速 n_c。根据转轴的刚体动力学原理可以得出它们之间的关系式如下：

$$I_{tc}\ \frac{\pi}{30}\ \frac{\mathrm{d}n_c}{\mathrm{d}t} = \eta_{tc} T_{ttc} - T_{qtc} \tag{7-22}$$

式中，I_{tc} 为增压器转动部分转动惯量，η_{tc} 为增压器机械效率。

(4) 中冷器模型。中冷器模型忽略换热壁的温度影响，采用代数方程来取代微分方程。

中冷器模型的输入参数为压气机出口空气温度 T_1、压力 p_1 和流量 D_a，输出参数为 1 号蓄水箱进口水流量 $D_{c,0}$ 和温度 $T_{c,0}$、中冷器出口空气温度 T_2 和压力 p_2，利用换热过程的能量守恒以及换热过程中热能和流量变化的经验公式可以得出以下关系式：

$$T_2 = T_1(1-\phi_1)+\phi_1 T_w \tag{7-23}$$

$$p_2 = p_1 - p_{it}^0 \left(\frac{D_a}{D_{a0}}\right)^2 \tag{7-24}$$

$$T_{c,0} = K_1 T_w + K_2 T_1 \tag{7-25}$$

$$D_{c,0} = K_3 D_a \tag{7-26}$$

式中，ϕ_1 为中冷器冷却效率，T_w 为冷却水温度，Δp_{it}^0 为中冷器在设计工况下的压力损失，D_{a0} 为中冷器设计流量。K_1、K_2、K_3 分别为中冷器换热系数和流量比例。

(5) 气缸模型。气缸中空气与燃气燃烧产生的热能大致分为两个部分，一部分就是气缸损耗在外部环境中的热损失；另一部分包括通过活塞转化而成的机械能和混合在排出烟气中的热能，这一部分热能的流向一是推动涡轮转动，二是在后续的余热回收设备中得到进一步利用，后文会有介绍。在构建气缸模型时，假设气缸中进入的空气量与燃气量的比例是固定的，即空燃比 D_a/D_f 为常数 32。同时考虑到缸套水在系统中是自成循环的，即缸套水在内燃机气缸中吸热升温，并在余热换热器中放热降温，之后又回到内燃气气缸中。因此，缸套水的流量可以看作是一个常数，其变化的就是温度，故在实际数据的基础上，采用控制变量的思想将本节模型中的缸套水流量设为常数，即 $D_{mg}=3.99\ \mathrm{kg/s}$。

气缸模型的输入参数为中冷器出口空气温度 T_2 和压力 p_2、缸套水进口温度 $T_{g,0}$、燃气量 D_f 和空气量 D_a，输出参数为排出烟气流量 D_{mc}、涡轮入口烟气温度 T_t、同步电机机械功率 P_m 和缸套水出口温度 $T_{g,1}$。根据热能守恒以及流量不变的原理可以得到如下关系式：

$$D_{mc} = D_a + D_f \tag{7-27}$$

$$m_{mg}C_{mg}\frac{\mathrm{d}T_{mg}}{\mathrm{d}t} = Q_w - k_{mg}A_{mg}(T_{mg}-(T_{g,0}+T_{g,1})/2) \tag{7-28}$$

$$D_{mg}C_w(T_{g,1}-T_{g,0}) = k_{mg}A_{mg}(T_{mg}-(T_{g,1}+T_{g,0})/2) \tag{7-29}$$

$$D_f H_u + D_a C_{pa} T_2 = P_m + (D_f + D_a)C_{pg}T_t + Q_w \tag{7-30}$$

$$P_m = \eta_m D_f H_u \tag{7-31}$$

$$Q_w = \zeta_w D_f H_u \tag{7-32}$$

式中，Q_w 为单位时间缸套水带走的热量，C_w 为缸套水的比热容，H_u 为天然气低位热值，C_{pa} 为进气工质的定压比热容，m_{mg} 为缸套水换热壁质量，C_{mg} 为换热壁定压比热容，k_{mg} 为传热系数，A_{mg} 为缸套水换热壁面积，T_{mg} 为缸套水换热壁温度，C_{pg} 为排气工质的定压比热容，η_m 为发动机的有效功率，ζ_w 为吸热效率。

(6) 控制模型。控制模型的核心是一个 PI 控制器，其控制实质就是当电网的有功需求变化时，控制模型可以根据目标有功 P_{ex} 和现行有功 P 的差值对内燃机燃气进气量 D_f 进行控制，从而调整发电机机械效率 P_m 以达到同步调控输出有功功率的目标。有功控制模型的结构如图 7-4 所示。

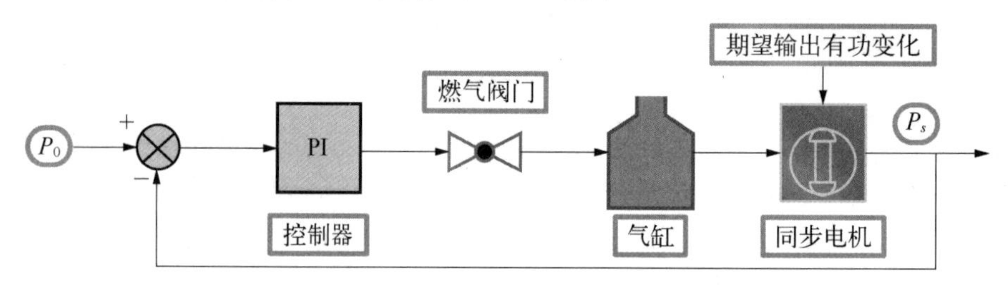

图 7-4　有功控制流程

2) 余热换热器建模

本节搭建模型的对象是壳管式余热换热器，换热器分为管程与壳程，管程与壳程中流体互不混淆，仅通过管壁来进行换热。余热换热器结构模型如图 7-5 所示。从实际情况可以做出以下两个假设：① 利用流体的平均温度来代替实际温度进行热交换；② 忽略流体的流量及传热系数的变化。

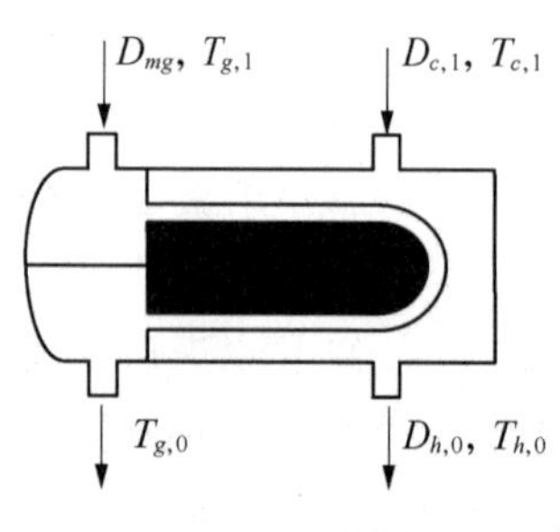

图 7-5　余热换热器模型结构

余热换热器模型的输入参数为缸套水出口流量 D_{mg} 和温度 $T_{g,1}$、蓄冷水箱出口水流量 $D_{c,1}$ 和温度 $T_{c,1}$，输出参数为缸套入口水温度 $T_{g,0}$、蓄热水箱入口水温度 $T_{h,0}$ 和流量 $D_{h,0}$。由热力学定理可得关系式如下：

$$D_{mg}c_{p1}(T_{g,1}-T_{g,0})=K_{e1}A_1\left(\frac{T_{g,0}+T_{g,1}}{2}-T_{hp}\right) \tag{7-33}$$

$$D_{c,1}c_{p2}(T_{h,0}-T_{c,1})=K_{e2}A_2\left(T_{hp}-\frac{T_{h,0}+T_{c,1}}{2}\right) \tag{7-34}$$

$$mc_h\frac{\mathrm{d}T_{hp}}{\mathrm{d}t}=K_{e1}A_1\left(\frac{T_{g,0}+T_{g,1}}{2}-T_{hp}\right)-K_{e2}A_2\left(T_{hp}-\frac{T_{h,0}+T_{c,1}}{2}\right) \tag{7-35}$$

$$D_{h,0}=D_{c,1} \tag{7-36}$$

式中，c_{p1}、c_{p2} 为换热器热水和冷水的定压比热；K_{e1}、K_{e2} 为热水和冷水的传热系数；A_1、A_2 为壳程和管程的换热面积；T_{hp} 为换热壁的平均温度；m 为换热壁的质量；c_h 为换热壁的定压比热。

在本节的模型中，如果蓄水箱和缸套容量一定，可以假设缸套水出口流量和 1 号蓄水箱出口水流量均为常数，分别为 $D_{mg}=1.76$ kg/s、$D_{c,1}=2$ kg/s。因此，联立式(7-33)～(7-36)，可以简化为下式：

$$a\frac{\mathrm{d}T_{hp}}{\mathrm{d}t}=bT_{hp}+f(t) \tag{7-37}$$

式中，a、b 为计算得出的常数，而 $f(t)$ 是与 $T_{g,1}$ 和 $T_{c,1}$ 相关的时间函数。式(7-37)在仿真中可以使用传递函数模块来模拟，$f(t)$ 为输入，T_{hp} 为输出。

3) 蓄水箱建模

本节的热电联供系统包含两个蓄水箱，其中一个的进水是内燃机中冷器的冷却水，出水是换热器的冷却水；另一个的进水是换热器的冷却水，出水是余热锅炉和燃气锅炉的工质。蓄水箱在正常工作时可以分为三种运行状态，具体如下：① 当进水流量小于出水流量时，在正常运行下，水箱内的水量最终降至最低水位，此时外部设备依旧需要足够供水，这时进水水泵与出水水泵同时工作，且需要额外的供水，此时进水流量与额外供水设备的供水流量之和大于等于出水流量；② 当进水流量等于出水流量时，在正常运行下，水箱的进水量和出水量达到动态平衡，蓄热水箱正常供水直至人为改变；③ 当进水流量大于出水流量时，在正常运行下，水箱内的水量最终达到水箱所能容纳的最大蓄水量，此时进水水泵停止工作，出水水泵正常工作直至将蓄水箱中所储水使用至一定的水量时，重新驱动进水水泵工作，为蓄水箱进行蓄水。

蓄水箱在工作状态下的能量传递过程可以简明地归结为输入水的能量一部分为传递给输出水的能量，另一部分为消耗掉的能量，模型建立的条件为：① 忽略水箱水位、水箱气压及温度对水流量的影响；② 不考虑实际设备的破损情况；③ 假设蓄热水箱的出水流量只受燃气锅炉需求影响；④ 假设出现上文所述第三种运行状态时，进水水泵的水引入外部河流中。蓄水箱结构模型如图 7-6 所示。

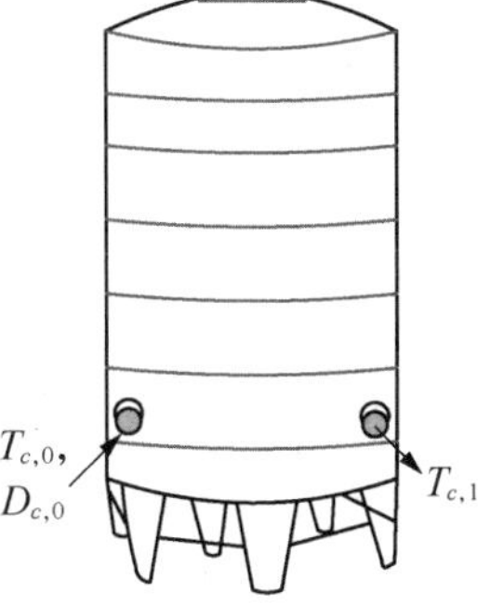

图 7-6　蓄水箱结构模型

蓄水箱 1 号的模型中，在实际数据的基础上，可以将蓄水箱 1 号出口水流量设为常数，即 $D_{c,1}=2$ kg/s。假设蓄水箱 1 号起初储存有最低水位的水量，蓄水箱 1 号模型的输入参数为蓄水箱 1 号的进口水温度 $T_{c,0}$ 和流量 $D_{c,0}$，输出参数为蓄水箱 1 号出口水温度 $T_{c,1}$。由热力学定理以及散热的经验公式可以得到以下关系式：

$$\left[\left(\int (D_{c,0}-D_{c,1})\mathrm{d}t+M_0\right)\frac{\mathrm{d}T_{c,1}}{\mathrm{d}t}\right]=D_{c,0}T_{c,0}-D_{c,1}T_{c,1}-\frac{Q_{c,h}}{C_w} \tag{7-38}$$

$$Q_{c,h}=Q_{c,1}+Q_{c,2} \tag{7-39}$$

$$Q_{c,1}=\frac{2\pi\lambda_c h_c}{\ln(d_{c1}/d_{c2})}(T_{c,1}-T_e)+\frac{\pi}{2}d_{c1}^2\frac{\lambda_c}{\delta_c}(T_{c,1}-T_e) \tag{7-40}$$

$$Q_{c,2}=0.5Q_{c,1} \tag{7-41}$$

式中，C_w 为水的比热容，M_0 为蓄水箱 1 号中原有最低水位水的质量，$Q_{c,h}$ 为蓄水箱 1 号的热损失，$Q_{c,1}$ 为蓄水箱 1 号的保温热损失，$Q_{c,2}$ 为蓄水箱 1 号的其他热损失，λ_c 为蓄水箱 1 号的导热材料系数，h_c 为蓄水箱 1 号的高度，d_{c1}、d_{c2} 分别为蓄水箱 1 号的内胆和外胆的直径，T_e 为外部环境的温度，δ_c 为 1 号蓄水箱保温层厚度。

对于蓄水箱 2 号的模型与蓄水箱 1 号相同，假设余热锅炉和燃气锅炉的工质流量为常数，即 $D_{yr,0}=0.28$ kg/s，$D_{rq,0}=1.1$ kg/s。

如果蓄水箱出现上文所述第一种运行状态时，蓄水箱能量平衡方程需要考虑外部供水的能量，这时默认外部供水流量的加入正好维持了进出流量的平衡，公式(7－38)改为如下形式，

$$M_0\frac{\mathrm{d}T_{c,1}}{\mathrm{d}t}=D_{c,0}T_{c,0}+D_{\text{out}}T_{\text{out}}-D_{c,1}T_{c,1}-\frac{Q_{c,h}}{C_w} \tag{7-42}$$

式中，D_{out}、T_{out} 分别为外部供水流量和温度。

4) 余热锅炉建模

本节热电联供系统中的余热锅炉通过充分利用内燃机排出的高温烟气中的余热来对蓄热水箱的供水加热，产生的蒸汽进入热力网来满足蒸汽负荷。本节模型将余热锅炉分为两部分建模，即单相区和双相区。余热锅炉模型结构如图 7－7 所示。

输入参数为涡轮出口烟气温度 $T_{t,1}$、排出烟气流量 D_{mc}、余热锅炉入口水流量 $D_{yr,0}$ 和温度 $T_{yr,0}$，输出参数为余热锅炉蒸汽流量 D_{yrz} 和温度 T_{yrz}。

(1) 单相区模型。单相区的含义是设备管道中流过的是单相工质，即工质为单一状态，因此这类设备，即省煤器和过热器可以统一建模。单相区包含了设备中

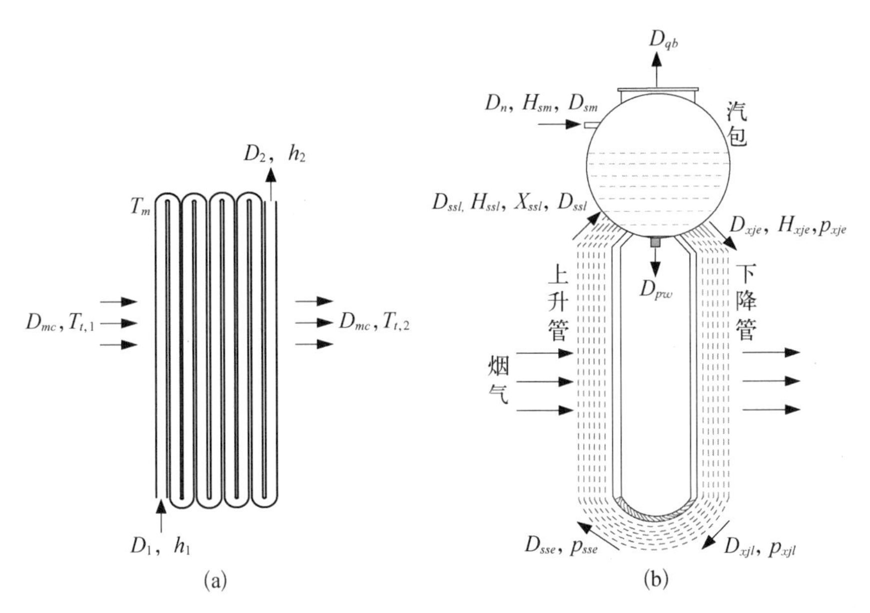

图 7－7　余热锅炉模型结构

(a) 单相区；(b) 双相区

单相工质与金属管间的传热过程以及烟气与金属管之间的传热过程，模型主要运用能量平衡、传热方程、质量和动量平衡等原理。为降低模型的复杂度，做出以下假设：不考虑烟气侧与外界的能量交换；忽略流动阻；烟气为理想状态；辐射换热量近似为零；管壁的径向传热强度均匀；忽略管壁径向温差；考虑理想状态下，管内工质均匀且无环流。

烟气能量平衡方程：

$$\rho_g C_g V_g \frac{\mathrm{d}T_{t,2}}{\mathrm{d}t} = \phi_2 D_{mc} C_g (T_{t,1} - T_{t,2}) - Q_1 \tag{7-43}$$

烟气与金属壁换热方程：

$$Q_1 = K_{y1} D_{mc} A_h \left(\frac{T_{t,1} + T_{t,2}}{2} - T_m \right) \tag{7-44}$$

工质质量平衡方程：

$$D_1 - D_2 = 0 \tag{7-45}$$

工质能量平衡方程：

$$V\rho_2 C_{p2} \frac{\mathrm{d}T_2}{\mathrm{d}t} = Q_2 + D_1 h_1 - D_2 h_2 \tag{7-46}$$

工质与金属壁换热方程：

$$Q_2 = K_{y2} D_2 A_h \left(T_m - \frac{T_1 + T_2}{2} \right) \tag{7-47}$$

金属壁蓄热方程：

$$Q_1 - Q_2 = M_m C_m \frac{\mathrm{d}T_m}{\mathrm{d}t} \tag{7-48}$$

式中，ρ_g 为烟气密度，C_g 为烟气比热容，V_g 为烟气体积，ϕ_2 为保热系数，Q_1 为烟气与金属之间总换热量，A_h 为换热面积，T_m 为金属温度，D_2 为工质出口流量，V 为受热面换热管容积，C_{p2} 工质出口定压比热容，Q_2 为工质与金属管换热量，h_1、h_2 分别为工质进出口焓值，K_{y1}、K_{y2} 为传热系数，M_m 为金属管总质量，C_m 为金属比热容。

(2) 双相区建模。双相区主要分为汽包、上升管和下降管，本节分别对这些部件进行建模。

① 汽包模型。汽包模型在以往的研究中着重考察的是压强变化以及相应引起的饱和水汽的温度。在本节的背景下，研究重点是蒸汽的排放量，在误差允许范围内，做出以下假设：汽包内工质压力均匀；蒸汽与液相水分开分析，平衡状态假设它们全是单相工质；不考虑工质与汽包壁的热传递；两相水的密度按饱和水计算；水冷壁金属温度为内外面算术平均值；假设汽包内的压强在设备正常运行后是固定不变的。

蒸汽与水的质量平衡方程：

$$(D_{fj})_{qb} = D_{sm} + D_{ssl}(1 - X_{ssl}) - D_{pw} - D_{xje} + D_n \tag{7-49}$$

$$D_{ssl} X_{ssl} - D_{qb} - D_n + (D_{fj})_{qb} = 0 \tag{7-50}$$

能量平衡方程：

$$D_{qb} H'' = D_{sm} H_{sm} + D_{ssl} H_{ssl} - D_{xje} H_{xje} - D_{pw} H' \tag{7-51}$$

式中，D_{sm}、H_{sm} 为省煤器出口流量和工质焓，X_{ssl} 为上升管进口中所含的蒸汽份额，D_{ssl}、H_{ssl} 分别为上升管出口流量和工质焓，D_{pw} 为汽包连续排污流量，D_{xje}、H_{xje} 分别为下降管入口流量和入口焓，D_n 为省煤器来水所凝结的饱和蒸汽量，$(D_{fj})_{qb}$ 为汽包附件在压力下降时的附加蒸发量，D_{qb} 为汽包出口饱和蒸发量，H'、H'' 分别为饱和水焓和饱和汽焓。

② 上升管模型。上升管是给水加热成汽水混合物的地方，但是两相流的建模比较复杂，不利于应用，为建模方便，做出以下简化：下降管阻力默认为集中在出

口;将汽水混合物假想为一种新的单相工质;不考虑重力压差;假设上升管出口和进口的工质参数一样。

上升管质量、能量和动量平衡方程:

$$V_{ss}\frac{\mathrm{d}\rho_{ssl}}{\mathrm{d}\tau}=D_{xjl}-D_{ssl} \tag{7-52}$$

$$\rho_{ssl}V_{ss}\frac{\mathrm{d}H_{ssl}}{\mathrm{d}\tau}-V_{ss}\frac{\mathrm{d}p_{ssl}}{\mathrm{d}\tau}=D_{xjl}H_{xjl}+Q_{ss}-D_{ssl}H_{ssl} \tag{7-53}$$

$$L_{ss}\frac{\mathrm{d}D_{ss}}{\mathrm{d}\tau}=\frac{D_{xjl}^2}{\rho_{xjl}A_n}-\frac{D_{ssl}^2}{\rho_{ssl}A_n} \tag{7-54}$$

$$D_{ssev}=\frac{Q_{ss}-D_{xje}(H'-H_{xje})}{H''-H'} \tag{7-55}$$

$$p_{sse}-p_{ssl}-\Delta p_{ss}=0 \tag{7-56}$$

$$\Delta p_{ss}=\lambda_{ss}\frac{D_{ssl}^2}{\rho_{ssl}A_n^2} \tag{7-57}$$

式中,V_{ss} 为上升管容积,D_{xjl} 为下降管出口流量,D_{ssl} 为上升管出口流量,H_{xjl} 为下降管出口水焓,Q_{ss} 为上升管内工质吸热量,L_{ss} 为上升管折合长度,p_{sse} 为上升管入口压强,ΔP_{ss} 为上升管管道的压强损失,A_n 为管道的横截面积,ρ_{xjl} 为下降管出口工质密度,ρ_{ssl} 为上升管出口工质密度,H_{xje} 为下降管入口工质焓,D_{ssev} 为上升管的蒸发流量,λ_{ss} 为上升管摩擦阻力系数。

③ 水冷壁模型。这部分的金属壁与烟气换热的模型与上文的单相区金属壁与烟气换热的模型是相同的,需要注意的是金属壁与工质换热时,由于工质非单相工质,因此有些许差别,其公式如下:

$$Q_{ss}=K_nA_{ss}\left(T_m-\frac{T_{ssl}+T_{sse}}{2}\right)^3 \tag{7-58}$$

式中,Q_{ss} 为上升管中水冷壁工质的吸热量,K_n 为上升管金属与工质的换热系数,A_{ss} 为上升管换热面积,T_m 为水冷壁金属的温度。

④ 下降管模型。下降管建模时需要做以下假设:下降管阻力损失集中在出口;下降管中水为饱和水,不考虑密度的变化;不考虑饱和水与不饱和水的区别,假设已经混合均匀。

下降管动量方程:

$$p_{xje} - p_{xjl} + \rho' g L_{xj} - \Delta p_{xj} = 0 \tag{7-59}$$

$$\Delta p_{xj} = \lambda \frac{D_{xjl}^2}{\rho' A_n^2} \tag{7-60}$$

式中，ρ' 为水密度，p_{xje} 为下降管进口压强，p_{xje} 为下降管出口压强，Δp_{xj} 为下降管压强损失，λ 为下降管摩擦阻力系数。

5）燃气锅炉建模

燃气锅炉的工作流程大致分为如下两步。

烟气流程：燃气与空气混合经过燃烧器喷入炉膛燃烧，燃气在炉膛内迅速燃烧后放出大量热，炉膛四周水冷壁和高温烟气进行剧烈的辐射换热，同时能够降低火焰温度防止炉膛被高温火焰烧坏，高温烟气经过炉膛顶部的烟气出口离开炉膛流向水平烟道，将大量热量传递给水平烟道中布置的过热器，然后流向尾部的烟道，进一步将剩余部分热量传递给省煤器，使烟气热量被持续放出，同时温度逐渐降下来，最终将具有一定温度的烟气排入大气。

汽水流程：给水泵对锅炉进行给水，通过省煤器预热，进入汽包，通过连接汽包下部的下降管被引入水冷壁的下集箱，被分配在各个水冷壁管内，再经过上升管加热为汽水混合物进入汽包，整个蒸发过程形成自然循环，流出汽包的饱和蒸汽进入经过过热器，进一步吸收能量形成过热蒸汽。

因此，燃气锅炉模型的搭建实质上可以类似于内燃机气缸加上余热锅炉的建模，此处就不再赘述。除此之外，需要给燃气锅炉加入控制过程，使之根据所需蒸汽负荷的变动改变燃气锅炉的生产状态以达到锅炉的稳定性和经济性。其具体流程就是系统能根据出口蒸汽参数偏离设定值的大小及时调节燃气量和水量、同时协调控制相关的执行机构动作，使控制量恢复到规定的范围，使生产工况迅速达到稳定状态。

该控制的实质为 PI 控制，控制流程如图 7－8 所示。

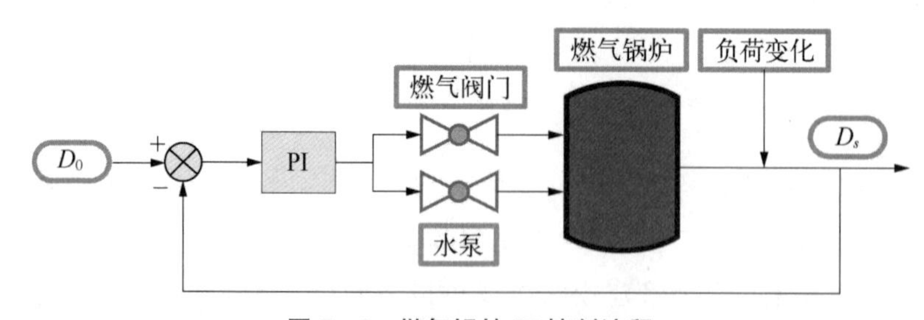

图 7－8　燃气锅炉 PI 控制流程

6）同步发电机建模

本节模型中所用的同步发电机采用常规的五阶模型。其方程式为：

$$u_d = E''_d + x''_q i_q - r i_d \tag{7-61}$$

$$u_q = E''_q - x''_d i_d - r i_q \tag{7-62}$$

$$T'_{d0}\frac{\mathrm{d}E'_q}{\mathrm{d}t} = E_f - (E'_q - x_{dr}E'_q + x_{dr}E''_q) \tag{7-63}$$

$$T''_{d0}\frac{\mathrm{d}E''_q}{\mathrm{d}t} = \frac{x''_d - x_l}{x'_d - x_l}T''_{d0}\frac{\mathrm{d}E'_q}{\mathrm{d}t} - E''_q + E'_q - i_d(x'_d - x''_d) \tag{7-64}$$

$$T''_{q0}\frac{\mathrm{d}E''_d}{\mathrm{d}t} = -E''_d + i_q(x_q - x''_q) \tag{7-65}$$

$$T_J\frac{\mathrm{d}\omega}{\mathrm{d}t} + D(\omega - 1) = T_m - [E''_q i_q + E''_d i_d - i_d i_q(x''_d - x''_q)] \tag{7-66}$$

$$\frac{\mathrm{d}\delta}{\mathrm{d}t} = \omega - 1 \tag{7-67}$$

式中，u_d、u_q 分别为 d 轴和 q 轴的电压，i_d、i_q 分别为 d 轴和 q 轴的电流，E''_d、E''_q 分别为 d 轴和 q 轴的超瞬变电动势，E'_q 为 q 轴瞬变电动势，E_f 为励磁电动势，x''_d、x''_q 分别为 d 轴和 q 轴的超瞬变电抗，x'_d、x_d 分别为 d 轴的瞬变电抗和同步电抗，x_l、x_{dr} 为等效电抗，r 为定子绕组阻抗，T'_{d0}、T''_{d0} 分别为 d 轴的开路暂态时间常数和开路次暂态时间常数，T''_{q0} 为 q 轴开路次暂态时间常数，T_J 为惯性系数，D 为阻尼系数，ω、δ 分别为转子的转速和角度差，T_m 为机械转矩。

7.2.2　实例分析

基于上述内燃机热电联供系统的数学模型，在 Matlab/Simulink 平台上搭建该系统的动态模型进行仿真，模型中参数均由实际工程给出。本节主要基于图 7-9 中的 3 个场景来探讨电-热-气混合能源互联系统中多种能源之间的相互影响。

(1) 场景(a)分析了在并电网运行时，调控同步电机的输出有功功率时对系统供电和供热部分的影响。

(2) 场景(b)分析了在并电网运行时，改变热负荷时对系统供电和供热部分的影响。

(3) 场景(c)分析了在并电网运行时，燃气供气出现故障时，系统供电和供热部分的动态变化。

1) 并电网运行时调控同步发电机输出有功功率(场景 1)

并电网运行时，利用 PI 控制来对同步机输出的有功功率进行控制，可以调整同步电机运行工况。图 7-10 中给出了同步电机在 3.5 s 时从原先的 90%功率运

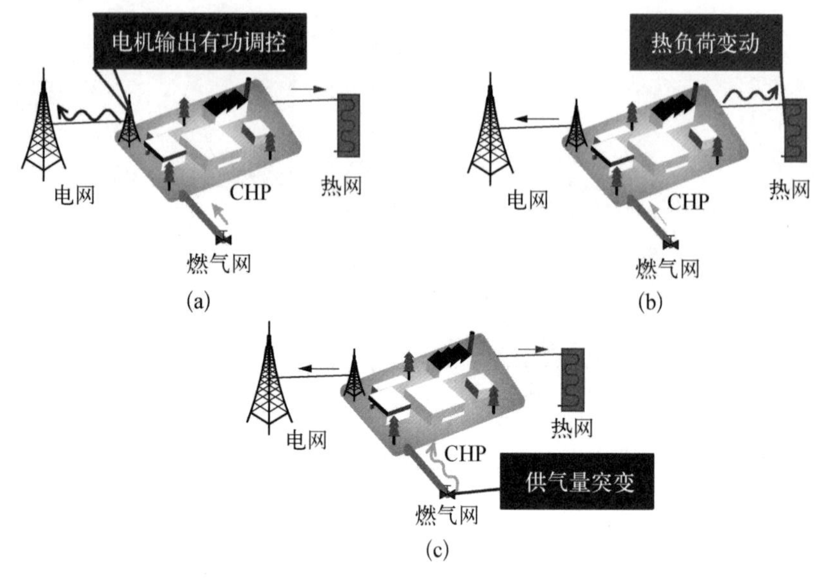

图 7-9 运行场景

(a) 电机输出有功调控;(b) 热负荷变动;(c) 供气量突变

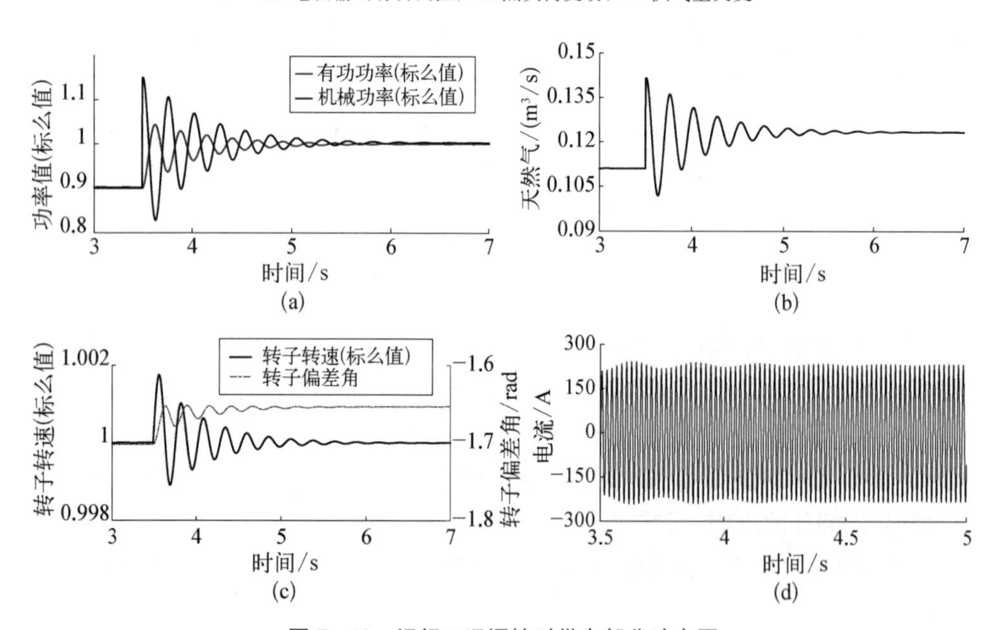

图 7-10 运行工况调控时供电部分动态图

(a) 机械功率和有功功率;(b) 内燃机燃气量;(c) 转子转速和角度偏差;(d) 输出电流

行到满载运行时,发电机电气量变化情况。其中,7-10(a)是同步电机输出有功功率和机械功率的变化图,有功功率从原先的 0.9 上升到 1,同时输入机械功率增加。在 7-10(b)图中,为了使得内燃机向同步电机输送的机械功率提升,内燃机的燃气量由原先的 0.111 m^3/s 上升到 0.123 m^3/s。7-10(c)、(d)分别给出了变化过程中同步电机转速、转子角度偏差以及输出电流的动态曲线，其中 7-10(c)，转子转速稳定在额定转速，转子角度偏差从 -1.702 3 rad 增加到 -1.652 4 rad，7-10(d)中输出电流的最大值由原先的 209 A 经过一段过程的上升达到 232 A。图 7-10 表明 PI 控制调节同步发电机输出有功功率的过程中，系统的供电并网部分保持了稳定性。

在进行工程调控过程中，系统的供热部分动态分析可以从图 7-11 中得出。图 7-11(a)、(b)中，燃气量的增加使得燃烧所需的空气增多，而内燃机内部中冷器的冷却水流量与其空气进量关系密切。因此，在 3.5 s 时冷却水流量从原先稳定的 0.55 kg/s 随燃气量增加并趋于稳定值 0.61 kg/s。同时，排烟量也随着燃气量

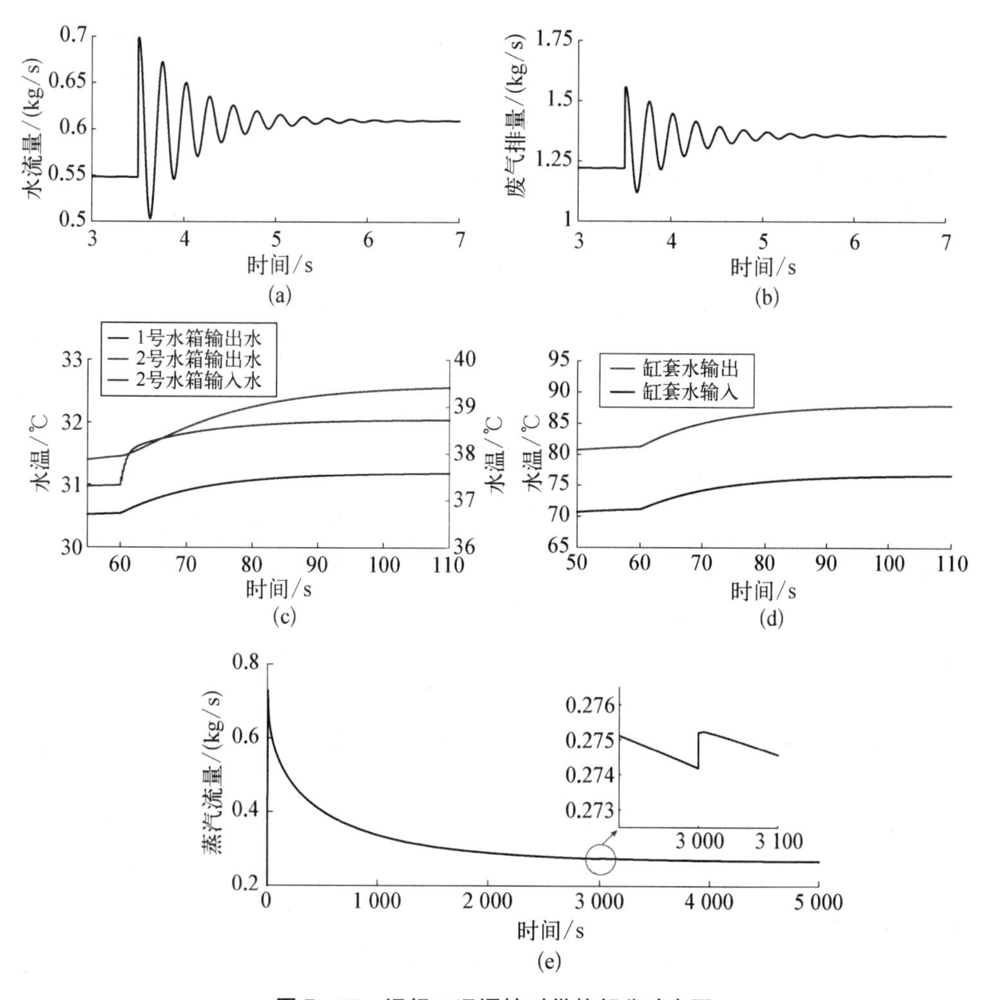

图 7-11　运行工况调控时供热部分动态图

(a) 1 号蓄水箱进水量；(b) 废气排量；(c) 蓄水箱水温；(d) 缸套水温度；(e) 余热锅炉蒸汽流量

与空气量的增加而从 1.22 kg/s 提升到 1.36 kg/s。在图 7－11(c)和(d)中，为了便于分析时间常数较长的换热部分，将仿真的观察时间设在 60 s。图 7－11(c)中，1 号蓄水箱的进水即内燃机中冷器的冷却水，当内燃机中冷器冷却水流量在 60 s 时提高而水温不变的情况下，1 号蓄水箱的水温将会随之从 30.5℃增高到 31.2℃。1 号蓄水箱的水之后将作为冷却水进入换热器与缸套热水进行换热，如 7－11(d)图所示，在 60 s 时换热器冷却水进水温度的提升，必将导致缸套水的换热量出现新的循环平衡，即由 60 s 前的 71℃和 82℃过渡到 76℃和 87℃。同时，受到影响的还有换热器冷却水出水的温度以及水源来自换热器冷却水出水的 2 号蓄水箱的水温，可以清楚地在图 7－11(c)中发现，2 号蓄水箱的进出水温在 60 s 时分别从 37.2℃和 37.9℃爬升到 38.8℃和 39.5℃。

排烟量的变动以及 2 号蓄水箱水温的变动都将会对余热锅炉和燃气锅炉的蒸汽流量产生影响，与研究换热部分一样，在此将仿真的观察时间点加大到 3 000 s。其中，相对余热锅炉和燃气锅炉的时间常数来说，烟气流量及水温的变化时间常数都可以近似忽略不计，因此为了节省仿真时间，可以将烟气流量及水温变化近似看作阶跃输入量。图 7－11(e)显示了余热锅炉蒸汽流量的动态变化，从图中标识部分的放大图中可以发现 3 000 s 时同步电机输出有功的调控对余热锅炉的蒸汽流量产生了一个增长效果。然而对于燃气锅炉的影响，因为场景 1 同步电机输出有功的变化与场景 2 热负荷的变化对燃气锅炉所需燃气量的影响都是转化为燃气锅炉蒸汽流量和进水温度(2 号蓄水箱)对燃气锅炉的影响，因此其动态过程将在场景 2 进行讨论。

2) 并电网运行时改变热负荷(场景 2)

在 Simulink 仿真分析时，利用阶跃函数模块来实现变热负荷工况。由于锅炉点火过程燃料消耗甚剧，因此在一般情况下，锅炉是一直都处于运行状态。当热负荷(即蒸汽负荷)的需求改变时，在本模型中，蒸汽负荷经由负荷控制模型进行均摊分配，各个燃气锅炉将会产能一致，在此，只给出单个燃气锅炉的仿真结果。蒸汽负荷的改变将会影响模型中燃气锅炉的进水流量以及燃气进量，而燃气锅炉的进水来自 2 号蓄水箱，进水量的改变会导致 2 号蓄水箱的水温发生变化，进而对余热锅炉和燃气锅炉都产生影响。

与场景 1 中分析换热部分和余热锅炉、燃气锅炉部分一样，可以改变仿真观察时间点来简便分析过程。7－12(a)中，60 s 时蒸汽负荷减小导致 2 号水箱出水量的减少，水流量从 1.1 kg/s 减至 0.6 kg/s，进而导致 2 号水箱的水温从 58℃增高到 65℃。

2 号蓄水箱水温的变化以及蒸汽负荷的变化会使得燃气锅炉所需燃气量发生变化，如图 7－12(b)所示，在 1 500 s 时蒸汽负荷减少，相应的燃气量也从原先的 0.074 kg/s 降到 0.044 kg/s。

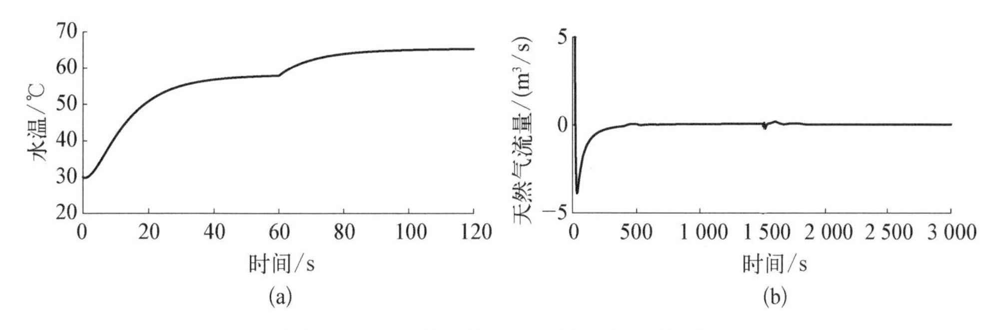

图 7 - 12　变热负荷工况下供热部分动态图

(a) 2 号蓄水箱水温；(b) 燃气锅炉燃气量

2 号蓄水箱水温的变化所导致的余热锅炉的蒸汽流量变化在原理上与上文的变电负荷工况下余热锅炉运行情况一致，与 7 - 11(e)中的变化状况类似，因此在此不予赘述。

3）并电网运行时燃气供气出现突变（场景 3）

在实际运行中，如果燃气供气管道的送气阀出现故障会导致燃气供气量出现突变。

假设燃气量激增，对于供电部分，燃气量的激增会使得内燃机输送给同步电机的机械功率出现急速增高，从而影响到供电稳定性。而对于供热部分，燃气锅炉如果无法利用 PI 控制器来调节燃气锅炉的燃气进量，燃气锅炉的输出蒸汽流量就无法达到所需值，进而影响供热。

对于供电部分，如图 7 - 13 所示，如果在 3.5 s 时内燃气供气阀发生故障，导致燃气量由原先的 0.111 m^3/s 激增到 0.234 m^3/s，发现此时的同步电机已经失稳，图中的转速、转子角度偏差、输出有功以及电流都在 34 s 左右失去稳定状态，而这是必须要禁止发生的状况。但是，内燃机燃气供气阀故障只是令燃气供气固定在 0.234 m^3/s，这只会令供热部分出现和场景 1 类似的变化（见图 7 - 10、图 7 - 11），而不会导致供热部分出现失稳状况。通过仿真分析，得到燃气供气故障时可以上升到极限值 0.231 9 m^3/s，在此定义该值为燃气供气阈值上限，即燃气供气值的范围必须在燃气供气阈值以内。在实际运行时应该重视该值，以防系统失稳影响到系统的安全性。

对于燃气锅炉部分，如果燃气锅炉的燃气供气量也出现一样的故障，可以发现此时燃气锅炉的蒸汽流量将偏离期望值出现增长，从而影响用户的热负荷消费，具体如图 7 - 14 所示，在 3 000 s 时蒸汽量有个明显的增加过程。此时，供电部分不受影响。

供气阀故障不仅令燃气供气量激增，假设燃气量突然大幅度跌落，对于供电

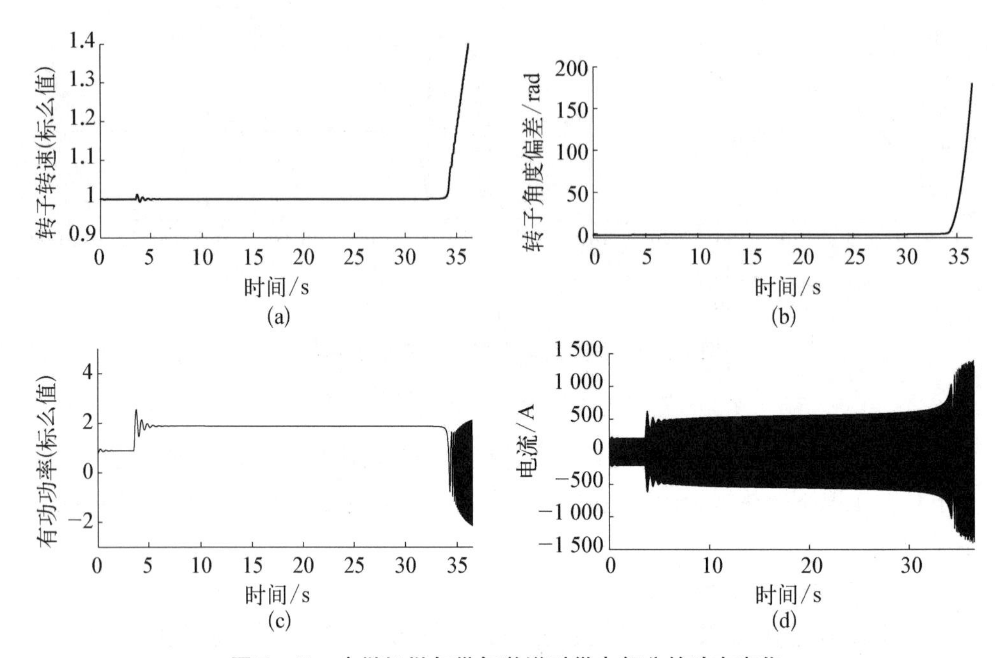

图 7-13　内燃机燃气供气激增时供电部分的动态变化

(a) 转子转速;(b) 转子角度偏差;(c) 有功功率;(d) 输出电流

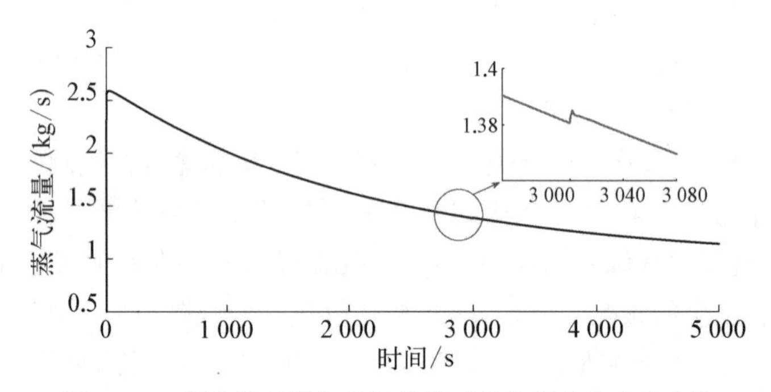

图 7-14　燃气锅炉燃气供气故障时供热部分的动态变化

部分,有可能会出现同步电机反转从电网吸收功率的情况,这就违背了热电联供系统的初衷,需要严厉禁止。如图 7-15 所示,如果燃气量跌落至 0 kg/s,此时同步电机输出功率为负,机测电压与网侧电压的角度差为负,表明此时系统是从电网吸收功率的。与激增时的情况类似,这时候也可以提出一个阈值下限的概念,仿真得出的值在工程意义上是无限接近于 0 的,因此可以将阈值下限近似看作 0。而对于供热部分与燃气锅炉部分都与上文燃气量激增部分的分析类似,在此就不再赘述。

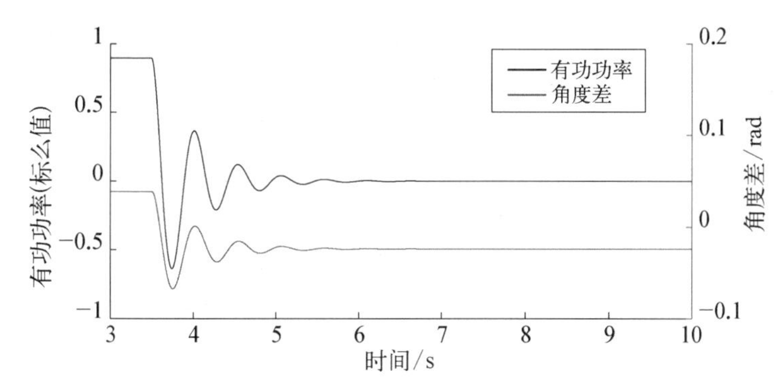

图 7－15　内燃机燃气供气跌落时供电部分的动态变化

7.3　电-热-气混合能源互联系统经济优化分析

在完全开放的能源市场中，作为多种形态能源耦合节点的电-热-气混合能源互联系统有着重要地位，其运行策略对整个能源互联网的调度运行起到非常关键的作用，而对于市场参与者来说，混合能源互联系统的利益最大化运行方式最受关注。本节从电-热-气混合能源互联系统的运行模式出发，基于开放能源市场的能源价格预测和实时价格修正，提出经济优化模型，从而制定出合适的运行策略。

7.3.1　热电联供系统介绍

并网式热电联供系统是典型的电-热-气混合能源互联系统，本章以此系统为例进行经济优化分析。首先，为了便于分析，需要针对并网式热电联供系统建立模型。并网式热电联供系统同时与电网和热网相连接，其结构如图 7－16 所示，图中

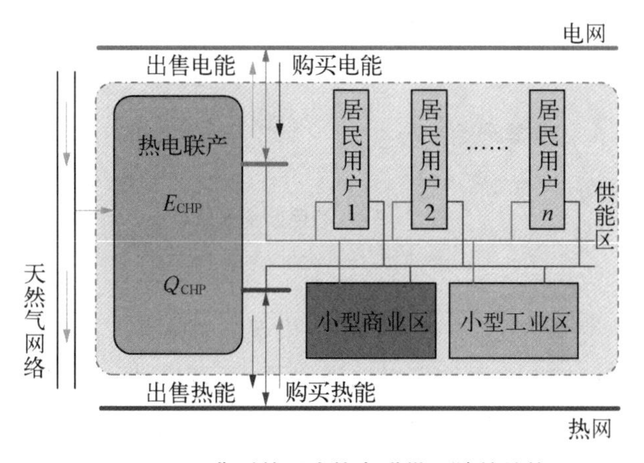

图 7－16　典型并网式热电联供系统的结构

的 E_{CHP} 为热电联供系统输出的电能，Q_{CHP} 为输出的热能。在图中，热电联供系统安装在一个小区中并且满足该小区的热电需求。小区的负荷主要包括居民区的热电负荷、一个小的商业区的热电负荷以及一个小的工业区的热电负荷。当热电联供系统无法满足小区的负荷要求时，系统将会从相应网络购买能源，同样，当小区有结余热电时，系统将会向相应网络售出能源。通过并网式热电联供系统，小区可以达到一个双赢的局面，即小区内的消费者可以得到一个优惠的能源价格，同时，热电联供系统的所有者也可以通过售卖多余的能源来获得额外利润。

1）热电联供系统原理

热电联供系统基本的能量走势如图 7－17 所示。为了实现系统的最大利润化运行，可以设计一个最大利润控制器(MPC)来实现对系统运行方式的控制。如图 7－17(a)所示，一个典型的热电联供系统包含一个 MPC、一个燃烧室、一个发电机以及一个余热锅炉。当天然气在燃烧室内充分燃烧产生高温高压混合气体后，发电机将会被带动运转，从而产生电能。同时，这些高温废气将会被余热锅炉二次利用来产生热能。基于热力学第一和第二定律，我们知道在整个的生产过程中废气和废热的产生是不可避免的。在此，将输出的热电功率分别记作 $P_{H,CHP}$ 和 $P_{E,CHP}$。为了满足小区的负荷需求，我们必须实时监控 $P_{H,CHP}$ 和 $P_{E,CHP}$，并将其输入到 MPC 中。此外，MPC 还考虑了开放性能源市场的实时能源价格，从而实现对热电联供系统的热电输出的经济最优控制。

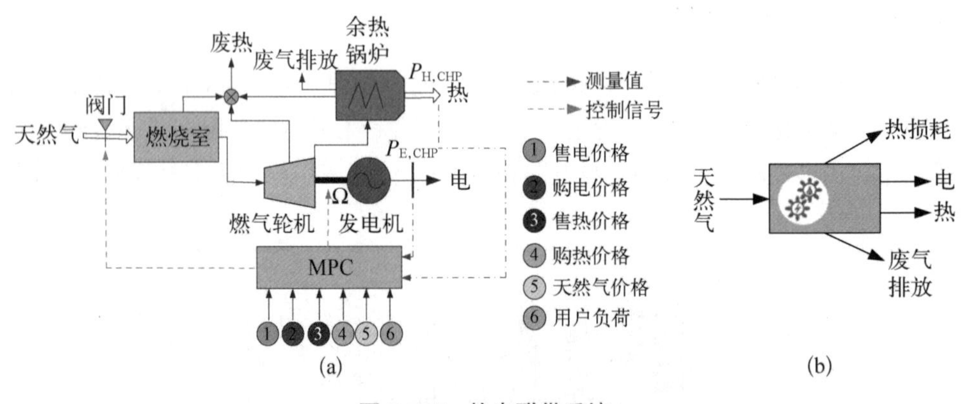

图 7－17　热电联供系统

(a) 能流图；(b) 单输入多输出模型

在设计 MPC 之前，必须先建立热电联供系统的模型。在忽略了系统中复杂的化学和机械过程的基础上，系统可以采用如图 7－17(b)所示的单输入多输出模型(SIMO)。在这个模型中，系统的唯一输入就是天然气，而系统的输出则分为四部分，分别是热能、电能、热损耗和废气(如 CO_2)。

2）关键参数

为了更为详细清晰地建立模型，系统中的两个关键参数需要了解清楚，即综合能量转换率和热电比。

（1）综合能量转换率。

如上文所述，热电联供系统的输出可以分为三类：电能、热能和不可避免的能量损耗。其中，仅电能和热能是热电联供系统的有效输出，为了评估整个系统转化能量的效率，提出了综合能量转换率这一参数。其计算公式如下：

$$\eta = \frac{E_{\mathrm{U}}}{E_{\mathrm{G}}} \tag{7-68}$$

式中，η 就是综合能量转化率，E_{U} 是系统输出的热电能量总和(kJ)，E_{G} 是输入天然气中蕴含的总能量(kJ)。

一般情况下，天然气每立方米能产生的总能量为一个常数，记为 q (J/m^3)。因此，系统所消耗的天然气总能量如下：

$$E_{\mathrm{G}} = qV_{\mathrm{G}} \tag{7-69}$$

式中，V_{G} 指热电联供系统消耗的天然气总体积。

目前，关于 η 的相关研究表明，η 是随着不同的负荷等级和系统运行模式而不断变化的，且其主要是由负荷等级决定的，并可以用如下的表达式来形容。

$$\eta = f(L) \tag{7-70}$$

式中，L 代表负荷等级。

图 7－18 是典型的 η 关于 L 的曲线。从图 7－18 中可以发现，当负荷等级低于 L_1 时，η 为 0，这就意味着系统此时没有输出热能和电能，换句话说就是系统无法实现经济运行，其成本高于效益。当系统满载运行时，η 达到最大值，即 η_N（大约 90%）。整个曲线可以划分为五个部分，当负荷等级低（L_1 和 L_2 之间，L_2 和 L_3 之间）的时候，η 也就相应地较低并且随着负荷等级的提升而快速增高。而当负荷等级高的时候，相应的 η 随负荷等级增加的速度便会降低。

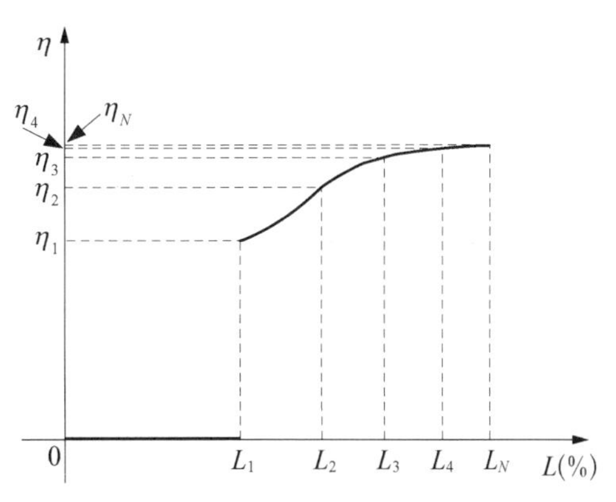

图 7－18　热电联供系统的综合能量转换率

图 7－18 中，η_1、η_2、η_3 和 η_4 分别为负荷等级 L_1、L_2、L_3 和 L_4 的综合能量转换率。为了体现通用性，在建模的时候将转换率视作负荷等级的离散函数，则总

体效率可表示为离散函数：

$$\eta=\begin{cases}f_1(L)=0 & 0\leqslant L<L_1\\ f_2(L) & L_1\leqslant L<L_2\\ f_3(L) & L_2\leqslant L<L_3\\ f_4(L) & L_3\leqslant L<L_4\\ f_5(L) & L_4\leqslant L\leqslant L_N\end{cases} \tag{7-71}$$

式(7-71)中的函数具体表达式是未知的，通常都是在现场测试中取得相应负荷等级下的综合能量转换率，并通过数据拟合来得到最终的综合能量转换率曲线。

(2) 热电比。

热电联供系统的热电输出之间存在着定量关系，将 γ_E 和 γ_H 定义为电能和热能在总输出能量中的占比时，可以得到：

$$\begin{cases}E_{CHP}=\gamma_E E_U\\ Q_{CHP}=\gamma_H E_U\end{cases} \tag{7-72}$$

将式(7-68)代入式(7-72)，可得：

$$\begin{cases}E_{CHP}=\gamma_E \eta E_G\\ Q_{CHP}=\gamma_H \eta E_G\end{cases} \tag{7-73}$$

式中，可以将 $\gamma_E\eta$ 用 η_E 表示，代表系统的电效率；同样，也可以将 $\gamma_H\eta$ 用 η_H 表示，代表系统的热效率。

显然，γ_E 和 γ_H 之间存在着等式约束：

$$\gamma_H+\gamma_E=1 \tag{7-74}$$

热电比的定义是系统输出的热能与电能的比例，其代表着系统满足热电负荷需求的能力，本节中将其记为 λ，

$$\lambda=\frac{Q_{CHP}}{E_{CHP}}=\frac{\gamma_H}{\gamma_E} \tag{7-75}$$

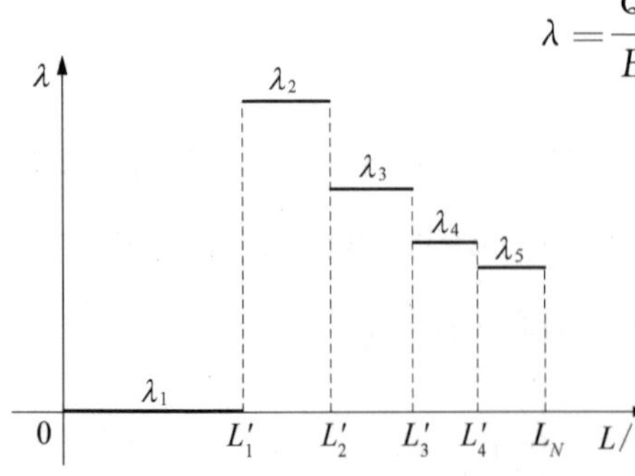

图 7-19　热电联供系统的热电比

由相关研究可知，与综合能量转换率一样，热电比随负荷等级的变化而变化。如图 7-19 所示，热电比曲线为一个分为几部分的阶跃函数。

根据图 7-19，阶跃函数表达式为：

$$\lambda=\begin{cases}\lambda_1=0 & 0\leqslant L<L_1'\\ \lambda_2 & L_1'\leqslant L<L_2'\\ \lambda_3 & L_2'\leqslant L<L_3'\\ \lambda_4 & L_3'\leqslant L<L_4'\\ \lambda_5 & L_4'\leqslant L\leqslant L_N\end{cases}\tag{7-76}$$

由图7-19可以知道，λ-L曲线包含4个非零区和一个零区。需要注意的是，L_1'与图7-17中的L_1是等同的。当负荷等级小于L_1'时，热电联供系统不工作，热电比为0。当负荷等级提升时，热电比随之降低。由此可以得知，在低负荷等级时，综合能量转换率比较低，而输出中的热能比电能高，此时燃烧室产生能量多用来供热；当负荷等级高的时候，综合能量转换率有所提高，且电能极大增加，此时燃烧室产生能量大部分用来带动发电机发电。将式(7-69)、(7-74)和式(7-75)代入到式(7-73)中，系统的输出表示式可以改为如下形式：

$$\begin{cases}E_{\mathrm{CHP}}=\dfrac{q}{1+\lambda}\eta V_{\mathrm{G}}\\ Q_{\mathrm{CHP}}=\dfrac{\lambda q}{1+\lambda}\eta V_{\mathrm{G}}\end{cases}\tag{7-77}$$

7.3.2　最大利润控制器

最大利润控制器基于实时能量价格和供能区负荷需求对并网式热电联供的运行策略进行实时控制。它的输入包括：热、电的售购价格，天然气的购买价格，供能区的热、电负荷需求和智能电表显示的热、电输出。它的输出为天然气进气量和发电机转速控制信号。通过控制天然气进气量和发电机转速，可以控制热电联供的负荷等级。为了体现通用性，在建模的时候将总体效率和热电比视作负荷等级的离散函数，因此只要确定了负荷等级，就相当于确定了热、电的输出。最大利润控制器的原理如图7-20所示。

首先，基于热电联供前一天的运行曲线和供能区的热电负荷需求曲线，可以确定相应的运行模式区间。假设在开放的能源市场中，能量价格每30 min更新一次，据此可确定能量的价格区间。注意实时价格将被存入历史价格数据库，以便价格预测时使用。接着由价格区间和运行模式区间的公共区间得到优化区间。接下来，基于预测所得价格，可以在每个优化区间得到能够获得最大利润的预测最优负荷等级，即预测最优运行点。在知道实际能量价格后，可以在每个优化区间得到实际最优负荷等级，即实际最优运行点。实际上，在每个价格区间的开始便知道实际能量价格，因此用价格预测来提前制定并网式热电联供的优化运行策略。再接下

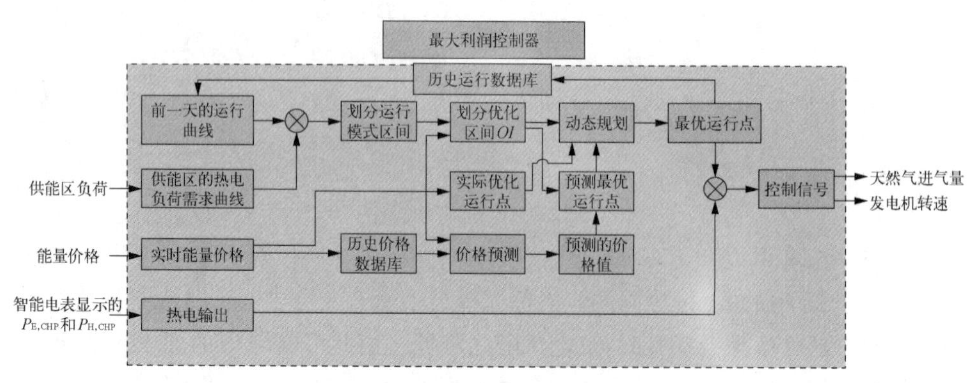

图 7-20　最大利润控制器

来，由于负荷等级不能突变，需要考虑负荷等级的调节速率来对两个优化区间之间的负荷等级进行调节。在调节过程中，还需考虑预测最优运行点到实际最优运行点的调节过程。为了在调节过程中获得最大利润，用动态规划的方法来制定最优调节路线。最后，通过比较最优运行点和从智能电表得到的热电联供实际运行点，可以得到最大利润控制器的输出信号。同时，将热电联供的最优运行点存入历史运行数据库中，以便次日确定运行模式时使用。

7.3.3　并网式热电联供系统利润优化分析

在考虑向网络出售热电后，供能区和网络之间存在双向能量流动。相应的能量价格，包括向网络出售和购买的热价、电价，将影响供能区的利润。

供能区的总等价利润 PRO_{CHP} 可由下式表示：

$$PRO_{CHP}=I_{LE}+I_{LH}+I_{NE}+I_{NH}-I_{LE}^{(N)}-I_{LH}^{(N)}-C_G \tag{7-78}$$

式中，C_G 表示热电联产消耗的燃料，主要由价格和消耗天然气的体积决定。I_{LH} 表示通过消耗由热电联产提供的热能而非由供热网络提供的热能所获得的等价热收入。同样地，I_{LE} 表示通过消耗热电联产提供的电能而非由供电网络提供的电能所获得的等价电收入。在谷荷期间，若热电联产生产的热能大于负荷需求，多余的热能将被出售到热网，且相应的收入由 I_{NH} 表示；多余的电能将被出售到电网，且相应的收入由 I_{NE} 表示。在峰荷期间，热电联产的输出不足以满足热电的需求，此时，不足的那部分热量和电量需要从热电网络购买；相应的热和电的购买成本分别用 $I_{LH}^{(N)}$ 和 $I_{LE}^{(N)}$ 表示。

本节中，运用了热、电、天然气的实时价格。式(7-78)中的收入和成本由下式计算：

$$\begin{cases} I_{LE}=p_{LE}E_{L,\,CHP},\ I_{LH}=p_{LH}H_{L,\,CHP} \\ I_{NE}=p_{NE}E_{N,\,CHP},\ I_{NH}=p_{NH}H_{N,\,CHP} \\ I_{LE}^{(N)}=p_{LE}E_{L}^{(N)},\ I_{LH}^{(N)}=p_{LH}H_{L}^{(N)} \\ C_{G}=p_{G}V_{G} \end{cases} \tag{7-79}$$

式中，p_{LE} 和 p_{LH} 分别表示购买电和热的实时价格，p_{G} 表示天然气的实时价格，p_{NE} 和 p_{NH} 分别表示向相应网络出售电和热的实时价格，$E_{L,\,CHP}$ 和 $H_{L,\,CHP}$ 分别表示由热电联产提供并由供能区消耗的电能和热能，$E_{N,\,CHP}$ 和 $H_{N,\,CHP}$ 分别表示出售给相应网络的电能和热能，$E_{L}^{(N)}$ 和 $H_{L}^{(N)}$ 分别表示从相应网络购买的电能和热能，V_{G} 表示消耗的天然气体积。

热电联产生产的热能和电能有两种流动方向，即被供能区消耗和向相应网络出售，可以表示为

$$\begin{cases} E_{CHP}=E_{L,\,CHP}+E_{N,\,CHP} \\ H_{CHP}=H_{L,\,CHP}+H_{N,\,CHP} \end{cases} \tag{7-80}$$

被供能区消耗的热能和电能来自两种方向，即热电联产或者相应网络，可以表示为

$$\begin{cases} E_{L}=E_{L,\,CHP}+E_{L}^{(N)} \\ H_{L}=H_{L,\,CHP}+H_{L}^{(N)} \end{cases} \tag{7-81}$$

式中，E_{L} 和 H_{L} 分别表示供能区的电能和热能需求。

1）不同运行模式下的利润模型

基于热电联供系统热电输出与小区热电负荷之间的关系，可以得到热电联供的 4 种运行模式。热电联供的主要目的是满足供能区的热电需求。因此，只有当热电负荷都满足的时候才可将多余的热能和电能出售到相应网络。另一方面，p_{LE} 通常比 p_{NE} 更高，p_{LH} 通常比 p_{NH} 高，因此，不考虑在 E_{L} 和 H_{L} 不满足的时候向网络出售热能和电能的特殊情况。通过以上分析，可以得到并网式热电联供的四种运行模式，分别用 C_1，C_2，C_3 和 C_4 表示，如图 7－21 所示。

(1) C_1：$P_{E,\,CHP}>P_{E,\,L}$，$P_{H,\,CHP}>P_{H,\,L}$ 时。

$P_{E,\,CHP}$ 和 $P_{H,\,CHP}$ 是热电联供中电能和热能的输出功率(kW)。$P_{E,\,L}$ 和 $P_{H,\,L}$ 是供能区热能和电能的需求功率(kW)。在 C_1 模式下，如图 7－21(a)所示，热负荷和电负荷都处于谷荷期间，热电联供能够轻易地满足它们，且多余的热能和电能被出售到相应网络。于是能量供需关系可表述如下：

$$\begin{cases} E_{L,\,CHP}=E_{L},\ H_{L,\,CHP}=H_{L} \\ E_{L}^{(N)}=0,\ H_{L}^{(N)}=0 \end{cases} \tag{7-82}$$

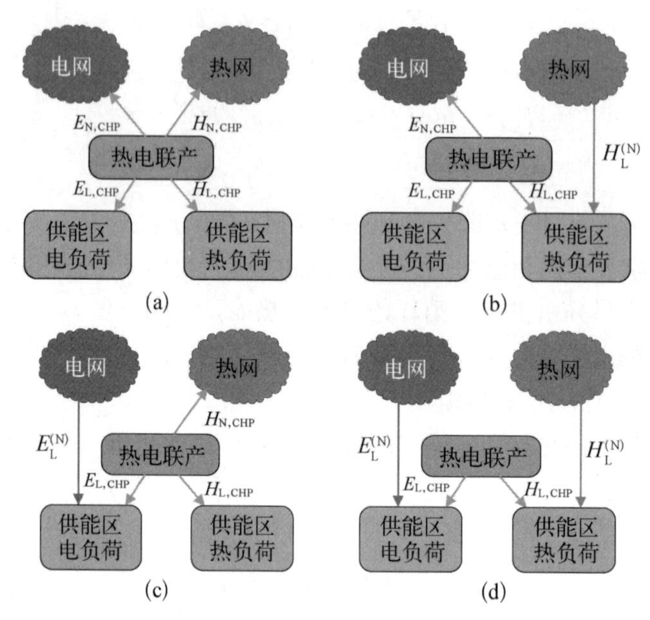

图 7－21　并网式热电联供的四种运行模式

(a) 模式 C_1；(b) 模式 C_2；(c) 模式 C_3；(d) 模式 C_4

该模式下的利润为

$$
\begin{aligned}
PRO_{CHP}^{C_1} &= (p_{LE} - p_{NE})E_L + (p_{LH} - p_{NH})H_L + p_{NE}E_{CHP} + p_{NH}H_{CHP} - p_G V_G \\
&= (p_{LE} - p_{NE})E_L + (p_{LH} - p_{NH})H_L + \left[\frac{(p_{NE} + \lambda p_{NH})\eta q}{1+\lambda} - p_G\right] V_G
\end{aligned}
\tag{7-83}
$$

式中，$PRO_{CHP}^{C_1}$ 表示在 C_1 模式下供能区的利润。

由于热电比 λ 和总体效率 η 是负荷等级 L 的函数，故式(7－83)可进一步表示为

$$
PRO_{CHP}^{C_1} = (p_{LE} - p_{NE})E_L + (p_{LH} - p_{NH})H_L + \left[\frac{(p_{NE} + \lambda\_(L) p_{NH})\eta\_(L) q}{1+\lambda\_(L)} p_G\right] V_G
\tag{7-84}
$$

式中，$\lambda\_(L)$ 和 $\eta\_(L)$ 表示以负荷等级 L 的离散函数建模，η 和 λ 均根据 L 求得。

(2) C_2：$P_{E,CHP} > P_{E,L}$，$P_{H,CHP} < P_{H,L}$ 时。

在 C_2 模式下，电能需求较低，热能需求却很大。电能由热电联供提供，不足的热能由供热网络购买获得。此时不存在从电网购电的情况，也不存在向热网络出售多余热能的情况，如图 7－21(b)所示，能量的供需关系可表示如下：

$$\begin{cases} E_{\mathrm{L,CHP}}=E_{\mathrm{L}},\ H_{\mathrm{L,CHP}}=H_{\mathrm{CHP}} \\ E_{\mathrm{L}}^{(\mathrm{N})}=0,\ H_{\mathrm{N,CHP}}=0 \end{cases} \tag{7-85}$$

同理可得在 C_2 模式下的利润为

$$PRO_{\mathrm{CHP}}^{C_2}=(p_{\mathrm{LE}}-p_{\mathrm{NE}})E_{\mathrm{L}}-p_{\mathrm{LH}}H_{\mathrm{L}}+\left(\frac{(p_{\mathrm{NE}}+2\lambda\_(L)p_{\mathrm{LH}})\eta\_(L)q}{1+\lambda\_(L)}-p_{\mathrm{G}}\right)V_{\mathrm{G}} \tag{7-86}$$

(3) C_3：$P_{\mathrm{E,CHP}}<P_{\mathrm{E,L}}$，$P_{\mathrm{H,CHP}}>P_{\mathrm{H,L}}$ 时。

在 C_3 模式下，热需求较低，电需求较高。热负荷由热电联供满足，且多余的热量被出售到热网络，不存在从热网络进口额外热量的情况，如图 7-21(c)所示。当热电联供不能满足电负荷时，向电网购买额外的电能。不存在多余电能被出售到电网的情况。能量的供需关系可表示如下：

$$\begin{cases} E_{\mathrm{L,CHP}}=E_{\mathrm{CHP}},\ H_{\mathrm{L,CHP}}=H_{\mathrm{L}} \\ E_{\mathrm{N,CHP}}=0,\ H_{\mathrm{L}}^{(\mathrm{N})}=0 \end{cases} \tag{7-87}$$

同理可得在 C_3 模式下的利润为

$$PRO_{\mathrm{CHP}}^{C_3}=(p_{\mathrm{LH}}-p_{\mathrm{NH}})H_{\mathrm{L}}-p_{\mathrm{LE}}E_{\mathrm{L}}+\left(\frac{(2p_{\mathrm{LE}}+\lambda\_(L)p_{\mathrm{NH}})\eta\_(L)q}{1+\lambda\_(L)}-p_{\mathrm{G}}\right)V_{\mathrm{G}} \tag{7-88}$$

(4) C_4：$P_{\mathrm{E,CHP}}<P_{\mathrm{E,L}}$，$P_{\mathrm{H,CHP}}<P_{\mathrm{H,L}}$ 时。

在 C_4 模式下，热需求和电需求都较高。热电联供不能满足供能区的热电需求，不足的电能和热能需要从相应网络进口。不存在向相应电网出售多余的热能和电能的情况。能源的供需关系如图 7-21(d)所示，可表示如下：

$$\begin{cases} E_{\mathrm{L,CHP}}=E_{\mathrm{CHP}},\ H_{\mathrm{L,CHP}}=H_{\mathrm{CHP}} \\ E_{\mathrm{N,CHP}}=0,\ H_{\mathrm{N,CHP}}=0 \end{cases} \tag{7-89}$$

同理可得在 C_4 模式下的利润为

$$PRO_{\mathrm{CHP}}^{C_4}=\left(\frac{2(p_{\mathrm{LE}}+\lambda\_(L)p_{\mathrm{LH}})\eta\_(L)q}{1+\lambda\_(L)}-p_{\mathrm{G}}\right)V_{\mathrm{G}}-p_{\mathrm{LE}}E_{\mathrm{L}}-p_{\mathrm{LH}}H_{\mathrm{L}} \tag{7-90}$$

2) 运行模式的确定

图 7-22 表示了一个典型日的运行模式，$P_{\mathrm{H,L}}$ 和 $P_{\mathrm{E,L}}$ 分别表示一天中的热负荷曲线和电负荷曲线。$P_{\mathrm{H,CHP\_ahead}}$ 和 $P_{\mathrm{E,CHP\_ahead}}$ 表示热电联供前一天的运行曲

线，它们可视为今日运行曲线中 $P_{\mathrm{H,CHP}}$ 和 $P_{\mathrm{E,CHP}}$ 的默认值或初始值。基于四条曲线，根据 $P_{\mathrm{H,L}}$ 与 $P_{\mathrm{H,CHP\_ahead}}$，$P_{\mathrm{E,L}}$ 与 $P_{\mathrm{E,CHP\_ahead}}$ 之间的关系确定运行模式，如图 7－22 所示。

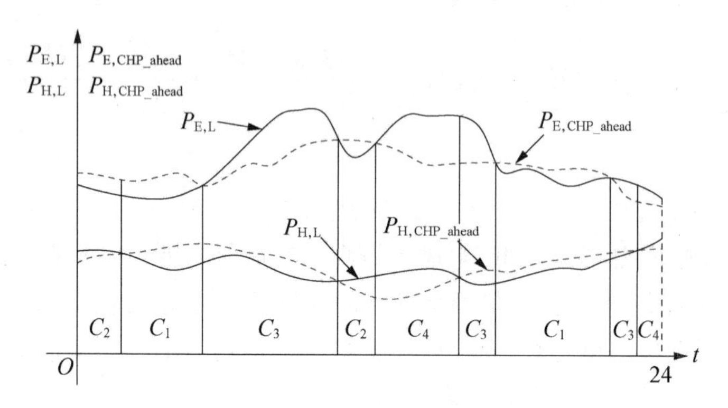

图 7－22　热电联供运行模式的确定

3）优化区间的确定

在划分运行模式后，由运行模式区间和价格区间共同决定的公共区间称为优化区间（OI）。图 7－23 以 7:30 到 12:00 的情况举例说明了 OI 的划分方法，虚线用来划分实时价格变化区间，以 30 min 为标准，一天中共 48 个价格区间；实线用来划分运行模式。相邻两条线（实线或虚线）之间的部分即为 OI。图 7－23 存在 4 个运行模式区间和 9 个价格区间，最终共得到 12 个 OI，继而在每个 OI 中对并网式热电联供的利润进行优化。因为能量价格在每个 OI 为一个恒定值，在得到实时能量价格后，根据式(7－84)、(7－86)、(7－88)和式(7－90)，热电联供的利润可以通过调整负荷等级 L 来进行优化。

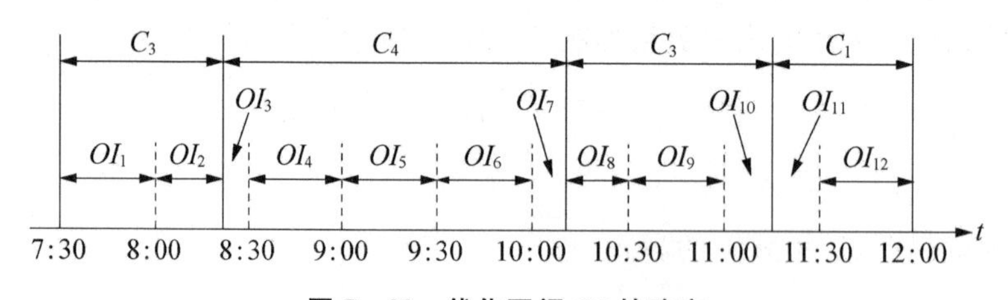

图 7－23　优化区间 OI 的确定

4）价格预测

在对并网式热电联供系统的运行策略进行优化以获得最大利润前，应该先确定能量价格，即 p_{LE}、p_{LH}、p_{NE}、p_{NH} 和 p_{G}。市场中，电价每隔 30 min 更新一次，故在研究过程中天然气和热的实时价格应每 30 min 更新一次，故一天中有 48 个价格区间。通常地，第 k 个价格区间的实时价格并非提前知道的，所以并网式热电联供系统的运行安排应基于预测价格提前制定。

由于能源价格与一些因数相关，本节利用灰色预测模型 GM(1, n)来预测能源价格。在该模型中，“1”表示利用一阶微分方程，“n”表示相关变量的个数。假设 t 时刻预测所得价格为 x_1，历史价格数列为 $\boldsymbol{X}_1^0=(x_1^0(1),\ x_1^0(2),\ \cdots,\ x_1^0(m),\ \cdots x_1^0(M))$，其中 $x_1^0(i)$ 表示过去不同天内 t 时刻的价格。首先得到相关变量(负荷、天气等)数列为

$$\begin{cases}\boldsymbol{X}_2^0=(x_2^0(1),\ x_2^0(2),\ \cdots,\ x_2^0(m),\ \cdots x_2^0(M))\\ \boldsymbol{X}_3^0=(x_3^0(1),\ x_3^0(2),\ \cdots,\ x_3^0(m),\ \cdots x_3^0(M))\\ \qquad\qquad\vdots\\ \boldsymbol{X}_n^0=(x_n^0(1),\ x_n^0(2),\ \cdots,\ x_n^0(m),\ \cdots x_n^0(M))\end{cases} \tag{7-91}$$

式中，$\boldsymbol{X}_i^0(i=2,\ 3,\ \cdots,\ n)$ 是第 i 个变量在 M 天内 t 时刻的历史价值数列；$x_i^0(m)$ 是第 i 个变量在第 m 天的历史价值。

然后计算出每个相关变量的 1 - AGO(累加生成)数列，从而降低数据的随机性：

$$\boldsymbol{X}_i^{(1)}=\{x_i^1(1),\ x_i^1(2),\ \cdots,\ x_i^1(m),\ \cdots x_i^1(M)\} \tag{7-92}$$

式中，$i=2,\ 3,\ \cdots,\ n$，且 $X_i^1(k)=\sum_{j=1}^{k}X_i^0(j)$，$k=1,\ 2,\ \cdots,\ M$。

$\boldsymbol{X}_i^{(1)}$ 的零值生成数列可由下式计算得出：

$$\boldsymbol{Z}_i^{(1)}=\{z_i^{(1)}(1),\ z_i^{(1)}(2),\ \cdots,\ z_i^{(1)}(m),\ \cdots z_i^{(1)}(M-1)\} \tag{7-93}$$

式中，$i=2,\ 3,\ \cdots,\ n$，$z_i^1(k)=\dfrac{1}{2}(x_i^1(k)+x_i^1(k+1))$，$k=1,\ 2,\ \cdots,\ M-1$。

利用灰色预测模型 GM(1, n)，可以在 $\boldsymbol{X}_i^{(1)}$ 和 $\boldsymbol{Z}_i^{(1)}$ 的基础上得到 x_1。每一个价格区间都会用上文提到的预测方法来得到热、电、天然气在一天中的预测价格。

如果在第 k 个价格区间开始的时候已知热、电、天然气的实际价格，应当用适当的方法来修正用灰色预测模型得到的第 $k+1$ 个价格区间的预测价格。假设由灰色预测模型得到的 $k+1$ 个价格区间的预测价格为 $\boldsymbol{X}^{(\mathrm{F})}=(X^{(\mathrm{F})}(1),\ X^{(\mathrm{F})}(2),\ X^{(\mathrm{F})}(3),\ \cdots,\ X^{(\mathrm{F})}(k+1))$，$k$ 个价格区间的实际价格为 $\boldsymbol{X}^{(\mathrm{A})}=(X^{(\mathrm{A})}(1),\ X^{(\mathrm{A})}(2),\ X^{(\mathrm{A})}(3),\ \cdots,\ X^{(\mathrm{A})}(k))$。利用最小二乘法便可得到 $\boldsymbol{X}^{(\mathrm{F})}$ 和 $\boldsymbol{X}^{(\mathrm{A})}$ 的价格拟合曲线。

在图 7 - 24 中，l_{A} 是实际价格 $X^{(\mathrm{A})}$ 的拟合曲线，可以根据 l_{A} 得到第 $k+1$ 个价格区间的预测价格 $X^{(\mathrm{F})'}(k+1)$(用小圆圈表示)。曲线 l_{F} 是根据灰色预测模型得到的预测价格 $X^{(\mathrm{F})}$ 的拟合曲线。曲线 l_{F}' 是修正后的预测价格曲线，可由最小二

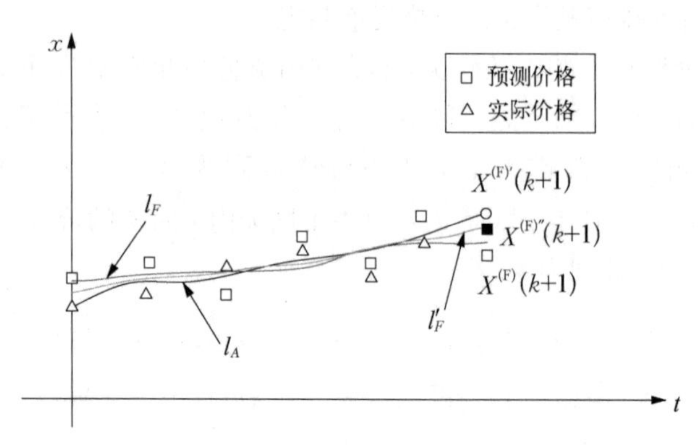

图 7-24　价格拟合曲线

乘法求得，它到 l_A 和 l_F 的距离的平方和最小。最后，可在 l'_F 上得到修正后第 $k+1$ 个价格区间的预测价格 $X^{(F)''}(k+1)$（用实心小方框表示）。

5）离散优化

为了在一天中使热电联供的利润最大化，定义目标函数为

$$\max\sum_{OI=1}^{n} PRO_{\mathrm{CHP}} \tag{7-94}$$

式中，n 表示一天中 OI 的总数。

具体方法如下：首先，在每个 OI 中根据对应的运行模式找到该 OI 的利润公式；然后根据该 OI 对应的预测或实际能量价格得到利润关于负荷等级的方程；最后，调整负荷等级 L，使每个 OI 的利润最大，继而获得一天中的最大利润。所得负荷等级关于时间的曲线称为并网式热电联供的离散优化运行曲线，亦即该优化模型下的离散最优解。

在进行离散优化时，还应考虑以下约束条件：

$$C_1:\begin{cases}\max\{H_{\mathrm{CHP,\,min}},\ H_{\mathrm{L}}\}\leqslant H_{\mathrm{CHP}}\leqslant H_{\mathrm{CHP,\,max}}\\ \max\{E_{\mathrm{CHP,\,min}},\ E_{\mathrm{L}}\}\leqslant E_{\mathrm{CHP}}\leqslant E_{\mathrm{CHP,\,max}}\\ V_{\mathrm{G,\,min}}\leqslant V_{\mathrm{G}}\leqslant V_{\mathrm{G,\,max}}\end{cases} \tag{7-95}$$

$$C_2:\begin{cases}H_{\mathrm{CHP,\,min}}\leqslant H_{\mathrm{CHP}}\leqslant \min\{H_{\mathrm{CHP,\,max}},\ H_{\mathrm{L}}\}\\ \max\{E_{\mathrm{CHP,\,min}},\ E_{\mathrm{L}}\}\leqslant E_{\mathrm{CHP}}\leqslant E_{\mathrm{CHP,\,max}}\\ V_{\mathrm{G,\,min}}\leqslant V_{\mathrm{G}}\leqslant V_{\mathrm{G,\,max}}\end{cases} \tag{7-96}$$

$$C_3:\begin{cases}\max\{H_{\mathrm{CHP,\,min}},\ H_{\mathrm{L}}\}\leqslant H_{\mathrm{CHP}}\leqslant H_{\mathrm{CHP,\,max}}\\ E_{\mathrm{CHP,\,min}}\leqslant E_{\mathrm{CHP}}\leqslant \min\{E_{\mathrm{CHP,\,max}},\ E_{\mathrm{L}}\}\\ V_{\mathrm{G,\,min}}\leqslant V_{\mathrm{G}}\leqslant V_{\mathrm{G,\,max}}\end{cases} \tag{7-97}$$

$$C_4: \begin{cases} \max\{H_{\mathrm{CHP,\ min}},\ H_{\mathrm{L}}\} \leqslant H_{\mathrm{CHP}} \leqslant H_{\mathrm{CHP,\ max}} \\ E_{\mathrm{CHP,\ min}} \leqslant E_{\mathrm{CHP}} \leqslant \min\{E_{\mathrm{CHP,\ max}},\ E_{\mathrm{L}}\} \\ V_{\mathrm{G,\ min}} \leqslant V_{\mathrm{G}} \leqslant V_{\mathrm{G,\ max}} \end{cases} \tag{7-98}$$

6）最优运行点

根据相关文献，图 7 - 18 和图 7 - 19 中标识的热电联供系统典型负荷等级如表 7 - 2 所示。同时结合图 7 - 18 和图 7 - 19 得出的图 7 - 25，可以更为直观地发现 λ 和 η 之间的关系。

表 7 - 2　图 7 - 18 和图 7 - 19 中典型负荷等级

图 7 - 17 中典型负荷等级		图 7 - 18 中典型负荷等级	
L_1	40	L'_1	40
L_2	65	L'_2	60
L_3	78	L'_3	80
L_4	90	L'_4	90
L_N	100	L_N	100

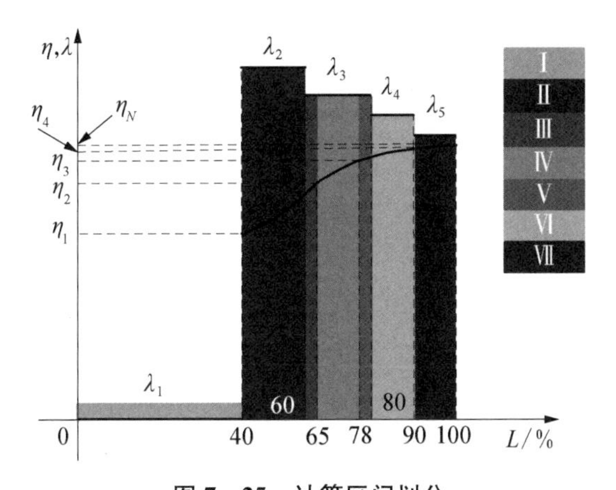

图 7 - 25　计算区间划分

在图 7 - 25 中，根据负荷等级所决定的综合能量转换率和热电比可以将系统的利润计算分为 7 个计算区间（calculation intervals，CIs），如表 7 - 3 所示。在表 7 - 3 中的第一个区间（CI Ⅰ）称为零区间，此时负荷等级低于 40%，对应的 λ 和 η 都为零，因此在计算时可以不考虑该区间。而另外的 6 个区间都为非零区间，其对应的 λ 和 η 详见表 7 - 3。

表 7-3 热电联供系统计算区间

CIs	综合能量转换率	热电比	CI 类型
Ⅰ	$f_1(L)$	λ_1	零
Ⅱ	$f_2(L)$	λ_2	非零
Ⅲ	$f_2(L)$	λ_3	非零
Ⅳ	$f_3(L)$	λ_3	非零
Ⅴ	$f_4(L)$	λ_3	非零
Ⅵ	$f_4(L)$	λ_4	非零
Ⅶ	$f_5(L)$	λ_5	非零

在第 k 个优化区间内，假设其购买和出售电、热、能及购买天然气的价格都为不变的常数，记为 $p_{LE}(k)$、$p_{NE}(k)$、$p_{LH}(k)$、$p_{NH}(k)$ 和 $p_G(k)$。同时，假设此时系统运行在 C_1 模式下，在六个计算区间内（CI Ⅱ～CI Ⅶ）分别求解公式 $PRO_{\mathrm{CHP}}^{C_1}$ 的最优解，从而得到每个计算区间内的最大利益运行点。以 CI Ⅱ 区间为例，设负荷等级的调整速率为固定值 $\Delta L_{\text{Ⅱ}}$，那么就有以下利润计算：

$$\begin{cases} PRO_{\mathrm{CHP}}^{C_1}(k,\ 40\%)=(p_{LE}-p_{NE})E_L+(p_{LH}-p_{NH})H_L \\ \quad +\left[\dfrac{(p_{NE}+\lambda_2 p_{NH})f_2(40\%)q}{1+\lambda_2}-p_G\right]V_G \\ PRO_{\mathrm{CHP}}^{C_1}(k,\ 40\%+\Delta L_{\text{Ⅱ}})=(p_{LE}-p_{NE})E_L+(p_{LH}-p_{NH})H_L \\ \quad +\left[\dfrac{(p_{NE}+\lambda_2 p_{NH})f_2(40\%+\Delta L_{\text{Ⅱ}})q}{1+\lambda_2}-p_G\right]V_G \\ PRO_{\mathrm{CHP}}^{C_1}(k,\ 40\%+2\Delta L_{\text{Ⅱ}})=(p_{LE}-p_{NE})E_L+(p_{LH}-p_{NH})H_L \\ \quad +\left[\dfrac{(p_{NE}+\lambda_2 p_{NH})f_2(40\%+2\Delta L_{\text{Ⅱ}})q}{1+\lambda_2}-p_G\right]V_G \\ \qquad\qquad \vdots \\ PRO_{\mathrm{CHP}}^{C_1}(k,\ 60\%)=(p_{LE}-p_{NE})E_L+(p_{LH}-p_{NH})H_L \\ \quad +\left[\dfrac{(p_{NE}+\lambda_2 p_{NH})f_2(60\%)q}{1+\lambda_2}-p_G\right]V_G \end{cases} \tag{7-99}$$

根据上列计算得出利润，从而得到系统在第 k 个 OI 内处于 CI Ⅱ 中的最大利润 $PRO_{\mathrm{CHP,\ max}}^{C_1,\ (\text{Ⅱ})}(k)$ 和相应运行点。同样，系统处于其他 CI 内的最大利润 $PRO_{\mathrm{CHP,\ max}}^{C_1,\ (i)}(k)$，$i=$Ⅲ，Ⅳ，…，Ⅶ 也可以求得。可以发现每一个 CI 内负荷等级的调整系数 ΔL_i 互不相同的，ΔL_i 的值不仅仅影响到计算速度也对计算结果的精确度有一定影响。因此，对于 ΔL_i 的取值非常重要。

当所有六个 CI 内的最大利润都求出时，就可以确定在第 k 个 OI 内系统的最大利润值及对应的运行点，其计算方法如下：

$$PRO_{\mathrm{CHP,\ max}}^{C_1}(k)=\max\{PRO_{\mathrm{CHP,\ max}}^{C_1,\ (i)}(k),\ i=\mathrm{II},\ \mathrm{III},\ \cdots,\ \mathrm{VII}\} \tag{7-100}$$

式中，$PRO_{\mathrm{CHP,\ max}}^{C_1}(k)$ 代表第 k 个 OI 内的最大利润；$PRO_{\mathrm{CHP,\ max}}^{C_1,\ (i)}(k)$ 是第 k 个 OI 内处于 CI(i)中的最大利润。

同样，系统在其他 OI 内的最大利润及对应运行点也可以按上述方法求得。此外，当能源价格 $p_{LE}(k)$、$p_{NE}(k)$、$p_{LH}(k)$、$p_{NH}(k)$ 和 $p_G(k)$ 为实时价格时，所求结果就是实时最大利润及实时最优运行点。而当价格为预测价格时，计算结果就是预测最大利润及预测最优运行点。

7）动态规划

由于负荷等级不能突变，故在实际运行过程中需要考虑负荷等级的调节速率。现引入最大调节速率 $\delta_{\max}$，表示每分钟热电联供负荷等级的最大变化百分值。在每个 OI 的终点周围，需要以 $\delta_{\max}$ 对热电联供的负荷等级进行调节。现以图 7-26 为例对动态规划的方法进行说明，在图 7-26 中，L_i^{A} $(i=1,\ 2,\ 3,\ 4)$ 表示在第 i 个 OI 中根据实际能量价格得到的最优负荷等级；L_3^{F} 表示在 OI_3 中根据预测能量价格得到的最优负荷等级。

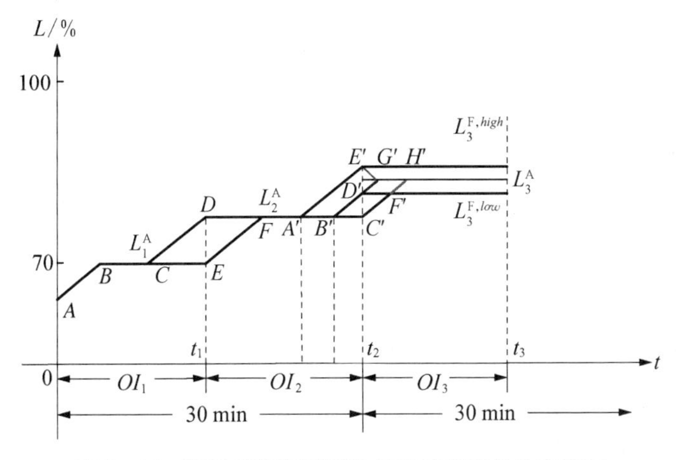

图 7-26　基于实际和预测价格的热电联供动态修正

下面根据 OI 终点是否与价格区间(即 30 min 的价格区间)终点重合，分两种情况进行讨论。

(1) 若 OI 终点与价格区间终点不重合。

如图 7-26 所示，OI_1 的终点与任意价格区间的终点不重合。由于在 OI_1 的起点便知道所在价格区间的实际价格，故在 OI_1 的终点周围对负荷等级进行调节时，已知下一个 OI（OI_2）中的实际最优负荷等级（L_2^A）。此时的调节路线有两种，即在所在 OI 终点时刻调整到下一个 OI 的实际最优负荷等级和从所在 OI 终点时刻开始调整。通过事先比较这两种路线的总利润，选择合适的路线。

以 OI_1 终点为例，存在 $C \to D \to F$ 和 $C \to E \to F$ 两种路线：

若 $\sum_{C \to D \to F} PRO_{CHP}(L) > \sum_{C \to E \to F} PRO_{CHP}(L)$，则以路线 $C \to D \to F$ 进行调节；

若 $\sum_{C \to D \to F} PRO_{CHP}(L) < \sum_{C \to E \to F} PRO_{CHP}(L)$，则以路线 $C \to E \to F$ 进行调节。

(2) 若 OI 终点与价格区间终点重合。

如图 7-26 所示，OI_2 的终点与价格区间的终点重合。由于在 OI_3 的起点时刻才知道下一个价格区间的实际价格，故在 OI_2 的终点之前制定调节路线时，下一个 OI（OI_3）中的实际最优负荷等级（L_3^A）未知。此时的调节路线需要根据下一个 OI（OI_3）的预测最优负荷等级（L_3^F）制定。根据预测最优负荷等级（L_3^F）与实际最优负荷等级（L_3^A）的大小，可以将这种情况再细分为两种类型。

① 第一种类型：$L_3^F < L_3^A$（此时预测最优负荷等级为 $L_3^{F,low}$）。

在这种类型下，负荷等级的调整有两条路线。第一条路线下，L_2^A 在 OI_2 终点前提前向 $L_3^{F,low}$ 调整，再在 OI_2 终点时刻直接向 L_3^A 调整，即 $B' \to D' \to G' \to H'$。第二条路线下，L_2^A 在 OI_2 终点时刻直接向 L_3^A 调整，即 $B' \to C' \to F' \to H'$。通过比较这两种路线的总利润，选择合适的路线：

若 $\sum_{B' \to D' \to G' \to H'} PRO_{CHP}(L) > \sum_{B' \to C' \to F' \to H'} PRO_{CHP}(L)$，则以路线 $B' \to D' \to G' \to H'$ 进行调节；

若 $\sum_{B' \to D' \to G' \to H'} PRO_{CHP}(L) < \sum_{B' \to C' \to F' \to H'} PRO_{CHP}(L)$，则以路线 $B' \to C' \to F' \to H'$ 进行调节。

② 第二种类型：$L_3^F > L_3^A$（此时预测最优负荷等级为 $L_3^{F,high}$）。

同样，在这种类型下，负荷等级的调整也有两种路线。第一条路线下，L_2^A 在 OI_2 终点前提前向 $L_3^{F,high}$ 调整，再在 OI_2 终点时刻直接向 L_3^A 调整，即 $A' \to E' \to G' \to H'$。在第二条路线下，L_2^A 在 OI_2 终点时刻直接向 L_3^A 调整，即 $A' \to C' \to F' \to H'$。通过比较这两种路线的总利润，选择合适的路线。

若 $\sum_{A' \to E' \to G' \to H'} PRO_{CHP}(L) > \sum_{A' \to C' \to F' \to H'} PRO_{CHP}(L)$，则以路线 $A' \to E' \to G' \to H'$ 进行调节；

若 $\sum_{A' \to E' \to G' \to H'} PRO_{CHP}(L) < \sum_{A' \to C' \to F' \to H'} PRO_{CHP}(L)$，则以路线 $A' \to C' \to$

$F' \to H'$ 进行调节。

7.3.4　最优负荷等级调整路线

一般情况下，相邻两个 OI 的最优运行点（负荷等级）可能是不同的，考虑到系统的负荷等级调整能力时，需要对负荷等级调整过程对利润的影响进行探讨分析，具体如图 7－27 所示。

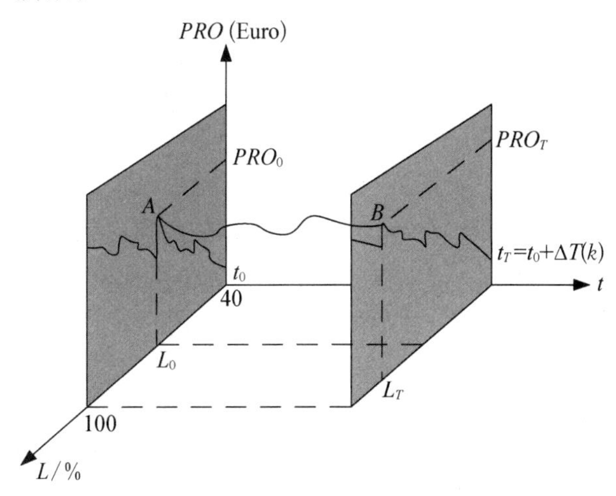

图 7－27　负荷等级调整路线

图 7－27 中为三维坐标系，PRO 轴为利润轴，L 轴为负荷等级轴，t 轴为时间轴，$\Delta T(k)$ 为第 k 个 OI 的时间长度。在 $t=t_0$，$PRO-L$ 轴平面，曲线 $PRO-L|_{t=t_0}$ 代表了 t_0 时刻能源价格下系统利润与负荷等级的关系。PRO_0 表示时间区间$[t_0-\Delta T(k-1),\ t_0]$内系统的最大利润，$L_0$ 为最大利润相对应的负荷等级。在 $t=t_T$，$PRO-L$ 轴平面，曲线 $PRO-L|_{t=t_T}$ 是 t_T 时刻能源价格下系统利润与负荷等级的关系。PRO_T 是时间区间$[t_0,\ t_0+\Delta T(k)]$内系统的最大利润，L_T 是相对应的负荷等级。由图可知，第 $k-1$ 个 OI 内的最优运行点为 $A(L_0,\ t_0,\ PRO_0)$，第 k 个 OI 内的最优运行点为 $B(L_T,\ t_T,\ PRO_T)$。因此，如何使运行点从 A 调整到 B 的过程中利润保持最大是本节讨论的关键。

在众多调整路线中，最简单的就是将负荷等级直接调整到 L_T 且保持不变，直到 t_T 时刻。但是，在第 k 个 OI 的时间间隔 $\Delta T(k)$ 内，以最大调整速率调整负荷等级也可能无法从 L_0 调到 L_T，那么就会出现两种调整路线，如图 7－28 所示。图 7－28 是调整路线在 $PRO-t$ 轴平面的投影，其中，Δt 是负荷等级从L_0 调到 L_T 所消耗的时间，其计算公式如下：

$$\Delta t=\frac{L_T-L_0}{\delta_L} \tag{7-101}$$

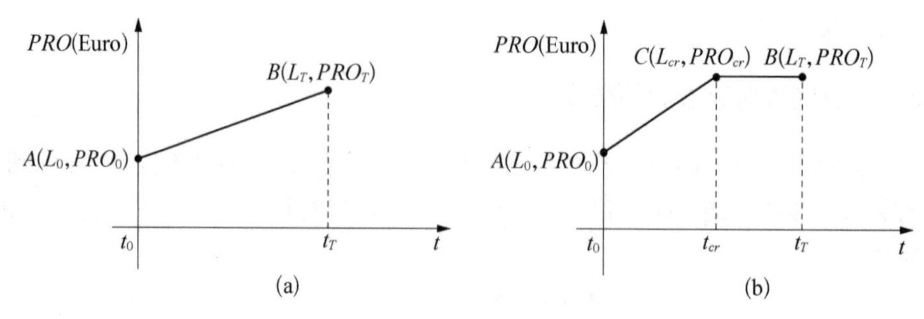

图 7-28　路线 AB 在 *PRO*-*t* 轴平面的投影

(a) $\Delta t \geqslant \Delta T(k)$；(b) $\Delta t < \Delta T(k)$

式中，$\delta_L = P_{ramp} / S_N$，$P_{ramp}$ 是系统的匝道通行能力，S_N 是系统的额度输出。

图 7-28(a)代表相邻两个 OI 的负荷等级相差较大以至于负荷等级无法在时间间隔内从 L_0 调整到 L_T。相反地，图 7-28(b)表示负荷等级在 t_T 前的 t_{cr} 时刻调整到了 L_T，即图中的 $C(L_{cr}, PRO_{cr})$。此时，$PRO_{cr} = PRO_T$，且在 $t_{cr} \sim t_T$ 的时间段内，负荷等级保持在 L_T。

通过上述分析，可以清晰了解到负荷等级调整的过程，但是具体的调整方法并未提及。基于动态规划理论，图 7-28 所示的两种调整路线的具体方法如图 7-29 所示。

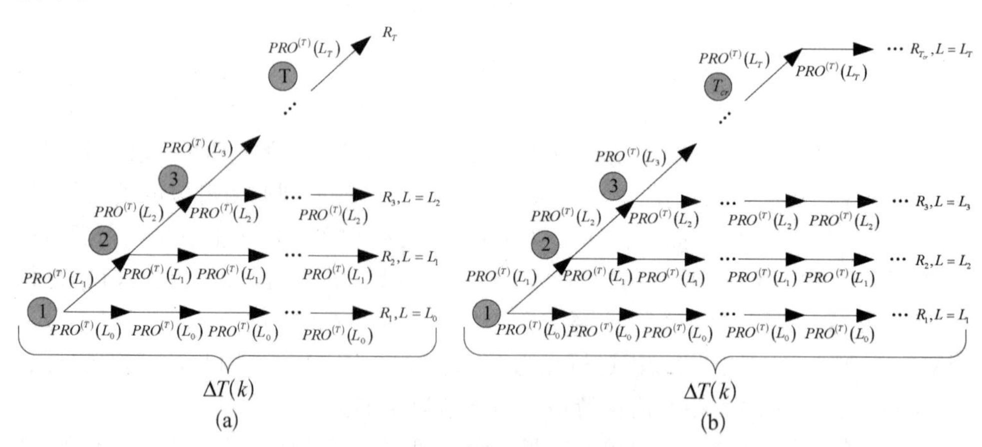

图 7-29　路线 AB 的优化过程

(a) 图 7-28(a)中路线的调整优化；(b) 图 7-28(b)中路线的调整优化

图 7-29 中，$R_i(i=1, 2, \cdots, T)$ 代表在第 k 个 OI 中所有可能的负荷等级调整路线。斜箭头表示经过调整的负荷等级，且相对应的每一步调整的利润记为 $PRO^{(T)}(L_i)$，而水平箭头代表的是保持不变的负荷等级。在图 7-29(a)中，因为调整是每分钟都在进行的，所以调整总步骤数 T 与时间 $\Delta T(k)$ 数值相等。在

路线 R_i 中，负荷等级首先被调整到 L_i，然后保持不变直到 OI 的终点时刻。在图 7 - 29(b)中，调整的总步骤数依然与 $\Delta T(k)$ 一样大。在路线 $R_{T_{cr}}$ 中，将负荷等级调整到 L_T 需要的步骤数为 Δt。在路线 R_i 中，负荷等级依旧是首先被调整到 L_i，然后保持不变。负荷等级调整过程如下：

$$L_{i+1} = L_i + \delta_L \qquad i = 0,\ 1,\ 2,\ \cdots,\ T-1 \tag{7-102}$$

为了从图 7 - 29 中所有的可能路线中选择最佳的调整路线，需将每一步调整步骤的利润计算出来，以图 7 - 29(a)为例，有以下具体的调整过程：

(1) 从最初点①的负荷等级 L_0 开始，负荷等级可以从两个方向调整，即保持不变 $(L = L_0)$ 和调整到 L_1 $(L = L_1)$，相对应的利润分别为 $PRO^{(T)}(L_0)$ 和 $PRO^{(T)}(L_1)$。

(2) 在点②，负荷等级的调整方向依旧有两个，即 $L = L_1$ 和 $L = L_2$。在路线 R_1 中，负荷等级保持不变 $(L = L_0)$ 且利润为 $PRO^{(T)}(L_0)$，如 R_1 路线中的第二个水平箭头。

通过比较路线 R_1 和 R_2 中前两个步骤的利润可以得出哪个路线利润更大。比较过程如下：

如果 $2PRO^{(T)}(L_1) > 2PRO^{(T)}(L_0) \rightarrow$路线 R_2 更好；

如果 $2PRO^{(T)}(L_1) < 2PRO^{(T)}(L_0) \rightarrow$路线 R_1 更好。

(3) 路线 R_i 在第 j 个调整点的利润记为 $PRO_j^{(T,\ i)}$，则有

$$\begin{cases} PRO_j^{(T,\ i)} = jPRO^{(T)}(L_0) & i = 1 \\ PRO_j^{(T,\ i)} = \sum\limits_{k=1}^{i-1} PRO^{(T)}(L_k) + (j - i + 1)PRO^{(T)}(L_{i-1}) & i > 1 \end{cases} \tag{7-103}$$

那么在点③，路线 R_1，R_2 和 R_3 用来进行比较的利润分别计算如下：

$$\begin{cases} PRO_3^{(T,\ 1)} = 3PRO^{(T)}(L_0) \\ PRO_3^{(T,\ 2)} = PRO^{(T)}(L_0) + 2PRO^{(T)}(L_1) \\ PRO_3^{(T,\ 3)} = PRO^{(T)}(L_0) + PRO^{(T)}(L_1) + PRO^{(T)}(L_2) \end{cases} \tag{7-104}$$

其比较过程如下：

如果路线 R_2 在上一步比较中利润大，且 $PRO_3^{(T,\ 2)} > PRO_3^{(T,\ 3)} \rightarrow$路线 R_2 更好；

如果路线 R_2 在上一步比较中利润大，且 $PRO_3^{(T,\ 2)} < PRO_3^{(T,\ 3)} \rightarrow$路线 R_3 更好；

如果路线 R_1 在上一步比较中利润大，且 $PRO_3^{(T,1)} > PRO_3^{(T,3)}$ →路线 R_1 更好；

如果路线 R_1 在上一步比较中利润大，且 $PRO_3^{(T,1)} < PRO_3^{(T,3)}$ →路线 R_3 更好。

(4) 剩下的调整优化过程与上述相似，在此不予赘述。

图 7－29(b)中的调整路线也可以通过上述方法找出利润最大化的一条路线。当所有 OI 内的最优调整路线都得到后，那么系统一整天的路线也将得到，从而可以实现系统的实时利润优化。

7.3.5　实例分析

本节以一个实际小区内的热电联供系统为例进行分析，该系统额定容量为 1 MW，其一天内的小区热电负荷需求以及系统上一天热电输出如图 7－30 所示。

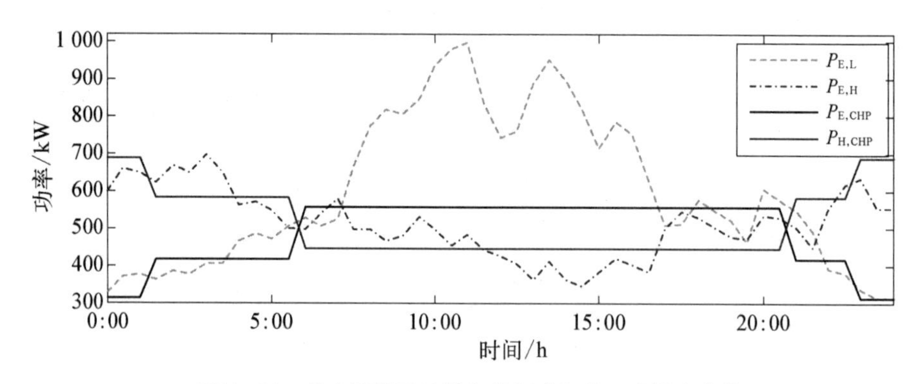

图 7－30　热电联供系统的负荷需求和前一天输出曲线

从图中可以发现，在晚上，小区的热电负荷需求可以被系统满足，然而在 7:00 到 16:00 这段时间，系统需要从网络中购买额外的热电才能满足小区的负荷需求。根据上一节所述的一系列利润优化方法，系统一天内的运行模式划分如表 7－4 所示。我们可以发现系统在一天中经历了所有的运行模式，且 C_3 模式是最多的，即热负荷被系统满足而电负荷需要电网来帮助满足。此外，C_1 模式只在 21:50～22:15，23:30～24:00 才出现，即在晚上系统才能同时满足小区的热电负荷需求且有剩余热电出售给网络。

表 7－4　一天中运行模式的划分

时　间	模式	时　间	模式	时　间	模式
0:00～0:30	C_3	1:00～1:15	C_3	1:30～2:00	C_2
0:30～1:00	C_3	1:15～1:30	C_2	2:00～2:30	C_2

（续表）

时　间	模式	时　间	模式	时　间	模式
2:30～3:00	C_2	10:00～10:30	C_3	18:00～18:20	C_4
3:00～3:30	C_2	10:30～11:00	C_3	18:20～18:30	C_2
3:30～3:40	C_2	11:00～11:30	C_3	18:30～19:00	C_2
3:40～4:00	C_3	11:30～12:00	C_3	19:00～19:30	C_2
4:00～4:30	C_3	12:00～12:30	C_2	19:30～19:50	C_2
4:30～5:00	C_3	12:30～13:00	C_2	19:50～20:00	C_4
5:00～5:30	C_3	13:00～13:30	C_2	20:00～20:30	C_4
5:30～5:50	C_3	13:30～14:00	C_4	20:30～20:45	C_4
5:50～6:00	C_2	14:00～14:30	C_4	20:45～21:00	C_3
6:00～6:30	C_2	14:30～15:00	C_2	21:00～21:30	C_3
6:30～7:00	C_2	15:00～15:30	C_2	21:30～21:50	C_3
7:00～7:10	C_2	15:30～16:00	C_2	21:50～22:00	C_1
7:10～7:30	C_4	16:00～16:30	C_3	22:00～22:15	C_1
7:30～8:00	C_4	16:30～16:45	C_3	22:15～22:30	C_2
8:00～8:30	C_3	16:45～17:00	C_2	22:30～22:45	C_2
8:30～9:00	C_3	17:00～17:30	C_2	22:45～23:00	C_3
9:00～9:30	C_3	17:30～17:50	C_2	23:00～23:30	C_3
9:30～10:00	C_3	17:50～18:00	C_4	23:30～24:00	C_1

图 7 - 31 中给出了实际和预测的能源价格，根据实际情况，能源价格每 30 min 更新一次。可以发现，电价相对比热价高，且能源的出售价格也低于其购买价格。同时，每天的峰时电价也高于谷时，这就要求系统能够在峰时给网络提供电能从而做到削峰。同样，对于热价也有相似的情形。相对来说，天然气的价格在一天中就比较平稳。此外，可以发现预测价格与实际价格的误差很小，而只有在价格突变时才会出现较大的价格误差。

基于上述实例和利润优化算法，系统的利润分布和负荷等级曲线如图 7 - 32 所示。白色虚线是系统基于预测价格的最大利润负荷等级曲线，而黑色虚线为系统基于实际价格的最大利润负荷等级曲线，浅色实线则为动态规划下的最优负荷等级曲线。由图 7 - 32 可知，0:00～8:30 和 15:30～24:00 时段，热电联产在不同负荷等级下的利润是正的，或负的很少；而 9:30～15:00 时段的利润在任何负荷等级下都是负的，这种情况主要是由电能严重不足和高电能购买价格造成的。由预测价格和实际价格得到的最优运行曲线并不总是保持一致，在 2:00～5:00，6:00～8:00，16:30～17:30 和 23:00～23:30 时段存在较大差距，这是因为热电比突然变化导致负荷等级快速增减，进而致使预测价格和实际价格出现较大差距。

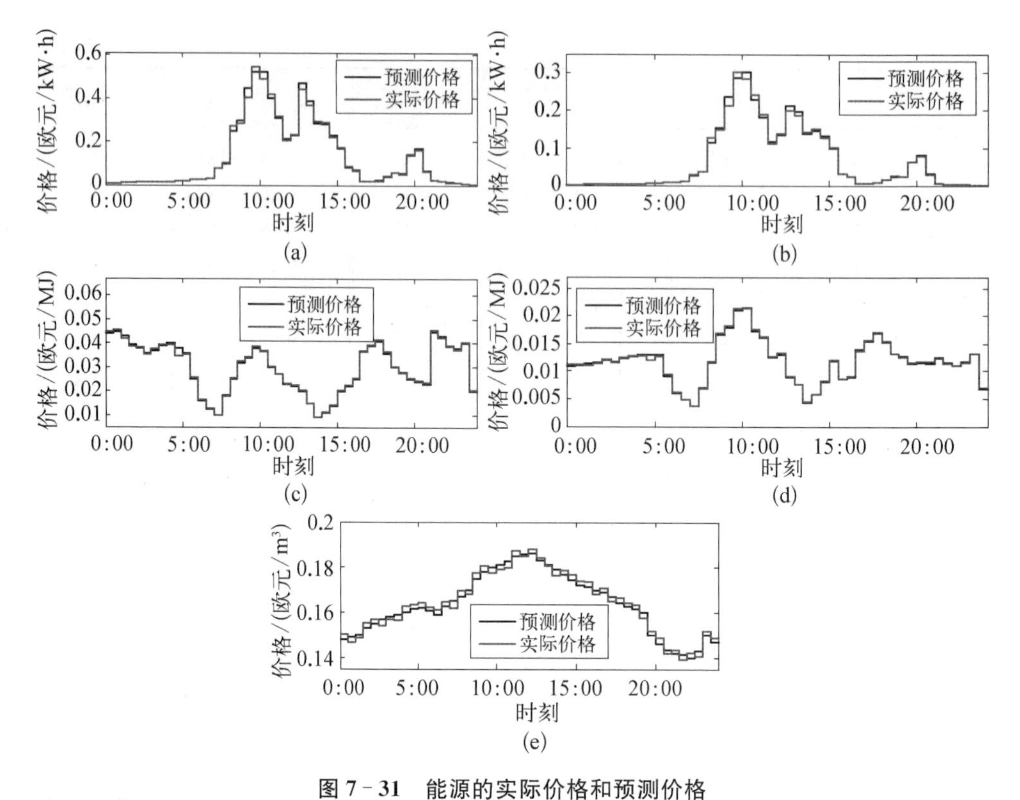

图 7-31 能源的实际价格和预测价格

(a) 购电价格;(b) 售电价格;(c) 购热价格;(d) 售热价格;(e) 购气价格

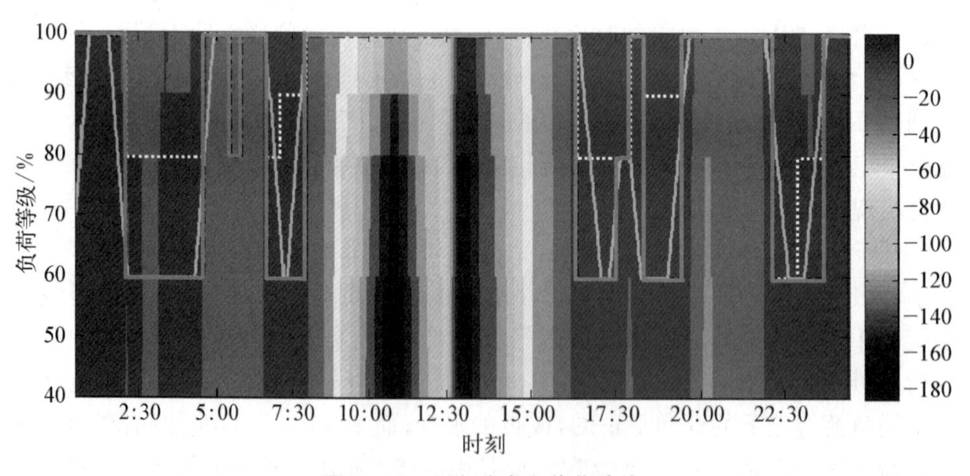

图 7-32 利润分布和优化路线

根据历史运行数据库,并网式热电联产在 0:00 的负荷等级为 70%。在 2:00 左右,根据实际价格得到的负荷等级为 60%,热电联产提前向该方向进行调整以获得最大利润。在 4:30 左右,负荷等级先向预测最优负荷等级调整,再向实际最优负荷等级调整。虽然 5:30～5:45 的实际最优负荷等级为 80%，热电联产的负荷等级并未作调整。因为该段时间太短，如果向实际最优负荷等级调整会损失更多利润。相反，6:30～8:00 的实际最优负荷等级较低，只有 60%，但先将负荷等级调到 60%再回调至 100%可获得更多利润。在接下来的几小时，直到 16:30，负荷需求较高以致热电联产运行在额定状态。在 17:45～18:00，预测和实际最优负荷等级都处在 100%。根据所提动态规划方法直接把负荷等级调到 18:00～19:45 的实际最优负荷等级 60%，显得更经济。约 22:30，负荷等级被提前调整到下一个 *OI* 的预测负荷等级以获得最大利润。在整个调节过程中，并网式热电联产的利润得以实时最大化。从最优调整路线得到的最大实时利润如表 7－5 所示。可以看出，在 7:10 以前，利润基本为正，平均利润约 0.8 欧元。利润主要来自低价出售多余热能和电能。在 0:00～7:10，热电联产基本上可以满足供能区的热电需求。在 7:10～16:45，利润为负，意味着需要从网络购买大量电能和热能。通过优化过程，最大能量购买费被降至最低，约为－150 欧元。由于电能不足导致的高电价造成了相对较高的购买费用。

在 16:45 以后，利润再次为正，平均值约为 0.6 欧元。一天中的最大利润出现在 19:30～19:50，约 12 欧元。相对较高的电能售价和较低的电负荷需求带来了高利润。负利润的绝对值比正利润更大，主要是由电能严重不足和高电能购买价格造成的。高电能需求和购买价格说明了白天利润几乎为负的原因；低热、电需求说明了晚上利润几乎为正的原因；低热、电售价说明了正利润的绝对值比负利润小很多的原因。

表 7－5 一天中系统实时最大利润

时 间	利润/€	时 间	利润/€	时 间	利润/€
0:00～0:30	2.020 81	5:30～5:50	－2.512 18	11:00～11:30	－79.911 8
0:30～1:00	2.188 74	5:50～6:00	1.062 50	11:30～12:00	－76.963 5
1:00～1:15	0.818 25	6:00～6:30	3.955 43	12:00～12:30	－72.019 3
1:15～1:30	－0.091 86	6:30～7:00	4.438 94	12:30～13:00	－153.832
1:30～2:00	0.372 73	7:00～7:10	4.300 71	13:00～13:30	－149.226 4
2:00～2:30	－0.776 98	7:10～7:30	－11.230 6	13:30～14:00	－119.997 6
2:30～3:00	0.867 69	7:30～8:00	－28.066 5	14:00～14:30	－110.224 1
3:00～3:30	0.562 45	8:00～8:30	－43.464 7	14:30～15:00	－80.782 1
3:30～3:40	0.290 12	8:30～9:00	－58.017 4	15:00～15:30	－50.605 9
3:40～4:00	0.250 93	9:00～9:30	－73.268 4	15:30～16:00	－27.609 9
4:00～4:30	－0.632 57	9:30～10:00	－95.826 4	16:00～16:30	－21.157 3
4:30～5:00	－0.702 99	10:00～10:30	－119.322 9	16:30～16:45	－1.710 5
5:00～5:30	－1.510 00	10:30～11:00	－99.928 7	16:45～17:00	1.595 20

（续表）

时　间	利润/€	时　间	利润/€	时　间	利润/€
17:00～17:30	2.524 66	19:30～19:50	12.075 1	21:50～22:00	1.749 07
17:30～17:50	1.561 94	19:50～20:00	0.786 50	22:00～22:15	2.014 54
17:50～18:00	1.392 68	20:00～20:30	−9.953 2	22:15～22:30	0.540 26
18:00～18:20	0.155 16	20:30～20:45	−0.926 1	22:30～22:45	0.042 94
18:20～18:30	2.061 13	20:45～21:00	−7.143 1	22:45～23:00	0.518 34
18:30～19:00	8.918 95	21:00～21:30	−14.136 5	23:00～23:30	1.615 38
19:00～19:30	7.450 60	21:30～21:50	−0.926 4	23:30～24:00	1.284 89

图7-33展示了根据一天中的最优运行点得到的总体效率和热电比的变化曲线。总体效率和热电比都是负荷等级的函数，所以它们的变化趋势彼此照应。另外高负荷等级并不总意味着高利润，因为热电比也会产生很大影响。在白天，热电比较低且生产更多电能来尽可能补偿电能的不足；在晚上，热电联产运行在相对较高的热电比且生产更多热能来满足高热能需求。值得注意，总体效率最高达84%，高总体效率可以减少CO_2排放。

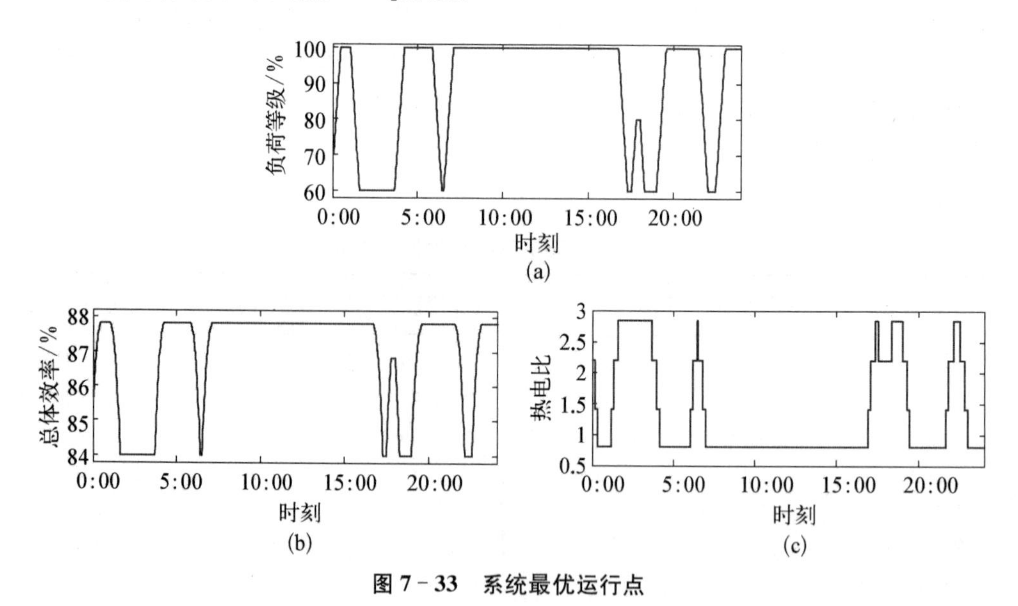

图7-33　系统最优运行点

(a) 最优负荷等级；(b) 最优综合能量转换率；(c) 最优热电比

可以发现负荷等级和热电比对热电联产的利润有一定的影响。高负荷等级并不总是带来高利润。在白天，电负荷处于较高等级且电能购价较高，热电联产应该以额定负荷等级和较低热电比运行从而将能源采购费降到最低；相反，在晚上，电需求较低且热需求较高，热电联产应该以适中的负荷等级和较高热电比运行从而优先满足热负荷，若此时电力售价较高，热电联产应该以适中的热电比运行来获得更多利润。

根据热电的售价比较，易知并网式热电联产的利润主要由电能的售购价格决定。因此在白天，电能需求和电力购价较高，需花费更多的能量采购费；在晚上，电能需求较低但电力售价较高，可以得到一天中的最大利润。此外，在开放的能源市场中，价格预测的准确度将影响运行安排和利润。

参考文献

[1] Huang A Q, Crow M L, Heydt G T, et al. The future renewable electric energy delivery and management (FREEDM) system: the energy internet[J]. Proceedings of the IEEE, 2011, 99(1): 133 - 148.

[2] 贾宏杰，王丹，徐宪东，等.区域综合能源系统若干问题研究[J].电力系统自动化，2015，39(7): 198 - 207.

[3] Geidl M, Koeppel G, Favre-Perrod P, et al. Energy hubs for the future[J]. IEEE Power and Energy Magazine, 2007, 5(1): 24 - 30.

[4] 高鹏，宋泓明，赵忠德，等.天然气管网与电力网络的比较和启示[J].国际石油经济，2012，20(8): 63 - 67.

[5] 王玮，张晓萍，李明，等.管输天然气气质的相特性[J].油气储运，2011，30(6): 423 - 426.

[6] Li Q, An S, Gedra T W. Solving natural gas loadflow problems using electric loadflow techniques[C]. Rolla, USA: Proceedings of the North American Power Symposium, 2003: 1 - 7.

[7] An S, Li Q, Gedra T W. Natural gas and electricity optimal power flow[C]. Dallas, Texas, USA: Proceedings of 2003 IEEE PES Transmission and Distribution Conference and Exposition, 2003: 138 - 143.

[8] Geidl M, Andersson G. A modeling and optimization approach for multiple energy carrier power flow[C]. Petersburg, Russian: Proceedings of IEEE PES Power Tech. St., 2005: 1 - 7.

[9] Geidl M, Andersson G. Optimal power flow of multiple energy carriers[J]. IEEE Transactions on Power Systems, 2007, 22(1): 145 - 155.

[10] Shahidehpour M, Fu Y, Wiedman T. Impact of natural gas infrastructure on electric power systems[J]. Proceedings of the IEEE, 2005, 93(5): 1042 - 1056.

[11] Martinez-Mares A, Fuerte-Esquivel C R. Integrated energy flow analysis in natural gas and electricity coupled systems[C]. Boston, USA: Proceedings of North American Power Symposium (NAPS), 2011: 1 - 7.

[12] Abeysekera M, Wu J, Jenkins N, et al. Steady state analysis of gas networks with distributed injection of alternative gas[J]. Applied Energy, 2015, 164: 991 - 1002.

[13] 卢志刚，王玉培，钟嘉庆，等.北京市电网气网负荷调节方案研究[J].电力需求侧管理，2006，

8(4): 4 - 7.
[14] Osiadacz A J. Simulation and analysis of gas networks[M]. London: E. & F. N. Spon Ltd, 1986.
[15] 陈胜,卫志农,孙国强,等.电-气混联综合能源系统概率能量流分析[J].中国电机工程学报, 2015,35(24): 6331 - 6340.
[16] 张义斌.天然气—电力混合系统分析方法研究[D].北京:中国电力科学研究院,2005.
[17] Munoz J, Jimenez-Redondo N, Perez-Ruiz J, et al. Natural gas network modeling for power systems reliability studies[C]. Bologna, Italy: IEEE Power Tech Conference Proceedings, 2003.
[18] Moeini-Aghtaie M, Abbaspour A, Fotuhi-Firuzabad M, et al. A decomposed solution to multiple-energy carriers optimal power flow[J]. IEEE Transactions on Power Systems, 2014, 29(2): 707 - 716.
[19] Qadrdan M, Abeysekera M, Chaudry M, et al. Role of power-to-gas in an integrated gas and electricity system in Great Britain[J]. International Journal of Hydrogen Energy, 2015, 40(17): 5763 - 5775.
[20] Schiebahn S, Grube T, Robinius M, et al. Power to gas: technological overview, systems analysis and economic assessment for a case study in Germany[J]. International Journal of Hydrogen Energy, 2015, 40(12): 4285 - 4294.
[21] Kundu P K, Cohen I M. Fluid mechanics[M]. 4th ed. London: Academic Press, 2008.
[22] Civan F. Review of methods for measurement of natural gas specific gravity[C]. Dallas, USA: SPE Gas Technology Symposium, 1989.
[23] Natgas. Natural gas distribution[EB/OL]. Natural Gas. org, [2013 - 09 - 20]. http://naturalgas.org/naturalgas/distribution/.
[24] Shin J, Shin S, Kim Y, et al. Design and implementation of shaped magnetic-resonance-based wireless power transfer system for roadway-powered moving electric vehicles[J]. IEEE Transactions on Industrial Electronics, 2014, 61(3): 1179 - 1192.
[25] Gimelli A, Muccillo M. Optimization criteria for cogeneration systems: multi-objective approach and application in an hospital facility[J]. Applied Energy, 2013, 104(2): 910 - 923.
[26] 王成山,洪博文,郭力,等.冷热电联供微网优化调度通用建模方法[J].中国电机工程学报, 2013,33(31): 26 - 33.
[27] Smith A D, Mago P J, Fumo N. Benefits of thermal energy storage option combined with CHP system for different commercial building types[J]. Sustainable Energy Technologies & Assessment, 2013, 1: 3 - 12.
[28] Sun Z, Li L, Bego A, et al. Customer-side electricity load management for sustainable manufacturing systems utilizing combined heat and power generation system [J]. International Journal of Production Economics, 2015, 165: 112 - 119.
[29] 王伟亮,王丹,贾宏杰,等.考虑天然气网络状态的电力-天然气区域综合能源系统稳态分析[J].中国电机工程学报,2017,(05): 1293 - 1305.
[30] Xie D, Lu Y, Sun J, et al. Optimal operation of a combined heat and power system

considering real-time energy prices[J]. IEEE Access，2016，4：3005 - 3015.

[31] Wang J，Zhai Z，Jing Y，et al. Optimization design of BCHP system to maximize to save energy and reduce environmental impact[J]. Energy，2010，35(8)：3388 - 3398.

[32] Kavvadias K C，Maroulis Z B. Multi-objective optimization of a trigeneration plant[J]. Energy Policy，2010，38(2)：945 - 954.

[33] 李晓嫣，陈维荣，刘志祥，等.家用燃料电池热电联供系统的建模与仿真[J].电源技术，2014，(12)：2274 - 2277.

[34] 康英伟，曹广益，屠恒勇，等.固体氧化物燃料电池微型热电联供系统的动态建模与仿真[J].中国电机工程学报，2010，(14)：121 - 128.

[35] 杜一庆，梁鑫，单明.燃气热电联供机组动态模型及仿真[J].冶金动力，2015，(01)：31 - 34.

[36] 郑春元，翟晓强，吴静怡，等.基于 TRNSYS 的冷热电联供系统建模与蓄能策略分析[J].化工学报，2015，(S2)：311 - 317.

[37] 沈昆.涡轮增压柴油机的准稳定法模型及其过渡过程仿真[J].哈尔滨船舶工程学院学报，1988，(01)：35 - 53.

[38] Kolmanovsky I，Morall P，Van Nieuwstadt M，et al. Issues in modelling and control of intake flow in variable geometry turbocharged engines[J]. Chapman and Hall CRC research notes in mathematics，1999：436 - 445.

[39] 陈华清，敖晨和.舰船推进系统仿真中的柴油机数学模型[J].船舶工程，2000(5)：33 - 37.

[40] Hendricks E，Sorenson S C. Mean value modelling of spark ignition engines[J]. SAE International，1990，99(3)：1359 - 1373.

[41] 李夔宁，张继广，李进，等.应用遗传算法优化设计壳管式换热器[J].重庆大学学报，2011，(08)：97 - 102.

[42] Nash A L，Badithela A，Jain N. Dynamic modeling of a sensible thermal energy storage tank with an immersed coil heat exchanger under three operation modes[J]. Applied Energy，2017，195：877 - 889.

[43] 李金波，程林.余热锅炉单相受热面动态建模与模型参数优化[J].化工学报，2016，(11)：4599 - 4608.

[44] 崔凝，王兵树，高建强，等.大容量余热锅炉动态模型的研究与应用[J].中国电机工程学报，2010，(14)：121 - 128.

[45] Alobaid F，Strohle J，Epple B，et al. Dynamic simulation of a supercritical once-through heat recovery steam generator during load changes and start-up procedures[J]. Hydrotechnical Construction，2009，86(7/8)：1274 - 1282.

[46] 于向军，浦复良.锅炉不同动态数学模型的比较[J].东南大学学报自然科学版，1998(S1)：86 - 91.

[47] 马文通，王岳人.自然循环余热锅炉动态仿真研究[J].系统仿真学报，2007，(17)：4055 - 4060.

[48] Hammons T J，Winning D J. Comparisons of synchronous-machine models in the study of the transient behaviour of electrical power systems[J]. Proceedings of the Institution of Electrical Engineers. IET Digital Library，1971，118(10)：1442 - 1458.

[49] Chen X，Kang C，O'Malley M，et al. Increasing the flexibility of combined heat and power

for wind power integration in China: modeling and implications[J]. IEEE Transactions on Power Systems, 2015, 30(4): 1848 - 1857.

[50] Smith A D, Mago P J, Fumo N. Benefits of thermal energy storage option combined with CHP system for different commercial building types[J]. Sustainable Energy Technologies & Assessment, 2013, 1: 3 - 12.

[51] Sun Z, Li L, Bego A, et al. Customer-side electricity load management for sustainable manufacturing systems utilizing combined heat and power generation system [J]. International Journal of Production Economics, 2015, 165: 112 - 119.

[52] Hashemi R. A developed offline model for optimal operation of combined heating and cooling and power systems[J]. IEEE Transactions on Energy Conversion, 2009, 24(1): 222 - 229.

[53] Xie D, Lu Y, Sun J, et al. Optimal operation of a combined heat and power system considering real-time energy prices[J]. IEEE Access, 2016, 4: 3005 - 3015.

[54] Wang J, Zhai Z, Jing Y, et al. Optimization design of BCHP system to maximize to save energy and reduce environmental impact[J]. Energy, 2010, 35(8): 3388 - 3398.

[55] Kavvadias K C, Maroulis Z B. Multi-objective optimization of a trigeneration plant[J]. Energy Policy, 2010, 38(2): 945 - 954.

[56] Hellmers A, Zugno M, Skajaa A, et al. Operational strategies for a portfolio of wind farms and CHP plants in a two-price balancing market[J]. IEEE Transactions on Power Systems, 2016, 31(3): 2182 - 2191.

[57] Abunku M, Melis W J C. Modelling of a CHP system with electrical and thermal storage [C]. Stafford: IEEE Power Engineering Conference (UPEC), 2015: 1 - 5.

[58] Wang Y, Bermukhambetova A, Wang J, et al. Dynamic modelling and simulation study of a university campus CHP power plant [C]. Hong Kong: Automation and Computing (ICAC), 2014 20th International Conference on. IEEE, 2014: 3 - 8.

[59] Dai Y, Chen L, Min Y, et al. Dispatch model of combined heat and power plant considering heat transfer process[J]. IEEE Transactions on Sustainable Energy, 2017.

[60] Massucco S, Pitto A, Silvestro F. A gas turbine model for studies on distributed generation penetration into distribution networks[J]. IEEE Transactions on Power Systems, 2011, 26(3): 992 - 999.

[61] Jia N, Wang J, Nuttall K, et al. HCCI engine modeling for real-time implementation and control development[J]. IEEE/ASME Transactions on Mechatronics, 2007, 12(6): 581 - 589.

[62] Kolmanovsky I, Morall P, Van Nieuwstadt M, et al. Issues in modelling and control of intake flow in variable geometry turbocharged engines[J]. Chapman and Hall CRC research notes in mathematics, 1999: 436 - 445.

[63] Hendricks E, Sorenson S C. Mean value modelling of spark ignition engines[R]. SAE International, 1990, 99(3): 1359 - 1373.

[64] Gao T, Sammakia B G, Murray B T, et al. Cross flow heat exchanger modeling of transient temperature input conditions [J]. IEEE Transactions on Components, Packaging and

Manufacturing Technology, 2014, 4(11): 1796 - 1807.

[65] Nash A L, Badithela A, Jain N. Dynamic modeling of a sensible thermal energy storage tank with an immersed coil heat exchanger under three operation modes[J]. Applied Energy, 2017, 195: 877 - 889.

[66] Ashok S, Banerjee R. Optimal operation of industrial cogeneration for load management[J]. IEEE Transactions on power systems, 2003, 18(2): 931 - 937.

[67] Takaghaj S M, Macnab C J B, Westwick D, et al. Neural-adaptive control of waste-to-energy steam generators[J]. IEEE Transactions on Control Systems Technology, 2014, 22(5): 1920 - 1926.

[68] Alobaid F, Strohle J, Epple B, et al. Dynamic simulation of a supercritical once-through heat recovery steam generator during load changes and start-up procedures [J]. Hydrotechnical Construction, 2009, 86(7/8): 1274 - 1282.

[69] Kakimoto N, Baba K. Performance of gas turbine-based plants during frequency drops[J]. IEEE Transactions on Power systems, 2003, 18(3): 1110 - 1115.

[70] Molina D L, Vidal J R, Gonzalez F. Mathematical modeling based on exergy analysis for a bagasse boiler[J]. IEEE Latin America Transactions, 2017, 15(1): 65 - 74.

[71] Hammons T J, Winning D J. Comparisons of synchronous-machine models in the study of the transient behaviour of electrical power systems[J]. Proceedings of the Institution of Electrical Engineers, 1971, 118(10): 1442 - 1458.

[72] Amin S M, Wollenberg B F. Toward a smart grid: power delivery for the 21st century[J]. IEEE Power and Energy Magazine, 2005, 3(5): 34 - 41.

[73] Tibi N A, Arman H. A linear programming model to optimize the decision-making to managing cogeneration system[J]. Clean Technologies and Environmental Policy, 2007, 9(3): 235 - 240.

[74] Onovwiona H I, Ugursal V I. Residential cogeneration systems: review of the current technology[J]. Renewable and sustainable energy reviews, 2006, 10(5): 389 - 431.

[75] D'Accadia M D, Sasso M, Sibilio S, et al. Micro-combined heat and power in residential and light commercial applications[J]. Applied Thermal Engineering, 2003, 23(10): 1247 - 1259.

[76] Cardona E, Piacentino A. A validation methodology for a combined heating cooling and power (CHCP) pilot plant[J]. Journal of energy resources technology, 2004, 126(4): 285 - 292.

[77] Cardona E, Piacentino A. A methodology for sizing a trigeneration plant in mediterranean areas[J]. Applied Thermal Engineering, 2003, 23(13): 1665 - 1680.

[78] Basu M. Bee colony optimization for combined heat and power economic dispatch[J]. Expert Systems with Applications, 2011, 38(11): 13527 - 13531.

[79] Vasebi A, Fesanghary M, Bathaee S M T. Combined heat and power economic dispatch by harmony search algorithm[J]. International Journal of Electrical Power & Energy Systems, 2007, 29(10): 713 - 719.

[80] De Paepe M, Mertens D. Combined heat and power in a liberalised energy market[J].

Energy Conversion and Management，2007，48(9)：2542－2555.

[81] Lozano M A，Ramos J C，Serra L M. Cost optimization of the design of CHCP (combined heat，cooling and power) systems under legal constraints[J]. Energy，2010，35(2)：794－805.

[82] Ehyaei M A，Mozafari A. Energy，economic and environmental (3E) analysis of a micro gas turbine employed for on-site combined heat and power production[J]. Energy and Buildings，2010，42(2)：259－264.

[83] Mago P J，Chamra L M. Analysis and optimization of CCHP systems based on energy，economical，and environmental considerations[J]. Energy and Buildings，2009，41(10)：1099－1106.

[84] Sundberg G，Henning D. Investments in combined heat and power plants：influence of fuel price on cost minimised operation[J]. Energy Conversion and Management，2002，43(5)：639－650.

[85] COGEN. Micro-map：mini and micro CHP-market assessment and development plan：summary report[R]. London，UK：2002.

[86] Wiltshire R. The UK potential for community heating with combined heat and power[EB/OL]. Watford：Building Research Establishment Ltd，Energy Division[2003－09－23]. http://www. theade. co. uk /medialibrary /2011 /05 /18 /7c424ada /BRE% 20EST% 20Potential%20Study%20－%202003.

[87] Hinnells M. Combined heat and power in industry and buildings[J]. Energy Policy，2008，36(12)：4522－4526.

[88] Kopanos G M，Georgiadis M C，Pistikopoulos E N. Energy production planning of a network of micro combined heat and power generators[J]. Applied Energy，2013，102：1522－1534.

[89] Acha S，Green T C，Shah N. Impacts of plug-in hybrid vehicles and combined heat and power technologies on electric and gas distribution network losses[C]. Valencia：IEEE PES/IAS Conference，2009：1－7.

[90] Peacock A D，Newborough M. Impact of micro-CHP systems on domestic sector CO_2 emissions[J]. Applied thermal engineering，2005，25(17)：2653－2676.

[91] Ertesvåg I S. Exergetic comparison of efficiency indicators for combined heat and power (CHP)[J]. Energy，2007，32(11)：2038－2050.

[92] Dong L，Liu H，Riffat S. Development of small-scale and micro-scale biomass-fuelled CHP systems — a literature review[J]. Applied thermal engineering，2009，29(11)：2119－2126.

[93] Darrow K，Tidball R，Wang J，et al. Catalog of CHP technologies[J/OL]. US，2015，3：4. Environmental Protection Agency，Combined Heat and Power Partnership[2015－05]. http：//epa.gov/chp/documents/catalog_chptech_full.pdf.

[94] SAV systems. Load tracker CHP LPG fuelled small scale modulating CHP systems in non-mains gas areas[EB/OL].[2015－05－10]. http：//www.ribaproductselector.com/docs/8/01458/external/col701458. pdf.

[95] Mago P J, Fumo N, Chamra L M. Methodology to perform a non-conventional evaluation of cooling, heating, and power systems[J]. Proceedings of the Institution of Mechanical Engineers, Part A: Journal of Power and Energy, 2007, 221(8): 1075-1087.

索　　引